中国服装协会定制专业委员会系列丛书

服装定制：工匠精神回归

朱伟明　著

中国纺织出版社

内容提要

基于工匠精神的视角，对中国定制的匠心环境和目前缺失现况、服装定制的整体格局及其匠心筑梦进行了深度分析，以高级定制的核心和高级定制的重要力量为切入点，研究了显现匠心的全球各类顶级面辅料，剖析了高级定制中的板型匠作、手艺匠人和传承匠心等精神内涵。重点梳理了传统高级定制品牌、互联网定制品牌和全球高级定制的运营模式，对中国服装产业转型个性化、数字化、智能化定制具有指导价值。

本书适合服装专业师生以及从事服装设计、品牌运营与管理、时尚营销、产业集群转型与升级的职场人士使用。本系列丛书也专为我国服装定制行业高级从业人员编写。

图书在版编目（CIP）数据

服装定制：工匠精神回归/朱伟明著. —北京：中国纺织出版社，2019.1（2023.3重印）

（中国服装协会定制专业委员会系列丛书）

ISBN 978-7-5180-5472-5

Ⅰ. ①服… Ⅱ. ①朱… Ⅲ. ①服装设计 Ⅳ. ①TS941.2

中国版本图书馆CIP数据核字（2018）第233910号

责任编辑：谢冰雁　　责任校对：楼旭红　　责任印制：王艳丽

中国纺织出版社出版发行
地址：北京市朝阳区百子湾东里A407号楼　邮政编码：100124
销售电话：010—67004422　传真：010—87155801
http: //www.c-textilep. com
E-mail: faxing@c-textilep. com
中国纺织出版社天猫旗舰店
官方微博http://weibo.com/2119887771
北京华联印刷有限公司印刷　各地新华书店经销
2019年1月第1版　2023年3月第2次印刷
开本: 889×1194　1/16　印张: 23
字数: 388千字　定价: 128.00元

中国服装协会定制专业委员会
系列丛书编委会组织机构

序

2015年10月，为推动定制产业发展，组织和团结业内不同模式、不同规模和不同品类的定制企业共同进行资源整合和信息交流，中国服装协会成立了定制专业委员会。2016年7月25日，为促进我国服装定制产业的升级和发展，集聚定制行业共识，中国服装协会定制专业委员会整合行业的优质资源，计划出版一套既适用于中国服装定制企业，又适用于大中专院校的专业系列丛书。以国内外知名服装院校教授和定制专业委员会副主任委员为核心，服装定制专业委员会丛书编委会在杭州成立。丛书针对当代定制技能传承过程中理论滞后于实践的现状，致力于为实践经验和技术的系统化、理论化提出具体的解决思路和实施方案。

本书是系列丛书第一本，基于工匠精神回归的视角研究全球服装定制产业，剖析中国服装定制市场格局，比较研究高级定制专有面辅料，重点梳理分析了传统高级定制品牌、互联网定制品牌以及全球高级定制的规则与品牌运营模式。全书主要分为以下内容：

（1）分析消费升级下柔性化生产和个性化定制如何成为服装业转型升级的主要路径，通过对香港定制市场、上海定制市场和北京定制市场等地区进行回顾梳理，对当下中国服装定制品牌格局进行分类；

（2）比较分析高级定制面料品牌，对意大利、英国、瑞士等国家的定制面料进行研究，与国产定制面料作比较，同时对体现高级定制品质的纽扣、缝纫线、里布、衬布等辅料进行探究；

（3）高级定制是服装行业追求极致与完美的集中体现，工匠精神是高级定制缔造传奇的伟大力量。分析服装高级定制的不同板型技术、工艺流程、源数据提取、缝制技艺及传承匠人等工匠精神环节；

（4）梳理国内传统高级定制品牌发展概况，对服装定制产业的演变历程、典型品牌、定制方式和运营模式等进行剖析，主要对上海、香港、北京、天津、杭州等区域传统定制品牌进行了研究；

（5）阐述互联网定制崛起的深层次背景，分析互联网定制国内外市场竞争格局，研究了埃沃（IWODE）、衣邦人（YBREN）和量品（iOrderShirt）等互联网定制品牌的商业模式、运营推广和定制特色；

（6）分析了新工业革命下服装数字化、智能化趋势的特点以及定制运营模式，以“北红领南报喜鸟”为例，研究了数据驱动的个性化智能定制模式，构建了基于MTM的男西服数字化智能化定制系统；

（7）研究基于价值链衍生的代加工企业、商务男装和休闲男装转型定制品牌，以大杨创世、雅派朗迪、雅楚、威可多、卡尔丹顿、雅戈尔等为案例，分析其价值链衍生实现定制化的路径和运营模式；

（8）探索法国“古老的传承”高级服装定制行业规则，通过对意大利那不勒斯与英国塞维尔街在定制特点、服饰文化、风格差异等的比较，从绅士文化视角分析裁缝的匠心精神，重点剖析了塞维尔街发展历程。

本书的出版对供给侧结构性改革和“中国制造2025”背景下中国服装定制产业的发展进行了理论探索，对实现数字化、柔性化和智能化的服装个性定制具有实践价值，对中国服装定制产业的发展具有指导意义。期待中国服装定制产业创造新的辉煌。

中国服装协会常务副会长
中国服装协会定制专业委员会主任

杨金纯

2018年5月

目　录

01 第一章 绪论

第一节　研究述评与选题意义

一、国内外研究现状述评

玉不琢，不成器。庄子云“技进乎道”，“技”即今日的“工匠精神”，就是对所做事情极其专注。2016年李克强总理在全国两会政府工作报告提出，“十三五”时期主要任务是加强供给侧结构性改革，加快培育新的发展动能，落实“去产能、去库存、降成本”的举措，鼓励企业开展个性化定制、柔性化生产，培育精益求精的工匠精神，增品种、提品质、创品牌。消费升级和个性化需求迸发，线上销售的增长导致新旧零售商的“交替效应和供需错位”更加凸显。中国服装产业过剩、库存高企、销售下滑、关店潮等还将持续发酵，要破解难题，迫切需要追求卓越的“工匠精神”，生产出“工匠产品”，满足个性化消费的需求。服装业态变革以及需求变化，追求个性化和消费快速化的趋势越来越明显，服装定制市场正在形成庞大的规模。互联网时代，大规模定制、敏捷制造、柔性生产等新型生产方式应运而生，并逐渐成为替代大规模批量生产的主流生产模式。“中国制造2025”是全面提升中国制造业发展质量的重大战略部署，以制造业数字化为核心，融合智能制造、互联制造、个性化制造、绿色制造于一体，推动技术要素和市场要素配置方式发生革命性变化。

（一）国内外服装定制研究脉络

国内早期定制研究从红帮裁缝的历史开始，主要分析红帮裁缝的起源、创业期、拓展期和多元化发展时期。近来更多的研究侧重于定制文化、品牌和运营，许才国、鲁兴梅在《高级定制服装概论》中主要对高级定制概念、历史等进行界定，对定制的运营、推广等作分析，成果以教材形式呈现。刘智博通过对设计程序和设计管理在整个服装定制程序的地位作用进行研究，主要从服装设计的角度研究定制如何更好地满足客户需求。刘云华在《红帮裁缝研究》中从纵向阐述了中国传统本帮裁缝向现代新型红帮裁缝转型和发展的过程，从横向理清了红帮在经营管理、工艺技术和职业教育等多个领域的相互关系，研究成果既宏观又微观地剖析了红帮工匠群体。刘丽娴认为服装定制具有系统性、多层次和动态性特征，使国内外定制品牌能够更精准识别消费者需求和变化。刘丽娴和郭建南所著的《定制与奢侈》从品牌模式、设计模式的演化角度对定制与奢侈进行探讨，分析了当前定制品牌运营中所产生的定位偏移、资源分散、过度扩张等一系列问题，从中提炼品牌孕育与品牌价值提升的方法。

从国外高级定制的发展脉络分析，英国传统高级定制男装（Bespoke Tailoring）和法国高级定制女装（Haute Couture）是基于国情和民情的产物，中国本土化服装定制是适应国内消费者多元、多层次需求的产物。罗斯. F（Ross. F）2007年在《纺织学会会志》（*Journal of The Textile Institute*）运用人类学和深度访谈分析了高级定制过程中的新纺织、新科技与传统手工方式融合，形成了新的定制评价方式。罗博·恩格勒（Rob Englert）在2008年讨论了手工与大众产品的关系，定制化需求背景下产品内容和提供方式的改变。2003年帕梅拉V. 乌尔里希（Pamela V. Ulrich）在《大规模定制的服装消费者协同设计》中探讨大规模定制背景下消费者参与设计的模式，认为基于消费者视角的大规模定制中，消费者参与设计有助于提高顾客满意度。2014年由美国畅销书作家亚力克·福奇（Alec Foege）著、清华大学陈劲教授翻译的《工匠精神：缔造伟大传奇的重要力量》深入阐述工匠精神，主要讲述了工匠精神在美国是如何从萌芽走向爱迪生时代的高峰、如何随着工业的发展陷入低谷、又如何凭借新一代工匠得到复兴。作者认为，百年来工匠精神如同一台不知休止的发动机，引领着美国成为“创新者的国度”。它塑造着这个国度，成为其生生不息的重要源泉，如今的移动互联时代比以往更需要工匠精神，呼唤工匠精神的回归。

（二）“服装个性化需求”国内外研究动态

国内外学者对服装个性化需求进行了较多的研究，研究主题主要包括：（1）个性化技术层面研究。在个性产品数字化、根据顾客需求预测生产、体型分析与智能修订、个性化服装合体性评价模型等技术方面进行了较为深入地探讨，运用定量和定性的方法，拓展了个性化需求技术层面的研究深度。（2）产品差异形式研究。通过消费者行为、产品形式创新、纵向差异化策略等研究，认为满足一个产品或服务的某些特征的个性化，消费者能够享受到更加便捷的服务、更低的成本。（3）个性化发起者研究。个性化消费者将不再是传统思维中服务产品的被动者，而是逐渐地成为服务以及产品的自主参与者与设计者，为个性化服装定制提供了重要的参考依据。（4）个性化实现形式研究。推进生产组织模式变革，推动个性化定制生产方式。服装企业个性化服务水平与成本收益之间的均衡问题，个性化服务策略才是企业动态演化的方向。（5）供应链协同角度研究。运用互联网、云计算、商业智能（BI）、大数据挖掘、快速反应技术构建面向协同的服装供应链快速决策支持系统，实现服装供应链在设计开发、物流分销和信息化等过程中的数字化、信息化和柔性化协同（表1-1）。

表1-1 服装个性化定制研究动态

研究主题	研究内容、视角	国内外代表性文献
个性化技术层面研究	对产品数字化、预测生产、体型分析智能修订、评价模型等技术进行探讨	Jari Vesanen(2007)；罗斯. F（1992）；东苗（2014）；周立柱（2002）；詹蓉（2008）；齐行祥（2013）
产品差异形式研究	消费者行为、产品形式创新、需求不确定条件下的纵向差异化策略研究	Hanson(2000)；Peppers(1999)；黄绿蓝（2017）；刘益（2015）；常艳（2013）；成果（2015）
个性化发起者研究	从产品匹配、沟通、体验、服务等角度研究个性化发起者的主动、被动参与	Wind J，Rangaswamy A(2009)；刘俊华（2016）；何森鹏（2014）；Muditha(2010)；高雅（2014）；方娇（2016）
个性化实现形式研究	服装大批量定制模式、个性化定制服务策略以及个性化产品的实现形式研究	吴迪冲（2012）；Lenda (2009)；滕炜（2015）；王茜（2016）；李俊（2004）；刘正（2016）
供应链协同角度研究	面向协同的服装供应链快速决策支持系统构建，实现数字化、信息化等融合	Hanson(2000)；Peppers(1999)；李志浩（2015）；吴慧捷（2016）；顾新建（2006）；韩永生（2015）

国内外关于服装定制的研究相对较少，现有研究主要集中在定制历史、文化、品牌和理论概述等，完整有理论性与实践性的定制研究仍旧比较缺乏，相对于定制产业如红领、报喜鸟、埃沃、衣邦人、量品等个性化定制品牌的蓬勃发展，定制产业理论探索仍显得滞后。

二、选题意义

经济发展进入新常态，模仿型排浪式消费阶段基本结束，个性化、多样化消费渐成主流，需求呈现易变性、复杂性和模糊性等特点，急需推进供给侧结构性改革。面对需求侧的不确定性，我国服装业如何响应消费升级驱动的个性化增量市场，实现供给侧柔性调度，适配个性化需求，成为当前服装业面临的一个重要课题。 消费升级驱动个性化体验需求增长，大规模个性化定制、数字化信息化智能制造、柔性生产等新型生产方式应运而生，逐渐成为替代大规模批量生产的主流模式，个性化定制转型成为服装产业关注的焦点，本书将为供给侧结构性改革下的服装产业升级与重构提供理论支撑，在微观上为个性化服装供给侧结构性数字化、柔性化和智能化适配提供解决思路，为传统服装产业提升改造提供理论依据，指导应用于实践，为我国服装制造企业实现新旧动能转换提供对策。在宏观上针对新时代服装业的主要矛盾，提出个性化需求与服装供给侧结构性适配机制，为服装产业供给侧结构性改革提供决策参考，为中国制造“三品战略”提供服装产业的样本，为“中国制造2025”和“工业4.0”在服装产业落地提供思路。

第二节 研究内容

一、基本思路

国内传统服装供需链沿着“生产商—品牌商—代理商—零售商—消费者”的分销模式，这类“推”（PUSH）的供给模式价值体系以商品为构建基础，相互之间的协调是单向的、线性的、紧耦合的控制关系，供需信息扭曲，需求变异放大，无法有效实现信息共享。供给短板表现在起订量高、产品同质化、产能过剩、库存积压等方面，是一种基于牛鞭效应的传统服装供给侧结构性模式。新时代消费结构的升级导致个性化、碎片化，订单越来越小，需求曲线从长尾的“头部”转移到“尾部”，促使服装企业的供给模式从“大规模粗放式生产”改造为“小批量柔性化快速反应”。这类“拉”（PULL）的模式以用户为构建基础，实现了精准对接、快速响应、信息共享和柔性供给，可以灵活应对需求侧的不确定性，是一种基于个性化离散需求的服装供给侧改革模式。研究表明，服装供给侧调整明显滞后于需求结构升级，有效和中高端供给不足，个性化、多样化和高端化需求难以得到满足，即服装供给侧不平衡不充分的结构性问题无法满足消费升级拉动的美好需求。服装供需结构错配和要素配置扭曲表现在：一方面中低端服装产品同质化严重、产能过剩；另一方面符合消费升级需求的个性化中高端服装供应不足，抑制了消费潜能释放，消费外流现象严重（图1-1）。

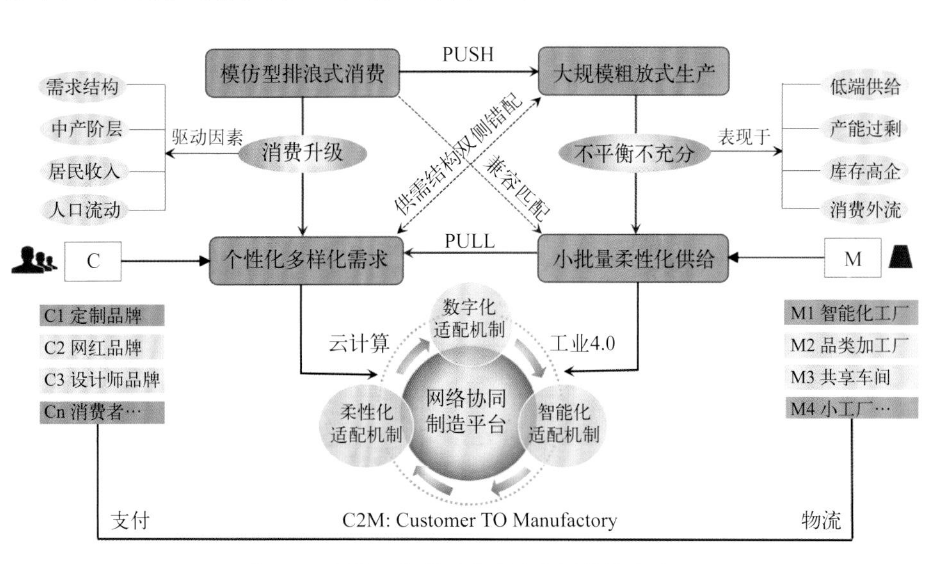

图1-1 个性化定制服装的供给侧结构性适配

我国主流消费群体正在发生迁移，人口结构、城市化进程和人均可支配收入等正在影响中产阶层崛起的数量和质量，导致消费渗透率持续上升，供需不平衡、不协调、不匹配的矛盾和问题日益凸显。服装从早期的量体裁衣、批量生产到大规模个性定制，再到迄今的“一人一板”高级定制变迁，具体表现在高级定制、半定制、成衣定制、互联网定制、网红IP定制、原创设计师定制等多种需求上。定制化是服装产业积极适应越发多元化的消费新需求，并以更具前瞻性的目光探索中国服装未来发展方向的积极表现。在供给侧结构性改革和“三品”战略等国家经济发展政策的引导下，大规模个性定制是智能制造的重要方向之一，使消费者和生产者直接对接，提供了全新的商业理念、生产方式、产业形态和商业模式，是提高服装高质量发展和转型升级的重要动力。在碎片化的时代，由于长尾效应，消费者通过各种社交媒体和平台建立自身的社交关系网络，将原先规模巨大但相互割裂、分散、不连续、差异和分布不均的消费需求整合在一起，以整体、规律、可操作的形式将需求提供给供应商，从而将“零售”转化为“集采”，能够大幅提高工厂的生产效率和资产、资金周转，价格因而又有了一个巨大的下调空间。

二、主要内容

传统服装定制是以手工艺为特色，个性化定制可满足消费者的不同需求，效率低下却有情怀、有温度。随着工业化、信息化水平的提高，服装演变为大规模流水线生产，效率提升，但也面临产品同质化、库存高企以及品质不稳定的突出问题。工业互联网、大数据、物联网、智能制造等与传统产业的融合，消费升级驱动消费者观念发生变化，消费整体趋于时尚化、个性化，传统定制越来越不能满足大多数客户的定制需求。通过对大规模生产线进行智能化改造，以工业智能化的手段，结合手工私人定制和大规模生产的优势，实现大规模个性化定制，通过数据化、部件化、模块化进行智能生产，大大提升生产效率，同时也满足消费者的个性化需求。大规模定制发展趋势体现为定制流程模块化、定制场景虚拟化、全品类定制平台化、“互联网+”智能制造一体化。本书主要内容是基于工匠精神回归的视角研究全球服装定制产业，剖析中国服装定制行业市场格局，对高级定制西装的面辅料进行比较，重点研究中国传统服装定制品牌、互联网服装定制品牌、数字化智能化服装定制运营模式、基于价值链衍生的服装定制品牌以及全球高级定制发展，对中国服装产业转型个性化、数字化、智能化定制具有指导价值，全书内容共分为九章（图1–2）。

1. 中国服装定制行业市场分析（第二章）

主要系统分析了消费升级对服装产业的影响，剖析了供给侧结构性改革下服装柔性化生产和个性化定制如何成为传统服装制造业转型升级的主要路径，对香港定制市场、上海定制市场、北京定制市场以及其他地区定制市场进行了梳理，对中国服装定制产业匠心缺失的困境进行了分析，对中国服装定制品牌竞争格局进行了分类研究，并将定制产业划分为传统高级定制、“互联网+”O2O定制、代工企业升级定制、成衣品牌衍生定制、设计师原创定制、全球高级定制六种类型。

2. 高级定制西装的面辅料（第三章）

分析了各高级定制西装的著名面料品牌，对意大利、英国、瑞士的定制西装、衬衫面料进行了研究，并与国产定制面料从历史传承、技术创新、工艺制作、风格肌理等方面作了分析比较。另外，还对体现定制品质的纽扣、缝纫线、衬布等辅料进行了深度探究。

3. 高级定制西装的工匠精神（第四章）

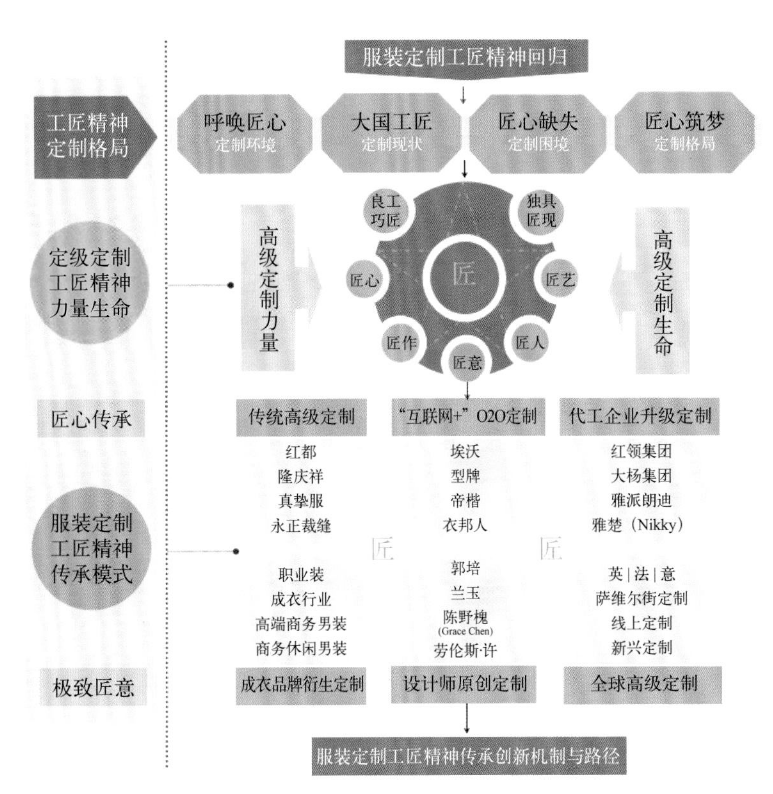

图1-2 研究内容

高级定制整个价值链环节均在细微之处体现工匠精神，服装定制在量体、工艺、板型、工艺、生产制造等环节体现匠心，定制不仅展现了独一无二的个性化产品，而且也展示了从无到有，成为一件有“生命”、有“温度”的个性化定制服装是如何炼成的。

4. 中国传统服装定制品牌分析（第五章）

主要对国内传统高级定制市场、上海高级定制品牌、香港高级定制品牌、北京高级定制品牌以及其他地区定制品牌进行了分类研究。梳理了各区域服装定制产业的演变历程、典型品牌、定制方式、运营模式等，对不同层级服装企业转型定制提供实践参考。

5. 基于“互联网+”O2O定制的品牌增长逻辑（第六章）

首先，基于政府、技术、消费和市场层面分析了互联网定制爆发的原因，互联网带来的碎片化、海量化信息的穿透性，打破了企业组织边界，使得长尾理论的实现成为可能；其次，分析了互联网定制国内外市场竞争格局、融资情况，以及对如何构建“互联网+”定制平台作了深入探讨；最后，对互联网定制领导者埃沃、颠覆者衣邦人和创新者量品等品牌的起源、商业模式、推广运营和定制特色进行了深度解读。

6. 数字化智能化服装定制运营模式（第七章）

首先，数字化、柔性化、智能化生产通过围绕信息物理系统

（CPS），传统服装企业提升改造成为智能化工厂，更好地满足了碎片化、个性化、多元化的消费需求；其次，分析了新工业革命下服装数字化、智能化趋势的特点以及运营模式，以“北红领南报喜鸟”为例，研究了数据驱动的个性化智能定制模式；最后，基于三维测量、三维人体转换、复原雕刻制作人台、智能纸样生成、假缝修正、模型试衣等男西服个性定制的系列步骤，分析了量身定制男西服的数字化个性定制流程，设计了定制纸样智能自动生成系统，并运用三维测量技术生成定制人体模型，设计开发了一种由智能机器和人类专家共同组成的人机一体化智能系统。

7. 中国基于价值链衍生的服装定制品牌分析（第八章）

传统服装产业发展受阻的背景下，终端零售行业整体情况堪忧，休闲男装品牌开始转战定制业务。首先，分析了全球价值链下代工企业转型升级的路径以及定制的发展趋势；其次，以大杨创世、雅派朗迪、雅楚等服装代加工企业为例，剖析了代加工企业转型定制品牌的演变路径；再次，研究了成衣产业消费需求及发展趋势，以卡尔丹顿、博斯绅威、威可多等中高端商务男装为例，阐述了高端商务男装如何进行定制；最后，以国内休闲品牌领导者雅戈尔旗下的MAYOR为例，分析了休闲男装品牌转型定制的衍生转变。

8. 全球高级定制（第九章）

首先，探索法国“古老的传承”高级服装定制行业规则，挖掘高级定制的前生今世，对法国高级定制的起源、工艺和文化进行梳理；其次，对全球著名的男装定制圣地萨维尔街(Savile Row)进行研究，通过分析其高冷的英伦绅士文化，剖析萨维尔街的发展历程和经营特点，对代表性定制男装品牌亨利·普尔（Henry Poole）作深入的解剖；最后，对那不勒斯西服与萨维尔街西服差异进行了比较，从绅士文化分析了裁缝师的匠心精神。

三、基本步骤

本书主要采用扎根理论、史料考证、专家访谈、案例分析等方法进行研究。运用扎根理论分析中国服装定制工匠精神的价值内涵，挖掘高级定制面辅料、工艺、板型的内核，提炼贯穿工匠精神的定制理论，研究传统高级定制的失落困境与重塑机遇；运用史料考证梳理各类定制产业的演变发展历程，对重点定制品牌案例进行专家和企业访谈，提出国内服装定制应该实现匠意、匠心、匠作、匠艺、匠人等工匠精神回归的创新机制（图1-3）。

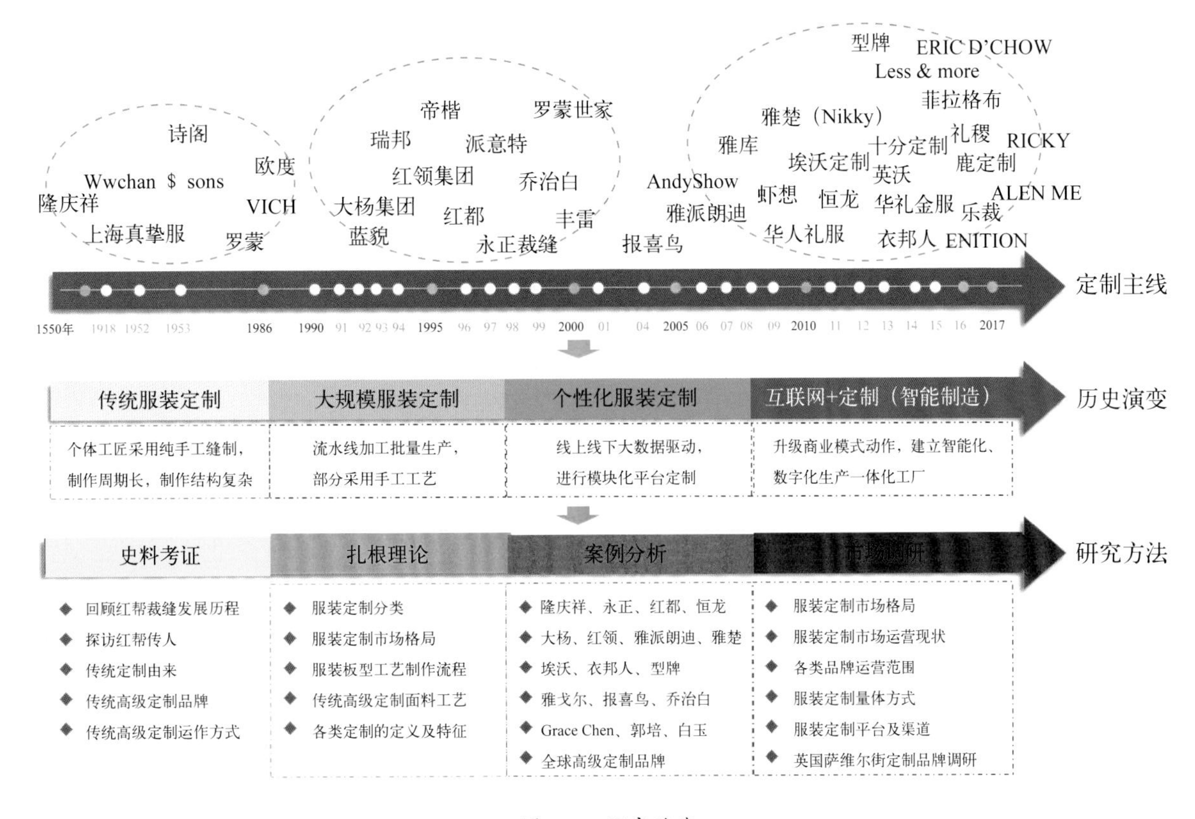

图1–3 研究路线

第三节 预期价值

一、学术观点

（1）供给侧结构性改革在服装产业升级与重构中的样本。面对国内外服装行业竞争和互联网融合态势，为推动服装行业转型升级，化解服装成衣行业制造产能过剩，开展个性化定制和柔性化生产，培育精益求精的工匠精神，实现增品种、增品质、创品牌。

（2）定制品牌应重视工匠精神，注重对工匠精髓的传承、对工艺的精益求精，使产品能够满足消费者的需求。传统定制聚集大量红帮师傅和工匠，转型门槛较高，应开展柔性化生产，研发个性化产品对接用户需求，通过柔性化制造由传统制造模式向服务型制造模式转变。

（3）数字化智能化定制将成为未来的主流方向。服装企业应开展技术范式变革，充分运用研发技术和生产优势，通过注入数字化、网络化、智能化等技术进行商业模式的变革，推进服装产业实现数字化、个性化、智能化制造，实现企业间的网络化协同制造。

二、学术思想的特色

（1）系统性全面性。以服装定制工匠精神为主线，系统分析服装定制的历史演变过程，从传统定制品牌、大规模个性化定制、互联网定制到最后发展为数字化智能化服装定制，为后续研究定制工匠精神提供参照样本和创新视角。

（2）理论性实践性。充分利用已有定制产业资源，深入调查、访谈全国定制品牌，掌握充足的服装定制资源，将研究成果与各定制企业进行产、学、研合作，获得良好的社会效益和经济效益，也通过个性化智能化定制论坛得到有效传播。

（3）前瞻性趋势性。系统分析了服装定制各价值环节的工匠精神，对供给侧结构性改革下的“互联网+定制”模式和柔性化生产进行前瞻性分析，对未来结合人工智能进行人机一体化智能系统的定制进行预测判断。本书不仅是对中国服装定制工匠精神现阶段的总结，也为当下供给侧改革下的服装产业转型升级提供思路。

（4）技术性先进性。在分析服装MTM（Made To Measure）个性定制流程、纸样生成技术和三维测量技术的基础上，设计开发了服装数字化智能化MTM定制系统，通过各个环节的数字化技术集成，这种高效的数字化链和信息链不仅满足了消费者不断变化的个性化需求，而且缩短了服务周期，满足了消费者的合体性要求，有效地提高了企业数字化智能化制造水平，降低了生产经营成本。

三、学术思想的创新

（1）研究视角创新。课题围绕服装定制工匠精神进行系统性全视角分析，总结了服装定制工匠精神的历史，剖析了服装定制市场格局，分析了定制失落重塑的现状及出现的一系列问题，对传统服装定制工艺、板型、面辅料进行研究，对不同定制类别进行了界定，深入剖析了每类定制工匠精神的形成机理、技术工艺和商业模式等，为后续研究提供了系统文献和创新视角。

（2）研究理论创新。课题从横向梳理传统高级定制和数字化智能化定制的工匠精神，在纵向上研究每种定制产业所代表的品牌，按照发展历程、经营范围、资产状况、品牌特色、定制方式及过程、服务类型、营销方式及渠道、运营模式及未来发展等方面进行了深度剖析。

（3）应用价值创新。课题不仅对全球高级定制工匠精神理论体系进行梳理，也将理论在全国定制产业进行充分实践，与红领、报喜鸟、恒龙、埃沃、衣邦人等品牌合作，并在相关网站、自媒体开设专栏对服装定制的工匠精神、趋势、痛点、运营以及商业模式进行实践传播。

第二章

中国定制行业市场分析

第一节　呼唤匠心：定制市场环境

随着模仿型消费基本结束，消费升级催生了多元化、个性化需求，也渐渐成为服装产业的发展主流。当前，中国传统服装产业已基本达到天花板，然而信息技术革命的爆发，导致中国服装旧天花板正在破解，"互联网+"中国服装业的新天花板正在重塑，产业链上消费者、生产者和市场的关系正在重构，消费者占主导地位的特点日趋明显。消费者对服装面料、款式的个性化需求和穿着品位不断提高，使私人定制成为一种新的时尚和生活方式，服装企业只有顺应消费变革趋势，抓住消费者的核心需求，不断提升消费者的体验，才能走得更好更远。2016年3月，国务院总理李克强在政府工作报告中提到，要"鼓励企业开展个性化定制、柔性化生产，培育精益求精的工匠精神，增品种、提品质、创品牌"。个性化定制无疑将提高供给体系的质量和效率，更好地满足不断升级的消费需求。

中国服装市场正在经历一场深刻变化，主要表现在出口市场不振，国内消费疲软，消费方式迅速变化，线上销售对传统实体企业的冲击，供给侧结构性改革等都是中国服装企业当前必须面对的机遇与挑战。另外，服装行业内部，人工成本、原材料和土地等生产要素价格上升，也是中国服装企业必须克服的问题。为了面对日益巨大的挑战，中国服装业的智能制造、线上线下融合、大规模定制等新零售、新制造、新技术都在受到持续冲击。

一、供给侧结构性改革

供给侧结构性改革就是从提高供给质量出发，用改革的办法推进结构调整，矫正要素配置扭曲，扩大有效供给，提高供给结构对需求变化的适应性和灵活性，提高全要素生产率，更好地满足广大人民群众的需要，促进经济社会持续健康发展。供给侧改革的本质是供给侧产品不能满足消费者需求的矛盾，这是改革的本质。通过刺激消费侧的效果应该说是越来越差，并不能达到扩大内需的效果，所以现在提出要通过改革供给侧来释放消费的能力，要在适度扩大总需求的同时，去产能、去库存、去杠杆、降成本、补短板，从生产领域加强优质供给，减少无效供给，扩大有效供给，提高供给结构适应性和灵活性，提高全要素生产率，使供给体系更好地适应需求结构变化。

一直以来，投资、消费、出口是中国拉动经济增长的"三驾马车"，这属于"需求侧"的三大需求。而与之对应的是"供给侧"，也就是生产要素的供给和有效利用，从生产供给端入手，打造经济发展的新动力（图2-1）。目前，中国进入中等偏上收入水平国家，需求出现新升级，只有产业结构跟进，现代服务业和高端制造业加快发展，将产能严重过剩的行业加快出清，才能形成新的核心竞争力。在长期形成的粗放式发展的惯性作用下，一些重化工行业和一般制造业形成了严重的产能过剩，加大了经济下行压力。中国的供给体系，总体上是中低端产品过剩、高端产品供给不足、传统产业产能过剩，同时存在着结构性的有效供给不足。

首先，根据市场需求制定产能，目前纺织服装业已经处于产能过剩状态，企业不能依赖通过扩产提业绩；其次，淘汰落后产能，实现产品升级，走品牌化道路，提高利润空间；最后，增强创新力，进一步满足消费者的个性化需求。供给侧结构性改革虽然着力点在供给端，但着眼点应该在需求端。消费需求是市场经济运行的起点和归宿，是实现经济转型的源泉和动力。服装定制时应把工匠精神贯穿到设计、生产与加工中的每一个环节，才能保证品质的完美。要“以消费者为中心”，实现个性化、定制化服务，研究用户群体，进一步细分市场，做到与消费者的实时互动，真正了解客户的心声，引领消费回流。技术进步所引起的竞争和消费者对更优质产品的需求，将推动更多的企业依靠更具工匠精神的产品去发展，只有这样的企业才能更好地生存下去。实施“中国制造2025”，加快从制造大国转向制造强国，呼唤工匠精神的回归，定制则成为供给侧的典型代表。

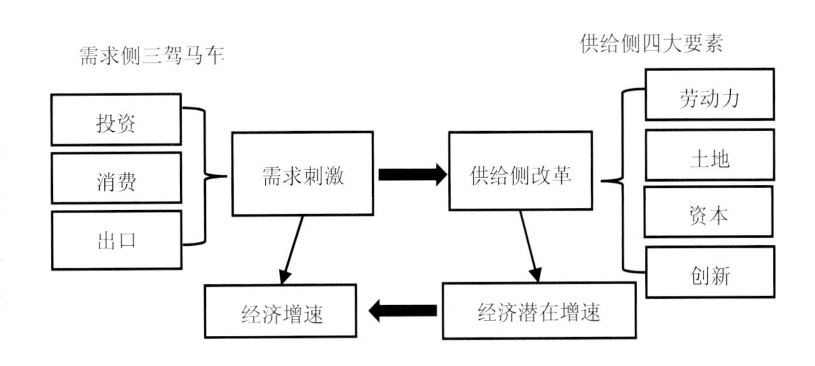

图2-1　需求侧三驾马车与供给侧四大要素

（一）服装企业需求侧的表现形式

服装企业面临产品同质化的严重问题，竞争激烈、生产规模增长过快等因素导致整个行业普遍出现库存过高、资金周转困难，甚至公司老板跑路或破产的情况出现。如何控制库存过高并促进消费，成为纺织服装行业需要重点关注的问题。目前纺织服装业已经处于产能过剩状态，企业不能依赖通过扩产提业绩。随着消费者对产品质量和个性化消费的要求提升，一些企业在无法保证质量和设计的情况下，只能被兼并或淘汰。2015年中国游客境外消费约1.5万亿元，占GDP（67.7万亿）的2.2%，证明了国内消费者的购买力依然强劲。一方面是传统的中低端消费品供给过剩，另一方面是高品质消费品供给不足，2017年人均GDP 9481美元的中国，2017年居民境外消费超过2600亿美元，看来“供给侧”远未对发展型消费升级做好准备。

（二）服装企业供给侧的表现形式

相对需求侧改革的措施，供给侧改革侧重于提升经济增长效率，更侧重于增强企业长期发展活力，注重经济长期持续平衡和可持续发展。供给侧改革的核心是降低企业的制度性交易成本，包括交易成本、税费、融资成本、社会保障成本等，这有利于增强企业创新能力、提高供给质量与效率、改善供给结构，最终提高全要素生产率。供求是双方面的平衡关系，供给侧的改革最终也是在创造需求，是在解决需求的问题，如减产能、兼并重组实际上是调整供给结构，把不需要的供给减下去，同时创造市场需求。制造业增长、转型升级、服务业发展，都是通过供给侧改革以创造出新的需求。总的来说，解决供给问题的同时，也是创造新的需求，而且这种新的需求更可靠、更实在、更具有可持续性。通过淘汰落后产能，实现产品升级，走品牌化道路，提高利润空间。通过产业链的重构来达到供给侧改革的目的，如线上线下O2O重构、消费者参与服装价值链。通过工业4.0实现智能制造，进一步加快产业的转型升级，满足消费者的个性化需求，通过商业模式创新，在“互联网+”纺织服装企业实现供给侧改革。

二、中国服装定制风口

定制会成为中国服装业的下一个风口吗？“互联网+定制”会是服装产业下一个爆发点吗？市场是最好的明证，当市场上出现埃沃、衣邦人等互联网定制品牌蓬勃发展，高端传统定制品牌红都、隆庆祥、恒龙等坚守匠心，各路男装纷纷通过并购、合作、兼并、入股抢滩定制市场份额的时候，定制在服装产业便开始成为一种趋势。面对消费升级与互联网思维的不断冲击，传统服装产业生产制造、品牌运营、商业模式重构等成为整个服装产业的热点问题。在国家提倡供给侧结构性改革背景下，在“互联网+”不断颠覆传统产业的当下，服装产业如何实现去产能、去库存、去杠杆、降成本、补短板，从生产领域加强优质供给，减少无效供给，扩大有效供给呢？

（一）消费者主权逆转，需求多样化个性化

消费者对服装的差异化与个性化需求增强，更多的消费者期待与众不同的服装彰显个性，追求服装的独特性与个性化，而服装定制能够满足消费者的个性需求。同时，希望在消费过程中获得更多个性化的体验，享受到独一无二的服务。互联网时代不仅改变了消费者的购物习惯，也改变了消费者与企业的角色，使得两者角色互换。以链接为本质的互联网将消费者、产品、企业进行了链接，消费者可以随时随地通过

互联网来获取产品信息并进行透明化比较，还可以通过社交网络进行产品评价、建议与分享。互联网赐予消费者前所未有的话语权与消费力量，企业与消费者之间的话语权发生逆转，消费者主权时代到来，“用户至上”成为互联网时代的铁律（图2-2）。

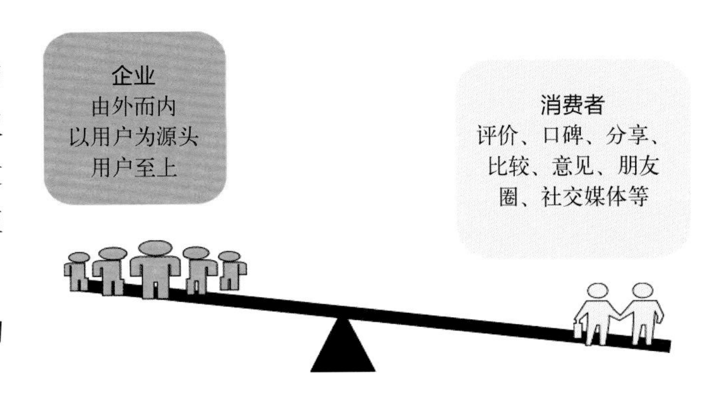

图2-2　互联网时代企业与消费者角色

（二）传统高级定制，工匠精神的回归

与“互联网+定制”相比，传统高级定制具有单独量体、一人一板、两次以上试样、60%以上手工工艺、限量版面料、至少两周以上工期、舒适性高、价格昂贵等特点，典型的传统高级定制代表是隆庆祥、红都、永正、真挚服、恒龙等（图2-3）。但传统高级定制最大的问题是无法批量化生产，无法突破师傅量体的痛点，传统高级定制都是量体师为顾客一对一量身定制。尽管目前各种3D设备软件、“魔幻大巴”等希望替代传统量体师，但事实上都无法真正替代，也无法解决传统定制后继乏人的问题，这也是高级定制无法大规模市场化的主要原因。

图2-3　工匠精神

（三）“互联网+定制”，服装定制业的风口

随着“互联网+”在各个行业的跨界链接，长尾效应凸显，原本传统高级定制的制约因素受到泛化，“互联网+定制”开始趁势而起。“互联网+定制”主要介于传统高级定制与成衣之间，借鉴高级定制概念，通过各种量体软件、美女上门量体服务、线上引流线下服务等手段，解决了传统高级定制无法实现的范围效应，在生产中则主要利用自动生成板型和规格数据进行制造，既满足了顾客个性化、舒适性的要求，又实现了“互联网+定制”的大规模生产，与传统高级定制相比在市场上有较强的竞争力，是当下“互联网+定制”成为服装业风口的主要原因。“互联网+定制”行业出现了埃沃、衣邦人、雅库、酷特、帝楷、7D等互联网定制平台，随着投资市场行情的看涨，一部分以服装定制为主体的C2M（Customer to Manufactory）定制平台如必要、网易严选、凡匠等也正在成长。

（四）服装行业定制的投资建议

2016年马云指出未来有五个新发展会影响到所有人，除了新零售还包括新制造、新金融、新技术和新资源。其中新制造，过去二三十年制造讲究规模化、标准化，未来三十年制造讲究智慧化、个性化和定制化，如果不从个性化和定制化着手，任何制造行业一定会被摧毁。第二次巨大的技术革命是IOT（Internet of Things，物联网）的革命，所有的制造行业由于零售行业发生变化，原来B2C（Business to Customer）的制造模式将会彻底走向C2B（Customer to Business）的改造，也就是按需定制。随着“工匠精神、个性化需求、高品质”等越来越被重视，服装定制未来的发展道路将会越来越广阔，本文将通过对中国服装定制行业各类别的分析，对定制行业的投资提出建议。

1.传统高级定制品牌：红都、隆庆祥、恒龙、雅楚

如果服装公司本身有工匠或裁缝，那么进行传统高级定制比较容易转型，工匠精神在传统高级定制入门时会体现得淋漓尽致，不是任何一个服装公司都可以转型生产高级定制。奉化是传统红帮裁缝的发源地，聚集了大量的红帮裁缝，相对而言转型门槛较低，典型代表是雅楚，目前正在运营面向欧美市场的自主高级定制品牌Nikky。

2.“互联网+定制”品牌：埃沃、衣邦人、量品、帝楷

传统服装产业的萎缩、库存高企和关店潮等因素，“互联网+定制”受到了资本市场的热捧。如果IT企业转型踏入服装产业，会更适合线上服装定制。当下很多IT公司进入服装产业，与其认定是服装公司，其实更像IT科技公司，服装在平台销售只是一个载体，公司核心是基于互联网的定制数据传递平台，一般将服装定制供应链外包。这类企业随着互联网的发展成长起来，基于长尾理论的互联网市场范围效应，大多是创新创业型企业，特点是市场爆发力强，公司一般采用是合伙人模式。

3.男装品牌转型定制：卡奴迪路（CANUDILO）、卡尔丹顿（KALTENDIN）、七匹狼、九牧王

研究报告显示七匹狼为了应对关店潮，于2015年11月携手苏宁易购发布狼图腾极致衬衫，开始探索定制服装市场。九牧王通过推出面向政要、明星、VIP客户等的高级定制服务，也开始在终端提供个性化定制和面向企业或单位的团购服务。这类定制服务在中高端商务男装威可多（VICUTU）、卡奴迪路、博斯绅威（BOSSsunwen）、卡尔丹顿、蓝豹（LAMPO）等国内商务休闲品牌中较为普遍，充分利用杰尼亚、切瑞蒂1881（Cerrtui 1881）、VBC维达莱（Vitale）、Dormel等知名定制面料品牌进行高端定制，满足顾客因体型和个人偏好不同产生的规格定制和款式定制需求。

4.职业装的企业转型定制：乔治白、南山、阳光

乔治白首创“微信定制衬衫”系统，公司还与英国高端定制品牌切斯特·巴雷（CHESTER BARRIE）品牌签订合作协议，希望借鉴吸收该品牌优异的设计和运营经验，使乔治白私人定制业务规模大幅提升。对于职业装定制公司，在原有生产技术的基础上，希望借助互联网扩大

市场份额，通过兼并购买代理国际定制品牌，提升原先定制品牌形象。

5. 出口型服装企业转型定制：红领、大杨创世、雅楚

欧美出口型男装企业充分运用男装研发技术和生产优势，能够比较成功地从国际市场转向国内市场，特别是借助于互联网、3D技术、智能制造、商业模式创新等方面，如红领通过数据驱动的“魔幻工厂”，为国内服装业摸索出一条实现供给侧改革的C2B数字化驱动的定制模式。大杨创世不仅通过巩固欧美单量单裁的业务，推出优搜酷（YOUSOKU）纯线上销售品牌，实现服务型电商销售模式，而且通过圆通入股大杨创世，2亿元入股全球最大的线上定制平台INDICHINO，整合全球定制市场。

6. 设计师/理型师主导的定制：玫瑰坊、Grace Chen、垂衣

设计师主导的定制企业能为顾客提供私人形象搭配，设计师定制是一个高度吻合当下消费趋势的模式。第一类是著名设计师为一些知名人士进行高级定制，特别是娱乐影星、明星、高级官员等，通过高级定制的工业带动相关性消费，国内比较成功的例子是郭培的玫瑰坊和陈野槐的Groce Chen；第二类是不参与服装开发而是通过整合资源，充分发挥搭配功能的定制品牌。典型是垂衣，将目标对准中产阶层男性，核心客户是希望穿得更好但没时间和耐心亲自挑选、比价或者对自己适合什么样风格的衣服摸不着头脑（也就是俗称的“直男”）的消费者，垂衣通过理型师和用户数据分析帮顾客搭配服装，将为用户挑选垂衣盒子作为销售的入口。

第二节　大国工匠：中国服装定制行业

面对复杂的发展环境，需求低迷的国际市场和消费变革的内销市场，服装企业积极转型调整，出口降幅逐渐收窄，效益指标平稳增长，运行质量有所提升。根据国家统计局数据，2017年1～10月，服装行业规模以上企业累计完成服装产量253.94亿件，同比增长0.31%。2017年1～10月，社会消费品零售总额297419亿元，同比增长10.3%。其中，限额以上单位服装类商品零售额累计8371亿元，同比增长7.3%。2017年1～10月，全国网上零售额55350亿元，同比增长34.0%。在实物商品网上零售额中，服饰类商品同比增长19.6%。经过调整，服装行业出现大规模扩张、同质化、大规模关店、库存等波段特征，呈现颓势的成衣企业开始纷纷抢占定制市场。随着定制行业和资本的结合愈加紧密，与新经济的融合程度进一步加深以及消费升级进程的加快，定制行业呈现出更大的无形空间，成为融合制造、零售、管理、设计、文化、时尚、科

图2-4　中山装

图2-5　旗袍

技等各种因素的“大时尚大消费”行业。在这种融合过程中，定制行业的产业整合、收购、跨界进程愈加频繁。中国服装定制行业出现了传统定制品牌商业模式重构升级；成衣品牌收购整合或推出更完善的细分定制品类和品牌，向“多品牌多品类”的品牌集团进军；新兴网络定制品牌由B2C向O2O过渡升级，解决了服装试穿量身等技术问题。

一、服装定制发展历史

中西方定制服装都起源于封建宫廷，体现了这种服装艺术形式出现的历史必然性。定制服装这一概念在中国古已有之，古代的龙凤朝服就是典型的定制服装。从历史角度看，“江南三织造”与清王朝的兴衰休戚相关，在体现古代封建王朝专制的同时，也折射出定制服装在当时达到的技艺巅峰与审美趣味。中国近现代定制服装的发展始于红帮裁缝的出现，伴随上海开埠并逐渐建立起作为远东乃至世界时尚中心的地位，“红帮”抓住历史机遇，登上了中国近现代服装变革的历史舞台。

“红帮”在近代工商的繁荣、社会经济增长及人们生活方式、价值观念的综合因素影响下发展壮大，中式裁缝在清末民初迫于生计压力改做西服并逐渐形成一定规模，后大部分逐渐演变成时装业。宁波传统本帮裁缝的成功转型是特定的社会历史机遇、独特的地域精神、深厚的传统服装行业积淀等内外因素共同作用的结果。由接触、缝制西服领会西方服饰文化，再到将之与中国传统服饰形制相结合，创造出中西合璧的服装款式——中山装与旗袍。这两种款式被奉为独具中国特色的男女现代服饰经典，对促进中国近现代服饰的转型影响深远（图2-4、图2-5）。

从定制品牌发展变迁看（图2-6），定制服装的存在与发展有其必

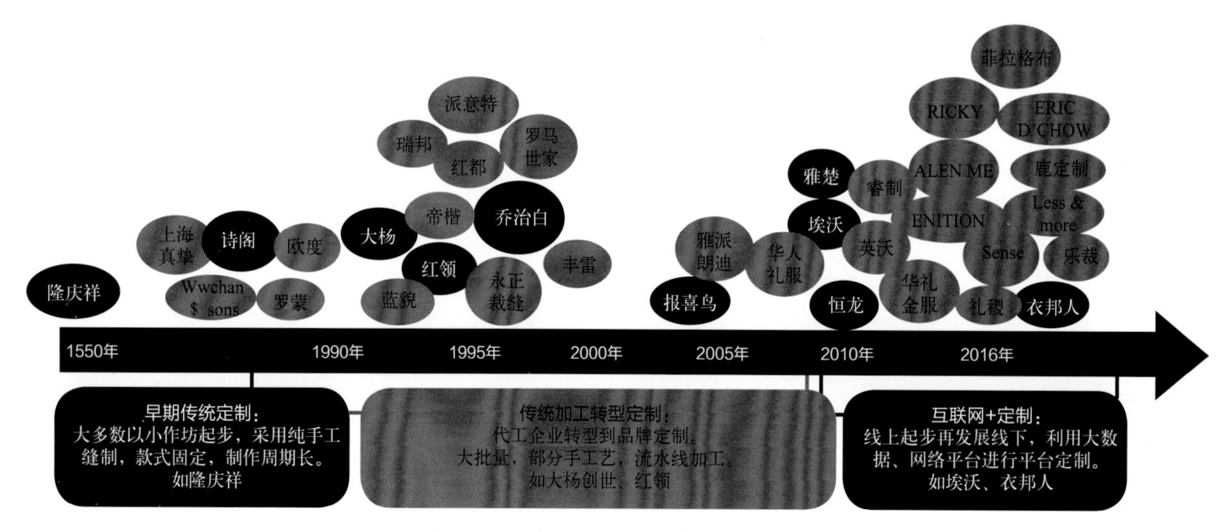

图2-6　国内主要定制品牌发展时间轴

要性与必然性。当代高级定制从艺术品的象牙塔走向大众，定制精神成为年轻一代时尚生活的组成部分，是当代消费者个性化需求的回归和自我观念的表现。因此，高级设计师纷纷与大众品牌联手，原本以顾客需求为导向、专属于高级定制领域的设计师纷纷走向大众；大众品牌则趋向于个人特质和个性化发展，两者呈现出前所未有的融合态势。纵览定制服装对时尚的话语权，到被大众化成衣湮没，再到两者的互融互补，定制服装以其自身的独特魅力延承发展（图2-7）。

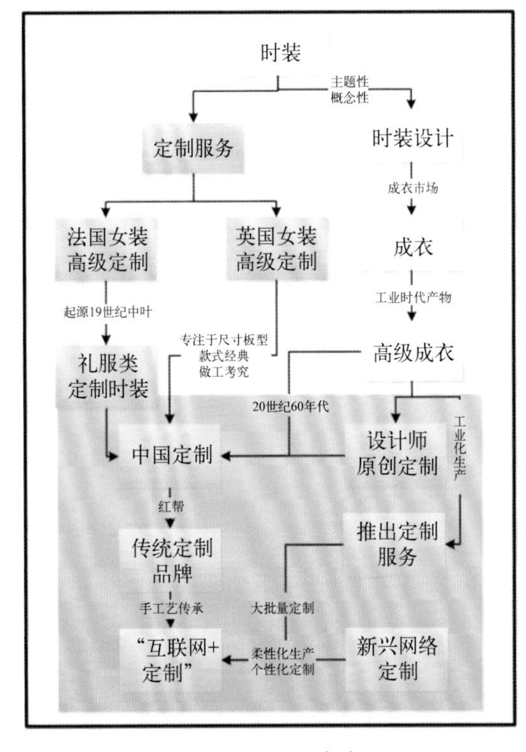

图2-7　定制发展进程

二、中国服装定制市场

（一）中国香港定制市场

20世纪40年代以前香港几乎无工业可言，制衣业在30年代只有几家“家庭式的山寨厂”生产童装、裙装。以西装为主要经营项目的红帮人于20世纪中叶从上海移师香港和海外各地寻求发展，移居香港的人数占这些移民人数的80%，著名红帮裁缝车志明、许达昌（“培罗蒙”创始人）、陈荣华（W.W.Chan&Sons创始人）、张诚康（“恒康”创始人）、王铭堂（“老合兴”创始人）等都在这一时期迁往香港。

上海服装业和红帮人移师香港后，香港制衣业迅速起步。20世纪60年代，香港制造业取代转口贸易主导地位，其中制衣业占香港制造业生产总值（Gross Domestic Product，GDP）的三分之一。陈瑞球在《香港服装史·序言》中提及：“制衣，替本港工业创造力奇迹。”更有学者断言：“香港之所以能变成巨大的制造业中心，是因为1949年从上海移入的工业家之故。”这些“工业家”中也包括红帮人。1992年的《香港服装史》（图2-8）亦明确指出：“香港西装与意大利西装同被誉为国际风格和最精美的成衣，全因香港拥有一批手工精细的上海裁缝师傅。”所谓“上海裁缝师傅”的主体就是红帮师傅。著名宁波帮企业家王宽成说：“搞经济必须有政治头脑，就是说要胸怀全局，要有战略思想、长远眼光，随时要耳听六路、眼观八方，善于适应各方面的变化，大胆果断地捕捉战机，把握机遇。”这段话是对移师香港的红帮人士的最好概括。

图2-8 《香港服装史》

自20世纪中叶开始，东南亚诸国、日、英、美、德、加和非洲一些国家及地区都已成为香港服装的主要市场。不同于内地市场，香港时装定制市场发展历史悠久，更拥有诗阁（Ascot Chang）等多家实力雄厚的本地企业，这些企业在国外也占有一定市场份额和较高的知名度。除了一批稳步发展的本地企业，国外著名的定制服装企业也早已进驻香港，并大多设有直营店，与香港的时装定制市场共同成长（图2-9、图2-10）。此外香港的定制市场层次丰富，不仅拥有像奇敦（Kiton)、诗阁这样位于五星级酒店、针对顶级顾客的高级定制店，还有很多位于路边的小型定制店，为普通消费者提供价格低廉的定制产品。它们共同构成了层次丰富、成熟的香港定制服装市场。

图2-9　诗阁店铺旧址样貌

图2-10　诗阁店铺陈列

（二）上海定制市场

鸦片战争后上海开埠，在之后百余年的发展中，上海成为远东乃至世界的大都市，今日上海是中国其他城市无可比拟的时尚中心。上海服装定制发展史映射着中国高级定制的发展，上海滩用东西方相斥相融的文化滋养了红帮。中国的第一套西装和中山装均在上海诞生和定型，中国第一家西服工艺学校在上海开办（图2-11）。20世纪40年代，上海已约有701家西服店。20世纪80年代，随着改革开放，上海老字号重新恢复。20世纪90年代的上海加速了国际化进程，随着国际一线品牌涌入，上万元一件的高级成衣成为身份的象征，然而无论欧版还是美版的成衣，在中国市场都存在不合体的问题，而传统缝制工艺制作的西装，在肩、腰、领、袖等部位的造型及其多样性是机制成衣制作方式难以达到的。为了有别于成衣的大众化概念，许多以手艺和服装著称的定制店以洋服店命名。目前上海约有上百家定制服装店，有的专长于男、女套装定制，有的专长于婚纱、礼服定制，还有专长于中式旗袍的专业定制店。许多定制店以工作室的形式散落在上海的各个角

图2-11　西服工艺职业学校开学典礼雕像

落，如茂名南路、长乐路、新乐路、泰康路、田子坊、南昌路、进贤路等地聚集了许多专业定制店，经营的品类包括旗袍、礼服、洋服、衬衫、皮鞋等（图2-12）。

上海除了拥有并称“四大名旦”的本土经典高级定制品牌，如培罗蒙、亨生、启发、德昌外（图2-13），还拥有南京路上的六大定制店，包括王兴昌、荣昌祥、裕昌祥、王顺泰、王荣康和江利。近年来，还有一些设计师品牌的定制系列出现，如吉承品牌旗下的高级婚纱定制子品牌Wedding by La Vie，颇具活力，上海服装定制的发展折射出中国服装定制业的跌宕起伏与文脉传承。

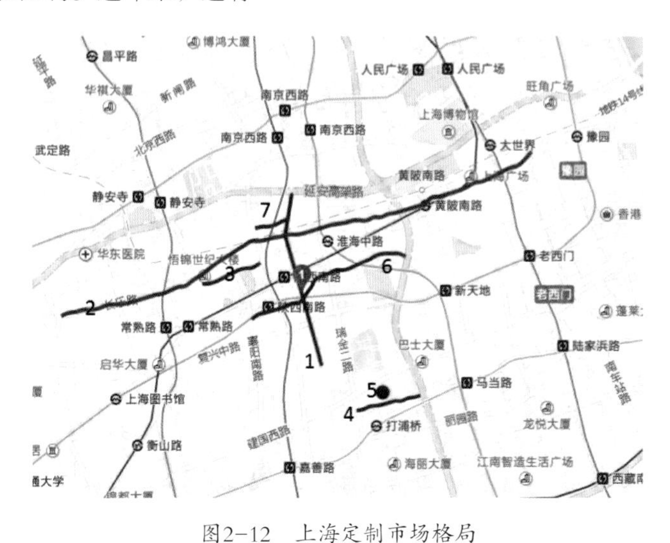

图2-12　上海定制市场格局

1—茂名南路　2—长乐路　3—新乐路　4—泰康路　5—田子坊　6—南昌路　7—进贤路

（三）其他定制市场

北京是我国政治文化中心，悠久的传统文化和国际时尚潮流在此融汇，较多的官方活动与频繁的大型文艺演出催生了北京定制服装业的繁荣发展。早在解放初期，北京可以用“全无行业”来形容，仅有两万多家的服务业有一半是饮食业务。而上海在20世纪20年代就有“东方小巴黎”之称，先后成立了先施、永安、新新、大新四大百货公司。为了改变北京服务业落后的面貌，适应日益频繁的外交活动，更好地服务中央和北京市民，1956年周总理提出“繁荣首都服务行业”的号召，大批服装业的上海名店陆续迁京，其中上海的蓝天、造寸、万国、鸿霞、波纬等二十多家著名的时装西装店迁京改为地方国营，为适应首都人民服装花样的制作，开发制作了大量经济实用、美丽大方的新式服装。目前北京服装定制设计工作室的业务中，顾客多以影视明星私人定制为主，由此催生了许多原创设计师品牌，如郭培的“玫瑰坊”，就曾多次为春节联欢晚会及明星定制礼服。

图2-13　启发西服旧址

除香港、上海、北京三地的定制产业尤为值得关注外，杭州、广州等地也出现了一些以定制为主营业务的专业定制服装品牌。近年来，杭州及其周边区域消费水平显著提高，顾客对中高级服装定制的需求逐渐提升，为杭州定制企业的发展带来了市场机遇。杭州恒龙洋服品牌代理诗阁衬衫业务，与英国萨维尔街亨利·普尔（Henry Poole）等高级定制品牌进行联盟，成为杭州最具代表特色的定制品牌。与香港、上海成熟的定制市场相比，杭州服装定制市场还略显单薄，市场上要求定制服装的零售客户还较少，定制面向零售客户也主要以提升形象、吸引更多的团购客户为目的。但随着社会发展和消费升级，杭州定制服装消费需求将会增加，定制市场将会进一步扩大，私人定制的比例也会不断提升。

此外，目前在哈尔滨、武汉、成都等一些大中城市，服装定制市场特别是高级西装套装的定制业务呈现出较好的发展势头，如乐裁西服、韩国TOPZIO西装定制、瑞邦洋服、红邦创衣、优衫定制等定制品牌均已进驻这些大中城市的中心商圈地带，提供顾客的个性化定制服务和批量生产的团体定制。除此，还有一些区域性小众的定制品牌，如武汉的美尔雅、龙派正装、中高服饰均有良好的发展势头。这一类品牌的“定制”私人西服拥有单个的量体裁衣，手工制板和精心制作，并不是工业化的CAD打板，然后是工业化的流水线生产。

三、服装定制市场分类

赵方方指出在生产过程中存在一个客户订单分离点（Customer Order Discoupling Point，CODP），按照客户需求及其对企业模式分为按订单销售、按订单装配、按订单制造和按订单设计四种类型。张祥认为顾客化定制是顾客订单驱动而非预测驱动，是生产方式的转变。刘智博从定制服装品牌的生产规模、产品种类、参与设计的程度等角度对定制服装进行分类。罗斯. F（Ross.F）指出即使是英国萨维尔街的定制业务也可根据定制程度的差异分为成衣定制（Good Quality Ready-made）、半定制（Demi-bespoke）、全定制（Bespoke）三类。许才国等提出了高级定制服装的理想模型，从成本模型、经营模型、服务模型和业务模型四个方面展开论述。综上所述，定制服装的分类标准多样，定制服装类型划分多基于生产方式、生产规模、产品种类等单一维度的分类。定制服装是一个比较笼统的概念，基于不同视角有不同的分类。根据定制程度、定制规模与生产方式、着装场合、产品价值、定制环节、消费者参与程度的差异，定制服装可以被划分为若干种不同类型（表2-1）。

（一）按定制程度划分

根据定制程度的差异，中国的定制服装（Made to Order）可分为四类：成衣定制（Good Quality Ready-made)、全定制（Bespoke)、半定制（Demi-bespoke)、大规模定制（Mass Customization)。而全定制根据工艺和机械技术的运用程度不同，又可分为手工全定制和工业化全定制（表2-2）。

表2-1　中国服装定制市场划分标准及分类

划分标准	分类
定制程度	全定制（手工全定制，工业化全定制），半定制，成衣定制，大规模定制
品牌模式	传统高级定制，代工企业升级定制，“互联网+O2O定制”，成衣品牌衍生定制，设计师原创定制，大规模服装定制，集成式定制平台
商业模式	B2B，B2C，C2B，C2M，M2C，M2M，O2O
定制规模与生产方式	单量、单裁的个性化定制，批量生产团体定制
着装场合	礼服定制，职业服装定制，便服定制
产品价值	大众产品属性的一般定制，奢侈品属性的高级定制
参与定制环节	按订单销售，按订单装配，按订单制造，按订单设计
顾客参与程度	高参与，中等参与，较少参与，不参与

表2-2　按定制程度划分

分类	特征		优势	劣势	品牌
全定制	完全按照客户要求设计或者客户自主设计，为客户量尺寸，匹配专属板型、专属工艺，进行单件制作。即一人一板，一衣一款，一件一流	手工全定制	真正的量体定制，可以满足客户的个性化需求，通过半成品试衣确保相对合体	没有标准的流程、体系，不能形成规模生产，靠裁缝师傅的经验量体、裁剪，生产周期长，生产成本高，售价非常高	W.W.Chan&Sons，诗阁，香港飞伟洋服，华人礼服，Eleganza Uomo，真挚服，红都，永正，罗马世家，隆庆祥
		工业化全定制	可以满足客户的个性化需求，完全按照客户的诉求进行研发、设计、生产，完全实现数字化、智能化、程序化。真正的全定制，成本可控，质量有保证，交货期短	必须具备非常高的信息化水平，且必须实现信息化和工业化的深度融合，必须具备个性化流程和相关大数据支撑	红领
半定制	标准板上简单的套码		成本可控，快速反应，生产高效	不能完全满足顾客需求	雅派朗迪，大杨创世，雅戈尔，型牌，帝楷，埃沃，尚品，雅库，衣帮人
成衣定制	标准号生产，满足小批量的款式变化		快速生产，门槛低，交货期短	款式变化少，工艺技术低	埃沃，红领，型牌，雅库，乐裁，帝楷，诺奈，衣帮人
大规模定制	标准号生产		大规模，大批量	基本无定制体验，服装合身度低	乔治白，罗蒙，雅戈尔，派意特，虎豹（HUBAO）

成衣定制是指根据消费者需求与体型对已有的标准板型进行修改，基本由手工完成的合体服装。这种定制服装通常为部分国际大牌在中国专卖店内提供的“半成品”服装。

全定制是指从量体、打板、反复试装到缝制的全过程仅针对某一位顾客，完全单量单裁的孤品。从定制程度看，全定制是最高级的定制服装类型。

半定制是指结合全定制与成衣定制的特点，依赖新工艺与新技术，达到突破原有工艺、款式及技术水平的定制方式。事实上，即使在萨维尔街，当今定制服装的发展也是基于艺术、工艺、科技和市场的不断碰撞与交融。半定制在满足消费者对品质、个人风格、合体方面诉求的同时，以相对较低的价格提供不亚于全定制水准的定制服装。

大规模定制是企业利用现代化信息技术、敏捷柔性的制造过程及组织形式，以接近大批量生产的成本为消费者提供满足其个性化需求的产品和服务，业务流程更倾向于零部件的选择、组合与装配过程。

服装定制市场工艺层次根据定制程度的差异，在市场消费者需求、制作工艺、用时、量体方式、设计流程、顾客参与度等标准上也有区别（表2-3）。

表2-3　服装定制市场工艺层次

<table>
<tr><th rowspan="2">维度</th><th colspan="2">全定制</th><th rowspan="2">半定制</th><th rowspan="2">成衣定制</th><th rowspan="2">大批量定制</th></tr>
<tr><th>手工全定制</th><th>工业化全定制</th></tr>
<tr><td>量体</td><td>手工量体
几十处关键部位</td><td>手工量体
几十处关键部位
预约门店或上门量体</td><td>预约量体
标准尺码
提供尺码
提供测量方法
自填数据</td><td>提供尺码
提供测量方法
自填数据</td><td>预约量体
提供尺码
提供测量方法</td></tr>
<tr><td>款式
设计</td><td>上千种款式选择
客户提出制衣要求
图册参阅</td><td rowspan="2">客户提出制衣要求
图册参阅
设计师推荐
在线图片选择</td><td rowspan="2">在线图片选择
线下实体店选择
设计师推荐</td><td rowspan="2">线下实体店选择
线上图片选择
设计师推荐</td><td rowspan="3">单位标书注明
国产面料
里布
袖里绸</td></tr>
<tr><td>面料</td><td>选用世界顶级面料
提供布板和品牌图册
提供2000种以上面料</td></tr>
<tr><td>辅料</td><td>国外进口里布
袖里绸</td><td>国外进口/国产里布
袖里绸</td><td>国产里布
袖里绸</td><td>国产里布
袖里绸</td></tr>
<tr><td>衬</td><td>纯毛衬
麻衬</td><td>纯毛衬
麻衬</td><td>天然原料衬
化纤黏合衬</td><td>化纤黏合衬
混合衬</td><td>化纤黏合衬
混合衬</td></tr>
<tr><td>细节设计</td><td>钉标
绣字
绣花款式
绣花线色
钉扣方式</td><td>钉标
绣字
绣花款式
绣花线色
钉扣方式</td><td>在线图片
文字说明
在线选择</td><td>在线图片
文字说明
在线选择</td><td>定标</td></tr>
</table>

续表

维度	全定制		半定制	成衣定制	大批量定制
	手工全定制	工业化全定制			
制板	一人一板 手工制板	一人一板 智能制板	标准号型推板	标准号型	标准号型 或推板
剪裁	对格对条 手工剪裁	对格对条 自动化剪裁	手工剪裁 自动化剪裁	手工剪裁 自动化剪裁	自动化剪裁
毛壳	手工扎毛壳	有	无	无	无
试衣次数	3次以上	1~2次	1次	无	无
熨烫	不同部位不同熨烫手法	工业化熨烫 关键部位手工熨烫	工业化熨烫 关键部位手工熨烫	工业化熨烫	工业化熨烫
驳头	手工纳驳头	工业化生产	工业化生产	工业化生产	工业化生产
扣眼	手工锁扣眼 袖口开真扣	机器锁扣眼 袖口开真扣	手工/机器锁扣眼	机器锁扣眼	机器锁扣眼
纽扣	顶级牛角扣 金属扣 贝壳扣 水晶扣	牛角扣 金属扣 贝壳扣	低品质牛角扣 贝壳扣 化纤扣	低品质牛角扣 贝壳扣 化纤扣	化纤扣
手工含量	90%	40%~60%	20%~40%	0~20%	0~10%
制作工时	40~50小时	10~30小时	20~30小时	10~20小时	10~20小时
定制周期	4~12周	1~3周	1~2周	2周以内	2周以内
顾客参与度	高	一般	一般/低	低/无	低/无
售后服务	免费修改 不满意可退换货 不满意一律重做 终身保养 量体尺寸和板型数据终身保存	免费修改 可退换货 不满意一律重做 免费维护 量体尺寸和板型数据终身保存	7天内质量问题退货退款 一个月内免修 免费修改一次	7天内质量问题退货退款 一个月内免修 免费修改一次	15日内返修完毕

（二）按品牌模式划分

品牌模式的维度包括经营模式、业务模式、服务模式、盈利模式、运营模式、渠道模式、销售模式等。经营模式基于品牌在产业链中位置、业务范围、实现价值的不同，可以区分为自主经营模式、品牌代理模式、品牌代销模式、品牌经销模式、品牌联合模式等。通过对现有国内外知名定制服装品牌的研究整理，将定制品牌划分为以下七类：传统高级定制品牌、成衣品牌衍生定制品牌、代工企业升级定制品牌、“互联网+O2O定制”品牌、设计师原创定制品牌、大规模服装定制品牌和集成式定制平台（表2-4）。

表2-4 按品牌模式划分

经营模式	分类		品牌
传统高级定制	国内	门店式	诗阁，W.W.Chan&Sons，香港飞伟洋服，华人礼服，恒龙
		网络化	红都，真挚服，永正，罗马世家，隆庆祥，培罗蒙
	国外		安德森与谢泼德（Anderson & Sheppard），亨利·普尔（Henry Poole），基尔戈（Kilgour's），德格&斯金纳（Dege & Skinner），埃德&拉芬斯克洛夫（Ede & Ravenscroft），君皇仕（Gieves & Hawkes），亨茨曼父子（H. Huntsman & Sons），赫迪雅曼（Hardy Amies），诺顿父子（Norton & Sons）
成衣品牌衍生定制	国内	男装	杉杉，报喜鸟，蓝豹，希努尔，法派，罗蒙，雅戈尔
		女装	朗姿，白领，例外
	国外		杰尼亚（Ermenegildo Zegna），登喜路（Alfred Dunhill），康纳利（Canali），阿玛尼高级定制（Armani Prive），卡尔丹顿（Kaltendin）
代工企业升级定制	红领，雅派朗迪，大杨创世，诺柰，丰雷·迪诺		
新兴网络定制品牌	国内		衣帮人，埃沃，型牌，尚品，雅库，乐裁，OWNONLY，酷绅
	国外		Proper Cloth，Bonobos，Indochino，J Hilburn
设计师原创定制	品牌		陈明（Ricky Chen），Eric d'Chow，社稷，吉芬，何艳，兰玉
	工作室		玫瑰坊，Grace Chen，崔游，张肇达，祁刚，马艳丽，谢思宇（Allen Xie）
大规模定制	乔治白，罗蒙，雅戈尔，罗朗·巴特，派意特，帝楷，宝鸟，南山		
集成式定制平台	7D定制，恒龙云定制，尚品定制，睿玺科技（RICHES）		

（三）按商业模式划分

商业模式指企业从事商业的具体方法和途径，是企业满足消费者需求的系统，通过组织管理企业的各种资源（资金、原材料、人力资源、作业方式、销售方式、信息、品牌和知识产权、企业所处的环境、创新力），形成能够提供消费者无法自给而必须购买的产品和服务。服装定制品牌根据商业模式的区别可划分为以下主要几类（表2-5）。

表2-5 按品牌商业模式划分

商业模式	定义	定制品牌
B2B	企业对企业	亨利·普尔，恒龙，大杨创世，Indochino
B2C	商家对消费者	红都，埃沃，Proper Cloth，Bonobos，Indochino，雅库，型牌
C2B	消费者对商家	红领，恒龙云定制
C2M	消费者对制造商	红领，大杨创世，优搜酷（YOUSOUKU）
M2C	制造商对消费者	优搜酷（YOUSOUKU）
M2M	设备对设备	帝楷
O2O	线上线下互通	衣邦人，埃沃，真挚服，罗马世家，永正裁缝

其中，在工业4.0以个性化定制为起点的未来个性定制C2B模式中，生产模式将分成了三个时代：大规模生产时代、大规模定制时代和个性化定制时代。从供应链管理上来看，这三个阶段分别对应着：

MTS（Make to Stock），MTO(Make to Order)，C2M（Custumer to Manufacturer）。MTS主要是针对大规模生产，解决生产效率问题；MTO是在解决了产品的基本需求以后，人们开始追求差异化；C2M是随着生产力的进一步提高，产能已经不是瓶颈的时候，人们开始进一步追求个性化的产品。根据用户需求设计产品、生产产品是未来的商业形态，未来的商业形态主要特点是C2M，但MTS、MTO、C2M的生产方式并存。个性化定制的产品是标准零部件与个性定制部件组成或者标准零部件与个性定制外观的模式，支持个性化定制的各种解决方案，就需要支持MTS、MTO等多种生产方式，当然在MTO中还有很多种类，比如CTO（Configuration to Order）、ATO（Assembly to Order）等。

（四）按着装场合划分

TPO着装法则是英文Time，Place，Occasion三个英文单词字母的缩写。T代表时间、季节、时令、时代；P代表地点、场合、职位；O代表目的、对象。最早提出该原则的是日本，当时为了迎接1964年在日本举办的奥林匹克运动会，日本男装协会提出该项原则为确立在日本国内的男装国际规范和标准，以此来提高国民整体形象，使国民在国际各界人士面前拥有良好的形象。始料未及的是，TPO原则不但在日本迅速推广开来，也在国际时装界被广泛认同和接受，逐渐成为通用的国际服装着装准则。

着装TPO原则早已是世界通行着装搭配的最基本原则。要求人们的服饰应力求和谐，以和谐为美。着装要与时间、季节相吻合，即符合时令；要与所处场合环境，与不同国家、地区、民族的不同习俗相吻合；要符合着装人的身份；要根据不同的交往目的，交往对象选择服饰，给人留下良好的印象。按用途与穿着场合，定制服装可分为礼服定制、职业服定制和便服定制等（图2-14～图2-17）。

图2-14　董事套装

图2-15　半正式礼服

图2-16　晨礼服

图2-17　燕尾服

礼服定制是为顾客提供出席正式场合的社交礼仪服装定制业务；职业服定制是为顾客提供关于职业需求方面的服装定制业务；便服定制满足的主要是特体消费者的特殊需求以及部分消费者对日常着装合体和个性化程度的高要求（表2-6）。

表2-6　按着装场合划分

性别	场合	服装品类
男士	礼服	燕尾服，晨礼服，塔式多，吸烟服
	商务装	董事套装，衬衫，职业制服，中山装，马甲
	便装	运动西装，夹克，休闲装，马甲，衬衫，大衣
女士	礼服	婚礼服，晚礼服，晨礼服，鸡尾酒礼服
	商务装	套装，职业制服，大衣，衬衫

（五）按参与定制的环节划分

按参与定制环节的不同，顾客需求及其对企业生产活动影响程度的不同，定制服装可分为四种类型：按订单销售、按订单装配、按订单制造、按订单设计。划分的关键在于确定CODP（Customer Order Decoupling Point，备货订货分离点）的位置。随着CODP的左移，产品个性化程度越高；随着CODP的右移，产品个性化的程度越低（图2-18）。

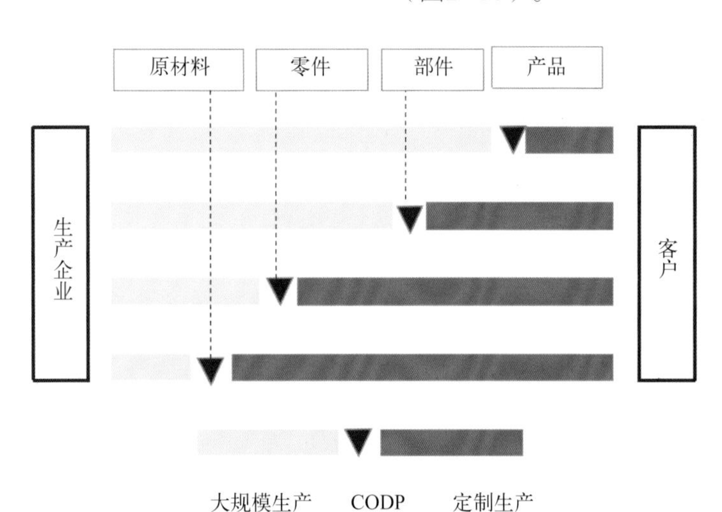

图2-18　不同定制服装类型参与定制的环节不同

STO（Sale to Order，按订单销售）是指销售活动由客户订单驱动的生产方式，在四种定制环节形式中这类产品的定制程度最低。部分成衣品牌借鉴定制理念，仅对销售环节的定制概念包装属于按订单销售的产品。ATO（Assemble to Order，按订单装配）是指在接到客户订单后，将企业中已有的零部件经过再配置后向客户提供定制产品的生产方式。这种根据顾客需求对已有部件进行组织装配的理念与大规模定制思想相契合。MTO（Make to Order，按订单制造）是指在接到客户订单后，在已有零部件的基础上进行变型设计、制造和装配，最终向客户提供定制产品的生产方式。按订单制造事实上可以理解为一种半定制的服装类型。ETO（Engineer to Order，按订单设计）是指根据客户订单中的特殊需求，重新设计能满足特殊需求的新零部件或整个产品，这类产品的定制程度最高，消费者参与环节最多，相当于前面提及的全定制。

（六）按顾客参与的程度划分

顾客选择定制产品是为了满足个性化需求，这种个性化需求越突出，表示与个人的相关程度越高，顾客越可能参与产品（服务）的定制过程。在实施定制生产的服装企业中，顾客以多种形式参与了产品与服务的增值过程。在营销环节中，顾客与销售人员共同确定产品的定制需求；在研发环节中，顾客和营销人员、设计人员、生产人员共同确定各个产品细节；在供应环节中，部分顾客甚至指定零部件供应商或者品牌。鼓励顾客参与增值过程，往往能更好地把握和满足顾客的个性化需求，而顾客也愿意为此付出额外的代价，包括资金、精力、知识和努力，从而增强顾客对企业产品的了解和信赖，企业也因此获得较高的顾客满意度和忠诚度。定制程度和顾客参与程度往往成正比关系，如全定制服装针对个体消费者，特点是顾客参与时间最长，互动程度和参与程度最高（表2-7）。

表2-7　产品、流程和顾客参与程度的对应关系

对应类型	全定制	成衣定制	大规模定制	成衣
单位产品产量	单件	小批量	大批量	大批量
产品品种	每件均不一样	多品种	较少品种	标准产品
产品定制程度	高	中	低	极低
产量与流程	单件	批量	重复性	连续不间断
流程节拍性	几乎没有	不同节拍	协调节拍	恒定节拍
流程柔性	高	中	低	极低
员工授权	最多	中	少	很少
需求信息来源	单个顾客	细分顾客群	细分市场	大众市场
顾客参与时间	长	中	短	无
顾客参与的增值过程	多	较多	较少	限于销售环节
企业与顾客互动程度	高	中	低	极低
顾客参与定制程度	高	中	较少	不参与

第三节　匠心缺失：中国服装定制产业的困境

一、手工技术传承艰难

信息革命和互联网技术的冲击对原有服装市场商业模式形成了巨大的冲击，新兴互联网定制品牌奋勇而起，在新中产阶级崛起、消费者趋向年轻化的环境下，传统高级定制企业面临巨大挑战，曾经鼎盛的裁缝名店如王兴昌、荣兴昌、裕昌祥、王顺泰、王荣康、汇利以及“四大名旦”——亨生、启发、德昌、培罗蒙，这些高级定制品牌要么落寞、要么沉寂或仍保持着小裁缝店规模，历经工业化到来的挑战，传统的小规模裁缝店经营形式基本已被企业集团的运作方式取代。

与过去的裁缝不同，高级定制是为个体顾客设计出符合该顾客个性和气质的服装，这其中包含诸多创意，不同于成衣，高级定制90%的工作都需要手工完成。高级定制的核心技术是手工艺技术，每一位传统高级定制工匠师傅都是在此行业用一生之久去磨炼，可以说，一件高级定制的服装是手工艺技术给它灵魂和生命力的。随着时间的推移，原有的红帮师傅逐渐老去，而现有的高级定制面临实体店面租金、物业、人员管理等费用的增长，生产成本居高不下，经营困难重重，许多裁缝匠人不得不转行的问题，传统高级定制手工艺传承成为高级定制企业面临的巨大挑战。在工业4.0时代，政府也提出了弘扬工匠精神、发展个性化定制、“中国制造2025”等战略，希望以智能制造技术实现柔性化生产个性化定制，但作为高级定制的灵魂——手工艺技术，却依旧面临着如何保留和传承的考验。

二、高级定制工匠与互联网裁缝的矛盾

顾客买的更应该是手工工匠的生命、每一次的挣扎与选择、蕴含的阅历与品位、藏匿在服装背面的理念，手工工匠做的不只是一件衣服，而是他看过的每一处风景，喝过的每一杯咖啡，经历过的每一次变故。

传统量体师也称为师傅或裁缝（Tailor），是需要懂板型、懂体型、懂工艺的，随着裁缝传承断层和手艺工匠精神缺失，找一位技术全面的量体师是越来越困难。而互联网定制的快速发展，市场出现了一批时尚年轻貌美的互联网裁缝，以最快的方式学习，以最新的潮流资讯服务于顾客，除了年龄沉淀、阅历积累、颜值高低不同之外，互联网裁缝与传统定制师傅又有什么区别呢？主要表现在以下几方面：

（1）裁缝无法复制，无法在短期内进行简单复制，尽管大规模培养了所谓的“互联网裁缝”，短期内掌握了销售技巧、TPO原则、搭配以及量体的编码化知识，但无法熟练掌握以经验导向的隐含类知识，编码化知识可以短时间快速学习，而隐含类知识则需要时间的沉淀。

（2）部分高级定制品牌开店第一要务就是高薪招聘奉养一个高级量体师，甚至很多高级定制品牌都以拥有几个传统红帮量体师为资本，主要原因是量体师是高级定制的关键环节，也是当下高级定制的瓶颈，如果量体问题没有解决，无法采集提取顾客人体数据，即使是智能工厂也无法满足顾客的需求。

（3）在传统的高级定制品牌中，定制量体师是稀缺资源，一方面，高级定制量体师后继乏人；另一方面，零散的定制订单数量决定了高级定制品牌不可能同时储备更多的高级定制量体师。当传统定制品牌陆续开设门店，需要客人进行预约，量体师根据日程满足定制顾客的量

体需求。在全球著名高级定制品牌通过飞单（Bespoke Travel）在约定时间和约定地点为预定的顾客进行量体后，实现了量体师在各个门店的共享。

（4）传统裁缝以丰富行业经验、传统文化和历史沉淀等为资本，坐镇店铺，吸引了大批非富即贵的客人进行"自我实现消费"，甚至很多客人因传统裁缝慕名前往。而互联网裁缝则通过快速学习掌握量体技术和销售技巧，以时尚穿搭、年轻貌美和前卫新潮等为卖点，上门服务吸引了大批新顾客进行"时尚体验消费"。

不论是传统高级定制的工匠还是互联网裁缝，坚守工匠精神，将产品力做到极致，是定制品牌保持可持续发展的长久之计，商业模式创新毕竟仅是一个入口，顾客最终是来消费产品的，不是消费商业模式。因此，除营销方式，互联网裁缝如何与顾客保持联系，提高复购率，增加顾客黏性，使顾客对互联网裁缝有黏性是除了引流之外的重要课题。

三、定制子品牌运作方式存在的问题

服装生产方式的变革大致经历了以下阶段：手工生产、大量生产、精细生产、大量定制等。通过对不同生产方式的成本、质量、品种、满足需求、服务和交货时间等要素之间的比较，可见定制服装品牌存在自身独特的要素组合方式，不同类型的定制服装品牌之间存在各个方面的差异性（表2-8）。

表2-8　不同生产方式各个要素的比较

项目	成本	质量	品种	满足需求	交货时间
手工生产	很高	不稳定	一样一件	顾客化定制	长
大量生产	低	高	比较单一	没有选择	及时
精细生产	更低	高	较多变形	较多选择	短
大量定制	较低	高	顾客决定	定制	较短
顾客化定制	较低	高	一样一件	顾客化定制	较长
及时顾客化定制	较低	高	一样一件	顾客化定制	及时

成衣品牌下的子定制服装品牌虽然与母品牌有血缘关系，两者在设计方法、生产方式、运作模式、营销模式、消费对象等方面可以实现互补与共享，但是仍然需要对子定制品牌进行独特的规划而非简单复制。

四、成衣延伸定制品牌定位断层问题

随着品牌发展的需要和消费者需求的多元化，一些成衣品牌顺应市场需求推出定制服装子品牌，如雅戈尔自2000年开始涉足定制业务，推出定制品牌Mayor&Youngor，使定制业务成为公司业务的亮点；温州乔治白制衣有限公司旗下的乔治白职业装品牌（Giuseppe Uniform）的团体定制项目客户范围覆盖金融、能源、通信、电力、烟草等众多行业；海澜集团下属凯诺科技旗下圣凯诺（Sancanal）品牌主推国企相关行业定制业务，利用不断拓展的销售区域优势保证品牌业绩快速增长；卡奴迪路（Canudilo）男装品牌的核心消费者因为延伸至高级定制，重复消费比例不断提升。这种基于母品牌的定制业务衍生，一方面反映了品牌多元化发展的市场需要，另一方面体现出品牌能力与品牌上延的可能性。国内定制服装品牌的内涵和运作模式的本土化，定制服装本身所具有的特殊性，以及它与社会文化思潮、经济背景、消费者价值观的结合，使定制服装在中国的发展具有独特性和复杂性。但定位问题限制了服装定制品牌的发展，企业在业务方面与定制类型界定以及定制程度方面的模糊，造成了国内定制服装子品牌与母品牌之间定位断层现象。

五、定制行业缺乏标准规范

“高级定制”要求企业的调研能力、设计水平、科技含量及生产加工工艺与产品质量都要精益求精，需要企业在产业链、技术装备以及人才团队配备上做到顶级。国内部分“高级定制”仍停留在炒概念阶段，仅在消费“高级定制”的概念。按照英国萨维尔街的标准，最高规格的定制为全定制（Bespoke），全身量体定做，不论是三件套（上衣、西裤、衬衫）或者四件套（上衣、西裤、衬衫、大衣或马甲），甚至包括皮鞋，确保每一位客人都拥有属于自己的独特板型。然而，传统的全定制和漫长的周期已经不能适应现代的穿衣需求，目前大部分的定制主要是半定制，即在量体裁衣的基础上加入个性化的元素，如面料的选择、驳头的选择、毛衬工艺的选择以及纽扣、胸袋、刺绣等细节的个性化要求。

第四节　匠心筑梦：品牌竞争格局

定制以顾客需求为导向，基于顾客个人诉求、体型特征和气质类型，依据顾客对设计、剪裁、工艺、服务、价格、销售方式等方面的要求所定制的属于顾客独享的服装。定制品牌为顾客提供超出一般标准的生产，甚至更苛刻的要求或精确度要求。所谓的高级定制意义随时代变迁在不断地更新，且不仅限于服饰品定制。如今高级定制已不是金字塔社会阶层奢华的专享，而是逐渐走向大众。当下越来越多的服装企业谋求发展、调整战略、拓宽战线为消费者提供更亲民的私人定制服务。

一、国内定制品牌现状

2014～2017年，中国服装行业受国际经济增速放缓影响，市场不景气，内销增速一再放缓，整个行业营业额和净利润可谓濒临谷底。无论从海外市场，还是中国市场的发展趋势来看，结合互联网的定制都成为了一个较佳的转型方向。服装企业纷纷开始转型升级，“互联网+”私人定制受到了资本市场的关注，许多线上定制企业逐渐在全国各地开设线下体验店，而集中于线下的企业纷纷调整战线往线上挪移，男装上市公司动作尤为明显。在外界来看，服装企业涂抹上“互联网+”的概念后，经过一段时间的实践，“实业+互联网”的转型模式的价值逐渐被市场发掘和认可。A股市场上，作为传统行业代表之一的服装行业试水私人定制后纷纷受到资金追捧。从二级市场来看，如大杨创世、乔治白、雅戈尔、希努尔等公司，2015年初以后的涨幅平均都在200%以上（图2-19）。

大杨创世

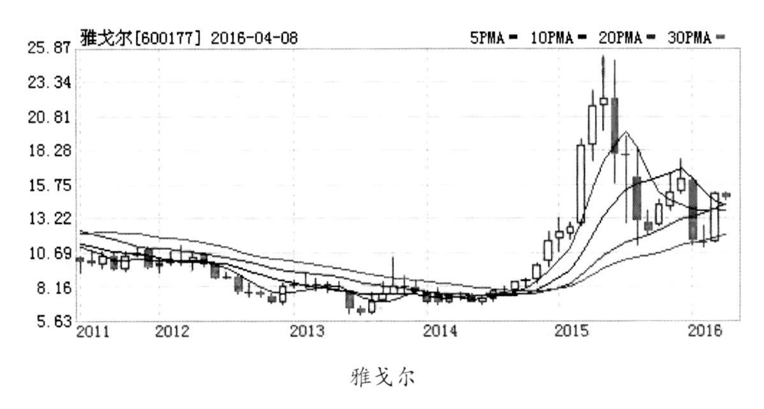

雅戈尔

图2-19　服装上市公司A股市场

作为国内最领先的互联网定制公司埃沃裁缝于2015年5月获得由君联资本领投、IDG跟投的1.5亿元B轮融资。该公司专注于利用互联网技术进行服饰定制，通过全国30个城市开设线下体验店，在国内实现C2B+O2O的服装定制模式。用户不论在线上或线下体验、下单，均可以通过自主研发的数据系统，实现个性化的量身定制。2015年推出“易裁缝”定制平台，加强通过利用移动互联网来链接用户、实体门店、设计师和供应链，为用户上门定制服务。大杨创世将单体单裁业务在全球范围内展开，公司业务范围从此前布局的美国市场向欧洲转移，并已在英国开设了一家分店。依靠“大杨缝制”的技术优势保障，公司借助互联网渠道，推出采用O2O网上销售模式的纯线上品牌优搜酷（YOUSOKU），并推出“C定制服务”和独有的35个号型的服装产品，消费者需录入身高、胸围、腰围等数据，就可确认适合的号型，满足中国南北方体型差异。

二、传统定制企业产业重构

传统定制品牌通过网络信息化技术进行商业模式重构转型，一部分传统定制品牌已开始商业模式重构，主要分为品牌联盟、网络定制、加盟代理和平台合作等形式。在品牌联盟中，有强强合作的跨区域品牌联盟和企业子品牌联盟，如杭州恒龙与英国塞维尔的亨利·普尔、香港诗阁进行跨区域品牌联盟合作，而红都集团采用品牌群组战略，集团旗下有经营不同业务的红都、蓝天、华表、造寸、双顺子品牌群组联盟。部分传统定制品牌加大互联网科技投入，提升官网定制服务，如罗马世家；也有的品牌通过入驻淘宝天猫旗舰店拓展营销渠道，如培罗蒙；还有部分传统定制品牌依靠独特工艺、品牌文化、品牌荣誉等拓展加盟代理渠道，如隆庆祥和红都；此外还有品牌会通过入驻网络定制平台实现“互联网+”定制，如永正裁缝入驻尚品定制平台。

（一）亨利·普尔全球飞单

亨利·普尔是萨维尔街上的第一家裁缝店，拥有英国王室颁发的多种供货许可证，客户包括爱德华七世、各国王室等。亨利·普尔在世界发达国家设有代理商，定期访问欧洲、美国、日本、中国等地，以飞单形式开展全球业务，如2016 年亨利·普尔全球飞单的时间计划表（表2-9）。2006年4月杭州恒龙成为亨利·普尔的亚洲合作伙伴，恒龙可以在亚洲范围内使用亨利·普尔品牌，并且接下亨利·普尔公司来自欧洲的制服订单。2006年5月，亨利·普尔正式进入中国在北京的商业中心区开设店铺，成为第一个进入中国的萨维尔定制品牌。

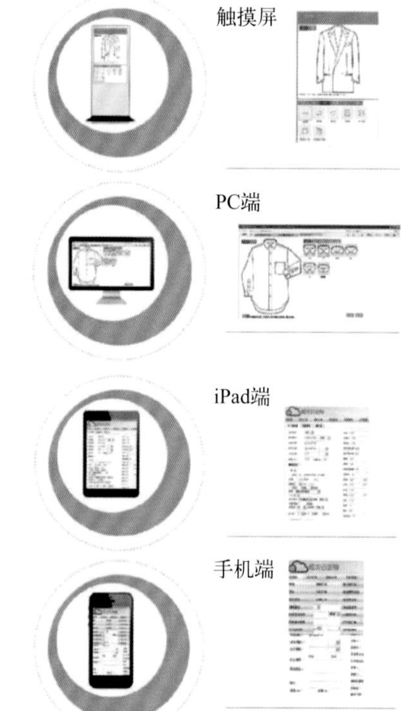

图2-20　恒龙无纸化开单系统

（二）恒龙：传统高定品牌

恒龙建立了一套从顾客自主定制设计、三维扫描数字化量体、全手工制作到最终顾客试衣取衣的数字化高级定制体系，围绕大数据智能化云定制的经营策略，集成了七大专属系统：3D测量系统、国际TPO系统、款式数字设计、智能制板系统、三维试衣系统、三维设计系统、信息管理系统，将系统运用于四大终端，分别是触摸屏端、PC用户端、iPad用户端、手机用户端（图2-20）。通过独特的专属系统以区分自己和其他的定制品牌，通过云定制模式，便于旗下品牌形成品牌联盟和设计师联盟。通过量体数据全产业链，在大数据的支持下满足所有顾客的定制需求，有助于高级定制品牌实现数据共享，避免消费者与品牌商之间的信息不对称。

表2-9　2016 年亨利・普尔飞单时间表

地区	飞单时间&联系方式	
中国	1月18～19日北京王府 1月20～21日杭州大厦 1月22～23日苏州泰华商城 1月24～26日香港文华东方 4月18～19日北京王府	4月20～22日杭州大厦 6月21～22日北京王府 6月23～25日香港文华东方 10月24～25日北京王府 10月26～28日香港文华东方
德国	2月17～18日法兰克福霍夫酒店 5月25～26日法兰克福霍夫酒店 9月7～8日法兰克福霍夫酒店	
法国	1月11～13日贝德福德酒店 3月14～16日贝德福德酒店	6月27～29日贝德福德酒店 10月17～19日贝德福德酒店
卢森堡	1月14～15日Basics&Bespoke 3月17～18日Basics&Bespoke	6月30～7月1日Basics&Bespoke 10月20～21日Basics&Bespoke
瑞士	2月9～10日内瓦英格兰酒店 2月11～12日苏黎世施瓦茨霍夫酒店 5月17～18日内瓦英格兰酒店	5月19～20日苏黎世施瓦茨霍夫酒店 9月13～14日内瓦英格兰酒店 9月15～16日苏黎世施瓦茨霍夫酒店
美国亚特兰大	4月20日和5月2日丽思卡尔顿酒店（巴克海特区） 11月19日和11月21日丽思卡尔顿酒店（巴克海特区）	
美国波士顿	3月6日乡村俱乐部 3月7日爱略特酒店 6月12日乡村俱乐部	6月13日爱略特酒店 10月9日乡村俱乐部 10月10日爱略特酒店
美国芝加哥	6月5～6日德雷克酒店	10月2～3日德雷克酒店
美国旧金山	4月27～28日亨廷顿酒店	11月16～17日亨廷顿酒店
美国华盛顿	3月8～9日麦迪逊　　6月15～16日麦迪逊	10月11～12日麦迪逊
美国新奥尔良	5月3日洲际酒店	6月14日洲际酒店
美国其他地区	2月27日木星岛俱乐部	2月28～29日美国西棕榈滩宾馆

（三）隆庆祥：传承匠心国运

北京隆庆祥服饰有限公司系中华老字号会员单位，即北京老字号。隆庆祥传统西装制作技艺入列北京市东城区非物质文化遗产保护项目。是一家以专业量身定制高档西装、衬衫等为主营业务，兼营多种服饰类产品，集设计、研发、生产、销售于一体的综合性服装服饰企业。

隆庆祥始于1522年（明朝嘉靖年间），因其精湛的官服裁作技艺名噪京城，曾为明穆宗隆庆帝专制裙袍，得赐御封“袁氏裁作”四字以示嘉奖。到了清代，沿袭祖上皇家工艺并融入满族传统服饰风格的独特制衣技艺被王公贵族所崇尚，亦获乾隆皇帝赐书“天庆祥瑞”，袁氏先祖为感念皇恩特改字号为“隆庆祥”。

晚清，时局动荡，袁氏先祖远涉重洋学习西装制衣技法，将东方服饰特点和祖传手工裁缝技艺与西方先进设备、板型设计相结合，创造出独具一格的袁氏服饰设计制作技法。历经400余年，隆庆祥人始终秉承“一寸布一寸丝物尽其用，不自告不自大量体裁衣”的祖训不断传承发展，现隆庆祥老店原址重张店位于北京前门大街93号。

纵览隆庆祥，低调而不张扬，敢于创新的同时却默默坚持着数百年来一贯的精神传承。隆庆祥将“量身定制，私人裁缝”“1+1”量身定制等贴心服务作为核心竞争力，为客户提供从面料选择、款式设计、工艺优化、售后服务的“一站式”尊贵服务。连续五年在中国国家大剧院组织回馈客户的专场新年音乐会，连续四年在钓鱼台国宾馆组织专场流行趋势暨定制新品发布会，品牌价值逐年攀升，被认定为“中国驰名商标”。

图2-21　隆庆祥北京老店复业

隆庆祥作为全国量身定制服装的引领企业，引领并带动着国内量身定制服装的潮流。目前，隆庆祥销售网络已覆盖北京、天津、河北、河南、江苏、安徽、山东等省，拥有百余家直营店面。隆庆祥量身定制的产品因用料考究、量体准确、工艺精湛、款式新颖、板型庄重典雅，荣获“中国消费者满意十佳品牌”“亚洲影响力品牌”“全国产品和服务质量诚信示范企业”“全国服装行业质量领先品牌”“中华老字号传承创新先进单位”等殊荣。隆庆祥——正在将一个百年老字号塑造成具备优秀核心竞争力的中国民族品牌（图2-21）。

（四）香港诗阁：拓展海外市场

男士定制品牌诗阁来自香港，拥有六十多年历史，品牌的经营理念“裁缝是手工，做得好没有其他捷径，就是用心。”1953年在香港尖沙咀开设第一家诗阁门店，今天诗阁的家族事业已拓展至全球，除了开设门店拓展经营版图之外，诗阁每年最少要去美国、欧洲和日本各两次，澳大利亚和新加坡各一次，进行全球旅行定制服务（表2-10）。凭借着一贯对于细节的坚守、品质的保持，诗阁品牌始终吸引着海内外一大批忠实的名流贵客。

表2-10 诗阁店铺地址

区域	店铺	地址
美国	Beverly Hills	9551 Wilshire Blvd., Beverly Hills, CA 90212, U.S.A.
	Central Park South	110 Central Park South, New York, NY 10019, U.S.A.
中国香港	国际金融中心	香港中环港景街1号国际金融中心商场2031店铺
	太子	香港中环遮打道置地太子131号铺
	圆方广场	香港九龙柯士甸道西1号圆方2005A号铺
	半岛酒店	香港梳士巴利道半岛酒店MW6
中国内地	上海迪生店	上海市长乐路400号锦江国际旅游中心105店铺
	上海港汇店	上海市虹桥路1号港汇恒隆广场110A店铺
	苏州久光店	苏州市工业园区旺墩路268号C区久光百货二楼诗阁柜
	苏州金鸡湖大酒店	苏州市国宾路168号金鸡湖大酒店8号楼1F诗阁店铺
	无锡恒隆商场店	无锡市崇安区人民中路139号恒隆商场226店铺
	杭州大厦购物中心店	杭州市武林广场1号杭州大厦购物中心B2楼诗阁专柜
	厦门凯宾斯基大酒店	厦门市思明区湖滨中路98号凯宾斯基大酒店一层诗阁男装店
菲律宾	Makati Shangri-La Hotel	S297 Mezzanine Level, Makati Shangri-La Hotel, Ayala Avenue, Makati City 1226, Manila, Philippines
	Rustan's Makati	Rustan's Makati, Ayala Center, Ayala Avenue, Makati City 1226, Manila, Philippines
	Rustan's Shangri-la Plaza Mall	Rustan's Shangri-la Plaza Mall, Edsa corner Shaw Boulevard, Mandaluyong City 1552, Manila, Philippines
	Rustan's Cebu	Ayala Center Cebu, Cebu Business Park, Archbishop Reyes Avenue, Cebu City 6000

内容来源：诗阁官网

三、代加工企业转型定制

现今成衣市场逐渐衰退，拥有大规模制造基础的代加工企业向大规模定制转型，结合互联网技术打通线上线下，强大生产力减少了烦琐的定制流程。顾客可直接通过终端进行在线设计下单，采用门店和预约上门两种量体方式，将客户个性化需求上溯到数据采集、研发、生产、物流等全过程，完全支持客户自主设计，打造自主知识产权的、完全定制的专属运营系统。实现客户直接对接工厂，消费者以较低的价格享受定制化的产品，省去了渠道商等中间环节。

智能制造领先者——红领的定制化转型将重心从海外市场转移到亚洲市场，推出基于C2M与O2O模式相结合的魔幻工厂。从ERP（企业资源计划）、CAD（计算机辅助设计）、CAM（计算机辅助制造）等的单项应用，到用MES（制造执行系统）等实现各环节的综合集成；从工厂内部信息技术改造，到利用互联网融合创新，最终形成了以数据驱动的信息流为主线。“酷特模式”创造了以海量板型数据库和管理指标体系为基础，以生产过程自动化为支撑，订单提交、设计打样、生产制造、物流交付一体化的个性化定制方式（图2-22）。大杨创世经历了从专为欧美国家贴牌到创建品牌、从出口到内销、从批量生产到单量单裁的调整，实现生产加工向品牌发展的战略转型。雅楚、雅派朗迪作为面向国外市场的传统服装企业也纷纷从传统OEM（Original Entrusted Manufacture，原始设备制造商）、面料商等企业转型升级创立自己的定制品牌。

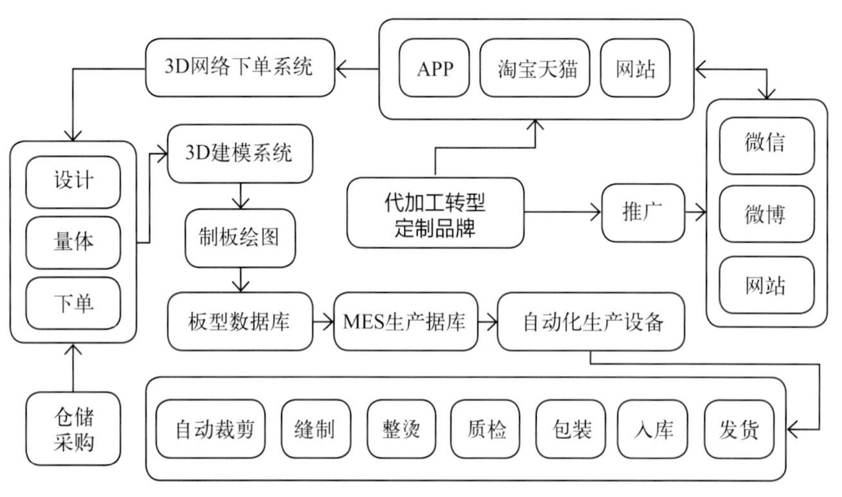

图2-22　智能制造一体化定制方式

红领在定制形式上实现在门店和预约上门两种量体下单方式外，并通过O2O的模式，让顾客直接通过APP或者电脑进行在线设计下单。红领在定制化转型方向的初期，选择了海外市场为实验样本，服务的客群90%以海外为主，如英国国家橄榄球队、纽约的高级白领等。2010年，开始转向国内定制市场，成为国内转型定制的示范企业，实现服装的大规模个性化定制，成功推出全球互联网时代的个性化定制平台。红领自主研发产品实现全流程的信息化、智能化，把互联网、物联网等信息技术融入到大批量生产中，在一条流水线上制造出灵活多变的个性化产品。形成了需求数据采集，将需求转变成生产数据、智能研发和设计、智能化计划排产、智能化自动排板、数据驱动的价值链协同、数据驱动的生产执行、数据驱动的质保体系、数据驱动的物流配送、数据驱动的客服体系及完全数字化客服运营体系。

传统模式下，定制成本居高不下，交货期在一个月以上，实现不了量产，价格昂贵。红领通过互联网将消费者和生产者、设计者等直接连通，个性化定制的服装一件起定制，传统服装定制生产周期为20～50个工作日，红领将生产周期缩短至7个工作日内。从大规模制造向大规模定制转型，对传统产业彻底升级，将客户个性化需求上溯到数据采集、研发、生产、物流等全过程，完全支持客户自主设计，打造自主知识产权的、完全定制的专属运营系统，在商业模式、战略理念、组织结构、流程体系、生产过程、供应链体系等方面全部重塑。客户直接对接工厂，消费者可以以非常便宜的价格享受到定制化的产品，省去渠道商等中间环节（图2-23）。

青岛红领以数据的自动流解决生产的不确定性和复杂性

C2M与O2O概念的产品——魔幻工厂（正确的数据、正确的时间→正确的人和机器）

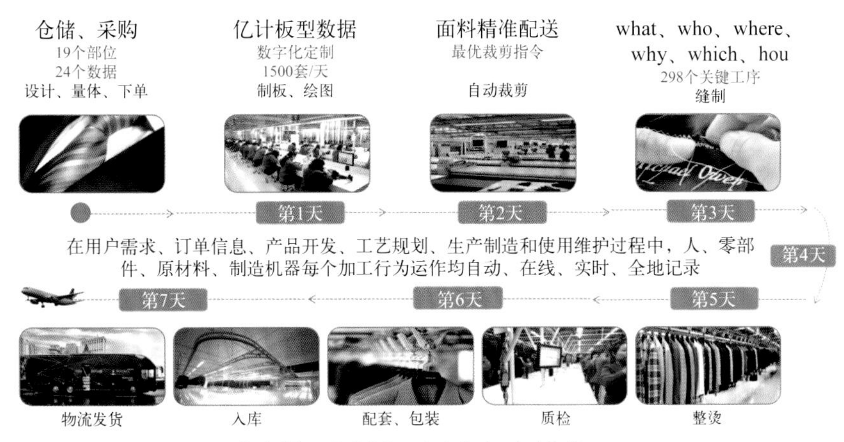

图2-23　红领制作流程

红领角色的转换得益于其规模化与平台化的运作模式（图2-24）。首先，红领经过十多年的转型发展已经具备了信息化、数据化的平台，形成了满足个性化定制与大规模生产的能力；其次，红领强调的C2M模式减少了中间环节的压力，将位于“微笑曲线”低端的传统制造翻转到顶端，挖掘了生产的红利；最重要的是，通过魔幻工厂O2O平台的开发，红领能够直接与消费产生联系，创造了对接终端的销售平台。红领的SDE（Spatial Database Engine，客户端服务器软件）为改造传统工业创造了价值，也为红领再一次的转型打下基础（图2-25）。

图2-24　红领工厂规模化运作

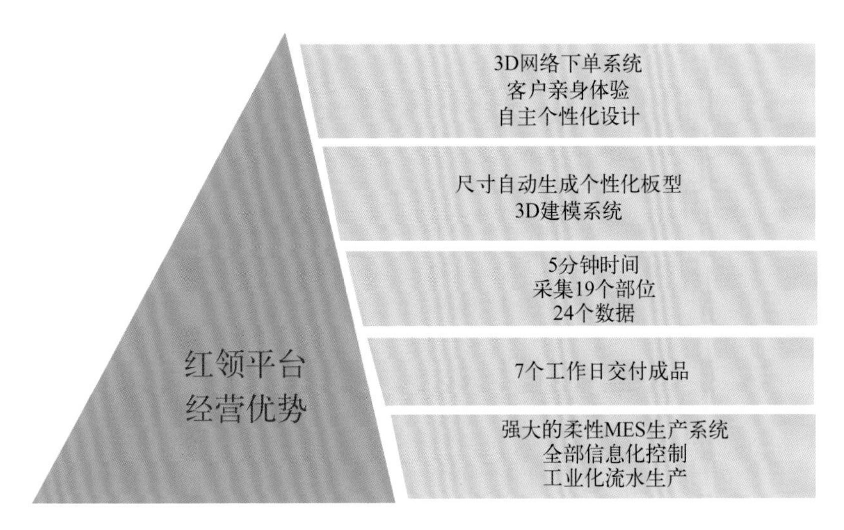

图2-25　红领平台优势

四、“互联网+”服装定制兴起

不论是报喜鸟和吉姆兄弟（Jim Brother），还是复星投资红领、大杨创世投资Indichnio，以及埃沃、衣邦人互联网定制品牌蓬勃爆发，高端传统定制品牌红都、隆庆祥、恒龙等坚守匠心，各路男装品牌纷纷通过并购、合作、兼并、入股抢滩定制市场份额的时候，定制风口在服装也开始刮起。网络个性化定制是“消费者——网络平台——定制品牌”的电子商务中介模式，属于C2B业务模式。在这个模式中，企业通过获取客户资料的人体测量技术、e-MTM量体定制软件、VSD三维虚拟试衣等技术；辅助CAD /CAM服装设计、CAQ质量管理等计算机集成制造技术；完善外包技术、物联网技术、CRM客户关系管理系统、FMS文件管理系统、MIS管理信息系统等供应链及信息管理方面技术来达到满足顾客个性化需求。

该模式核心是通过效果展示功能的C2B网站为客户提供更便捷、专业、多样、个性、自主的电子商务平台。客户在服装定制网站上直接挑选出自己喜欢的款式、部件细节、面料、色彩等，组合成自己心仪的服装进而下单，节省定制时间。但由于互联网科技技术仍存在不能解决的客户端自身缺陷，如量体误差、售后服务风险、网页软件的不足等问题。网络定制品牌结合提供线下服务的O2O模式成为新趋势，如埃沃提供专人量体、出示面料小样、试穿修正等服务，通过线上营销、线下体验一体化运营，增强消费者的线下定制体验感（图2-26）。

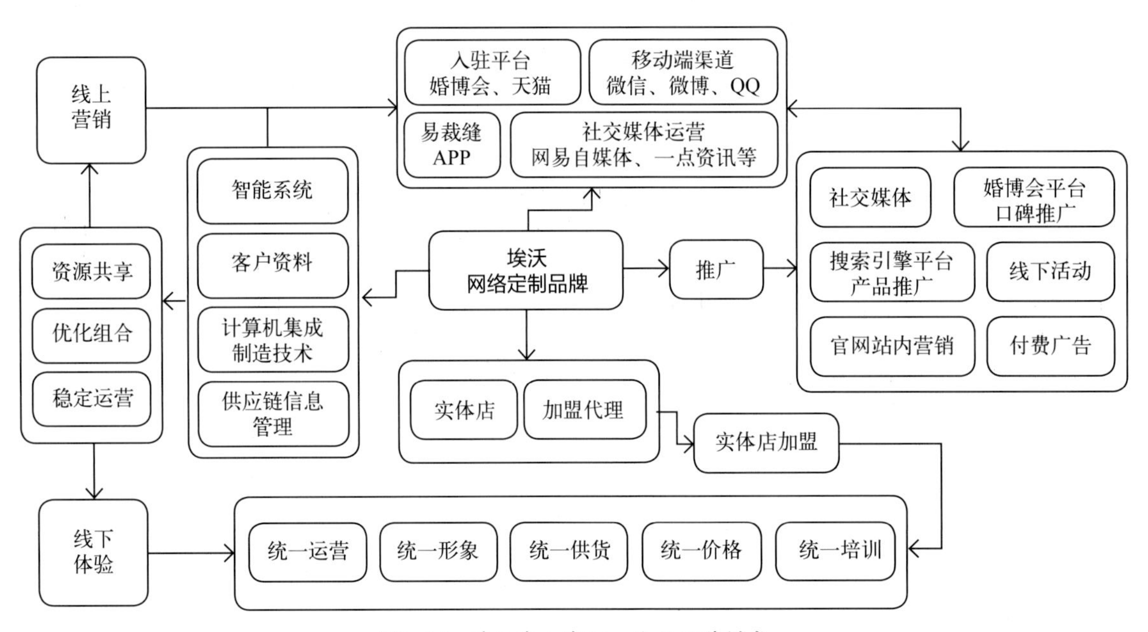

图2-26 埃沃线上线下一体化经营模式

（一）埃沃裁缝C2B+O2O模式

埃沃裁缝专注于利用互联网技术进行C2B服饰定制，通过在全国30个城市开设线下体验店，在国内实现C2B+O2O的服装定制模式。用户不论在线上或线下体验、下单，均可以通过自主研发的数据系统，实现个性化的量身定制。2015年推出“易裁缝”定制平台，加强通过利用移动互联网来链接用户、实体门店、设计师和供应链，为用户上门定制服务（图2–27）。

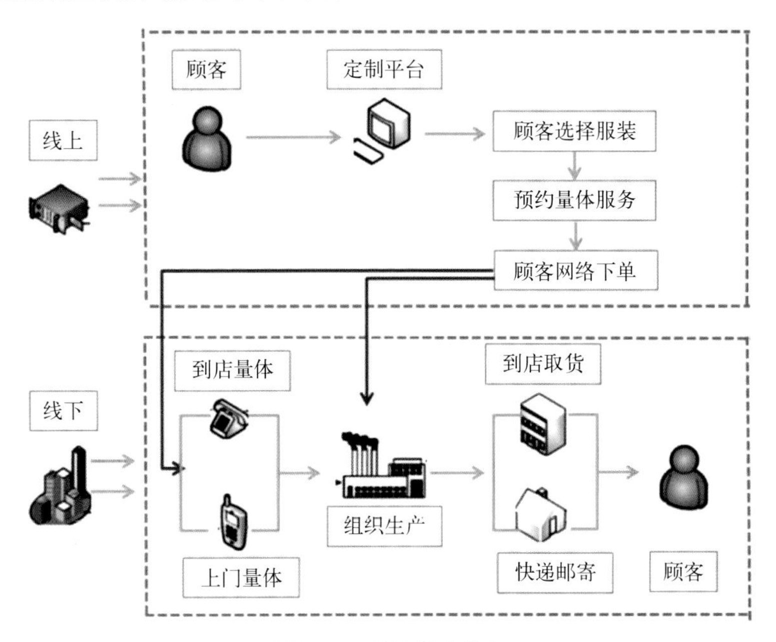

图2–27　埃沃商业模式

（二）衣邦人上门定制服务

将消费者的个性化需求，通过平台和优质的定制工厂直接对接，因此选择有多年个性化定制经验的工业4.0工厂作为供应商，从源头上保证产品的质量和发货速度；用美女着装顾问上门免费量体取代设立门店量体，摒弃高租金店铺，将中间商的价差剥离；采用网络营销的方法，扩大品牌知名度，抢占市场先机（图2–28）。

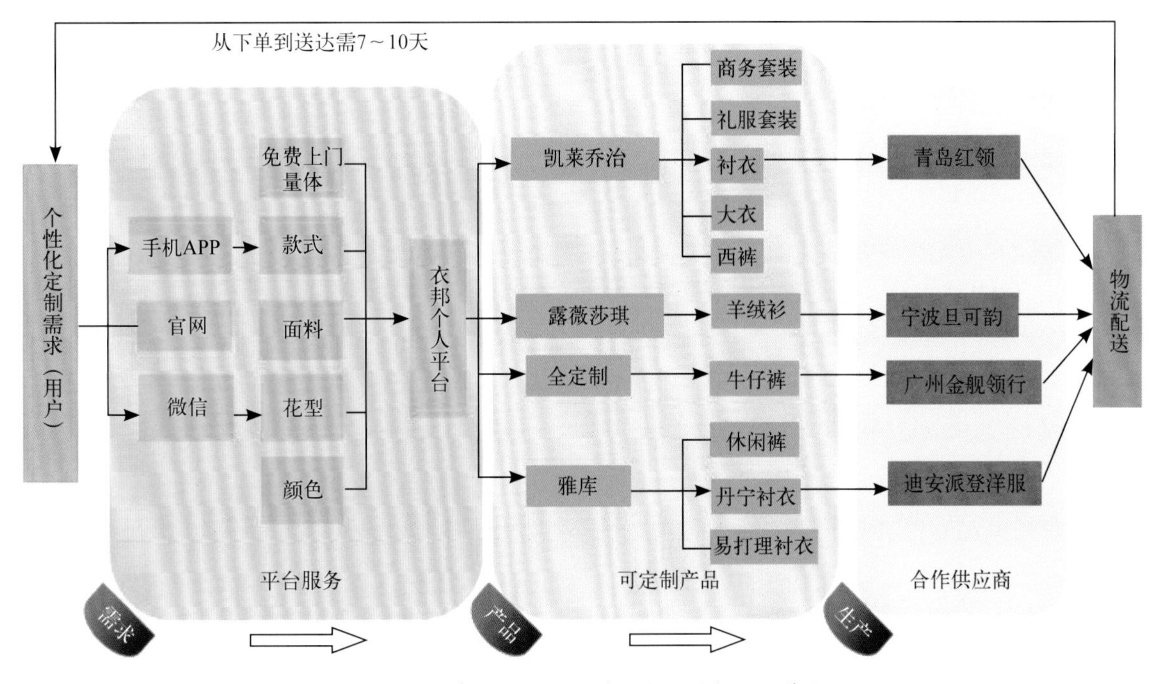

图2–28　“衣邦人”的O2O线上新型传播工具策略

服装定制O2O电商“衣邦人”秉持“高端定制，触手可及”的经营理念，于2015年4月在杭州正式上线运营。每个月企业都会从新增顾客里面筛选VIP，邀请他们加入衣邦人100位成功人士分享计划，为VIP定制大片级视频并录制一段精彩演讲分享自己的价值观。同时还会组织与消费者互动的活动，给顾客提供各种高级定制方面的讲座，为顾客提供关于面料、色彩等方面的专业知识和解答疑问，参与讲座的顾客还会免费获得专业服装色彩搭配方面的指导手册，顾客不仅可以享受货真价实的折扣、个性化的着装和化妆指导，还可以获得新装上市发布会的入场券等。这些丰富的活动在消费者和品牌之间建立了完美的互动，提高了顾客对品牌的忠诚度。

（三）J. 希尔伯恩（J. Hilburn）整合营销

J. 希尔伯恩于2007年成立在美国达拉斯，是美国一个只有五六十名员工的新兴奢侈男装品牌。创始人注意到男人不喜欢花很多时间在商店购买衣服，所以设计了一个特别的商业模式（图2–29）。J. 希尔伯恩公司成立之初，2008年实际销售额为100万美元，2011年增长达到1660万美元，2012年是2800万美元，至2014年J. 希尔伯恩的销售额已超过8000万美元，其销售额增长速度令业界惊叹。J. 希尔伯恩公司既扮演着生产商又扮演着零售商的角色，通过时尚顾问的销售及网上销售渠道减少了许多成本，如商铺租金、工资及其他的中间成本。

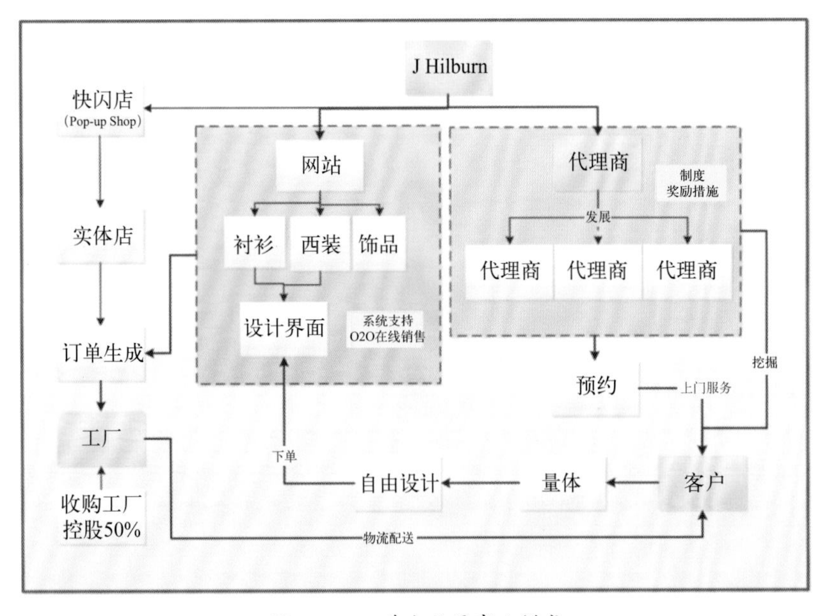

图2–29 J. 希尔伯恩商业模式

公司目前主要在欧洲生产，面料全部进口自意大利，工厂生产改为与马来西亚和葡萄牙两家工厂合作。J. 希尔伯恩公司只把订单控制在数家工厂生产，顾客下单买了一套西装，J. 希尔伯恩公司会让诸如在荷兰为阿玛尼生产服装的工厂用同样高质量的面料来生产，但顾客只需要花费一半左右的费用就可以获得同样质量的西装。衬衫因某种原因顾客不完全满意，将退还购买价格的100%，如果定制的衣服延迟交货，第四天客户将获得一个免费的衬衫做补偿。2014年J. 希尔伯恩在达拉斯开设了快闪店（Pop–up Shop），客户可以到快闪店选择其量身定制的裤子、 套装和户外休闲服，以及各种配件。

五、成衣企业衍生定制

男装成衣品牌诸如雅戈尔、报喜鸟、杉杉、罗蒙等不仅新增了定制子品牌，还针对婚庆市场推出了婚庆定制服务，卡尔丹顿、博斯绅威、威可多、沙驰等国内知名的中高端商务男装品牌也纷纷推出了高端定制系列或定制子品牌。基于母品牌延伸实现品牌价值提升，用适当的价格让顾客享受接近高定的轻奢式定制服务体验（图2-30）。这不仅反映出男装市场品牌多元化发展的需要，更体现了男装成衣品牌能力与品牌上延的可能性。

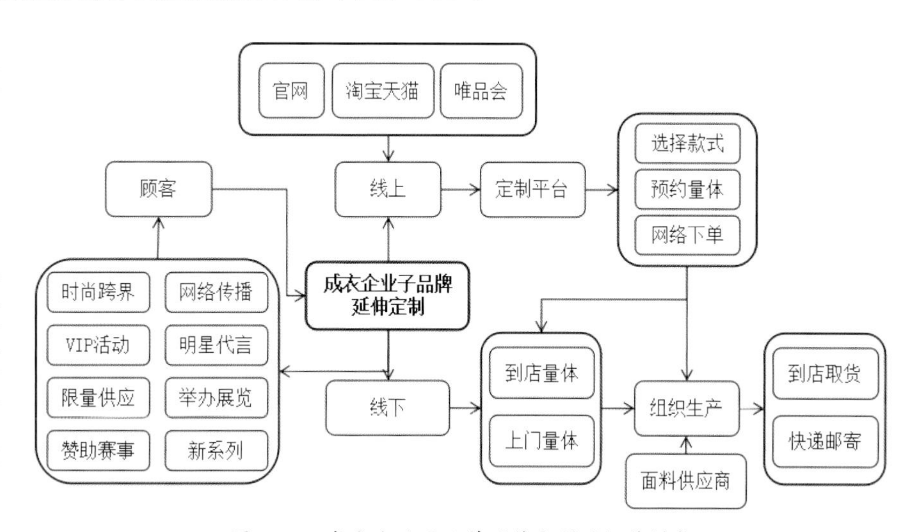

图2-30　成衣企业子品牌延伸定制的经营模式

相较于中高端服装品牌原先产品开发、设计生产有限的产品系列，服装定制化能促使顾客满意度增加，产品价值延伸，企业拥有更高的收益。“成衣延伸定制”是品牌经营模式运行的一种新选择，是企业寻求可持续发展的一个新途径。

六、设计师原创定制发展

2010 年中国服装协会发行的《中国：高级定制的未来市场》报告指出，2005年前后是高级定制时装在中国爆发的一个节点。2005年之后，我国高级定制工作室及客户群体均呈现出几何数量的增长，国内诸如玫瑰坊、陈野槐、东北虎（NE・TIGER）、兰玉等高级定制品牌由于贴近国人生活方式、近距离的贴身服务、高品质、适合中国式审美的设计、制作精美却相较欧洲高级定制时装价格低等优势，吸引了大批国内高端客户，甚至明星、名流都成为这些品牌忠实的支持者。同时许多新成功人士和中产阶级作为高级定制时装消费的中坚力量从一定程度上刺激了高级定制时装在我国的快速发展。

（一）定制客户群体延伸拓展

首先，女装高级定制的范围不断扩大使覆盖面积扩大。中国的高级定制女装除了婚纱、晚宴等礼服的定制，近些年一些商务人士的商务装、日常装甚至家居装等出现了定制的趋势。其次，高级定制时装的消费客户群在不断拓展。过去高级定制时装是上流社会、特权阶层的专属品，而到了现代社会越来越多的人认识了高级定制，除了以往的名流、最先富裕者以及一些超级明星等传统的高级定制服装消费主体，高级定制业务也逐步扩展到了新兴中产阶级精英群，甚至是部分经济条件不错的高端时尚沉迷者和追逐者。再者，高级定制时装从一线城市向二三线城市辐射，2011年起除北京、上海、香港、深圳、广州等一线城市外，杭州、济南、成都、南京等二线城市也都纷纷出现了服装高级定制门店。

（二）定制商业模式精细化

从1995年我国高级定制时装萌芽发展至今，商业模式从最初的单一性、简单性到现在多样化、精细化，当下比较多的商业模式有三种：

第一种是在某一高级定制时装领域里比较专精的、接受定制业务比较单一的工作室，服务面相对比较窄。比如以做婚纱高级定制为主的“兰玉”高级定制工作室，凭借着为罗海琼、胡可、董璇、谢娜等明星打造的高级定制婚纱，设计师兰玉成为家喻户晓的明星设计师（图2-31）。除婚纱定制外，在红毯礼服方面，霍思燕亮相柏林电影节的玫红礼服、黄圣依亮相威尼斯电影节的“天珠装”、张梓琳戛纳电影节“深V透视蕾丝装”等也让品牌蜚声中外，兰玉一举成为中国本土成长最迅速、最具影响力的“85后”婚纱礼服设计师。2013年，兰玉“魔玉幻境”高级定制发布会在北京M空间以穿越时空的未来感与幻境女神形象展示（图2-32）。此外还有一些专门定制西装、礼服的高级定制工作室，如新锐设计师品牌劳伦斯·许、王培沂（ALEX WANG）等。

图2-31 兰玉婚纱设计手稿

图2-32 2013年兰玉“魔玉幻境”高级定制发布会

第二种是综合型高级定制工作室，所接受的业务范围比较全面，各种类型的时装都可以定制。同时设计师还可以根据客户要求为定制的服装进行配套设计，制作项链、包包、鞋子、围巾等饰品，对客户的整体形象进行包装。玫瑰坊高级定制工作室就属于这种类型。

第三种是礼仪型高级定制工作室，这种工作室多为参加文艺演出、派对、庆典、音乐会、公益活动等重要场合的名媛、明星进行一对一的设计制作。对于设计的独特性、出彩效应要求很高，成本相对来说也比较高。许建树、卜柯文等设计师开设的工作室的主要业务就属于这种类型。

（三）全球化中国高级定制

近年来，很多高级定制设计师为寻求更大的发展空间，不仅参与国际时装周，也在国际性场合中为出席者设计礼服，让全球时尚界充分领略中国高级定制的发展。2006～2011年，谢峰的吉芬（Jefen）、王陈彩霞创立的夏姿·陈（Shiatzy Chen）和马可的无用（Wu Yong）先后参加了巴黎高级时装周。另外，还有一些新锐设计师不断呈现在国际时装发布会上，如马莎从伦敦时装周转战巴黎时装周，其推出的Masha Ma 2012 秋冬巴黎秀，受到了同行和媒体的好评。

郭培于1997年创立玫瑰坊，专门面向高级定制，是国内规模较大、渠道较成熟的高级定制工作室。玫瑰坊虽在一线城市开设店铺，门店主要用于陈列和展示，并未用于市场渠道。她曾为很多出席重要场合的人士制作礼服，中央电视台春节联欢晚会90%以上的服装来自她的工作坊（表2-11）。澳大利亚著名导演以郭培为中国年轻设计师的代表，拍摄了一部长达40分钟的纪录片《毛式中山装》，在澳、美、英、日、比、瑞等诸多国家放映，获得巨大成功。

表2-11　郭培主要事件

年份	事件
1986	毕业于北京二轻工业学校服装设计专业
1986～1987	任北京市童装三厂设计师
1989～1995	任北京天马服装公司首席设计师
1996	作为首席设计师，郭培加入了米兰诺时装有限公司； 举办了个人时装发布会“走进一九九七”
1997	创办北京玫瑰坊时装有限责任公司，任总经理、总设计师； 获“中国十佳时装设计师”称号
1998	澳大利亚著名纪录片女导演萨丽·英格顿（Sally Ingerton）以郭培的设计经历为主线，拍摄了纪录片《毛式中山装》
2006	在中国大饭店的会议大厅举行“GUOPEI2007高级时装发布会”
2007	“中国国际时装周”分别发布了《轮回》和《童梦奇缘》高级时装发布会
2008	奥运颁奖礼服设计一等奖； 中国申奥代表团定制高级女装，承接奥运颁奖礼仪服饰设计工作； 为中国青年歌手大奖赛入围选手制作服装等
2009	祖海人民大会堂独唱《中华颂》整体服装设计
2010	北京国家体育馆举办《一千零二夜》高级定制时装发布会
2012	举办《 2012龙的故事》高级定制时装发布会
2013	举办《中国新娘》高级定制时装发布会

续表

年份	事件
2015	蕾哈娜（Rihanna）着黄色长袍在Met Gala上亮相； 参加首届“上海高级定制周”并举办发布会； 在美国中央公园附近的一栋古老的别墅中发布《心灵花园》系列； 郭培携其2006年《轮回》高定秀作品“大金”与2010年《一千零二夜》高定秀作品“青花瓷”参展美国大都会博物馆服装艺术部春季特展； 美国南加州的宝尔博物馆（Bowers Museum）走秀； 郭培携2010年发布会《一千零二夜》作品“蓝皇后（Queen Orchid）”受邀参展在西班牙马德里提森·波尼米萨博物馆（The Museo Thyssen Bornemisza）的“VOGUE — Like a Painting”
2016	在巴黎2016春夏时装周举办高级定制时装秀； 入选《时代周刊》公布的2016年度“全球最具影响力人物”

郭培是中国第一批科班出身的服装设计师之一，所有的荣誉都为她在消费者中建立了极高的可信度，也为她带来了一位位忠诚的顾客，凡在玫瑰坊定制过服装的顾客几乎再也找不到其他可以替代的品牌，玫瑰坊已成为中国女性心中高级定制的代名词。与其他高级定制品牌不同，大多数顾客先听闻郭培的名字然后才知道她所创办的玫瑰坊品牌，一个设计师能够和品牌如此紧密地联系在一起，主要是个人营销的成功，玫瑰坊的品牌文化也从企业文化转变为了个人文化，郭培完美地诠释了“我为自己代言”的营销模式（图2-33）。

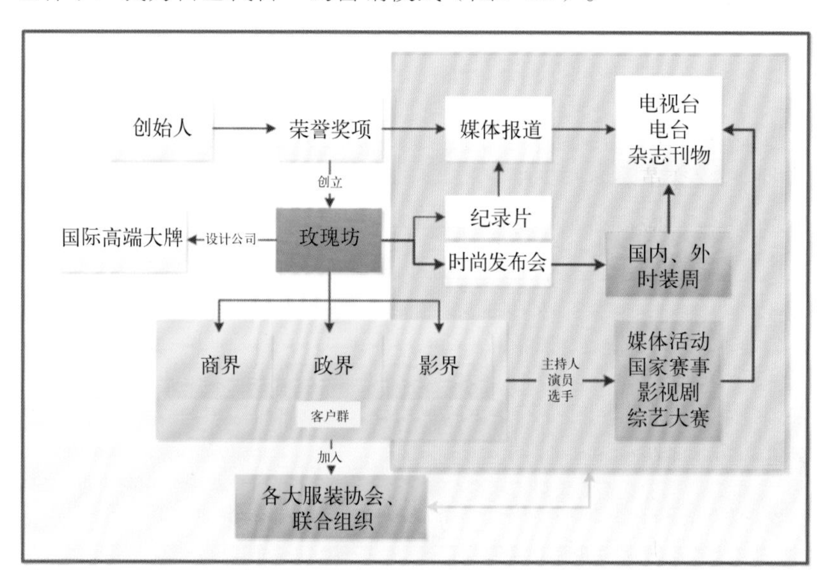

图2-33　玫瑰坊商业模式

小结

中国传统服装产业已达到天花板，信息技术革命使中国服装旧天花板正在破解，“互联网+”中国服装业的新天花板正在重塑，产业链上消费者、生产者和市场的关系正在重构，以消费者为中心的服装定制化供给体系正在形成，私人定制重新成为一种新的时尚生活方式，个性化定制也成为服装市场中的一片蓝海。中国服装定制品牌竞争格局处于转型与重构阶段，基于CPS（Cyber-Physical System，信息物理系统）的数字化、网络化、智能化制造架构的定制运营模式也正在融合形成。越来越多消费者对个性化与差异化的追求让服装定制成为风口，但顾客在获得更多个性化体验的同时，互联网时代也改变了消费者的生活习惯。以链接为本质的互联网将消费者、产品、企业进行了链接，消费者可以随时随地通过互联网或移动互联网来获取产品信息并进行比较，还可以通过社交网络进行产品评价、建议与分享。当下“个性定制”是市场趋势，服装传统制造业的转型已迫在眉睫，定制品牌的转型升级除了要在产品创新上满足顾客的个性化需求，重新构建与消费者之间的联系，还应充分利用互联网工具，通过注入信息化、自动化、智能化等数字化技术元素进行商业模式变革。

第一，传统高级定制企业聚集了大量红帮师傅，转型门槛较高，应开展柔性化生产，传承精益求精的工匠精神，开展产业形态变革。设计研发个性化产品对接用户个性化需求，通过互联网的柔性化制造由传统制造模式向服务型制造模式转变。第二，网络定制企业核心竞争力是互联网定制平台，定制企业应秉承将数据为本、客户第一、体验至上、便捷为王、服务在先的“价值链”改为“价值环”的新理念，关注客户需求、聆听客户反馈并实时做出改进与回应，创新化推动移动互联网四要素“终端+平台+服务+数据”的商业模式创新，以加速整个定制行业的商业模式变革。第三，成衣企业延伸定制子品牌是基于原有渠道的资源创新模式，应在大数据下规范升级定制标准，延伸大众消费升级、经济转型政策推动服装产业细分，促进产业链跨界变革。第四，代加工转型定制企业应开展技术范式变革，充分运用研发技术和生产优势，通过数字化技术及相关平台建设，借助智能技术推进供给侧改革。第五，大规模团体定制企业在原有生产技术上应努力扩大市场份额，提升品牌形象，通过智能化制造加强各管理系统的集成应用，通过加速工业化与信息化的深度融合，实现制造方式变革。第六，设计师原创品牌应调整系统服务流程，加强品牌性的独特服务元素，增强品牌特色服务如售后和延伸服务等，努力强化品牌竞争力和品牌价值。

第三章

定制面辅料
——高级定制西装的生命

正如日本匠人中有一句格言“别人花十分的精力把一件东西做好，我们要花十二分的精力把一件东西做精。”工匠喜欢不断雕琢自己的产品，不断改善自己的工艺，享受着产品在双手中升华的过程。面料，作为服装最先被消费者所感知的元素，是品牌创造个性和创造品牌特征最重要的工具和媒介之一，也是服装品牌竞争的一种重要技术手段，它能达到塑造自己、区隔竞争的目的。工匠精神在服装定制中无处不在，作为一件服装的脸面工程，更需要将“工匠精神”贯彻到底，从古至今，享誉国内外的面料商一直致力于将原材料、花型纹理、技术研发、设计制作做到极致（图3-1）。

图3-1　国外著名面料品牌

第一节　匠心独现——顶级西装面料

一、意大利顶级面料

距离米兰一个半小时车程，位于意大利西北部的比耶拉省（Biella）与“时尚之都”米兰相比，它有点寂寂无闻。如果要追溯意大利工艺制作的源头，这个面积只有46.88平方公里的小镇却有着重要地位，面积大约只有米兰的一半，但它在时尚业界的地位却丝毫不逊于米兰。若画出一张意大利的时尚地图来，米兰、佛罗伦萨和罗马为三大枢纽，周边分布着几大服装区域：托斯卡纳（Tuscany）大区以生产皮革著称，科莫湖区（Lago Corno）以丝绸制品闻名，而比耶拉地区则以出产羊毛织物而闻名。

比耶拉，一个意大利羊毛面料发源地，不仅是埃尔梅内吉尔多·杰尼亚（Ermenegildo Zenga）、诺悠翩雅（Loro Piana）、睿达（REDA）等著名羊毛面料生产商的诞生于此，也聚集了一批顶尖的羊毛面料纺织厂，因此被称为意大利的“羊毛纺织机”。比耶拉镇四面环山，奔腾的河水咆哮着穿过阿尔卑斯山脉，为当地的纺织业提供了天然的有利条件，丰富的供水能清洗羊毛，也可用其水流动力来转动织布机。750 年前，纺织业在此兴起，历史考据，这里在1245年就颁发了针对羊毛纺织产业及工人、工匠的章程。到了十七八世纪，纺织业已成为当地支柱产业，19世纪30年代中期，随着这里的羊毛工厂渐渐引进现代机械后，比耶拉开始成为行业的摩登先驱，其现代面料生产史也真正拉开帷幕，诞生了不少面料工厂，也渐渐成为意大利纺织面料重镇。纺织业在比耶拉镇发展得热火朝天，受其辐射影响周边几个小镇也纷纷加入，其中的佼佼者当属特里韦罗（Trivero）和瓦莱莫索（Valle Mosso）。特里韦罗称得上人杰地灵，这里有令老饕们惊艳的红酒，亦是顶尖男装品牌杰尼亚创始人埃尔梅内吉尔多·杰尼亚（Ermenegildo Zegna）先生的故乡。此外，这里还诞生了闻名世界的高级羊绒品牌诺悠翩雅，它不仅垄断了地球上最纤细、最精贵的羊毛，更成为世界羊毛纪录挑战杯的举办者。另外，与杰尼亚先生拥有同样的直觉和坚持的还有位于瓦莱莫索的顶尖面料纺织厂睿达都在这里诞生。比耶拉除了独特的地理区位优势，其水域中还富含离子，为羊毛精梳加工缔造了得天独厚的条件。

（一）诺悠翩雅

诺悠翩雅兴起于19世纪初，最初作为毛绒织品商人，自那时起家族便开始从事羊毛面料事业。1924年皮耶·路易吉（Pier Luigi）和塞尔焦（Sergio）的叔叔彼得罗（Pietro） 选定了诺悠翩雅这个品牌的名字。“一战”时期，随着欧洲和美国地区对于奢侈品面料需求的上涨，诺悠翩雅经历了一次爆发式的增长。1975年，塞尔焦和皮耶路易吉兄弟二人接管了企业，并对生产设备进行了大刀阔斧的投资。20世纪80年代，欧洲的纺织业受到了亚洲企业的剧烈冲击，而在这些工厂的帮助下，诺悠翩雅顶住了压力，屹立不倒。在公司的管理中，两兄弟分工明确。塞尔焦作为生产方面的专家，管理商品的各类生产和设计，对每件产品的品质精益求精。而他的兄弟皮耶路易吉则更具有冒险精神，多年来四处奔波，足迹遍布安第斯山脉、新西兰和缅甸，为诺悠翩雅建立起一条多样化的原材料供应链。如来自于缅甸的莲藕纤维诺悠翩雅将其与开什米尔羊毛和丝绸一起，织成价值2550美元的围巾。

图3-2　诺悠翩雅 现任CEO 皮耶·路易吉和安托万·阿诺特

在2013年，LVMH集团以20亿欧元的价格收购了这个家族品牌80%的股份。这也是从2011年以52亿美元收购了意大利珠宝品牌伯尔鲁帝（Bulgari）50.4%的股份以来，LVMH进行的最大一笔收购案。诺悠翩雅是一个家族企业，并没有公开上市，除非家族自愿，否则没有办法直接收购。安托万·阿诺特目前已经是诺悠翩雅的董事会主席，同时也是LVMH旗下男装品牌伯尔鲁帝的CEO（图3-2）。

作为意大利国宝级西服面料品牌，也是世界上最大的顶级羊绒供应商，被英国塞维尔街认可的面料品牌之一。诺悠翩雅自创立起，家族经营至今已是第六代，为讲求品位及对质量有要求的顾客提供上等的羊绒羊毛，因而成为全球最大的山羊绒制造商及最大的羊毛采购商。诺悠翩雅素以山羊绒为设计重点，不仅仅是研发新种布料，诺悠翩雅更是仿佛与山羊绒画上了一个隐形的等号（图3-3）。

诺悠翩雅专注于面料研发，从山羊绒到小山羊绒（Baby Cashmere）、莲藕纤维（Lotus Flower）、骆马毛（Vicuna）到最新且唯一一款羊毛系列“国王的礼物（The Gift of Kings）”，诺悠翩雅一直致力于顶级面料的研究和开发。羊绒是诺悠翩雅永恒的代表，作为世界上最大的羊绒改革者，诺悠翩雅在遥远的中国和蒙古采购原材料，仅选择最细最柔软的纤维制成巧夺天工的衣物。诺悠翩雅以严格选用最高品质的羊毛、羊绒而闻名于世，服装的可穿性、功能性及舒适性均备受推崇。在诺悠翩雅的每一件服装中，都渗透了手工精细、质地卓越及矢志追求美感的精品艺术。手工缝线、精致手工、麂皮细节及个性化配件，都确保了诺悠翩雅稳占奢华精品市场的领导地位（图3-4）。

图3-3　诺悠翩雅面料

意大利诺悠翩雅最著名的毛织品，除山羊绒以外当属骆马毛，原产自秘鲁的骆马毛是取自曾一度濒临绝种的骆马。由于骆马毛是极为珍贵且罕有的物料，曾是南美印加（Incan）贵族的御用。骆马毛是所有羊毛中最幼细且轻的纤维，手感细滑，具有恒温作用，平均直径为12～13微米。一头成年的骆马，每两年只可梳出250克的骆马毛，加上只能由颈项梳取，产量极其稀有（图3-5）。经拣选及剪取，最后只有120克可用作纺织，而一件大衣通常需要用上25～30头骆马毛。

图3-4　诺悠翩雅定制过程

诺悠翩雅作为全球最大的羊毛采购商和顶级羊绒制造商，它的布料、纱线等纺织品供应给阿玛尼（Armani）、优衫等品牌。从常规意义上来讲，面料供应商对于成衣也许并不得心应手，但诺悠翩雅认为只有对服装越接近，才能越了解面料的重要性，因此其成衣与香奈儿（Chanel）、爱马仕（Hermes）并列在全球奢侈品金字塔的塔尖（图3-6）。诺悠翩雅和爱马仕共享同一等级的客人，但诺悠翩雅极

图3-5　诺悠翩雅骆马毛及其后整理

为低调，不邀请明星代言、不做广告，仅支持帆船、赛马、老爷车等比赛，服饰没有显眼的Logo，低调优雅。在此基础上为了推广自己的服装，诺悠翩雅选择马术等体育赛事作为自己服装的最好载体，作为参加奥运会的意大利马术赛队、盛装舞步赛队和代表团的官方供应商（图3-7）。

图3-6　诺悠翩雅成衣

图3-7　诺悠翩雅是意大利帆船、赛马、老爷车的供应商

（二）埃尔梅内吉尔多·杰尼亚（Ermengildo Zegna）

杰尼亚（Ermengildo Zegna）是意大利最古老的纺织家族企业之一，在高档男装产业居于领导地位的跨国公司，以生产精细的羊毛面料而蜚声全球，是消费者最熟悉的意大利西装品牌，也是意大利最著名的面料制造商之一。1910年，不到20岁的埃尔梅内吉尔多·杰尼亚，在意大利比耶拉地区的一个小镇特里韦罗（Trivero）开了一间手工纺织作坊，最初这间简陋的作坊，只能生产一些小块的羊毛面料，后来随着事业有所发展后，杰尼亚就召集流落街头的纺织技工，开始生产精细的羊毛面料，与垄断全球精羊毛市场的英国人展开竞争。从市场上收集最好的原材料并投资先进的技术、员工培训和品牌推广。埃尔梅内吉尔多去世后，他的两个儿子继承了家族企业，齐心协力向成衣市场进军，在创造一流品质纺织面料的同时，又推出杰尼亚品牌男装，并把发展目标定位在世界顶级男装市场。在面料经营中积累下来的经验，以及拥有自己的纺织厂使杰尼亚很快就成长为意大利男装行业中的领导者，现在已经成为世界上最著名的男装品牌之一（图3-8）。

早在1910年，年轻的埃尔梅内吉尔多·杰尼亚就在家乡创立了杰尼亚羊毛纺织工厂。他不远万里深入澳大利亚、蒙古、南非等地，寻找品质最上乘的羊毛、山羊绒、马海毛，再将它们一路运回特里韦罗的工厂总部奥尔多（图3-9）。他坚持在这座坐落于海拔 700 米的群山中的工厂内完成衣物的制作，工匠们夜以继日，将这些珍稀的天然纤维制成顶级纱线，最终织成柔软且坚韧的上乘面料，对于品质的追求延续了一个世纪从未停止。

定制一套手工杰尼亚全球限量版西服需要13万元人民币，一套成衣的整个制作流程长达50天。工匠们利用12～13微米的羊毛，成品用肉眼看来甚至比丝绸还要细密。因面料对气候有要求，甚至需要远赴瑞士加工。意大利顶级技师量体裁制，就连纽扣都是兽类最坚硬的角质做成。家业百年，意大利小镇上的祖孙三代都自己做手工，这是杰尼亚时常提及的文化部分。美国前总统克林顿、法国前总统密特朗、英国王子查尔斯等都曾在公开场合着杰尼亚示人。

图3-8　杰尼亚店铺

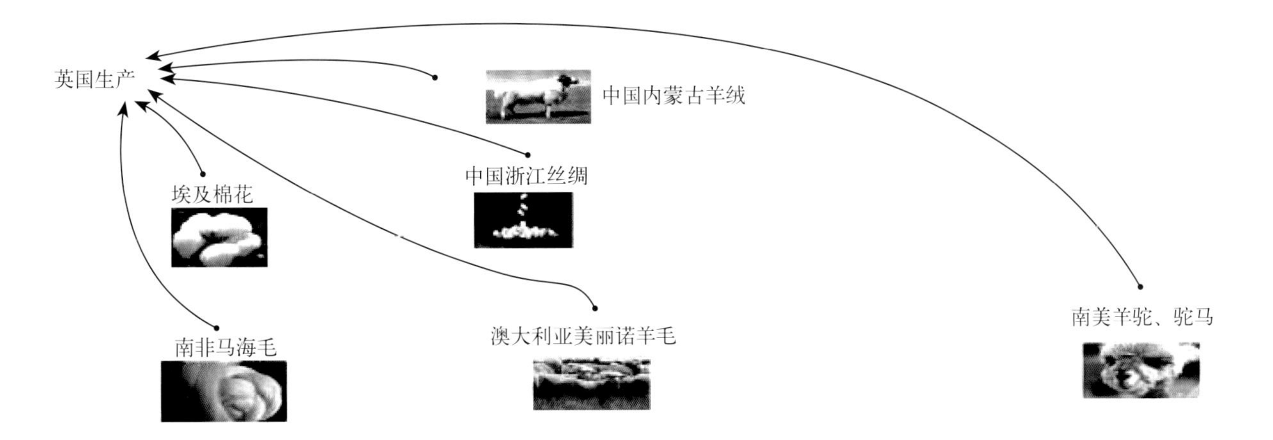

图3-9　杰尼亚全球采购分布

根据制造过程中使用原料的差异，可将其面料分为两种不同的类型：精纺和粗纺。 精纺面料通常更加凉爽轻巧（几乎所有重量在250克以下的面料都是精纺制品），外观也更加平整（不太覆有绒毛）。人们用较长的纤维制造出较细的纱线，并进一步织造精纺面料。精纺纱线还能高度扭曲，这样就可以增加材料的强度和折皱回复力，并使面料手感更加凉爽干燥。 High Performance系列和Traveller系列面料就属于这一类型。杰尼亚的专利面料无论是High Performance、15 Milmil 15或Trofeo，亦或是那些羊绒和麻、羊绒和竹纤维混纺的织物，都经得起细细品味（图3-10）。

粗纺面料看上去更蓬松、更温暖（不过由于最后的精加工，也不会非常温暖），通常用于制作冬装。粗纺面料用那些常会从纱线中“伸出来”的略短的纤维制成，所以面料表面有小绒毛，饱满而温暖。粗纺面料通常比精纺制品更重一些。在最后精加工阶段，它们会被缩绒并刷扫，从而使绒毛从表面竖起，增大绒毛的体积和柔软度。杰尼亚

图3-10　杰尼亚原材料的选取

毛纺厂（Lanificio Zegna）最出色的粗纺产品是羊绒面料和各种配饰，它们精致、柔软、温暖、舒适，并且总是充满新意。

杰尼亚对完美的追求是将精致的风格织入面料，从不会让顾客感到失望。客户拥有400多种面料选择（每年固定不变），另有250种面料选择（因季节而变）。面料具有广泛的设计，从经典斜纹到灰色装饰图案，以及从细条纹到威尔士亲王格子花纹（图3-11）。和其他男装品牌不同的是，杰尼亚是一家全面实行垂直一体化的公司，特别注重并关注每卷面料的每道准备步骤：从美利奴绵羊游牧的澳大利亚农场到特里韦罗的精整毛纺厂，每一道工序都经过严格的把关。羊毛、真丝混纺、High Performance面料（杰尼亚的注册面料之一）、Trofeo面料、羊绒、棉混纺以及新推出的竹纤维制成的面料，都能让人耳目一新。

图3-11　杰尼亚格纹面料及手工定制

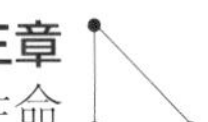

图3-12 High Performance系列

High Performance：自诞生以来，杰尼亚赋予其随着时代不断进步的创新特色与时髦优雅的现代面貌，保持不变的柔软触感的同时，轻盈、抗皱且持久不变形，适宜在温暖的季节穿着。同时，High Performance面料可以与全新的时尚设计、风格和色彩相融合（图3-12）。

Trofeo：Trofeo是杰尼亚主打的多功能羊毛织物之一，卓越的代名词，是杰尼亚毛纺厂的经典产品。Treofeo精选澳大利亚超细美利奴羊毛制成，并且特有超长、柔软、超细的纤维，使其成为西装和休闲装的理想面料选择。通过在组织结构、重量和后整理等方面的一系列革新，提升了杰尼亚毛纺厂生产织物的性能。在最新一季的成衣系列中，杰尼亚对早在半个世纪前就存在的Trofeo面料进行了创意革新，让拥有丝绸般触感和超强韧性的奢华羊毛具备了防水透气的卓越性能（图3-13）。

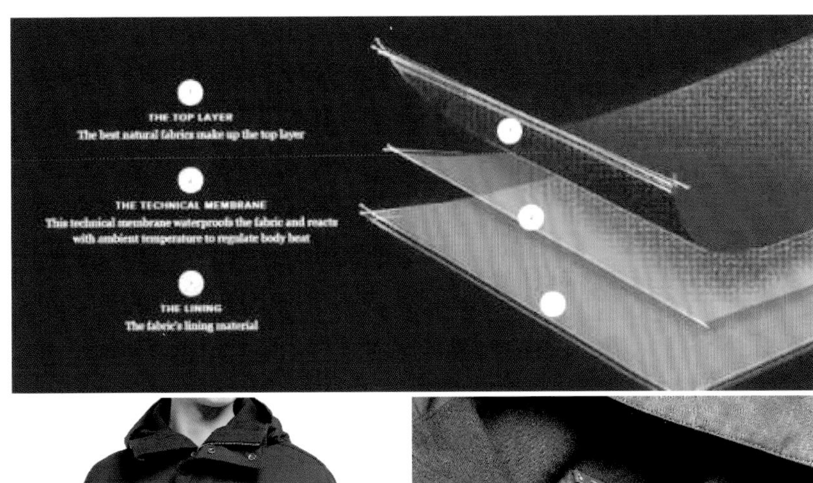

图3-13 Trofeo系列

15 Milmil 15：过去半个世纪以来，杰尼亚毛纺厂持续不断地致力于原料改良和技术开发，不断为市场提供诸如“15 Milmil 15”（1996年）、“14 Milmil 14”等重量极轻的系列面料，最后推出的“13 Milmil 13”系列精选获得杰尼亚黄金羊毛大奖（Ermengildo Zegna Vellus Aureum Trophy），是高品位面料的巅峰之作。各个面料名称指的是所采用的羊毛纤维的细度，分别为15微米、14微米、13微米。15 Milmil 15是一种使用数量有限的超细美利奴羊毛制成的独特纤维。直径仅为15微米的精选纤维打造出这种独特的15 Milmil 15（纯羊毛）纤维，呈现不可思议的光泽度和舒适感。喜爱有光泽服饰的客户可以选择15 Milmil 15 Silk 款（含 51%真丝，49%羊毛）或者选择 15 Milmil 15 Linen 夏款（含55%亚麻，45%羊毛）（图3-14）。

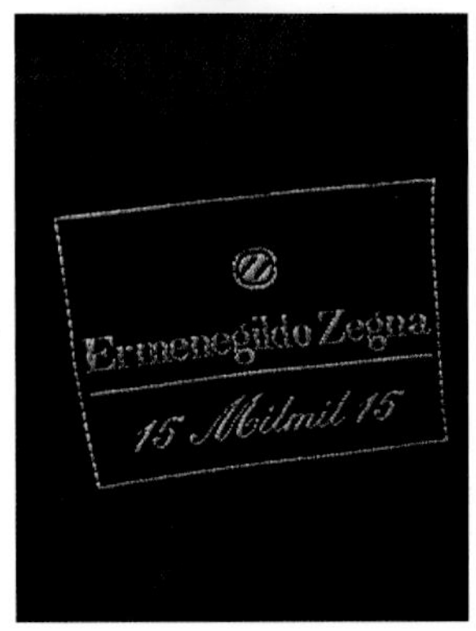

图3-14　15 Milmil 15系列

Vellus Aureum：Vellus Aureum面料非常稀有，真正彰显了精致高雅。每年杰尼亚从全球知名的美利奴绵羊牧场收集品质上乘的羊毛，这种原材料货源十分有限，仅够每年制作 60 套 Vellus Aureum 面料的量身定制西装套装（图3-15）。

图3-15　Vellus Aureum系列

Vicuña：Vicuña使用小羊驼的羊毛纺成，这种野生小羊驼生长在安第斯山脉，羊毛品质上乘，但全球数量十分稀少。小羊驼是南美洲本土物种，它们的羊毛素有“神赐纤维（Fibre of the Gods）”之称。在印加文化中，Vicuña 织物仅供奉给国王，到1965年时仅有5000个活标本，但后来随着成功繁殖和养殖，小羊驼的数量已逐渐增加，依据《濒危物种国际贸易公约》（CITES），杰尼亚集团（Zegna Group）是获授权使用小羊驼羊毛的少数几家公司之一。

（三）切瑞蒂1881（CERRUTI 1881）

18世纪中期，切瑞蒂家族出现在名为“Arti et Negotij”的市政厅名

单上，当时，这个词是指制作或经销衣服的工匠。从18世纪末到1881年这段时间内，切瑞蒂家族的几代人都在制作服装，有些自主经营，有些则成为当地数家工厂中技术熟练的专业纺织工，以此累积文化与经济资本，现代社会最杰出的企业之一由此诞生。安东尼奥·切瑞蒂（Antonio Cerruti）同两个亲兄弟和一个堂兄弟共同开办了公司，买下一家工厂，在比耶拉镇切沃河畔开始生产，如今公司生产基地依然坐落在这里。从创建之初，公司便志向不变，将重心放在创新优质面料的生产上。此后，工厂扩建启用更加现代的纺织机械，将其放在宽敞且配有电灯的车间中，这在当时是极为罕见的。20世纪初，工厂每年可生产1万件精梳纺织品，此后稳步增长。第一次世界大战期间，工厂高效运转，保证了灰绿面料的充足供给，仅在1917年中，切瑞蒂毛纺厂（Lanificio Cerruti）就为军队生产了170000米的面料。

1940年起，安东尼奥·切瑞蒂的儿子，西尔维奥·切瑞蒂（Silvio Cerruti）与叔叔昆蒂诺（Quintino）一起经营公司，亲自负责产品系列的质量与研发。在市场上获得了显赫位置，尤其是南美洲和中东市场，同时，纺线、纺织、着色设备的现代化工作继续进行。1945年，切瑞蒂毛纺厂（Lanificio Cerruti）拥有约700名员工、140台织布机、7100个纺纱锭子。同年，西尔维奥·切瑞蒂（Silvio Cerruti）被任命为意大利原毛行业协会主席，仅用几个月的时间，便解决了各企业含脂原毛配额问题，刺激原毛行业复苏。此外，为了将优质面料作为生产重心，西尔维奥·切瑞蒂决定对战略生产部门进行彻底重组。1951年，西尔维奥·切瑞蒂英年早逝，由长子尼诺（Nino）接管公司，尽管尼诺当时只有20岁，但他立即显示出了独一无二的审美素养和组织能力，成为时尚偶像。1957年，尼诺·切瑞蒂在发扬光大家族原有的纺织面料主业的基础上，配上自身独特的服装品味，推出了切瑞蒂 1881成衣品牌，并迅速成为奢华优雅的代名词（图3-16）。

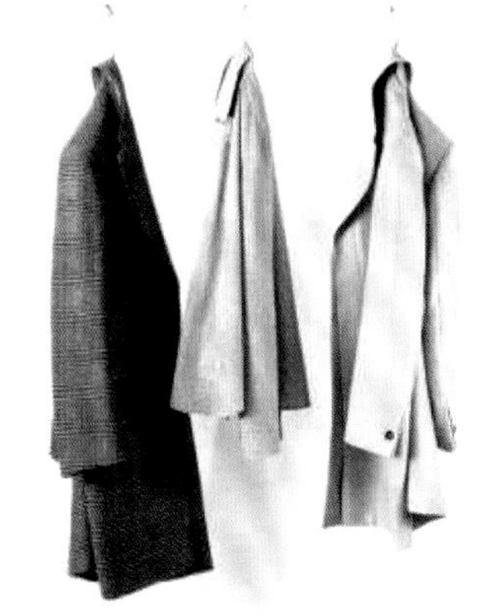

图3-16　切瑞蒂 1881面料的运用

自1881年始，切瑞蒂 1881便以其简洁进取的哲学理念引领意大利时尚潮流，并在成长过程中始终关注潮流变革。秉承纯正意大利血统，切瑞蒂 1881时刻向人们展现着它永恒的优雅以及永无止境的时尚态度。通过意大利设计、瑞士质量及可接受的价格三大优势，切瑞蒂1881向全球追求真正时尚的人传递品牌精神：个人的华贵、真正的时髦、核心的价值形象、全球性的感知（图3-17）。

切瑞蒂 1881西服面料最大特点就是后整理出色，手感柔软轻薄、悬垂感强、穿着舒适、保型性好、光泽柔和细腻，旗下的NOBILITY 150's AAAAA系列曾获得美国“国际羊毛局最新金奖产品”称号。切瑞蒂 1881面料既没有范思哲（Versace）的艳丽色彩，也不像克里斯

图3-17 切瑞蒂 1881意大利式板型设计

汀·迪奥（Christian Dior）的大胆创新，切瑞蒂 1881引人入胜的是那份优雅气质。

切瑞蒂 1881擅于以时装衬托出演员鲜明的形象，缔造了无数经典角色，把充分发挥穿衣者个人风格的宗旨带进电影世界。尤其是与好莱坞电影产业的联姻，例如《风月俏佳人》（*Pretty Woman*）里潇洒倜傥的李察·基尔（Richard Gere），《不道德的交易》（*Indecent Proposal*）中连皱纹都很性感的罗伯特·雷德福（Robert Redford）和《空军一号》（*Air Force One*）中英姿勃勃的哈里森·福特（Harrison Ford）都是由切瑞蒂 1881打造的经典银幕形象。自1965年起，尼诺·切瑞蒂为好莱坞设计戏服的电影超过百部，尤以风流绅士造型见长，一度获得过奥斯卡服装设计奖提名。许多名人也都是切瑞蒂 1881的常年客户，在历届奥斯卡红毯上，切瑞蒂 1881与名人的渊源连绵不断，如阿兰·德龙（Alain Delon）、麦克尔·道格拉斯（Michael Douglas）、周润发都曾穿着切瑞蒂 1881的服饰出席颁奖典礼，而生活中的男士也能像尼诺·切瑞蒂描述的那样“A man should look important when he wears a suit（当男人穿着西装，他应该像头面人物那样）”（图3-18）。

图3-18 切瑞蒂 1881跨界知名影星

（四）维达莱（Vitale Barberis Canonico）

维达莱（VBC，Vitale Barberis Canonico）始创于1663年，诞生在意大利比耶拉地区的一个家族企业，专为男士西服提供纯毛梭织面料，尤其擅长利用精纺9.1 tex（Super 110’s）至6.2 tex（Super 160’s）面料，用于制作高端职业装和商务套装，并以经典庄重的设计风格闻名世界，国际上许多著名的政治家在重要场合都选择穿着维达莱面料制作的服装。

维达莱年产高级精纺面料超过700万米，为目前意大利高档毛类面料品牌产销量之最。维达莱原材料全部采用澳大利亚超细美利奴新羊毛，从毛条到后整理，所有工序均在自有工厂完成，充分保证了100%意大利制造的卓越品质（图3-19）。

图3-19　维达莱面料

Super9.1tex系列产品选用澳大利亚的超级9.1tex美利奴羊毛，该羊毛织成的面料穿着服用性能好，使用寿命长，该系列面料有良好的褶皱恢复性能。Super7.7tex系列产品选用澳大利亚独有的超细美利奴羊毛，纤维细度只有16.8微米，此类羊毛制成的织物手感极为柔软，堪比羊绒。

素色西装有些使人看起来暗淡无光，有些则会让人拥有无可比拟的气质，其一线之差正在于西服面料的选材。例如，超细7.1 tex（Super 140's）系列的维达莱，全部采用获得"金羊毛（Woolmark Gold）"认证的顶级澳大利亚美利奴新羊毛。此种羊毛在澳大利亚每季只产1600包左右，而维达莱是其全球最大买家。为了保持羊毛的弹性和润泽度，通常被储存在恒温恒湿的专业仓库，并仅在当年使用，弥足珍贵的原料赋予织物特有的灵性光泽和延展性，给成衣带来张弛有度的完美触感。

维达莱更是利用百年积淀的精湛工艺完美保留了顶级美利奴新羊毛的天然光泽，在灯光下呈现流动的明暗线条变化，使其于最朴素的设计中体现细节，为经典增添与众不同。半净色产品采用素色纱线配合变化的织法，使原本素色的西装在近处或灯光下呈现有韵律的变化，于沉稳中赋予商务正装恰到好处的时尚感（图3-20）。维达莱面料条纹颜色搭配、宽窄组合恰到好处，在颜色

图3-20　维达莱商务西装

和花型、纱支数、后整理方面都具独到之处，品质在世界上享有盛誉。

维达莱以羊毛、羊绒面料为主，定位高端，主要合作伙伴包括赫马克斯（HerlMax）、阿玛尼（Armani）、华伦天奴（Valentino）、路易威登（Louis Vuitton）、古驰（Gucci）、普拉达（Prada）、雨果博斯（Hugo Boss）等世界众多顶级成衣品牌。

（五）马佐尼（MARZONI）

马佐尼（MARZONI）是世界顶级的面料品牌之一，主要的奢侈品采购大户，品质仅次于世家宝（Scabal）。作为全球公认高品质、价格实惠的面料商，现位于意大利的棉纺重镇比耶拉地区。现在已经收购了意大利瓦伦蒂诺·加拉瓦尼登（Valentino Garavani）、德国雨果博斯（Hugo Boss）、万宝路休闲男装，每年都会推出200多种面料。旗下面料品牌包括中高端品牌高博乐（Guabello），主要产品集中在7.7 tex（130S）、6.7 tex（150S）和5.6 tex（180S），中档品牌马兰（Marlane）产品集中在110支和120支。

图3-21　马佐尼面料

马佐尼精选顶级面料，由名贵的绢丝、马海毛、羊驼毛、山羊绒等精制而成，是成衣定制店广泛使用的意大利面料品牌，亚麻系列包括100%亚麻、棉和莱卡混纺、竹纤维等成分，其中一些条纹款式非常优雅，很适合江南地区晚春到仲夏的气候（图3-21）。

从羊毛梳理到被整理成毛条后送到马佐尼纺织厂进行染色、纺线，再到织成不同颜色不同图案的面料，全部过程都由一套先进的生产系统监控，甚至客户都可以追寻到某一面料出自于哪个牧场、哪只羊身上。每年马佐尼都会推出高达2500种新品，供男装成衣品牌选择。马佐尼设计师一年会外出采风两次，与以前不同，巴塞罗那、斯德哥尔摩、莫斯科、上海、孟买这样“更酷更具有前瞻性的地方”才是奔赴的终点。尽管坚持将后端生产放在意大利，意味着更高昂的成本，但对于面料生产商而言，和品牌之间的亲密互动更为重要。如今，马佐尼75%的销售额来自国外，只有25%来自意大利本国。每一季都会有从欧洲、美国、日本、俄罗斯、中国、印度等世界各地的客户前来采购，这正印证了“意大利制造”的独有价值。全球化让各国的设计风格互融互通，然而与巴黎、纽约这些更乐意展现前卫尖端的地方相比，意大利则更愿意成为内敛低调、更具有品质感的时尚基地。

（六）睿达（REDA）

睿达（REDA）诞生于1865年，来自意大利。创始人卡洛·睿达（Carlo Reda）先生当时收购了一家旧纺织厂，在他与其子乔瓦尼（Giovanni）的经营下，工厂规模逐年扩大，直到1919年被波多宝拉兄弟（Botto Poala）阿尔比诺（Albino）和弗朗西斯科（Francesco）全面收购。从那时起，睿达公司的发展从未停歇，公司保留了深植于心的优良传统，同时不断提高比耶拉地区工人的工艺水平，成为一家对羊毛忠贞不渝的意大利纺织公司。睿达的使命是要生产出品质卓越、品位高贵、魅力独特、完美体现意式风情的经典男装面料，而创新和技术正是这一使命的两大要素（图3-22）。睿达不仅是全球超细羊毛最大的买家，也是新西兰和澳大利亚最大的羊毛采购商。

睿达面料不仅是意大利工艺引以为荣的成果，也是意大利产品的旗舰标志。它来源于对精工细做的追求，对传统的尊重和对时尚理念的全新诠释，因此，睿达的产品名副其实地象征了意大利在全世界的高雅品位和卓越品质。这正是睿达位于瓦莱莫索（Valle Mosso）的毛纺厂所一直追求的精髓，创新、时尚、个性、优雅作为睿达价值观的代表，已经永久烙印在睿达发展历程的每一部分。

图3-22　睿达面料

在意大利瓦莱莫索的毛纺厂，睿达直接管理和控制着整个生产流程，从羊毛原料的加工一直到面料制成，第一步始于新西兰格伦罗克（Glenrock）、Rugged Ridges和奥塔马塔皮奥（Otamatapaio）的牧场，在30000公顷的牧场里，放养着能生产出最珍贵的美利奴羊毛的优种绵羊。生产羊毛首先经过精心挑选，整理并收集成通常称为毛条（Top）的软性条子，然后进行精梳（Combing）处理，随后送往染色（Dyeing）部进行首次上色。待羊毛完全干燥后，将上色完成的毛条送至纺纱（Spinning）进行整个工艺流程中的首道重要工序，用环锭纺纱工艺对羊毛进一步分离，并将其加工至最完美的状态，即将毛条纺制成一根细长的纱线。纱线经加捻（Twisting）连接成线束，随后拉伸固定到织机上制成经纱，然后进入编织（Weaving），与纬纱织合。此后进行精加工（Finishing）即后整理，对面料进行一系列特殊处理，使其更为坚韧、紧密，更重要的是更加柔软。到此阶段，面料的手感是检验上述工序是否成功完成必不可少的标准。然后通过压平（Nipping）、缝补（Darning）、缩绒（Fulling）、洗毛（Scouring）、植绒（Flocking）、蒸呢（Decatizing）等工序，确保成品的完美品质。以上每道工序都是制造睿达面料不可或缺的环节，这种质地轻盈的面料有着高贵舒适的外观、出类拔萃的柔软，以及恰到好处的弹性与强度（图3-23）。

图3-23　睿达面料

睿达公司每半年向客户推出全新系列的面料，通过在风格上的不懈探索，以及对完美纱线的永恒追求，成就了年均2500种面料的目标。睿达的面料优雅精致、自然纯正，是对经典花型精心诠释的成果，象征着“意大利制造”的精髓，而睿达的风格正是凭借细致入微的图案设计和高贵时尚的顶级品位傲立于世。从意大利到其他欧洲国家、美国乃至日本、俄罗斯，睿达凭借卓越的品质及周到的服务，不断满足和预见客户的各种需求，在与顶级男装品牌的密切合作中赢得了无数赞誉。

（七）康可俪尼（Canclini）

康可俪尼始创于1925年，位于意大利著名的纺织品生产工业区科莫（Como），以创新精神为客户提供好的产品与服务是其一贯的宗旨。其创始人为朱塞佩·康可俪尼（Giuseppe Canclini），从20世纪60年代开始专注于衬衫的面料生产，到至今第三代已经把康可俪尼发展成100家合作工厂，年生产能力达几百万米面料，其产品销往多达50个国家，已成为意大利高端衬衫面料品牌中屈指可数的一员。19世纪60年代康可俪尼从第一代管理人开始转型，因为丝绸是一种非常奢侈的纤维和面料，各方面要求非常高，康可俪尼家族决定放弃丝绸的生产和经营转为纯棉面料。19世纪70年代康可俪尼（Canclini）的色织面料开始出口法国和德国，后来公司的发展表明这次转型是相当成功的。19世纪80年代公司的办公地址迁至科莫省的关扎泰（Guanzate），家族的第二代也开始接管企业，随着裁边设备和半自动化仓储管理系统的引进，公司的业务有了新一轮的快速增长。

康可俪尼11.1 tex（90s）面料采用经过严格控制的长纤维——顶级埃及棉，这种棉既保证了面料具有更好的抗皱性和耐穿性，同时又能保证丝绒般光滑细腻的手感。康可俪尼更高端的产品8.3 tex（120s）双股和5.9 tex（170s）双股面料全部采用特殊的埃及棉GIZA45（图3-24），这种棉的纤维特别长、产量非常少。产品质量是康可俪尼的生命，要求不断自我检验，与最新的技术保持对话，满足最苛刻客户的要求，才能承诺绝对的质量保证。根据市场的流行趋势，康可俪尼还开发了一些相对比较复杂的工艺，如割绒、大提花、刺绣、透孔织物等，同时，康可俪尼也对量身定做客户的需求投入了更多的关注和开发。康可俪尼与世界众多顶尖时尚品牌建立最长久合作关系，如阿玛尼（Armani），阿曼贝斯（Armand Basi），艾克·比哈尔（Ike Behar），泰德·贝克（Ted Baker），康纳利（Canali），卡拉米洛（Caramelo），麦西姆杜特（Massimo Dutti），艾特罗（Etro），法颂蓝（Faconnable），爱马仕（Hermes），雨果博斯（Hugo Boss），古驰（Gucci），约翰·瓦维托斯（John Varvatos），雷内·莱莎（Renè Lezard），诺德斯特龙（Nordstrom），查尔斯·蒂里特（Charles Tyrwhitt），范拉克（Van Laack），德赖斯·范诺顿（Dries Van Noten），路易威登（Louis Vuitton），杰尼亚（Zegna）等。

图3-24　康可俪尼面料选取以及电影明星穿着

（八）阿尔比尼（Aerbini）

阿尔比尼诞生于1876年，源自意大利，传承意大利经典。在19世纪50年代，创始人阿尔比尼先生经营着一家手工作坊，开始生产具有高品质、高性能的纺织面料。在苦心经营下，小小的手工作坊逐渐成为一个具有相当规模的工厂，1876年成立了自己的品牌公司。公司发展从未停歇，阿尔比尼先生退休之后，他的儿子继承家业，从20世纪繁重的手工操作开始逐渐拥有了现代化的工业流程。公司不断研发更细更轻的有机棉衬衫面料，不断突破新的领域，后来阿尔比尼成为意大利最大的衬衫面料生产集团，旗下三个品牌分别定位于奢侈品、顶级、高端市场。基于公司的优质面料，在20世纪80年代其第三代继承人开始着手打造属于自己的品牌服装，推出定位于高端市场的阿尔比尼私人定制，因“100%意大利制造”以及卓越的设计而享誉全球。在全球范围内与奇敦（Kiton）、普拉达（Prada）等一线服装品牌有着悠久的合作历史（图3-25）。

自1876年起，阿尔比尼一直以生产世界最优良的衬衫面料著称，品牌拥有100多年的辉煌历史，经历时间沉淀反而历久弥新，将奢华融于优雅。受时尚潮流影响，纤维的细度变得越来越高，其中最令人叹为观止的当数阿尔比尼棉纺厂（Cotonificio Aerbini）最新研发的纯棉衬衫面

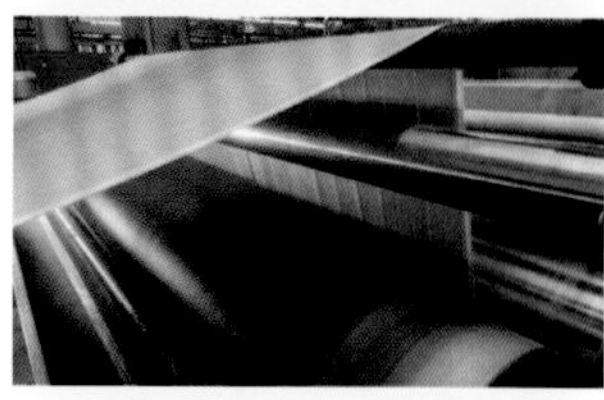

图3-25　阿尔比尼棉纺厂（Cotonificio Aerbini）研发的面料

料，由埃及长绒棉纺出的棉纱支数达到了惊人的6.7 tex（150s），是迄今品质最高的有机棉衬衫面料，每一个步骤都获得了全球有机纺织品标准（GOTS）认证。这种奢华的布料首度在意大利米兰纺织展（Milano Unica）亮相时，看上去几乎是透明的，它的纱线细度只有普通棉纱的1/3。这种奇特的面料具有无与伦比的天然光泽和柔软的丝般触感。20世纪80年代，阿尔比尼已经开始建设自己的服装品牌，设计沿用欧洲经典服装风格，精选高档面料贴身制作，依托精致细腻的工艺和原有品牌的盛誉，设计的服装备受青睐。同时推出阿尔比尼私人定制，传承定制经典，秉承“将奢华融于优雅”的定制理念，注入意大利传统服装文化与时尚流行元素，以纯正意大利手工缝制工艺，为成功人士提供量身定制服务。

（九）蒙蒂（MONTI）

蒙蒂（MONTI，TESSITURA MONTI S.P.A.）始创于1900年，意大利三大顶级衬衫面料厂商之一，专业生产高纱织［8.3 tex（120s），5.9 tex（170s），5 tex（200s）］系列高品质衬衫面料（图3-26）。在意大利拥有两个生产工厂，年产量1700万千克的纱线和2100万米面料，雇员超过1000人（图3-26）。

图3-26　蒙蒂（MONTI）工厂

蒙蒂衬衫面料中所有高纱支的面料全部采用贵族埃及棉，每季推出多达百款最新流行的花型，其设计风格走在衬衫时装行业的前沿，引导欧洲流行趋势，不仅色泽饱满柔和，结实耐穿，而且更具有如丝绸般光滑的手感，给顾客提供了高品质的享受（图3-27）。蒙蒂也生产海岛棉面料（只有高端品牌才会生产海岛棉面料），产自西印度群岛的海岛棉极为珍贵，产量仅占全世界棉花产量的0.0004%。蒙蒂作为意式面料的代表品牌，其后处理技术也是相当成熟的。后处理技术是影响面料质感的重要环节，经后处理的蒙蒂面料最大的特点就是滑、柔、厚、亮，经水洗后质感不变。

图3-27 蒙蒂衬衫面料

二、英国顶级面料

如果说意大利面料的起源因为天然的自然环境，那么英国面料的发源便是伴随着第一次工业革命而发展。纺织服装为英国制造业的第六大产业，毛纺织业是英国最悠久的工业，大约有1.5万个企业，全行业从业人员约36.4万人。英国毛制品的后整理技术很高，所以毛料质量较好，销量较大。近年来，纺织行业由于生产中低档服装的布料成本高，不少生产此类布料的厂家已转而生产家用、医用和工业用纺织品。英国服装生产企业年均产值约为80亿英镑，其中33亿英镑服装出口国外市场，英国纺织机械、高档毛纺织品、服装在世界市场上仍然占有一席之地。

（一）世家宝（Scabal）

世家宝创立于1938年比利时布鲁塞尔（Brussels），前身原本是一家服饰的零售批发商与布料生产者，工厂设在英国，总裁皮特·提森（Peter Thissen）将世家宝这个品牌在全世界打响了知名度，他的儿子也就是家族第三代的格雷戈尔·提森（Gregor Thissen），目前和他父亲一起经营着这个品牌。在刚创立时世家宝仅有6位员工，但如今世家宝在全世界已拥有超过600名的员工，世家宝也由最初单纯的布料生产商转为世界著名顶级品质的象征。同时，世家宝也将其角色多元化，成为世界最佳男性成衣与定制西服的设计与生产者之一，它的技术与布料使顾客们能自由地表达个人独道的品位与风格，使穿者倍感尊荣。世家宝被很多顶级裁缝誉为“金钱能买到的最好面料”，自工业革命以来，英国纺织业一直执全世界纺织业之牛耳，世家宝则是其中最优秀的厂商，成为伦敦萨维尔街诸多裁缝的共同选择（图3-28）。

1974年世家宝研发出16.5微米羊毛技术，使面料支数第一次超越了100支。20世纪90年代推出创纪录的150支面料、13.8微米的180支面料、13微米的200支面料。2005年，世家宝更用11微米级别羊毛精纺出250支面料，取名巅峰（Summit），可谓纺织业的历史性突破，每米价格超过2000英镑。除高支数羊毛布料外，世家宝常进行惊人的试验："Gold Treasure"系列，以150支羊毛混上22K金线来得到优美条纹；"Diamond Chip"系列，在羊毛纱中混入钻石粉末，再纺成150支羊毛布料，取得凡品无所比拟的光泽；"Lapis Lazuli"系列，在150支羊毛中加入蕴含宇宙能量的青金石粉末，色彩自然独到非凡；"Kharisa"系列，用最细的21微米南非马海毛混合180支羊毛织成布料；"Romance"系列，选择最长的羊绒，确保布料保暖性同时足够轻盈；"Private line"系列，在指定宽度内织出客户的名字，让布料只属于顾客自己。

图3-28 世家宝面料

数十年来，世家宝从未停止精益求精、为客户满足顶级布料的需求。世家宝员工像金匠一样精心工作，每季推出数百个花色的布料，年累计已有5000种布料，足以满足世界范围内客户对奢侈布料的需求。通常只有那些经过严格审查的分销商才能销售世家宝布料，也只会在有相当实力的定制店才会看到世家宝"狮子驮皇冠"的Logo以及原厂世家宝料卡。世家宝的标签除了"贵"以外，再有一个就是"高科技"，这种"高科技"除了高纱支产品的研发以外，世家宝还总喜欢在羊毛布料中加入各种"其他"物质，比如说22K黄金、钻石粉、青金石粉末等。至于制作的工艺，则是在机器织布时，用特殊的鼓风机把钻石粉和金粉"吹"进纱线中，使其与布融合在一起（见图3-28）。

世家宝公认为是全球最好的布料，原因在于其信条是"从不考虑降低原料成本"，世家宝仅采购最好的原料，超细羊毛的舒适、羊绒的柔软、真丝的优雅、精纺细织，加上最后一道独有的"paper press"后整理技术，确保任何布料都能对得起世家宝"面料之王"的美誉。从

Super 100's的超细羊毛到最高贵的Super 200's羊毛、羊绒、真丝和马海毛，世家宝都以舒适著称。世家宝通过研究和设计不断完善自身的产品，用最好的原料实现了精致品质和独特性（表3-1～表3-3）。

表3-1　世家宝100支面料系列

	The Royal系列	Monza Pole Position系列	St.James系列	Heroic 系列
100支面料	适合全年穿着的优雅经典的优质外套的基本款。柔软舒适的Super100's面料既利于裁缝剪裁，又具有良好的穿着性和饱满的手感。这个名字代表了不断进步的精细质量，这也是世家宝最钟爱的一点	推出共70款面料，从大胆的浅色图案到永不过时的经典编织。此款优良的Super 100's拥有仅仅240克的超轻薄质感并且采用透气平纹编织结构，为炎热的夏季带来清凉的舒适感。另外，特殊的后整理技术使这款布料不仅防污防水，还具备抗皱性	St. James系列是有着320克重的厚实的面料，使用典型的英式后整理技术与可靠优质Super 100's 羊毛。既有搭配经典颜色如棕色配浅蓝色或者灰色配紫色的新式格子面料，也有低调华丽的正式暗色条纹布料	在秉承从1967年至今的高品质标准和特殊的不上浆柔软后整理工艺的基础上，新系列拥有新颖的图案以及更轻薄的质感，带来了优雅时尚的全新外观。此系列有61种不同的样式，其中包括各式颇具时尚感的浅色条纹或格子，图案采用强烈的对比、现代网眼、非完全编织以及优雅的暗纹等设计手法，种类相当丰富
特点	适合四季的经典款，超高性价比	240克重，轻薄、透气、凉爽，防水、防油污、有抗皱性	320克面料，非常厚重，更适合秋冬穿着	享有极高声誉的世界第一批量产的10 tex (100s)面料的历史

表3-2　世家宝8.3 tex(120s)、7.1 tex(140s)面料系列

	Riverside 系列	TRIPLE A 系列
8.3 tex (120s)面料	拥有出色手感的优雅套装布料，克重290克，使用Super 120's羊毛。此系列使用柔和的 Pennine 河水进行了特殊的擦洗，并使用天然的后整理技术使它拥有Super 120's羊毛很少达到的柔软感。这款轻质冬装面料的图案优雅而华丽，既有柔和色彩的条纹款，也有发际线主题的创作	拥有时尚款式和经典样式的新TRIPLE A系列提供了一系列低调优雅的图案。这款产自英格兰的结实条纹布使用混合适量羊绒的Super 120's 羊毛编织，以满足其饱满的手感。本系列也因其可靠性和便利的穿着性而闻名
特点	约克郡特定酸碱度与水硬度的Pennine 河水洗染，手感柔软	8.3 tex(120s)羊毛、羊绒混纺
	Mirage 系列	**Appeal 系列**
7.1 tex (140s)面料	此系列为夏日穿着提供了优质的Super 140's羊毛、超轻超薄的210克面料。精纺织物采用经纬双层纱线织成坚固透气编织结构，极具优雅奢华感的超级精细羊毛纤维提供了高性能和极佳的舒适性。大量低调华丽的经典图案，既有柔和的米黄色、灰色，也有不同种类的蓝色和暗黑色系	此系列的面料克重为250克，舒适偏薄。图案有较多种选择，拥有大量浅色时髦的面料供夏日穿着，还有包括权威经典图案在内的各式适合全年穿着的面料
特点	210克超轻薄面料，透气性极佳，非常适合夏天穿着	250克的四季款，既有适合夏天的浅色，也有适合秋冬的深色

表3-3　世家宝150支面料系列

	Noble House系列	Toison d'Or系列	Homer系列
6.7 tex (150s)面料	两类使用Super 150's的面料，都有不同的饱满光滑手感。羊毛的纤细使得设计出来的图案十分精密且具有永不过时的美感。为了强调优雅的外观，第一类混合了10%的丝绸，带来了特别的光泽度。第二类则有更加低调的图案，但是微妙的颜色对比既时尚又考究	使用Super 150's羊毛的系列分为两个部分：第一部分克重260克，轮廓鲜明，精密的条纹加强了面料时髦奢华的特性；第二部分包含了混合羊绒的Super 150's羊毛，克重280克，采用柔和的后整理技术。"低调的优雅"是这个系列的表述	优质Super 150's羊毛加入1%的超软水貂毛。克重230克，独一无二的手感与华丽的光泽，斜纹编织提供了无可比拟的穿着性能。34款不同图案提供了各种不同风格的优雅
特点	品味奢华，图案精密	华丽的黄金羊毛	水貂毛奢华享受 230克轻薄流畅的感觉

（二）多美（Dormeuil）

多美创建于1842年，已拥有164年历史，历经五代变迁。1842年，22岁的朱勒·多美（Jules Dormeuil）开始从英国进口布料并在法国销售，随后他哥哥阿尔弗雷德（Alfred）和奥古斯特（Auguste）相继加入，用三只羊头的徽章来代表三兄弟的共同事业。一直以来，在伦敦萨维尔街，多美是仅次于世家宝的选择，多美尤其以格子闻名，甚至为拍摄技术无法尽显其格子的美丽而惋惜（图3-29）。多美面料特点是通过良好的后处理技术使100支布料比别处的8.3 tex（120s）甚至7.1 tex（140s）更为华丽，另一个显著特点便是产品种类全，拥有2000多种产品可供顾客选择，如Guanashina、Ambassador、Kirgyz White等奢华的系列，Ice、Amadeus、Royal 12、Dry twist、Dorsilk这几个系列则以高性价比而闻名。自创立以来，多美已成为著名的法国男装品牌，其优质的剪裁营造了典雅俊朗的形象。多美的西装设计细致，布料柔软舒适，悠然自得的造型体现了男士们的独特个性，品牌糅合了多美时装屋（House of Dormeuil）的英式传统，并注入了创新的设计灵感，以世代相传的精湛工艺设计各款服饰。现在，多美已经进入中国，并在北京、上海等大城市设立了店铺，让消费者可以近距离感受多美的魅力。

图3-29　多美英伦格面料

多美对材质的选取极为苛刻，会从世界最好的原料基地购买优质原料，例如，从澳大利亚购买美利奴羊毛、从南非购买马海毛、从中国内蒙古购买羊绒、从中国江浙一带购买丝绸、从埃及购买棉花和麻。

图3-30　贺兰德&谢瑞LOGO

（三）贺兰德&谢瑞（Holland&Sherry）

在英式面料的代表品牌中，能够把"The finest clothes in the world"标在Logo上的，只有贺兰德&谢瑞（Holland & Sherry）（图3-30）。自从170余年前企业创立之初，贺兰德&谢瑞便一直面向高端西装定制，并为奢侈品牌供应高档面料。1836年，史蒂芬·乔治·贺兰（Stephen

George Holland）和弗雷德里克·谢瑞（Frederick Sherry）在伦敦的老邦德街（Old Bond Street）10号开设了一家羊毛商号，主营羊毛和丝织品。1886年，贺兰德&谢瑞将公司搬至当时羊毛贸易集中地黄金广场（Golden Square）。1968年，贺兰德&谢瑞收购了苏格兰服装企业洛伊·唐纳德（Lowe Donald），这家企业坐落于苏格兰边境的皮布尔斯（Peebles），公司随即将专用生产车间设立于此。19世纪晚期，黄金广场上的服装行业竞争激烈，但唯有贺兰德&谢瑞生存了下来，且在这数十年期间，兼并了近20家毛纺企业，使其成为全球屈指可数的顶级羊毛公司。到了1900年，公司的出口业务已扩展至多国，在纽约设立了销售分部。20世纪早期，公司垄断了英国、欧洲以及南北美洲的市场。贺兰德&谢瑞作为世界上最昂贵的布料之一，拥有顶级品牌中最全的产品线。贺兰德&谢瑞和多美、世家宝被称为英国面料三剑客，实力虽在伯仲之间，不过各自努力的方向不同。

1982年，公司搬到了伦敦的萨维尔街，现公司总部依然坐落于此。在历史的考验中站稳了脚跟的贺兰德&谢瑞，以发扬英国传统而自豪，从约克郡和苏格兰的传统纺织基地汲取养分，创造出多个“第一”。率先以梭织技术生产出世界上第一款100%精纺物，每码售价超过4000美元，大约从170年前开始仅供巴黎的高级时装制造商使用（图3-31）。

贺兰德&谢瑞不断寻找更稀有的天然纤维，研发更为精细奢华的面料，致力于保持品牌一贯的尖端品质。长期以来，贺兰德&谢瑞致力于研发品质优良、质量上乘的纤维和面料。以顶级天然纤维作为原料，贺兰德&谢瑞的产品涵盖了从5 tex（200s）的超高支开司米（Super 200’s with Cashmere）到高纯度精纺骆马绒（Vicuna）在内的多个品种。2013年的蜻蜓防水（Dragonfly Uitra Lightweight）系列，纺织的纱线经过AquArret防水技术的特殊处理，一滴红酒在面料来回滚动也丝毫不会渗

图3-31　贺兰德&谢瑞面料

图3-32 贺兰德&谢瑞传统三件套西服、夹克

入，这种6.3 tex（160s）的面料仅为200克，一件西服跟衬衫等重。哈里斯花呢（Harris Tweed）系列，织造在苏格兰西部群岛，大多数花型是取材于当地的人文风景或大自然景观中已有的色彩，可以说是展现了自然景物与人类最完美的结合。Visual Splendour系列，以超细的美利奴羊毛制成的面料，灵感来自马德拉斯棉布和苏格兰格子，常用于制作现代穿搭和配色革新的传统三件套西服夹克（图3-32），展现出别具一格的独特风貌。贺兰德&谢瑞因其品位高端、品质优良，长久以来被一代又一代的工匠们习惯选择，并作为其服装面料（图3-33、图3-34）。

图3-33 贺兰德&谢瑞提供专属的纽扣以及定制客人名字

图3-34 贺兰德&谢瑞面料

（四）哈里森（Harrisons of Edinburgh）

哈里森于1863年由乔治·哈里森（George Harrison）爵士在英国爱丁堡创建，实力雄厚，历史悠久，是著名的英国面料品牌，在欧美享有极高声誉，是和世家宝（Scabal）、多美（Dormeuil）、贺兰德&谢瑞（Holland&Sherry）齐名的英国面料。155年来，哈里森一直是伦敦萨维尔街各大定制店广泛采用的正宗英国面料。在萨维尔街，哈里森一直是亨斯迈（Huntsman）、哥尔（Kilgour）、安德森与谢泼德（Anderson Sheppard）、君皇仕（Gieves&Hawkes）的供货商。此外，哈里森的羊绒面料一直被奇敦（Kiton）采用做单件上衣，因此出名。哈里森与高级定制业有着密切联系，公司在萨维尔街25号保留办公室，长期供应伦

敦各高级定制品牌所需的面料。

1863年乔治·哈里森爵士收购了一家布料公司，在爱丁堡市钱伯斯街成立哈里森（Harrisons of Edinburgh）。哈里森爵士曾任爱丁堡市长及贵族院议员，从商业到政治，哈里森爵士的一生充满传奇，爱丁堡的哈里森街即以他得名。哈里森是许多款式的原始设计者，如“郁金香格子”。哈里森的精纺面料主要产自北英格兰的哈德斯菲尔德（Huddersfield），格子面料主要产自苏格兰。整个产品线有数十个系列、上千种款式，以奢华系列、精纺面料、法兰绒和粗纺花呢为主，另有苏格兰特产的哈里斯花呢（Harris Tweed）及格纹（Tartan）羊毛面料。哈里森面料具有悬垂性好、耐穿性好、可裁剪性好、款式经典等特点，可连续穿着15日不出现极光。正常穿着情况下，其薄型面料的西装穿着寿命可达3年以上，厚型面料可达6年以上。哈里森面料款式低调、保守、庄重、沉稳，手感柔中有刚、滑中有糯、弹性足，外观挺括气派、富有质感，是英国的典型代表性面料。哈里森的产品包括珍罕的秘鲁小羊驼绒面料、24K黄金线面料、白金线面料、纯羊绒面料，全球仅有的100%纯安哥拉山羊毛面料以及5 tex(200s)、5.6 tex（180s）、6.7 tex（150s）、8.3 tex（120s）的超细美利奴羊毛面料（图3-35）。

图3-35　哈里森系列面料

（五）托马斯·梅森（Thomas Mason）

托马斯·梅森（Thomas Mason）是欧洲著名衬衫面料工厂的霸主，衬衫面料的精髓不是纱支和克重，而是它的保型性。衬衫不像西服基本是用来内穿的，要经常洗涤。几百次下水光泽不暗淡、衣身不变形才称得上高档衬衫面料，在这个基础上才考虑花型和纹理的选择。

几个世纪以来，在约克郡与兰开郡之间的地区，奔宁山的脚下，纺织产品实际是采用古老的方式生产出来的，在家中或厩室里手动纺丝，然后再通过手摇纺织机进行织布。直到1790年，有人将纺织工具机械化，通过使用水能大大地提高了产量，使产量足足翻了一倍。在高级衬衫面料中，托马斯·梅森享有超过200年的卓著声望，从1796年英国工业革命的鼎盛时期，托马斯·梅森先生就在有“纺织帝国”之称的曼彻斯特附近地区建立了自己的纺织厂。在利兹开设了首家棉织厂，生产衬衫面料，工厂所产是当时市面上品质最佳的面料，伦敦西区的裁缝都使用这种面料为贵族和富有的上层人士定制衬衫。维多利亚女王时代，大英帝国极度扩张，达到空前的繁盛。托马斯·梅森先生创建的纺织业也在这一时期迅速扩大和巩固，而托马斯·梅森面料也成为男士着装是否优雅的衡量标准（图3-36）。

图3-36　品牌创始人托马斯·梅森以及店铺陈列

20世纪60年代，伦敦再次成为服装革命的中心。传统绅士服装风格在这场服装革命中发生了变化，增添了时尚的元素，而在部分颇具

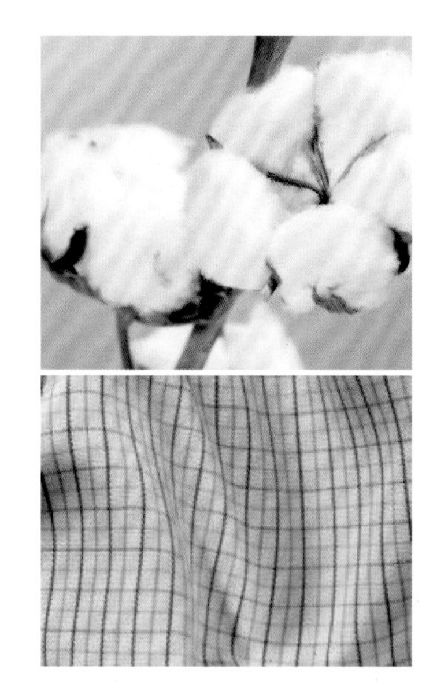

图3-37　埃及吉萨地区的优质长绒棉与Goldline系列产品

才气的设计师的引领下，将萨维尔街、杰明街（Jermyn Street）与卡纳比街（Carnaby Street）的风格相结合，推动了多姿多彩、想象力丰富和有趣的服装的诞生。在这股时尚风的引领下，即使条纹与格子款的彩色衬衫，也能与传统的上窄下宽的华丽型领带相搭配。1992年，托马斯·梅森和戴维&约翰·安德森（David & John Anderson）被意大利贝加莫（Bergamo）的阿尔比尼（Albini）家族收购，如今托马斯·梅森面料的设计灵感源于历史上的设计，这些设计还被托马斯·梅森自己的Silverline系列和Goldline系列所传承，仍是英伦风格追随者的最爱。在产品方面，其推出的Goldline系列——高支双纱产品是迄今工艺与技术所能实现的最高标准，加之原料选用埃及吉萨地区的优质长绒棉，使其被世界公认为最佳纺织成果之一。Goldline系列产品集中体现了古典主义与现代艺术的完美结合，以独特的设计理念充分诠释了顶级全棉面料的真谛（图3-37）。

拓展延伸：衬衫定制街——杰明街

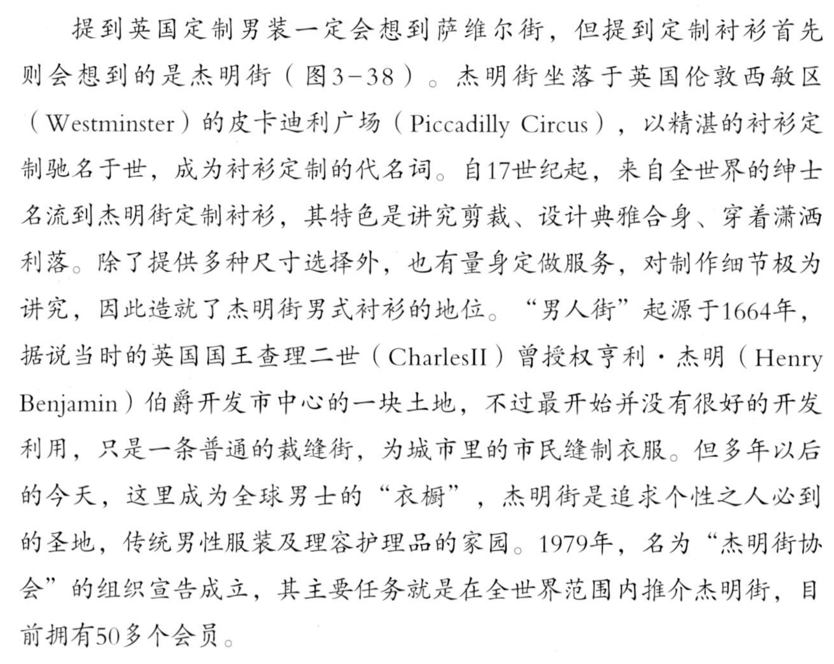

图3-38　杰明街

提到英国定制男装一定会想到萨维尔街，但提到定制衬衫首先则会想到的是杰明街（图3-38）。杰明街坐落于英国伦敦西敏区（Westminster）的皮卡迪利广场（Piccadilly Circus），以精湛的衬衫定制驰名于世，成为衬衫定制的代名词。自17世纪起，来自全世界的绅士名流到杰明街定制衬衫，其特色是讲究剪裁、设计典雅合身、穿着潇洒利落。除了提供多种尺寸选择外，也有量身定做服务，对制作细节极为讲究，因此造就了杰明街男式衬衫的地位。“男人街”起源于1664年，据说当时的英国国王查理二世（CharlesII）曾授权亨利·杰明（Henry Benjamin）伯爵开发市中心的一块土地，不过最开始并没有很好的开发利用，只是一条普通的裁缝街，为城市里的市民缝制衣服。但多年以后的今天，这里成为全球男士的“衣橱”，杰明街是追求个性之人必到的圣地，传统男性服装及理容护理品的家园。1979年，名为“杰明街协会”的组织宣告成立，其主要任务就是在全世界范围内推介杰明街，目前拥有50多个会员。

两百多年前，这条街因为花花公子博·布鲁梅尔（Bean Brummel）发生了翻天覆地的改变。曾担任英国皇家衣着顾问的布鲁梅尔，希望让伦敦的市民尤其是男士的衣着丰富起来。布鲁梅尔经常在杰明街向人们灌输穿衣之道，带动了很多服装设计者汇聚到杰明街，使之成为一条专门为男士服务的商业街。布鲁梅尔是英国男士时尚潮流的开拓者，一生追求华服，并对穿衣之道有着自己独到的见解和心得，也因品位出众，与上流社会过从甚密，是乔治王子的挚友。为纪念布鲁梅尔，杰明街于2002年11月在街中心地带竖立了一尊铜雕像，布鲁梅尔左手戴着手套叉在腰间，右手优雅地夹着文明杖，脚蹬长靴，上身穿紧身短款对襟，下身着马裤，气派十足（图3-39）。

杰明街全长300米左右，但驻守在这里的名牌足以让买家消磨一整天（图3-40）。当然，要想获得高品质的产品必然要付出不菲的代价，例如，2000英镑一双的定制皮鞋，150～300英镑一件量身定做的衬衣，上千英镑的西装等。付出金钱的同时还需要足够的耐心，杰明街保留了英格兰数百年“慢工出细活”的传统理念。同时在这条“男人街”上不乏有特色的百年老店，位于布鲁梅尔雕像背后的“老邦德街的泰勒”男子剃须和洗漱产品店就是其中之一，店主斯坦利·默里森（Sanley Morrison）说，这家店是19世纪50年代由泰勒家族成立，现在已经成为英国最大男子剃须和洗漱产品专业店。除服装和剃须产品外，烟草也是“男人街”的一种主要商品，大卫·杜夫（Davidoff）雪茄店可以满足不少男士的需求，在这家瑞士的店铺，顾客可以找到来自古巴等地的上等雪茄和烟草，此外，烟斗、雪茄刀、雪茄盒等专用工具也是应有尽有。

图3-39　布鲁梅尔铜雕像

图3-40　杰明街门牌号

三、瑞士衬衫面料——阿鲁姆（Alumo）

阿鲁姆来自瑞士，由阿尔布雷克特（Albrecht）和摩根（Morgen AG）家族在40多年前建立起来，生产全世界最顶级的衬衫面料。公司于1995年3月更名为阿鲁姆，并注册为品牌，现在阿鲁姆已经成为世界最著名的高级衬衫面料生产商之一。其在衬衫面料行业的重要性，可以追溯到瑞士在欧洲纺织行业中举足轻重的时候。在18世纪初，路易十四禁止印染面料进口到法国，因此阿鲁姆开始在瑞士的阿彭策尔（Appenzell）自行研发生产棉织物，大力推动了当时的地下纺织业的繁荣，瑞士很快成为欧洲的纺织制造业中心。在瑞士的棉制品中，阿鲁姆是前卫出色的代表之一。

其使用的精梳超细埃及棉是埃及品质最好、产量最少、价格最贵的棉花，约占全世界棉花产量的十万分之一，也使用了世界上最珍稀最昂贵的棉花品种——西印度海岛原棉（图3-41）。再在瑞士阿彭策尔地区进行纺纱、加捻、织造和后整理，全部生产过程都在自己的工厂进行，积累了丰富的生产经验，后整理的效果柔软而自然。

阿鲁姆衬衫面料均采用股纱纱线，服用性能好，并易于衬衫制造者的剪裁，且均做过丝光处理和预缩处理，布面光洁、柔软、手感犹如丝绸般顺滑、透气性极好。产品极少使用化学试剂，对皮肤的亲和性好，可在60℃的水温中洗涤而不损伤衣物，穿着极其舒适，面料通过全球最权威、最严格的纺织品Oeko-Tex 100认证。阿鲁姆为多家世界著名衬衣生产商提供面料，如布里奥尼（Brioni）、史提芬劳·尼治（Stefano Ricci）、诗阁（Ascot Chang）、奇敦（Kiton）、杰尼亚（Ermenegildo Zegna）、登喜路（Dunhill）、爱马仕（Hermes）等。

图3-41　阿鲁姆面料

表3-4　阿鲁姆主要系列面料

Supraluxe	120纱支，双股纱，有匹染、色织、提花等多种颜色及花型
Silvano Opus	140纱支，双股纱
Salvatore Triplo	160纱支，三股纱，此结构使其纱线条干更加均匀，布面光洁细腻，面料有身骨，回弹性比一般的双股纱面料要好，更利于服装的裁剪和制作
Soyella, Soyella Arte, Soyella Giro	170纱支，双股纱，有匹染、色织、提花、镂空等多种颜色及花型，是该公司销量最好的品种
Swiss Sea-Island	120纱支，双股纱，采用真正的中美洲东加勒比海地区的西印度海岛原棉，这种棉花是世界上最珍稀最昂贵的棉花品种；此面料有天然的丝绸光泽，如山羊绒般柔软，特别耐穿，不易起毛，花型织纹清晰
Soyella Duecento	200纱支，双股纱，花型优雅，具有丝绸一般的手感，是世界顶级衬衣制造商的首选
Soyella Royal	240 纱支，双股纱，这是目前全球精纺纱的顶级产品，专为那些追求最高品质的成功人士准备
Leonardo Quattro	170/2×320/4的股纱结构，体现了阿鲁姆公司高超的纺纱工艺。布面匀净，花型雅致，手感滑爽；不仅易于衬衫生产商的剪裁制作，而且制成的成衣的服用性能优异
Swiss Organic	瑞士有机棉产品，在所有生产工序中严格按照GOTS 标准生产的最高品质面料，不使用转基因棉花，原料和棉花不使用农药
Plissé	礼服、衬衫面料，适合出席庆祝活动及晚会等
Lanella Junior	含有17%的羊毛，冬季的首选
Cashmerello	含有15%的羊绒，豪华、温暖、舒适

四、国产面料

近年国产毛纺技术水平和设备水平已经达到了一个很高的层次，但因为顶级原料的稀缺，很难与国外品牌抢购顶尖羊毛，所以国内的定制西服面料与国外著名品牌之间依然有一定的差距。目前，优质的国产面料多为出口，大多选用优质澳洲细羊毛，江苏阳光最高能做到200支，最贵的面料每米达三千多元人民币，曾经也是阿玛尼的面料供应商之一。山东南山能生产180支面料，并曾为杰尼亚（Zegna）和雨果博斯（Hugo Boss）供货。目前中国最有名的面料生产厂家主要集中在江苏阳光、山东南山、山东如意以及山东鲁泰等品牌，都是国产面料的佼佼者。国产面料的工艺织法、设计花色都没问题，不足之处是后整理即定型——使面料不变形的工艺差，这也是很多国产面料的通病，也是国产面料缺乏高附加值的主要掣肘。

定制面料的品质主要是所使用的原料即羊毛本身档次所决定的，美利奴羊毛是制作西服最合适的顶级优质材料，美利奴羊毛主要由世界上盛产羊毛的地区，号称“骑在羊背上的国家”澳大利亚产出。目前，中国是世界上最大的羊毛纺织品生产国和消费国，进口羊毛中有60%以上来自于澳大利亚。在全球各地区因为不同的自然环境和饲养管理条件，最终衍生形成了很多不同的族系，如西班牙美利奴、法国朗布依埃美利奴、德国萨克森美利奴、澳大利亚美利奴、美国美利奴、南美美利奴等品类。这些美利奴族系的羊毛品质虽略有不同，但因为都来自同一祖系，其遗传性能稳定、羊毛品质优良，均可作中高档精纺和优质粗纺的原料。在本节中将列举分析国内面料品牌江苏阳光、山东如意、山东南山、海澜集团、山东鲁泰（表3-5）。

表3-5　企业上市情况

企业名称	股票名称（代码）	证券类型	上市交易所（时间）
江苏阳光股份有限公司	江苏阳光（600220）	A股	上海证券交易所 1999.09.27
山东济宁如意毛纺织股份有限公司	山东如意（002193）	A股	深圳证券交易所 1993.12.28
山东南山集团有限公司	南山铝业（600219）	A股	上海证券交易所 1999.12.23
海澜之家股份有限公司	海澜之家（600398）	A股	上海证券交易所 2000.12.28
鲁泰纺织股份有限公司	鲁泰A（000726）	A股	深圳证券交易所 2000.12.25

（一）江苏阳光（600220）

江苏阳光股份有限公司创建于1986年，集团先后投资12亿元，从德国、法国、意大利、瑞士、比利时等数十个国家引进了世界最先进的纺、织、染、检测及服装全套设备（图3-42）。现有精纺纱锭11.5万锭、织机600台、高档服装生产线9条，形成了年产阳光牌高档精纺呢绒及羊绒2200万米、高档服装150万套的生产能力，也是国内生产规模最大、技术装备最好、花色品种最多、工艺品质最优、产品档次最高的精毛纺面料和服装生产基地，生产规模列世界第三。

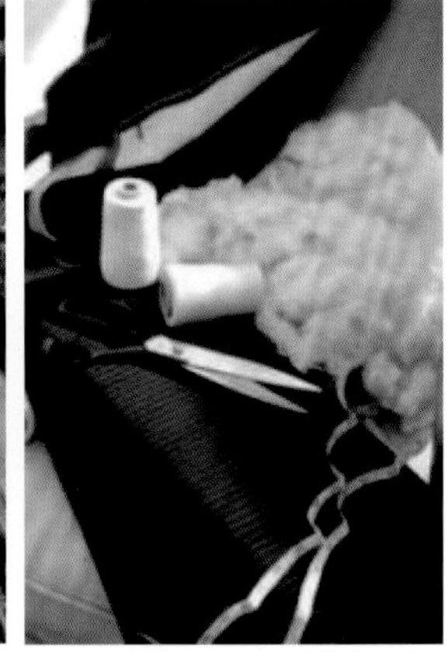

图3-42　江苏阳光先进纺纱设备

江苏阳光主打“阳光”牌精纺呢绒，成分为澳大利亚美利奴细号羊毛（图3-43）。外观细腻光洁、丰满柔软、光泽自然、手感滑糯、尺寸稳定、抗皱弹性高、悬垂性好、抗静电、防吸尘、维护方便。毛纺纱号可达6.3tex×2以下，平方米重量可以在150g/m²以下，试制产品号数可达5.6tex×2以下，平方米重量可达120g/m²以下，代表产品有WN8高级呢绒、高支赛络菲尔、高级马海花呢系列。

图3-43　江苏阳光精纺呢绒定制

在2016中国国际纺织面料及辅料（秋冬）博览会（Intertextile）上，阳光集团以羊毛面料为基点，演绎了羊毛面料的差异化与多元化。纯毛高级薄花呢是高端职业装面料品牌SUNDIVO（阳光集团推出的全新羊毛面料品牌）高端面料排行榜中的佼佼者，该款面料是因中国成功申办冬奥会而成名的“阳光蓝”，面料成分为100%纯羊毛，通过独有的研发技术，面料不仅保持了羊毛独有的透气性，同时还兼具极佳的垂感、抗皱性、弹性和色牢度，被称为“会呼吸的面料”（图3-44）。针织双面花呢同样也是阳光集团的“当家花旦”之一，该双面呢正面使用进口澳大利亚美利奴羊毛，反面使用新疆优质原生态长绒棉，呢面风格细腻，手感丰厚，光泽纯正，具有良好的悬垂性和弹性。该产品整款面料既有精纺面料的高贵奢华，又有针织面料的舒适随意性。另一款毛棉水洗花呢，同样采用进口澳大利亚美利奴羊毛和

新疆优质原生态长绒棉花，通过特殊的水洗加工工艺，使天然纤维呈现出异域风格，整款面料随意自然（图3-45）。

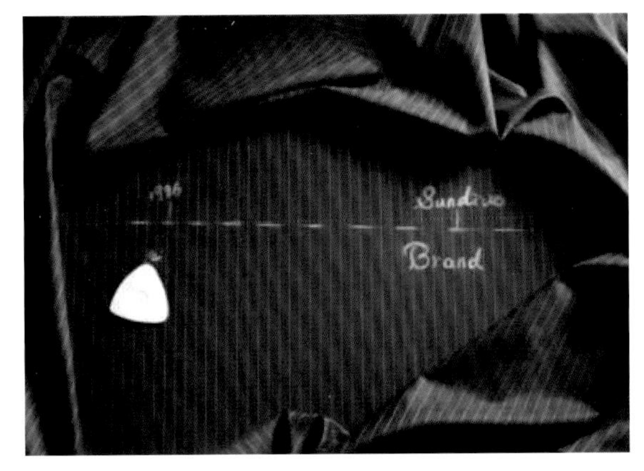

图3-44 SUNDIVO“会呼吸的面料”

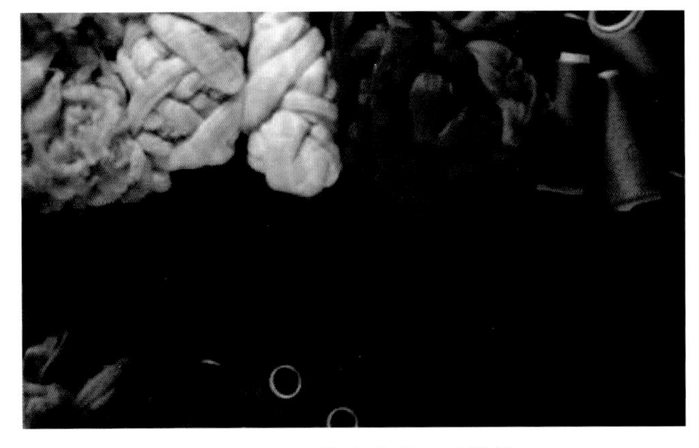

图3-45 毛棉水洗花呢原材料

（二）山东如意（002193）

山东济宁如意毛纺织股份有限公司是多元持股的大型中外合资企业，其前身为始建于1972年的山东济宁毛纺织厂，集团拥有国内A股和日本东京主板2个上市公司，20个全资和控股子公司，职工3万人，2015年营业收入300多亿元，进出口总额突破10亿美元，现已成为全球知名的创新型技术纺织企业。目前，拥有全球规模最大的棉纺、毛纺直至服装品牌的两条完整的纺织服装产业链，旗下企业已遍及日本、澳大利亚、新西兰、印度、英国、德国、意大利等国家以及国内山东、重庆、新疆、上海、江苏、宁夏等地区。与普通的毛纺企业不同，山东如意是国内少数几家可与欧美、日本等高档精纺面料生产基地相抗衡的企业。公司的高端产品被意大利、法国、日本、韩国等众多高档名牌服装大量采用，出口产品单价最高已达32美元每米。为进一步占领国际毛精纺的高端市场，改变国产面料在国际市场上的形象，公司在产品高支轻薄化、功能性和绿色生态环保方面潜心研究，成功实现了技术新突破。

山东如意以生产高档轻薄精纺呢绒为主，特性为呢面细腻光洁，充分展现了轻薄面料高档华贵的质感和经典时尚的新风貌，每平方米克重120～160g，而一般面料平均号数在16.6～25.0 tex，每平方米克重180～220g。代表产品为功能性毛织物和生态毛织物，主要用于行业制服及团体制服，包括哔叽、凡立丁、花呢等产品。该集团还擅长制作特定功能服装的理想面料，如具有防紫外线、防静电、防水、防油、防污、阻燃等不同特性的毛织物。另外，还制作绿色环保的西服面料，包括“可机洗生态毛织物”“弹性生态毛织物”“舒适生态毛纺织”“超级柔软生态毛织物”四大系类，具有无毒无污染、可生物降解的特性（图3-46）。

（三）山东南山（600219）

山东南山纺织服饰有限公司是南山集团（中国500强企业）所属骨干企业，纺织服装产业园区占地50万平方米，员工1万余人，综合装备位居世界同行业领先水平。其旗下拥有面料品牌南山（NANSUN）、职业装品牌缔尔玛（Dellma）、电子商务品牌布莱顿（MENS PLANET）以及高级定制品牌菲拉特（Filarte Sartoria）。公司精纺产业拥有毛精纺纱锭15万锭、13000吨制条生产线、800吨新型纤维Arcano生产线、200万米丝光呢绒生产线，可年产高档精纺呢绒3000万米（其中紧密纺面料800万米），是全球最大的紧密纺面料生产基地。公司服装产业拥有七个专业生产厂，14条具有国际先进水平的西服生产流水线，先进设备3000余台套，可年产高档西服500万套，是国内最具现代化的高档西服生产基地之一。

图3-46　山东如意的有机生态原材料

羊毛创新中心（WDC）由国际羊毛局（The Woolmark Company）和南山集团联合成立，将成为国内外羊毛纺织技术的研发与培训基地（图3-47）。南山纺织服饰公司拥有全球资源与前沿科技，整合了涵盖从澳洲牧场优质羊毛供应、毛条精梳加工到纺、织、染、整的完善的产业链环节。在澳洲拥有毕格姆（Biggam）、沃荣格（Worongah）、国王岛（King Island）、塔纳（Tara）四大牧场资源，实现了优质羊毛原料的充足供应。从精纺面料生产到高级成衣加工的完整产品研发、生产、营销、服务体系，为客户提供了一站式全程解决方案。

山东南山面料以100%羊毛成分为主，手感柔软而富有弹性，身骨挺括，颜色纯正，光泽自然柔和。精纺类分为薄型和中型，表面光洁平整，质地精致细腻，纹路清晰，悬垂感较好。粗纺类分为中厚型和厚

图3-47　南山集团羊毛创新中心

型，呢面丰满，质地或蓬松或致密，手感温暖丰厚。现拥有的羊毛系列包括经典全毛系列、极品毛绒丝系列、高支混纺系列（图3-48）。

图3-48 极品毛绒丝系列

（四）海澜之家（600398）

海澜集团创立于1988年，位于江苏省江阴市，是一家以粗纺起家、精纺发家、服装当家，再到品牌连锁经营，以服装为龙头产业，而以服装产业、金融投资、商业投资、文化旅游为主要产业的多元化集团。最近十几年来，集团奉行以服装为主业的经营理念，并在此领域精耕细作，做到了专心、专注、专业，先后成功创建了海澜之家、圣凯诺、爱居兔（EICHITOO）等多个自主服装品牌及百衣百顺卖场。

海澜集团拥有高级毛棉条绒花呢、精纺平绒花呢和高级天然复合花呢精纱产品。高级毛棉条绒花呢采用毛棉相结合，是利用特殊的后整理工艺加工而成的仿羊绒产品，织物除了保持羊毛的优良弹性、抗皱性和自然光泽性之外，还兼有棉的柔软、舒适感觉。精纺平绒花呢具有强烈的风格和肌理，表面具有的绒毛使外观丰满而不现底布，手感柔软、舒适，弹性很好，具有良好的光泽和保暖性，且耐磨性较强（图3-49）。高级天然复合花呢精纱，其经纱采用羊毛、蚕丝、亚麻混纺纱线，纬纱采用毛棉混纺纱线交织而成，织物柔和、光泽自然，毛与棉的质感中点缀着丝与麻的亮丽与质朴，是典型的高级复合面料。

图3-49 高级毛棉条绒花呢

海澜之家是集团旗下的一个自创品牌，以“高品质、中价位”定位于大众消费群体。自2002年创立以来，以全国连锁的统一形象、超市自选的营销模式迅速占领了国内市场。海澜之家近年来先后获得江苏名牌产品、中国名牌产品等称号。2006年，海澜之家在中国服装品牌年度大奖中获得“营销大奖”，并于2007年再获“潜力大奖”。2009年4月，海澜之家被国家工商总局认定为中国驰名商标。2014年4月11日，海澜之家成功重组上市（600398），成为中国服装业的龙头股。2015年9月17日，胡润研究院发布的“2015胡润品牌榜”，海澜之家以品牌价值110亿元人民币成为首个品牌价值突破百亿的中国服装品牌，并蝉联中国服装家纺行业品牌第一（图3-50）。

图3-50　海澜之家店铺

海澜之家定位为快速消费品、生活必需品，并以平价策略占领市场，以优质的产品、丰富的款式、大众的价格、贴心的服务为顾客送上超值的消费体验，“海澜之家，男人的衣柜”已经被大众消费群所追捧。截至2016年6月30日，海澜之家门店数量已达到3889家，遍布全国31个省市，覆盖80%以上的县、市，2016年上半年海澜之家实现主营业收入74.43亿元，较上年同期增长12.24%。在服装行业销售增速放缓且整体增长动力偏弱的情况下，海澜之家积极克服行业竞争激烈、气候条件变化、消费疲软等诸多不利因素的影响，较好地完成了任务指标（图3-51）。

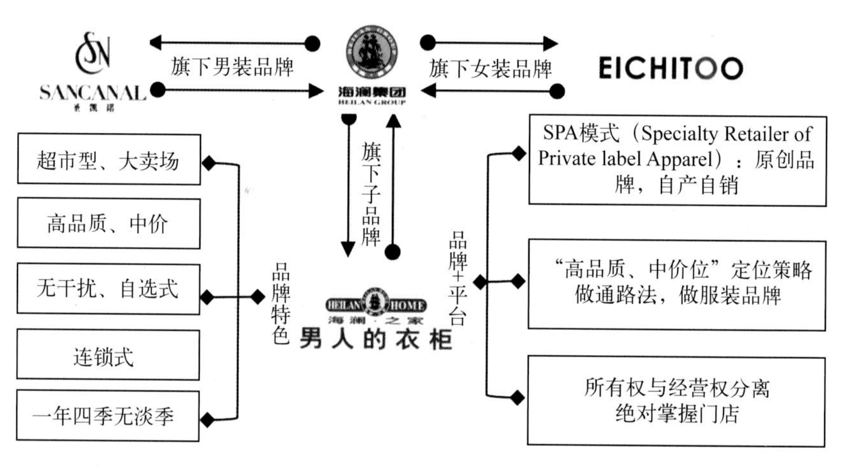

图3-51　海澜之家商业模式

旗下品牌圣凯诺创立于20世纪90年代，定位于高端团体定制，是业内公认的“服装定制专家”。二十余年来，圣凯诺沿袭了英国萨维尔街的定制格调，秉承简洁雅致、内涵稳重的设计风格，采用国际流行的意大利板型，以精良严谨的制作工艺，完美地塑造了新成功主义的形象，成为国内高级职业装客户的首选品牌（图3-52）。圣凯诺拥有世界一流的服装生产流水线、数字化控制的生产全过程，实现了科技与服装的完美统一。圣凯诺拥有年产西服300万套、衬衫800万件及精纺呢绒1500万米的生产能力，是中国最大的高档面料、西服、衬衫生产企业之一，产品涵盖了西服、衬衫、制服、夹克、大衣、棉服、尼克服、羊毛衫、T恤等全品类。

图3-52 圣凯诺

（五）山东鲁泰（000726）

鲁泰纺织股份有限公司是全球最具规模的高档色织面料生产商和国际一线品牌衬衫制造商，拥有从棉花育种、种植、纺纱、漂染、织布、整理、制衣生产直至品牌营销的完整产业链，在中国、美国、意大利、印度、越南、柬埔寨、缅甸7个国家，设立了12家控股子公司、2个办事处和40个生产工厂，是集设计、研发、生产、销售、服务于一体的产业链和综合创新型的国际化纺织服装企业。

鲁泰纺织现拥有优质长绒棉基地15万亩，纱锭80万枚，线锭9万枚，年产色织面料19000万米、印染面料8500万米、衬衣2000万件。公司目前是世界最大高档色织衬衫面料生产基地，其产品80%销往美国、欧盟、日本等30多个国家和地区，与博柏利（Burberry）、卡文·克莱（Calvin Klein）、雨果博斯（HUGO BOSS）、阿玛尼（Armani）、古驰（Gucci）、奥林普（OLYMP）、优衣库（UNIQLO）等国际知名品牌商建立了战略合作关系，高档色织面料出口市场份额占全球市场的18%。公司现主要生产棉、麻、丝、毛和化学纤维等多种材料的纱线与织物，织物组织实现了多元化，能生产从三元组织到大提花等所有类型的梭织物，一年可生产2万多个花色品种，每年生产的色织布长度可围绕地球赤道5圈。色织布具有条纹组织清晰、染色牢度强、品种变化丰富、附加值较高的特点。

二十几年来，鲁泰纯棉面料实现了从熨烫到免烫，从无弹到有弹，衬衣从有缝到无缝的华丽升级。鲁泰首家成功开发了超高支纯棉纱线3.3 tex（300s）的色织面料，纱线细如蛛丝，面料薄如蝉翼，面料的境界得到了提升，品质及水平均达到国际领先水平，引领了整个纺纱技术及超高支面料的发展（图3-53）。

图3-53 3.3 tex（300s）超高支棉

同时鲁泰还首家引进了液氨生产线，成功开发出“液氨+潮交联”面料，实现了真正意义上的纯棉免烫保型衬衫。液氨系列产品的开发，实现了从熨烫到免烫的根本性转变，引领了一次穿衣的变革（图3-54）。

此外，鲁泰与美国陶氏化学合作开发的棉、XLA弹力面料具有纯棉的触感、适中的弹性、优良的抗皱性，引领了人们追求舒适、自由的生活理念。而FREEFIT面料是基于英威达公司主打的弹性纤维，氨纶和T-400的面料加工技术是莱卡在中低弹面料领域应用的技术。面料手感柔软，弹性适中，现已成为衬衫用弹性面料的上佳选择（图3-55）。

图3-54 衬衫保型技术

图3-55 鲁泰与美国陶氏化学合作开发的棉线

（六）杰恩盛纺织

杰恩盛纺织创办于1993年，是一家专业从事开发、生产、销售西装面料、职业装面料、工作服面料及功能性面料的综合性企业。其旗下定制面料共有四大品牌，包括杰恩盛（胜毛面料）、贝拉蒂尼（功能性羊毛面料）、格拉维斯（全品类衬衫面料）和花衣哥（礼服面料）。

其中性价比最突出是杰恩盛面料（Jaynes.s），又被称为“胜毛面料”，主要因其有超越传统毛料的品质，并拥有毛料的手感以及光泽度，而价格仅为传统毛料的三分之一，达到了“不是毛，胜似毛”的效果。在工艺上更是运用了国际领先的博拉彩虹纤维染色技术，保证面料在染色过程中的污染排放方面比传统工艺减少70%，非常环保。博拉纤维彩虹染色具有纤维染色、无染面料和原液着色、无染纤维等特性。运用的彩虹纤维染料可以成为纤维结构的一部分，保证了染色的最大均匀性。由于染的纱线内纤维、纱线芯内部都是颜色，从而最大化地保证了色牢度。杰恩盛面料具有穿着舒适、弹性大、延展性强，花型丰富、颜色多，色牢度高，手感好、毛感强，面料结实耐用、耐腐蚀，可水洗、洗涤易干与工艺环保的优势。

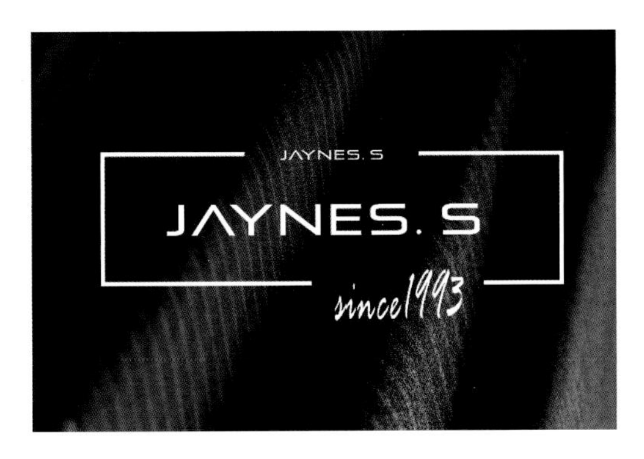

图3-56　杰恩盛面料与博拉纤维

图3-57　博拉人工种植林

拓展延伸：六只山羊的原绒等于一件羊绒衫

羊绒和羊毛，一字之差，却在产地、制作工艺上有着千差万别。羊绒品牌“1436”设在鄂尔多斯的工厂，从意大利品牌布内罗·古奇拉利（Brunello Cucinelli）的总部以及睿达纺织厂，可以看到从原材料变成一件服装的全过程（图3-58）。内蒙古鄂托克旗的鄂尔多斯大草原，因独特的地理环境及气候状态，孕育培养出最适宜产羊绒的阿尔巴斯小山羊。从这种山羊身上所梳下的羊绒，在细度及长度上都能达到最高标准。这里是鄂尔多斯集团旗下高端羊绒品牌“1436”的专有养殖保护区。

东边的工厂负责接纳刚刚从山羊身上梳下的原绒，清理上面的脏污和羊毛，分离出干净、纯粹的羊绒。清洗好的绒由工人一点点挑选，所有工人在操作之前要经过半年培训，上岗以后，一天大约可以选 100 公斤原绒。据分选工厂的负责人介绍：“经过这一步骤筛选的羊绒，可用率大概有 90%。”这些羊绒要再次放进分梳机，进一步去除杂质和混

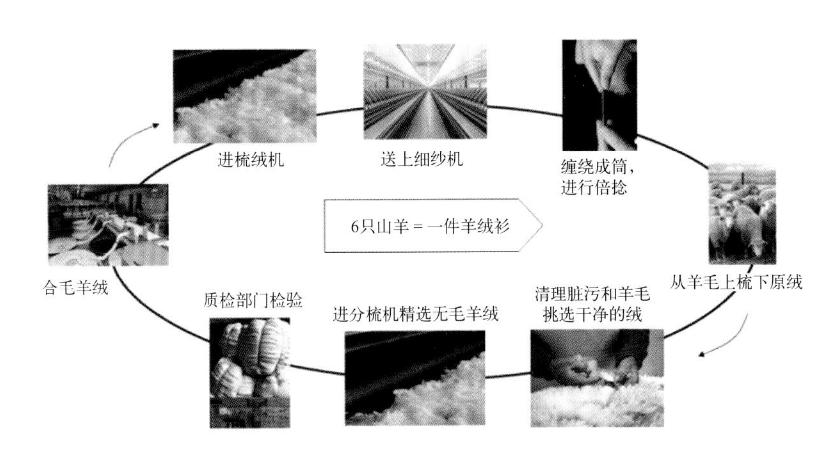

图3-58　羊绒制作流程

杂其中的细羊毛。“白如雪、轻如云、软如丝”的无毛羊绒便由此诞生。

这些羊绒并不是最终成品，它们还要被送到专门的质检部门。鄂尔多斯集团组建的国家羊绒制品工程技术研究中心的工程师解释这一道工序的目的是：“检验羊毛绒的长度、细度、短绒率、含杂色等各项指标，不合格的要重新进行梳理。”质检的下一步叫作“合毛”。安全过检的无毛绒通过加水和合毛油进行处理，让纤维充分分散。经过八小时后，“吸饱油”的合毛羊绒会被放进梳绒机，再次进行梳绒。出来的毛条看起来像一个个白色绵软的大饼。这些毛条将被送上细纱机，牵伸加捻成线，再进行针梳。这个步骤能将羊绒纤维平行顺直，除去短纤维，提升羊绒的起球级别，使之更加平整、光滑、亮洁。

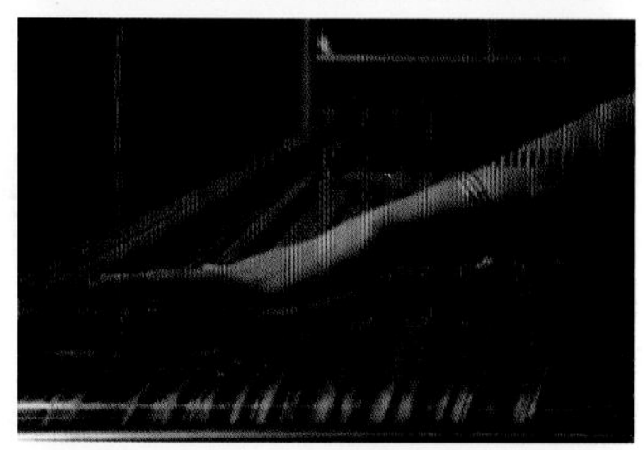

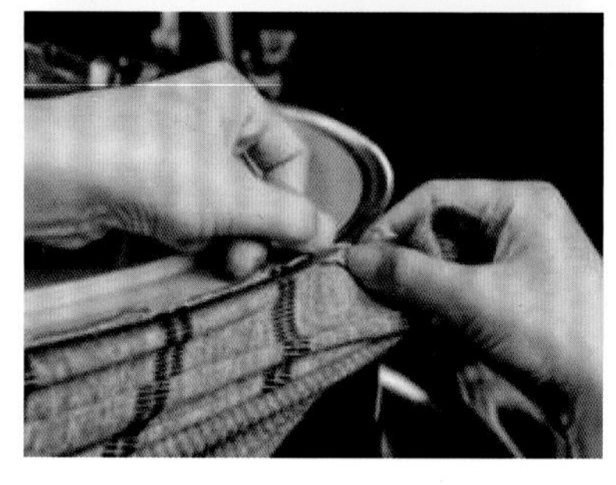

图3-59　绒衫片制作流程

羊绒纤维纺成纱后，经过络筒去除纱刺、粗节及细节，方可成为符合条件的纱线。白色的羊绒有时需要染色，这一步需要在纱条成为成品纱线前完成。迄今，“1436”已研发出400多种小山羊绒专有色彩。想要获得最好的染色效果，不仅染料非常重要，水质更是不能绕过的关键。中国北方水质太硬，用这样的水染出来的面料，色彩呈现会大打折扣。所以“1436”会用专门的水处理系统对水进行过滤、软化，以确保成色的饱和度与光泽。

然而初成型的纱条并不结实，还要经过再次碾压，将两股线变为一股，缠绕成筒，进行倍捻，最终成为一筒筒漂亮的成品纱线——羊绒衫就是用这些纱线编织而成的。随后制作完成的各色纱线被分配到西边的另一件工厂。在针织车间，按照产品工艺要求被上了编号程序的机器，将纱线织成一片片绒衫片。在“织”上也有讲究，梭织是由经纬交织而成，针织是由一个个线圈不断套结而成，有一定弹性。受纱线支数、织法、后整等因素的影响，针织物通常手感较柔软。不同部位的单色羊绒织片（前片、后片、袖子、下摆、领口）完成后，经由手工套口拼接成衫，利用转动的圆盘全手工地将羊绒织片一针一针地套扣上去，再进行拼接缝合，最终制成一件羊绒衫（图3-59）。

第二节　别有一番匠意在“芯”头

面料就如同脸面一样给人以第一印象，在服装的美观性上起着“面子”的作用，而服装的辅料包括里布、衬料、纽扣、拉链、垫肩和缝纫线等，可看作是服装的骨架，不但起着美观性的辅助作用，还肩负着服装穿着舒适性和功能性的重要作用，是整件服装品质的基础。

一、环环相扣：纽扣

图3-60　贺兰德&谢瑞专属纽扣

从纽扣的发展过程看，在古罗马，纽扣最初是用来做装饰品的，而系衣服用的是饰针。直至13世纪，纽扣的作用才与今天相同。那时，人们已懂得在衣服上开扣眼，这种做法大大提高了纽扣的实用价值。16世纪，纽扣得到了普及。从人体结构学上讲，人体外型是起伏不均匀的弧线，一般肩部最宽，腰部最窄，臀部居中，除此以外，还有凸起的胸部和肚子，因此要把一块布裹在人体上不会滑落，同时还要合体，就需要有开口，而现在常见的正装开口辅料主要为纽扣和拉链。纽扣一般在前中和袖口处，拉链通常运用在裤子的裆部。许多世界顶级面料品牌也会有自己专属的扣子，为消费者打造独一无二的量身定制纽扣（图3-60）。萨维尔街的西装扣必须是某种动物的角磨制而成的，这是品质的象征。牛角扣、贝壳扣、金属扣、果实扣等都是用在西装上的材质。

袖扣（Cufflink）相传起源于14～17世纪的古希腊，也就是哥德文艺复兴时期到巴洛克时期，在欧洲广为流行的男士装扮艺术之一。对于讲究品位的男人而言，也许除了戒指之外，袖扣就是面积最小的装饰了。因为其材质多选用贵重金属，有的还要镶嵌钻石、宝石等，所以从诞生起就被戴上了贵族的光环，成为了衡量男人品位的不二单品，而挑选、搭配、使用则是绅士的一门学问。袖扣需要将衬衫或者西装的袖子卷起然后夹住，这时候袖子就变成扁的，需要袖子比较宽松时才用得到袖扣，大多都是在商务场合搭配西服时使用，属于商务装的配件之一（图3-61）。

（一）澳大利亚——贝壳扣

贝壳纽扣又被称为真贝纽扣，是一种非常古老的纽扣。其质感高雅、光色亮泽，一直被大众所选择。由于贝壳是来自大自然，所以它从

图3-61　法式双叠衬衫扣

图3-62　澳大利亚贝壳扣

里到外都散发出高雅、诱人的气息。不同品种的贝壳又各有其独特的性质，通过不同贝壳的特性将能更加准确地使用这些贝壳纽扣。澳大利亚是世界上污染最少、最纯净、优质贝类最多的海域，如生长在深海的白蝶贝被精心选出，经选贝、冲剪、磨光、抠槽、打孔、车面、磨光漂白七道工序，一枚枚散发珍珠般深邃光泽的贝壳扣由此得来，它与宝石齐名，也常被劳力士等高级钟表用作装饰表盘。贝壳扣也称为贝母扣，通常使用贝壳里面有珍珠光泽的一面打磨而成（图3-62）。因贝壳扣具有光泽多变的特点，常用于高档西装与休闲西装，其中比较常用到的贝类有黑水贝和白蝶贝（见图3-63）。

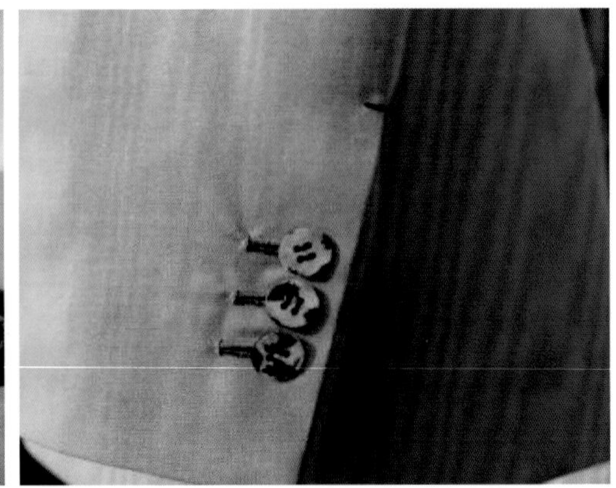

图3-63　在西装中使用的精选贝壳扣

白蝶贝是贝壳纽扣中最为高级的一种材料，因为产量较低，所以价格特别昂贵，目前仅仅是用于一些意大利古典风格的最高级衬衫或少数高档产品中。黑蝶贝是大粒南洋黑珍珠的母贝，由于贝壳的珍珠层闪烁着美丽漂亮的深银色，所以最适合衬衫、女士外套和对襟毛衣。茶碟贝是热带和亚热带地区的珍珠母贝，细看茶碟贝的细腻纹理，可以发现它会反射出柔和的红色光泽，最适合休闲服装及各类女性服饰品，尤其是配上白色系列的礼服会更加漂亮。

（二）非洲——牛角扣

牛角扣来自水牛的牛角，很坚硬，天然是黑色或浅黄，中间会有一些斑点或纹路，光亮、耐磨、抗压、不易褪色、高贵典雅。精致的西装还会选择纹路相似的纽扣，这样看上去比较像一个系列。

好望角水牛是非洲最危险的动物之一，它体形硕大、性情凶猛、无法驯服，要得到珍贵的牛角需等待它12年的生命周期结束，牛角自然脱落，再取其精华的部分手工打磨成扣。牛角扣表面呈不规则的天然花纹，质感古朴，坚固无比，是否选用上等牛角扣也是衡量定制品质的标准之一（图3-64）。

天然牛角扣的辨认方法也比较简单：（1）纽扣表面一般很难做的光滑，在对着光线的角度看纽扣表面，总能看到一些类似皱裂的细小起伏；（2）在牛角出现褶皱的位置，密度会有变化，这些部位一般会有不光滑的感觉；（3）纽扣的侧面常常会有一些比人民币1分面值硬币侧面更细小的不规则纹路。常见的高档西服中最常使用的就是天然牛角扣，一般多使用黑色的水牛角。这里说的牛角扣是指以天然牛角为材质打磨出的扣子，纽扣行业中还有一种牛角扣是指材质为树脂、形状像牛角的扣子，需要区分这两种纽扣（图3-65）。

001　002

003　004

图3-64　牛角扣

图3-65　深蓝色礼服配黑色复古牛角扣

（三）其他——金属扣、树脂扣、果实扣、木扣

金属扣包括电镀金属膜扣和纯金属扣，用得比较多的是布雷泽（Blazer）。纯金属扣有铜扣、银扣、镀金扣、合金扣，常用的颜色有金属银色、金色、光面哑色，光面枪色，古铜色等（图3-66）。许多品牌的金属扣上还会刻上自己品牌的LOGO。

树脂扣是目前服装上使用最多的扣子，用在西装上会略显低档。树脂扣表面比较光洁，可以做成不同的花纹和复杂造型。尿素扣是树脂扣的一种，是目前最常见的中高档西服纽扣，学名称为脲醛树脂扣，是尿素在氨水等碱性催化剂的作用下与甲醛反应，缩聚成脲醛树脂后做成的纽扣形状（见图3-67）。

223#　224#

226#　551#

图3-66　世家宝金属扣

果实扣指的是任何以天然果实、果壳等原料制作的纽扣，目前用在高档西服上的主要是象牙果实扣。象牙果（Corozo Nut，Vegetable Ivory，Palm Ivory，Corozo，Tagua）是主要生长在巴拿马南部、厄瓜多尔、玻利维亚的一种棕榈树的果实，该树果实完全成熟后在热带阳光下晾晒3～4个月，随后会变成类似于象牙的乳白色坚硬物质。完全干燥后

象牙果硬度与象牙同为1.5度，颜色相近，因此可替代象牙制作产品。国内很多玩家现在用象牙果做原料，雕刻成各种工艺品（图3-68）。

图3-67　树脂扣

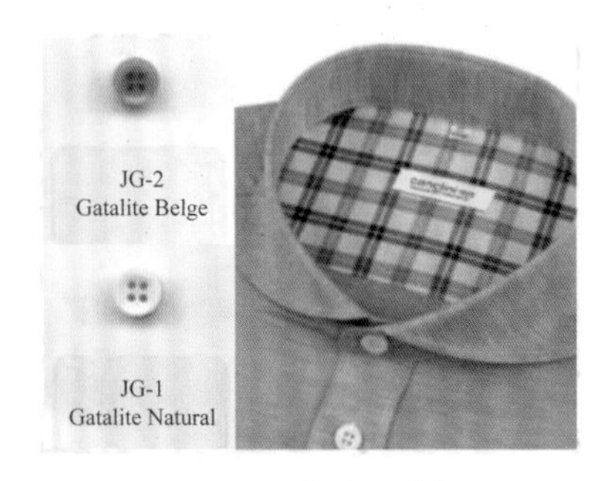

图3-68　象牙果实扣

18世纪贵族阶层以贝壳扣来象征身份，而木扣则变相成了低下阶层的代表。如今出现木扣的西装多是因设计师追求别致，市场上比较少见。19世纪以来，意大利人就开始把这些象牙果加工成纽扣。象牙果本色是象牙白，其他颜色的象牙果实扣都是染色而成，所以果实扣的应用面比较广。不像贝壳扣或者牛角扣难以染色，只能是原色，在纽扣与西服配色中只能用在部分颜色的西服上。

（四）纽扣品牌——LBB（London Badge & Butron Co. Ltd.）

LBB公司于1973年成立于英国，它在传统工艺的基础上，增加了独特的珐琅图案。这些产品将古典与现代风格相结合，采用了不同寻常的材料，具有创新设计的特点（图3-69）。

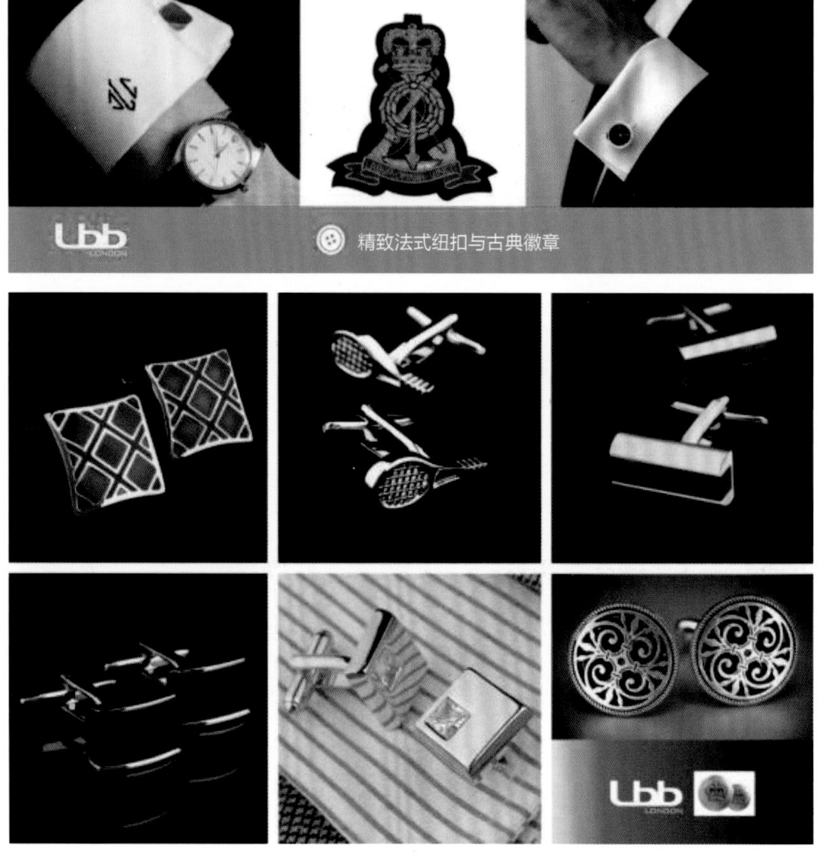

图3-69　LBB生产的精致法式纽扣与古典徽章

从17世纪开始，已拥有几百多年历史的黄铜纽扣在伦敦开始作为军用和民用穿着而生产，不像低等的纽扣产品，LBB公司的黄铜纽扣都是产自于英国，手工制作。每一个纽扣都是从整块铜块上切割下来，单独放在模具中，然后手工进行磨亮，再电镀9CT的金、银、古银或黄铜，每个纽扣都要经过19道传统工序。LBB的金属纽扣大部分也可以上色，一种或者多种颜色，每个纽扣可用上好的颜料单独上色，然后在窑炉里进行高温处理以保证颜色的持久度。冷却之后，纽扣要经过仔细检查和手工进行仔细的抛光，所有纽扣都是由传统手艺师傅制成，从手工加工到完成需要一个月的过程（图3-70）。

图3-70　LBB黑胡桃木纽扣样板

二、穿针引线：缝纫线

远古的先祖凭借一针一线演化出了针线缝合的技术，开创了各种类型的缝纫线。在服装制作中，一针一线的工艺创造了诸多伟大的品牌。缝纫线具体可分为手针缝纫线和机用缝纫线两大类，按照面料厚薄不同，有10tex×3（60英支/3）、8tex×3 (75英支/3)等多种规格。缝纫线有丝光线、涤纶线、锦纶线、丝线等；按包装的形式还可分成纸芯线、宝塔线等（表3-6）。

表3-6　缝纫线的种类

高强涤纶线	目前是市场上最常规、使用最广泛的缝纫线品种之一，特点是光泽好、无弹性、色牢度好、拉力强。它广泛使用于PVC、较厚的布料、尼龙类皮革制品的缝纫
渔网线（透明线）	透明线有尼龙、涤纶单丝之分，在伸缩、硬度、拉力及用途上也有所不同。它常用于织布、商标、西装裤管、透明料的缝制及各类工艺制品
纯棉线（涤纶短纤线）	涤纶短纤线是用途广泛、普遍使用的常规线，表面有少许毛头，拉断强度、光泽、耐磨性能皆较其他线逊色。适用于较薄面料，纯棉线是由天然棉花精梳并股烧毛而成，是专门针对纯棉布料的缝纫而生产的
蜡绳线（走马线）	蜡绳线分尼龙、涤纶两种材质，线形扁平为佳，拉力特强，过蜡后为蜡绳线，常用于厚皮沙发、户外用具、休闲鞋、皮衣等厚制品的车缝或手缝操作

一般缝纫用线为12tex（50英支）的涤纶长丝线，锁眼线为19tex（30英支），钉扣线为73～97tex（6～8英支）的麻线。缝纫机线、手缝线一般使用涤纶线，高档西装应使用丝线，绷缝线用白粗线，无须太大牢度。缝纫线一般使用在衣片结合处、纽扣与扣眼处，在衣片结合处主

要起到缝合作用。而一些纽扣和扣眼，可以根据顾客的喜好进行设计搭配，也可以通过刺绣起到装饰作用（图3-71）。

图3-71　手工绣线

（一）德国古特曼（GUETERMANN）

古特曼是全球最知名的缝纫线供应商之一，创立于1864年，总部位于德国古塔赫（Gutach），自创立以来，古特曼始终以高品质缝纫线著称，在近两个世纪里一直致力于缝纫线的开发、创新、制造和销售，法国鳄鱼（LACOSTE）品牌就买断了古特曼其中一款线的专享权。作为一个有着150年精湛生产工艺的家族企业，日耳曼人特有的严谨与执着使得古特曼缝纫线拥有了灵魂。古特曼凭借严格的标准，在业界赢得了良好的口碑，并经受住了时间的考验，其产品也得到全世界客户的认可。

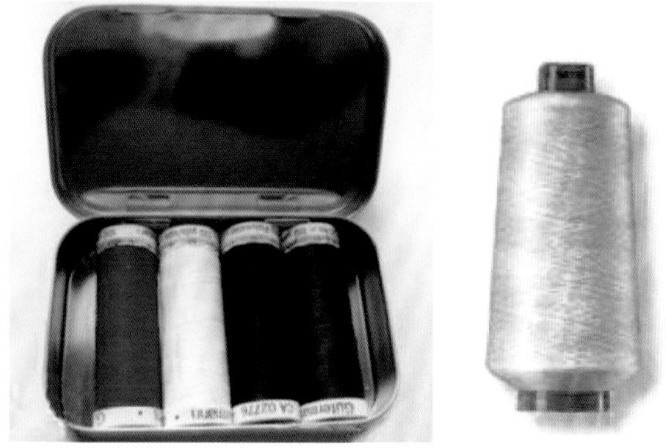

图3-72　古特曼缝纫线

现代缝纫机械的快速发展，每一种缝合方式都对缝纫线提出了特定的要求，古特曼生产的缝纫线能满足各种服装、面料、鞋、皮包等全部产品美的需要，其范围可以满足几乎所有的缝纫需求及颜色需求，每种产品都有不同规格可以适用于客户不同的需求。迄今，古特曼产品已经在超过80个国家和地区进行销售。作为德国实力最强的三大缝纫线供给商之一，古特曼以其精湛的工艺技术屹立于众多同类品牌之上。古特曼最近研发并推向市场的一批超细纤维技术的缝纫线产品，包括绢丝线、微芯线、包芯线、涤纶长线在内的多种高科技产品（图3-72）。古特曼通过研发不断改进技术，2007年开发应用“Micro Cure Technology”技术，开创了缝纫线超细的新时代，确立了在超细纤维领域的领导地位。基于这项新技术的系列产品，不但超细超轻，而且具有极高的均匀性、极强的抗断裂性、如同真丝般光亮的特征。

除了涉及服装、鞋包、家具等日常纺织品业务，子公司兹维基（ZWICKY）还负责科技类和汽车工业用线。几十年来兹维基的顾客主要来自汽车内饰、安全系统、特殊工种安全保护服、过滤系统、建筑材料、化工能源、航空军事等领域，可用于安全气囊、安全带、座椅套、防火服及其他特别技术纺织品。除了产品优势，古特曼缝纫线的核心优势还在于提供整套服务解决方案，为顾客在生产使用环节解决问题。古特曼会根据客户的缝制设备、生产产品的不同，提供缝纫线生产和使用过程中的顾问服务、培训服务、流程简化服务等。

（二）英国高士（Coats Group）

英国高士集团（Coats Group）是缝纫线十大品牌之一，其创立于1755年的苏格兰，是缝纫线及纱线的全球领导者（图3-73）。作为全球最大的纱线机构，也是世界上唯一的环球缝纫线生产商，全球每五件衣物就有一件是以高士缝纫线所缝合的，在工业纱、线和消费者纺织工艺品上，都处于世界市场中的领导地位。高士拥有全球性业务，并具有丰富的文化遗产，250年以来，高士集团一直是首屈一指的缝纫线和绣花线供应商，旗下的产品涵括了成衣缝纫线、绣花线、特种缝纫线以及手工艺用线和拉链等一系列的优质服装辅料。高士线业通过两百多年来累积的经验认为最佳缝纫方案永远来自于优秀及稳定的缝纫线质量及正确的使用方法。高士是一个真正的跨国机构之一，现今超过70个生产设施遍及六大洲，产品营销一百多个国家和地区，在印度、中国、巴西和越南等高增长市场都处于领先位置。

图3-73　英国高士线

当下，欧美三大缝纫线生产商为加强远东地区，尤其是中国和日本的市场攻势，往往通过合资建厂提高市场占有率。高士集团以深圳新建工厂开工生产为契机，加强与伊藤忠集团的合资，构建日本市场发展战略。世界第二大线业制造商美国A&F公司与宁波维科集团合资组建缝纫线工厂，除积极扩大中国和欧美市场外，努力加强面向日本的OEM业务。世界第三大线业企业德国亚曼集团（Amann Group）与日本服饰辅料骨干批发商田洼株式会社（总部位于爱媛县今治市）签署了关于日本、中国等远东地区销售代理协议，旨在提高箱包用缝纫线市场占有率。

三、富里子：里布与衬

（一）里布

服装里料就是通常所说的里子（夹里布），指用于部分或全部覆盖服装里面的材料。在功能性上，主要的作用是遮盖住服装里面的毛边和线头等内部构造，使内部整洁美观。目前市面上最好的里布是宾霸里布，中文名酮氨丝（Bemberg），有些也用铜氨纤维（Cupra）来表示，它是以棉花中的棉籽绒为原料，精纺而成的一种天然环保面料。铜氨丝属于人造丝的范畴，是用上等的木浆、棉短绒浆粕为原料，溶解在氢氧化铜的氨溶液中制成纺丝溶液，经混合过滤和脱泡后纺丝。以水为凝固浴，水法成形是在“漏斗纺丝”，然后通过酸浴将纤维素完全再生，再经由水洗、上油、干燥制成铜氨人造丝，纤维很细。宾霸里布是由日本旭化成（Asahi KASEI）公司研制生产的，只有用日本旭化成公司生产的宾霸纱织成的里布才是真正的宾霸里布。宾霸里布解决了容易起静电的问题，缩水率小，色泽自然、有光泽，质感柔软、韧性好，环保，吸湿排汗，纹理细腻，是里布中的极品。

比较常见的里布品种还有涤塔夫、舒美绸、人造丝系列、雪纺、绸缎等。涤塔夫是一种全涤布，用涤纶长丝织造，外观上光亮、手感光滑。涤塔夫可以做面料和里料，一般用于里料。塔夫（Taffeta）是真丝的一种分类（真丝分4大类24小类），用涤纶仿的称为涤塔夫或涤丝纺，尼龙纺的称为尼丝纺，属于合成纤维的一种，手感滑爽、不黏手、富有弹性，光泽明亮刺眼、颜色鲜艳夺目，不易起皱、缩水率小于5%。舒美绸里布以FDY68D/24F与DTY75D/36F为原料，在喷水织机上织造，采用斜纹组织，坯绸经整理后，手感柔软、光泽亮丽、无静电，产品适于制作中高档西服、风衣、皮装等。里布正面以人造丝来表现其风格特色，有手感柔软滑爽、不易褪色起皱、光泽亮丽、牢度强等优点，不但宜配作休闲服里料，而且是时尚箱包里衬布。

人造丝里布又称为涤黏里布或半宾霸里布，是一种仅次于宾霸的里布。常规品种有人丝斜纹、人丝平纹、人丝提花等，由于是采用涤纶和黏胶两种不同的原料混纺而成，所以染色出来的效果是拥有真丝一般的双色效果。目前国内比较知名的人造丝里布品牌正信的“鹤立”，其生产的人造丝大提花、小提花等产品远销欧美等国。雪纺里布经纬丝采用涤纶FDY100D加捻，然后再经蒸烘退捻的特殊整浆工艺制作而成，织物结构采用平纹变化，产品除了具有柔软、滑爽、透气、易洗的优点外，舒适性更强，悬垂性更好，面料既可染色、印花，又可绣花、烫金、褶皱等。上市面料以多种浅彩色调和浅素色泽为主导产品，兼具淡妆素雅之美感。

（二）里布品牌——旭化成（Asahi KASEI）和世家宝（Scabal）

1922年5月旭化成建立了旭绢织株式会社，1923年10月又由野口遵在延冈建立了氨肥生产厂，1931年4月日本铜氨丝株式会社开始使用氨生产铜氨丝纤维，同年5月正式成立了延冈氨纺织株式会社，旭化成集团正式成立。第一个发展的十年是通过扩大工业化学品和衍生品，比如氯、化肥、铜氨丝等的生产来实现的。第二次世界大战后的几年，旭化成开始扩展到更广阔的新领域，并发展成为日本化工业最前端的企业。以铜氨纤维为原料的宾霸里布，与皮肤及其他所有材料的摩擦系数都非常小，穿着时会感到无比舒适。宾霸里布手感柔滑，不会制限身体活动，因此穿着后运动自如，其质地光滑、垂悬性出众，可与各种各样的面料完美搭配。宾霸里布吸收了熨斗的蒸汽湿气后，会变得柔软，并可被蒸汽很好地定型，因此折线清晰，穿着笔挺。一般的里布穿着总让人感到闷热、发黏，导致身体里产生汗气；宾霸里布却能够吸湿、散湿、散发热量，根据当时的温度与湿度吸收并散发汗气（图3-74）。

图3-74　日本旭化成的宾霸里布

宾霸诞生至今已有一百多年，是世界范围内公认的里布第一品牌，欧洲的高级时装基本都使用宾霸，地位已得到纺织服装界的一致认可。宾霸有极好的透气性和吸湿性、抗静电、耐磨、强度高、顺滑无比、不刺激皮肤，是真正的环保产品。在里布品类中能把数项优异性能集于一身的唯有宾霸，无论是涤纶里布、黏胶里布还是醋酸里布，总有某一个方面性能较差，而宾霸的优异性能给消费者带来极为舒适的穿衣感受。如果宾霸是里布的开山鼻祖，那么世家宝（Scabal）里布就是里布中的佼佼者，世家宝里布可以分为三种，100%铜氨丝（100% Capro）、100%人造丝（100% Viscose）、70%人造丝+ 30%醋酸纤维（70% Viscose + 30% Acetate）（图3-75）。

图3-75　世家宝里布

人造丝里布可称为半宾霸里布，是一种仅次于宾霸的里布。它是一种运动型环保面料，因其特殊的纳米螺纹分子结构，就好像面料表层空气流通的管道，保证充足的循氧量，锁住水分，所以拥有相当好的调湿效果。这种面料具有超强的抗静电性能，不会产生附着在身体上的感觉，因而十分滑爽，特别适合运动时穿着。其含湿率最符合人体皮肤的生理要求，具有良好的透气性和调湿功能，被国内外媒体一致称为“会呼吸的面料”。它的织物具有手感柔软、光滑凉爽、透气、抗静电、染色绚丽等优点。

最后一种里布成分中的醋酸纤维是以醋酸和纤维素为原料经酯化反应制得的人造纤维。属于人造纤维家族的醋酸纤维，最喜欢模仿丝纤维，采用先进纺织工艺制造而成，色彩鲜艳，外观明亮，触摸柔滑、舒适，光泽、性能均接近桑蚕丝。与棉、麻等天然织物相比，醋酸面料的吸湿透气性、回弹性更好，不起静电和毛球，贴肤舒适，非常适合制作高贵礼服、丝巾等。同时，醋酸面料也可用来代替天然真丝绸，制作各种高档品牌时装里料，如风衣、皮衣、礼服、旗袍、婚纱、唐装、冬裙等。

（三）衬料

如果把面料看成皮肤，那么衬就是西服的骨架。西服之所以挺拔，就是由于衬的存在。由于衬是完全隐藏在服装内部，因此消费者对它的了解比较少，然而它的作用却如同人的脊柱一样非常重要。衬的作用主要是加固和硬化面料，使其能够塑造出理想的形状。衬大体上分为黏合衬和非黏合衬，黏合衬的衬面上涂有热熔胶，使用熨斗或其他加温加压设备时，热熔胶融化后使其能够和布料黏合在一起。黏合衬虽然使用简单方便，节约成本，却不能达到非黏合衬的效果，比如说更贴合人体曲线、更挺阔等。非黏合衬包括毛衬、领衬等，它们由于自身不带黏合性，需要使用缝纫线通过机缝或手缝的方式与面料固定在一起，在缝制过程中，可以通过手缝或机缝塑造出更符合人体曲线的形状。

图3-76 西装中马尾衬的使用

毛衬通常指黑炭衬和马尾衬。黑炭衬是用动物性纤维（如牦牛毛、山羊毛、人鬃等）或毛混纺纱为纬纱，棉或其混纺纱为经纱加工而成的基布，再经过特种整理加工成衬布。它主要用于西服、礼服、大衣等前身（胸）、肩袖部位，可为服装创造出挺括饱满的立体效果。黑炭衬与黑炭并无任何关系，只是因为它早期从印度（印度人偏黑）传来得名并沿用至今，其英文名为Hair Interlining。毛衬的另一种是马尾衬，是利用马尾鬃作纬纱、棉或涤棉混纺纱作经纱加工而成的基布，再经过定形整理而成衬布。马尾衬主要用作胸衬和盖肩衬，天然马尾绝对是Q弹十足、柔中带刚、坚挺中带着顺服，如今高级西服定制提供的毛衬都是用最好的马尾鬃制作的（图3-76）。

马尾衬在英式风格西装中很常见，配合胸部刻意的剪裁余量，呈曲线状自然隆起，制造出类胸肌的力量视效，所以好西服一般不需要胸肌顶起来，合体马尾衬自然会形成弧线（图3-77）。

图3-77 合体马尾衬形成的弧线

定制西服一般都会选择麻衬（动物毛料制成的），其中全麻衬最好，当然也意味着工艺复杂，材料成本高；半麻衬也是不错的选择，保留了全麻衬工艺的大多数优点，但略微简化了生产工艺，在价格上适中。如果注重品质又有款式上的要求，首选全毛衬；如果选择性价比，可以选择半麻衬（图3-78）。

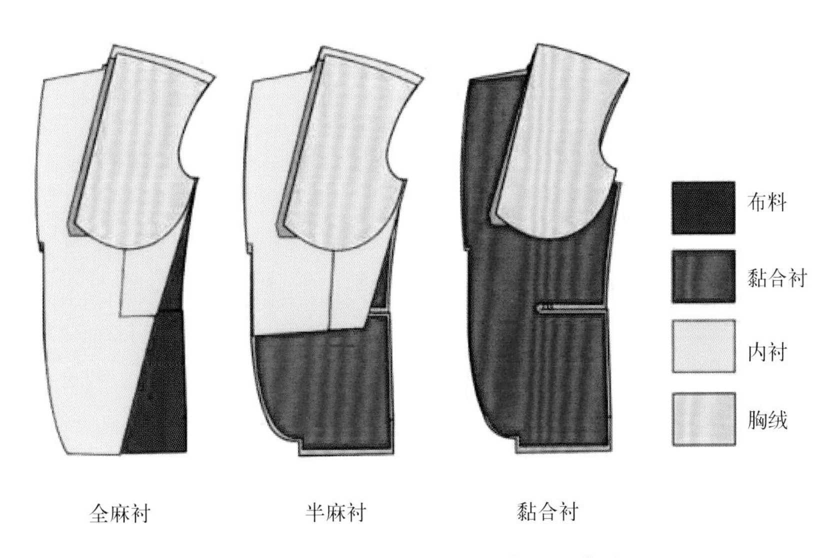

图3-78 全麻衬、半麻衬、黏合衬示意图

（四）马尾衬品牌——德国骏马（KUNFNER）

1862年骏马纺织集团（KUFNER）由巴托洛莫斯·民夫纳（Bartholomaus Kunfner）先生在德国慕尼黑创立，距今已经有一百五十多年的历史，是全球衬布行业的领袖之一。迄今马尾衬最好的品牌是德国骏马衬，不仅质量最好，而且衬布弹性好，关键是多次洗涤不变形，一直是高端定制的首选（图3-79）。麻衬或毛衬都由动物毛和棉等多种材料制成，最好的衬会用到马毛和马尾毛，也就是马尾衬，由于动物毛本身的自然特性，制成的衬挺拔弹性且透气性好。

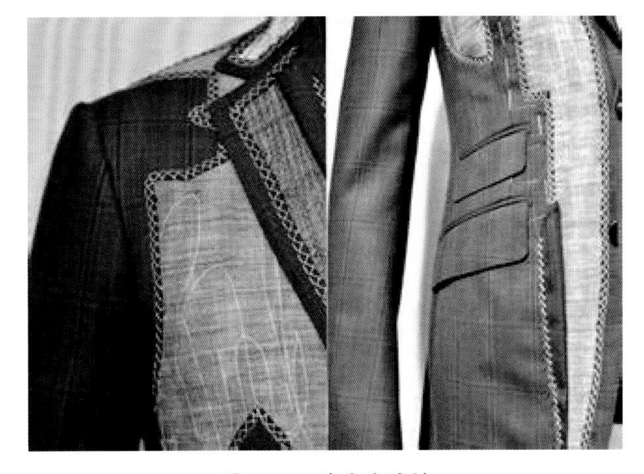
图3-79 骏马马尾衬

骏马集团已在全球建立33家分公司，并在85个国家销售，产品已有一千多个品种，并拥有一百多项全球技术专利，产品通过了ISO14000认证、ISO9000认证以及最严格的Oeko-Tex Standard 100 品质认证。骏马作为全球衬布行业

的领导公司，1984年正式进入中国市场，取得了快速的发展。逐步本土化的“骏马”通过与大杨、杉杉、罗蒙、雅戈尔、报喜鸟等国内著名品牌合作，深层次推动了中国服装行业对衬布的重视和正确使用。骏马为中国纺织行业提供了一个全面的衬布选择范围，包括黑炭衬、针织衬、无纺衬和用于衬衫、女装的专用衬布。不但可以满足男装、女装、童装、衬衫、休闲装等各类时装的要求，更为汽车、家纺、建筑工业、电力部门等技术应用商开发了具有创新技术的纺织材料。骏马产品具有环保、防辐射、耐低温、轻薄透气等特点；各种衬布与面料黏合后具有柔软、舒适、挺括、保型性好、洗后不变形的优点，充分体现了各类服装的个性风格。

（五）无纺布品牌——德国科德宝（Freudenberg）

科德宝是一家总部位于德国的家族企业，主要为客户提供在技术上具有挑战性的产品解决方案和服务，其中汽车行业是最大的客户群，其销售额占集团的40%左右；其次是通用工业，作为密封与避震技术领域的技术专家，科德宝集团声誉卓越。此外，纺织和服装业是科德宝的另一核心业务，科德宝所生产的无纺布让服装保持合体挺括，不仅可作为保护建筑物的防水卷材的原料，同时还可用于电站和工厂的过滤器系统中。目前科德宝还有部分产品直接面向终端消费者，其中最为知名的是行销全球的微力达（Vileda）品牌家居用品。科德宝集团已进入世界各个主要市场，与合作伙伴一起在全球53个国家拥有约170个生产和销售基地。德国科德宝是无纺布的发明者和全球最大的无纺布制造商，作为集团第二大子业务，从20世纪30年代开始无纺布生产技术的研究，1949年开始无纺布的工业化生产，在六十多年的产业发展史中一直保持领先地位，是世界无纺布产业的支柱。科德宝无纺布集团拥有最全面的无纺布生产技术，可以生产不同用途的耐用无纺布，在全球13个国家和地区拥有23家工厂（其中8家分布在亚洲），拥有员工5000多人，2006年销售额达到10亿欧元，是世界无纺布产业的领导者。科德宝无纺布集团有5个业务分支，主要包括服装内衬、过滤器、簇绒地毯基布、医药卫生以及技术无纺布，最近的产品创新包括拥有产品专利的新一代超细长丝无纺布Evolon和具有3D特性的Novolon。

日本宝翎有限公司（Japan Vilene Company）是无纺布行业的后起之秀，成立于1960年，由德国科德宝集团联合大日本油墨公司、东丽公司成立的上市股份公司，是亚洲最大的无纺布制造商，排名世界前十位。德国科德宝与日本最大的无纺布生产商——日本宝翎株式会社保持长期合作伙伴关系，在德国和日本都设有全球研发中心，各业务部门和生产基地都配有专门的研发和技术人员。四十多年来，集团不仅与日本宝翎

有限公司紧密合作，在中国、韩国也建立了多家合资公司，共同开拓和发展其在亚洲的业务。1995年科德宝进入中国，在苏州新区由科德宝无纺布集团携同日本宝翎株式会社共同创建科德宝·宝翎无纺布（苏州）有限公司，1996年8月正式投产，总投资3000万美元，占地面积60000多平方米，主营无纺布服装内衬、空气过滤器及汽车内饰材料、吸音材料等技术无纺布。公司由德国引进生产设备和技术，运用来自日本的质量检验设备，保证了产品的优秀品质。2005年，成功收购原国内最大服装衬料生产厂家南通海盟实业有限公司，后更名为科德宝·宝翎衬布（南通）有限公司。

（六）全球垫肩之王——德国海莎（Helsa）

德国海莎集团于1995年进军亚洲，2002年开始全方位进入中国市场。海莎纺织辅料（上海）有限公司是德国海莎集团在亚洲第一家独资子公司，使用德国设备、德国工艺、德国原料，上海海莎的现代化生产流水线每年向全球著名厂商提供数千万幅高品质的垫肩。海莎垫肩在高档市场有 90%以上的占有率，近年出口业务发展迅猛。

海莎垫肩手感柔软，安装方便，厚薄均匀，整体弧型好，上表面无凹痕。原材料的选用均经过严格测试，无论批量大小，其整体组合质量均非常稳定。先进的生产工艺，严格的质量体系，保证了棉花垫肩长期使用后均不变形。浸水试验表明，垫肩100%湿透晾干后，各种指标及几何尺寸不变，仍能保持棉花的原有风格。根据服装设计师对垫肩的特殊要求，如材质、尺寸、造型和结构，进行设计打样完全可以达到垫肩与成衣的整体协调性（图3-80）。德国海莎纺织辅料（上海）有限公司投入大量人力物力，在行业内率先开发研究绿色环保型产品，并取得了成功。海莎产品接受了TESTEX（瑞士纺织检定中心）Oeko-Tex Standard 100的认证测试，结果表明，海莎垫肩各项环保指标均符合国际Oeko-Tex标准，并获得了“Oeko-Tex Standard 100”证书。

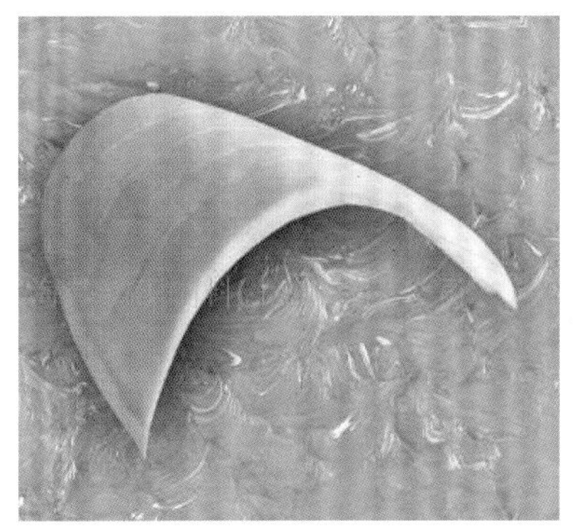

图3-80　海莎垫肩

四、拉链与裤钩

（一）拉链

拉链是依靠连续排列的链牙，使物品并合或分离的连接件，现大量用于服装、包袋、帐篷等。一般的拉链是由两条带上各有一排金属齿或塑料齿组成的扣件，用于连接开口的边缘（如衣服或袋口），有一滑动件可将两排齿拉入联锁位置使开口封闭。拉链由链牙、拉头、限位码（前码和后码）或锁紧件等组成。其中链牙是关键部分，它直接决定拉链的侧拉强度。一般拉链有两片链带，每片链带上各自有一列链牙，两列链牙相互交错排列。拉头夹持两侧链牙，借助拉襻滑行，即可使两侧

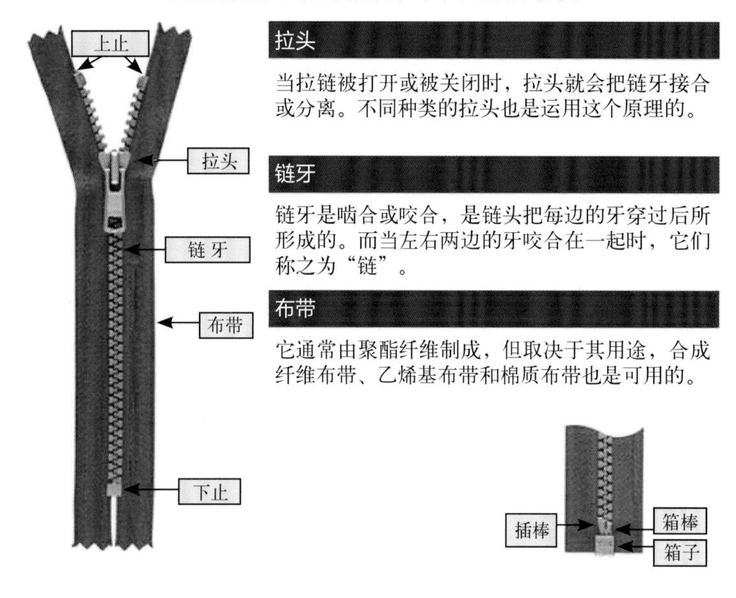

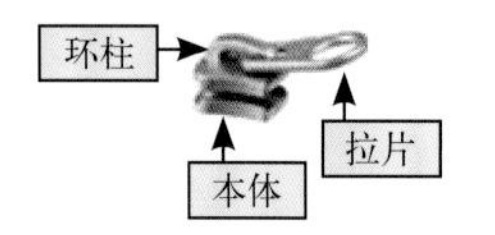

图3-81　拉链结构

的链牙相互啮合或脱开（图3-81）。

拉链作为重要的五金辅料，在鉴别品牌箱包、服装真假时有重要的作用，特别是国内外一线品牌，至少都会使用YKK、IDEAL、YBS等品牌的中端拉链，而RIRI、LAMPO、TALON等高端拉链品牌更多被订制应用在奢侈品箱包及服饰上。高档拉链价格高、材质好，使用顺滑耐久，精致的做工也具有一定的防伪作用。瑞士拉链品牌RIRI 在户外装备科技应用领域技术领先，其防水拉链、适应恶劣环境的户外装备拉链。甚至宇航员装备拉链都有很多专利，也有很多奢侈品牌定制拉链，比如意大利的葆蝶家（Bottega Veneta）的包、英国顶级皮具品牌玛珀利（Mulberry）用的就是RIRI拉链（图3-82）。RIRI的金属拉链多为铜制，售价也是YKK拉链的两倍以上，规格由小到大常见的有M_4、M_6、M_8三种。

（二）拉链鼻祖——YKK

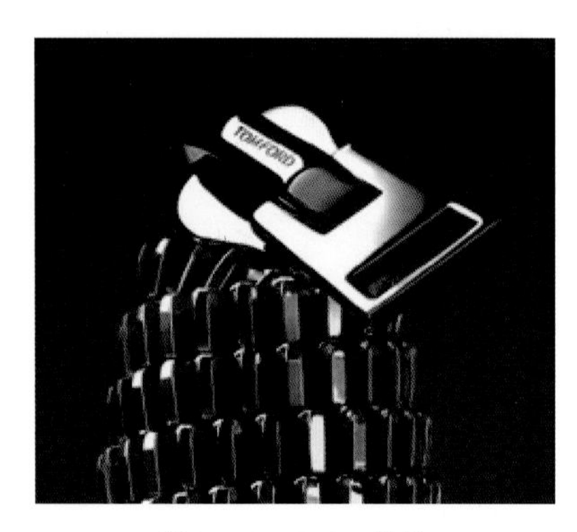

图3-82　RIRI拉链

YKK的全称为Yoshida Kogyo Kabushikigaisha，创立于1934年，目前YKK是拉链和纽扣行业最大的市场份额拥有者。YKK拉链公司的年营业额已达到25亿美元，年产拉链84亿条，合计长度长达190万公里。另外，YKK生产的拉链在世界市场占有率达到35%，占据了日本拉链市场的90%和美国市场的45%。

YKK作为拉链行业的鼻祖，代表着行业标准。1934年1月，YKK创立人吉田忠雄在东京都中央区东日本桥建立3S商会，开始生产和销售拉链产品。1938年2月，3S商会改名为吉田工业所，四年后又改组为吉田工业所有限公司。1945年3月，吉田收购鱼津铁工所株式会社，并变更社名建立了吉田工业株式会社。1946年1月，YKK的商标被正式采用。1959年11月，YKK在新西兰设立第一个海外当地法人。1986年9月，YKK的第一个铝制建材海外流水线生产工厂在印度尼西亚正式投入生产。20世纪90年代起YKK打入世界各地的拉链市场，创始人吉田忠雄也成了名副其实的拉链大王。YKK拉链最大的特色就是品质优良，20世纪生产的拉链大都是人工制作，品质比较粗糙。YKK生产的拉链可以说是

非常坚固耐用的，甚至能够经得起铁锤的打击，加上其滑润易拉，从来不会发生拉到一半卡住的情况，被市场冠以“金锤拉链”的美称。

（三）裤钩

裤钩主要用于西裤、休闲裤腰头部位。裤钩与纽扣相比较来说更加结实，不容易松脱，裤钩的制作牢度和使用方法都比纽扣好。纽扣的种类很多，就裤装而言，目前国内休闲裤使用纽扣较为普遍，而西裤基本使用裤钩。纽扣是线缝的，容易脱落，尤其是扣眼，时间一久，受力后会变形，牢固性及拉力强度都无法与裤钩相比。因传统的电镀裤钩无法适应休闲裤的特殊工艺，钉在裤上经过酵洗、免烫定型处理后，电镀表面会产生氧化及褪色、发花等难以解决的问题。另外还因约定俗成，西裤使用裤钩被认为是一种高档的表现。用于生产裤钩的材料一般分为铁、不锈钢、不锈铁、铜等，但从环保的角度来讲，裤钩材质可以分为普通电镀（镀镍或镀黑镍）、无镍电镀（镀锌或镀锡）、环保生态认证（无电镀）不锈钢裤钩。材质中的铜又可以分为62铜、65铜和环保铜；而铁分为一般铁和进口铁。裤钩分为二爪裤钩、三爪裤钩、四爪裤钩、三合扣、二合扣共五类。二爪裤钩、三爪裤钩、四爪裤钩都是由面板、小丁、底片、二孔组成。三合扣分为半圆三合扣和方形三合扣两种，都是由三部分组成，分别为双眼勾、方扣和鸡眼。半圆三合扣一般是配15mm点漆面板（图3-83）。二合扣由两部分组成，分别为裤钩、扁旦。

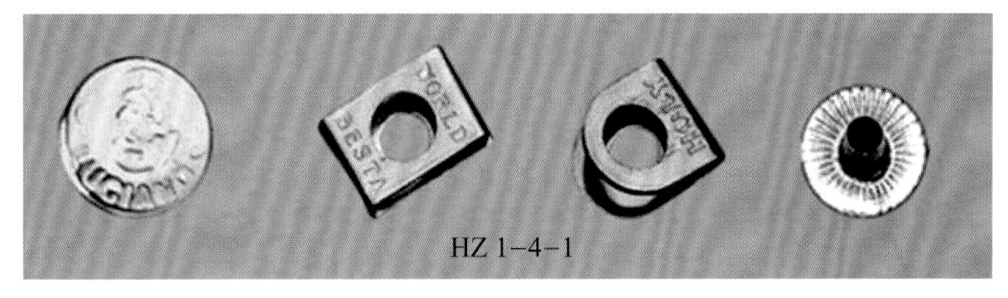

图3-83　半圆三合扣

小结

国内纺织企业已拥有先进设备，同时还应面向全球市场，给自身规划设计明确的定位，生产有特色、有品位、有吸引力的产品来满足市场的需要，避免形成小范围内的不良竞争。在市场经济条件下，最理想的产品是性价比最高的产品，这也是面料、服装进口商与国内纺织企业共同追逐的目标。对国内企业来说，如何能够更好地利用国内的优势改造生产设备，引进和培养技术人才，建立消费者的需求和市场的动向，达到把握面料流行脉搏的目的，在软件上缩短与世界完善的质量管理体系的差距，不断开发新产品和推出新技术，把握与先进企业的距离，才是国内面料生产企业未来的努力方向。对国内外著名纺织服装品牌进行比较研究，主要全球定制面料市场格局如下（图3-84）。

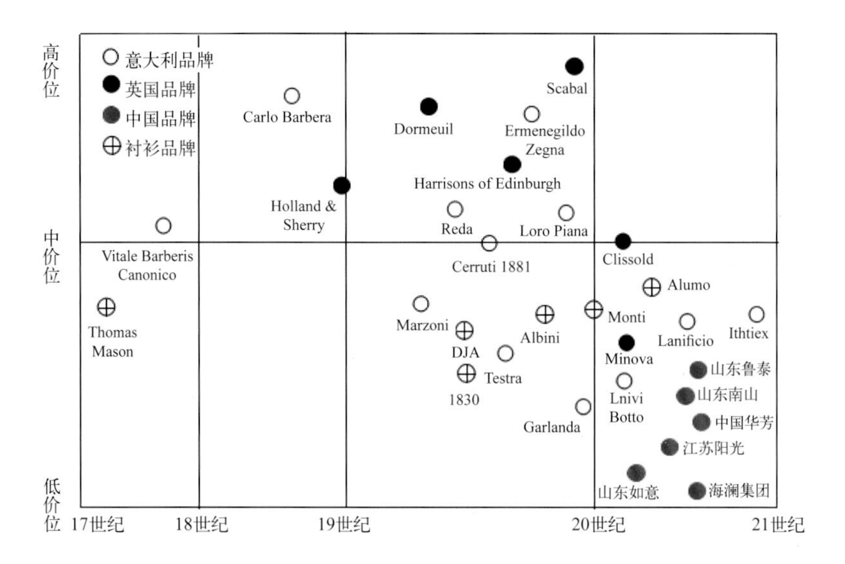

图3-84　国内外西装面辅料品牌时间和价格上的维度图

面料是决定服装高级定制品质的主要指标，包含面料质地、纹样、色彩等各方面。当它能体现服装的主体特征时，便能创造出美好的视觉效果。面料的纹样、色彩、质地、肌理等因素往往会对服装定制的风格产生决定性的影响。全球高级定制面料大多集中在意大利、英国、瑞士等欧美国家，但随着纺织技术攻关、先进装备改造、环保理念的深入，国内纺织定制面料品牌越来越占据更大的市场。本章主要从定制面料的性能、成分、产地、应用、保养等方面，论述面辅料在高级定制中的重要性。一件完美的高品质定制服装，其面料的选择和设计至关重要。成功的面料选择能体现服装的主要特征，给人以深刻的印象，事半功倍。

第四章

工匠精神
——高级定制西装的重要力量

第一节　工匠精神与高级定制

一、工匠精神：缔造传奇伟大力量

高级定制是最需要“工匠精神”的行业，传统的“慢工出细活”在高级定制中被演绎得淋漓尽致，“手艺人”的内涵以及传统工艺对精雕细琢的强调，成为高级定制赖以生存的法宝以及必须恪守的原则。高级定制是一种精工细作的意识，一件服装的每个制作环节、每道工艺、每个细节都需要精心打磨，精益求精、专注、精确、极致、追求卓越都是其永恒的追求。工匠精神不仅是一项技能，更是一种品质。工匠选用极致的材料、用心的设计、极致的手工，控制每道工序品质，把握住极致的匠心，从而产生富有灵魂的产品。

迪恩·卡门(Dean Kamen)，美国当代最著名的发明家曾说：“工匠的本质——收集改装可利用的技术来解决问题或创造解决问题的方法从而创造财富，并不仅仅是这个国家的一部分，更是让这个国家生生不息的源泉”。“工匠精神”就是对工作执着、热爱工作的职业精神；对所做事情和产品精雕细琢、精益求精的工作态度；对制造技艺的一丝不苟；对完美的孜孜追求；以及对工作的敬畏、热爱和奉献的工作境界。工匠精神的核心就是对作品的敬畏，对工作的热爱，对技艺的极致追求。工匠精神的传承依靠言传身教自然传承，无法以文字记录和程序指引，体现了旧时代师徒制度与家族传承的历史价值。

截至2012年，寿命超过200年的企业，日本有3146家，同时全日本超过150年历史的企业竟达21666家之多，而在2013年满150周年的企业又会增加4850家，是世界上最多的国家（图4-1）。德国有837家，荷兰有222家，法国有196家。中国最古老的企业有成立于1538年的六必居，成立于1663年的剪刀老字号张小泉，再如陈李济、北京同仁堂药业、王老吉三家企业，中国现存的超过150年的品牌仅此5家。据调查显示，我国集团公司的平均寿命大致为7～8年，而中小企业的平均寿命仅为2.9年，每年更有近100万家企业倒闭。然而，位于日本东京附近山梨县的温泉家族企业庆云馆，作为吉尼斯世界纪录中最古老的旅馆已经走过了1300多年，倾注了家族企业52代人的心血。纵观所有百年企业，不论经营范围有多大，它们都有其相同的特征——专注、极致。“工匠精神”是这些国家过去100年成功的“钥匙”，其特点是“慢”。著名的科隆大教堂，始建于1248年，直到1880年才宣告完工，耗时600年，“慢工细活”打造了完美的哥特式教堂。“专”是其最大的特点，这些超过百年的企业的共同特点是“爱钻牛角尖”。

日本作为世界上拥有百年企业最多的国家，其本质是传承、专注和极致。《庄子》云“技进乎道”，进乎道的“技”，其中包含着一个人或组织对职业、对工作、对产品一种精益求精、严谨细致、耐心专注的态度和境界，这其实就是当下所强调的“工匠精神”。古往今来，工匠精神一直都在改变着世界，热衷于技术与发明创造的工匠精神，是每个国家活力的源泉。在经历一段浮躁之后，重新开始重视工匠精神，中国的创新驱动发展也正呼唤工匠精神的回归。工匠精神是一种修行，更是一种态度，做任何事要做到心到、神到，达到登峰造极、出神入化的境界。2016年李克强总理在政府工作报道中提出：“要培育精益求精的工匠精神，鼓励企业开展个性化定制，柔性化生产，增品种、提品质、创品牌”。在信息化、互联网快速发展的今天，工匠精神不仅仅是指对传统工艺、传统文化的传承和发扬，在当今移动互联网时代，更需要极致的产品。因此，更加需要代表着一种人生选择和代表着坚定、踏实、精益求精气质的“工匠精神”。其本质是人类在认识世界、改造世界的实践中所形成的一种坚定、执着、踏实、韧性、专注、精益求精、反复不断地改进产品的精神，也是一种把99%提高到99.9%的精神。高级服装定制对产品的极致追求，不论是在原材料、服装板型的选择上或坚持传统手工艺制作上，都是对工匠精神的完美诠释。一些人认为，工匠所从事的劳动是重复性的，没有创造性可言。美国社会学家和思想家理查德·桑内特（Richard Sennett）在他所著的《匠人》一书中指出，研究表明，技能水平越高的人越能发现问题，达到较高境界以后，技术不再是一种机械性的活动，熟练地掌握技能的人会更完整地去感受和深入地思考正在做的事情。因此，能够达到这个境界的匠人能更好地改进技术或者有能力去创造一种新的技术，将技术与创造融为一体。当工匠把技艺做到“极致”时，对行业的贡献同样也会更大。因此，工匠精神既是一种技能，也是一种精神品质，更关乎着一个国家的工业文明。

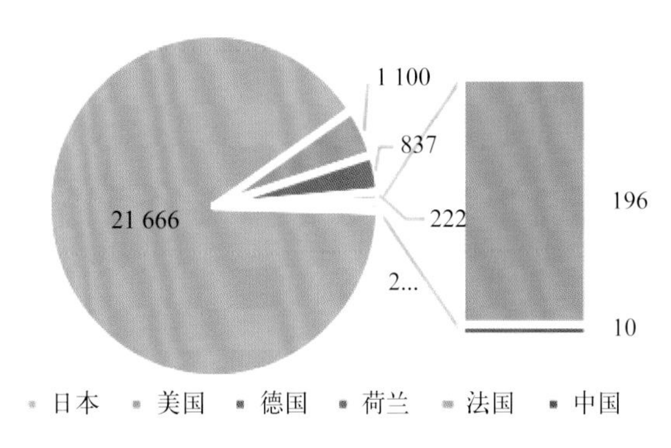

图4-1　全球各国超过100～150年的企业数量

二、高级定制：追求极致与完美

自1858年查尔斯·弗雷德里克·沃斯（Charles Frederic Worth）的首个高级定制时装秀开始，便开启了高级服装定制的先河，服装高级定制是一种最古老的制作方法。从开始有裁缝起，服装都是根据个人量体裁衣，然后根据尺寸定做，每一件服装都是专门为顾客定做，独一无二的。自从20世纪中叶出现“成衣”，裁缝便淡出服装制作舞台。直到近来，定制开始成为企业转型及消费者需求的新方向。一件高级定制服装，不仅仅是一件质量上乘的漂亮衣服，其背后包含了设计师对品牌的诠释，还有无数匠人数百小时的精心制作，最后穿在顾客身上，俨然已经成为凝结了品牌设计理念以及精湛手艺的“艺术品”。它既是对工业化、标准化产品的一种反思，也是对个性化乃至个体审美情趣、人格尊严的肯定。高级定制代表最高水平的服装，每个细节都经过十二分的精耕细作，力求带给顾客独一无二的享受，代表了裁缝师对美的极致追求。高级定制的手工工艺是对顾客最细腻的关怀，手工定制生产投入的是时间、情感、智慧和创造力。

97岁匠人褚宏生（图4-2）被誉为“最后的上海裁缝”，80年时间里，只专注做一件事——手工定制旗袍，一件纯手工绣花旗袍需要花费上月甚至1年的时间才能完成，即使是一件没有任何绣花的旗袍，从量体到缝制完成也需要7天的时间。褚宏生认为，旗袍的精髓在于手工细密的针脚，机器缝制出来的衣服太过于生硬，体现不出女性柔美的气质，而精湛的手工缝制技艺，绝非一日之功。褚宏生的旗袍曾被比喻为像女性的皮肤一样柔滑。在工匠们的眼里，只有对质量的精益求精、对工艺的一丝不苟、对完美的孜孜追求，除此之外没有其他。

图4-2　手工旗袍匠人——褚宏生

爱马仕丝巾（图4-3）从1937年至今已有81年历程，一直将工匠精神诠释到极致。一条爱马仕丝巾，从设计图案开始一直到成品需要整整2年时间，其中设计图纸需要6个月时间，由于丝巾的颜色复杂，因此不同图案的每种颜色都需要工匠重新刻出模版，耗时长达1000个小时以上。爱马仕总部共有40多位来自不同国家的艺术家来设计图案，不同国家和文化会产生不同的艺术灵感，由此来确保爱马仕的每一条丝巾都在演绎不同的文化故事。每年爱马仕调色师需根据最新流行色与流行图案进行丝巾方案选配。整个筛选过程需花费2个月时间，最终选出10款新品投入生产。爱马仕的丝绸是来自巴西特殊的蝴蝶蚕茧，每只蝴蝶只生产300只卵，若要制作90cm × 90cm的方巾需要300个蚕茧。而一条丝

图4-3　爱马仕丝巾设计及选材

巾颜色大概为30种，最简单的也有15种，最复杂的有46种，都是人工印染。至今爱马仕色库已有75000种不同颜色。丝巾印染完成后，需要人工卷边，每条丝巾耗时30分钟，要求看不到任何针脚。同样爱马仕的每一款包都在法国庞坦的工坊（Ateliers Pantin）里生产，从纸样、选皮、裁剪到缝制多个工序，耗时15～17个小时，整个制作过程全部采用手工缝制，一个月仅能生产15个爱马仕包，每个工匠花费一周时间制作的包不超过2个（图4-4）。

图4-4　爱马仕包制作工匠

手工制作从来都是奢侈品，之所以被贴上昂贵的标签，是因为经过人工打造、用料考究的成衣和配件，凝结了好几代工匠独特的技艺传承。香奈儿（Chanel）高级礼服定制的繁杂工序也是对工匠精神的完美诠释。从1984年起，香奈儿已经陆续纳入十几家高级手工坊。巴黎最老的Desrues纽扣坊（图4-5）每天从雕刻、染色、雕琢、上珐琅，到磨光为香奈儿制作纽扣。从制模、修剪、抛光的每一步骤都必须精准拿捏，才能打造出每一颗精美的纽扣，并在80000颗制作精良的纽扣中大概选出3000颗用在香奈儿服装上。Lemare成立于1880年，是法国现存的唯一一家羽毛工坊（图4-6），香奈儿标志性的山茶花，每一片花瓣，每一枝叶片都由工匠经过裁剪、折压制作而成，所有羽毛都是采用从南非进口鸵鸟毛、天鹅毛、孔雀毛等经过染色、裁剪点缀在服装上。香奈儿的一件礼服——丝质薄纱抹胸礼服，就需要耗时283小时完成精工刺绣，117小时完成羽饰缝制。

图4-5　Lemare羽毛工坊

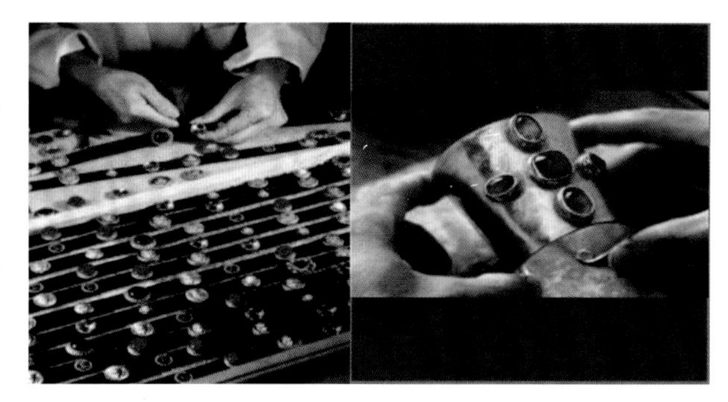

图4-6　Desrues纽扣坊

安德森与谢泼德（Anderson&Sheppard）（图4-7）是伦敦萨维尔街上唯一一家保留全定制模式的品牌，至今已有上百年历程。从1837年开始起，它的裁缝便开始以制作垂感好、肩部舒适、袖窿较高的优雅西装而成名。安德森与谢泼德没有成衣出售，没有半定制服务，没有品牌连锁，在服装定制服务上也没有跨越国界。定制一件安德森与谢泼德西装，必须经过至少27次不同部位的量体，每件服装平均制作工时达到50个工时，95%是由手工完成，除了第一次量体外，中间要经历3次试穿和调整。安

图4-7　安德森与谢泼德高级定制

德森与谢泼德会终生保存每位顾客的纸样，如果客户有新的定制需求，其板型会再次被使用。在萨维尔街十大名店中，安德森与谢泼德排名第一，是萨维尔街上最负盛名的一家裁缝店，高级定制认为经典是时间和耐心才能打磨出来的。

作为品质的保证，高级定制服装的所有工艺必须由手工完成，一件服装耗费的工时至少需要在一个月左右，甚至更久的时间。高级定制服装必须经过与设计师的沟通、挑选款式、选择面料、量身、裁剪、试衣、缝制、再试衣、细部修正等复杂工序才能完成。高级定制意味着高品位和独一无二，是服装的极致，是对每一个细节精益求精的极致追求。高级定制西装面料的选择极其苛刻，只选择全世界最稀有、最名贵的原材料，轻、薄、软、垂是一件服装面料的基本要求。高级定制中不仅是对西装面料选择要求苛刻，对西装纽扣的选择也是精益求精，常见的纽扣有贝壳扣、珍珠扣、牛角扣，还可以根据顾客的要求使用象牙或兽骨等材质打磨而成。尺寸和测量的精确是裁剪的极致要求，是工匠精确裁剪出西装板型的灵魂，能使服装完全的适合人的身材体型。高级定制中顾客量好的尺寸会保留三个月，为了防止客人的体型变化，超过三个月，量体师便会重新测量后再次制作。大多数顶级男装定制品牌在服装缝制中，只有拥有20年以上经验的裁缝大师，才有资格缝制肩部、袖子和领子，且领子多数是以五部分分开缝制而成。高级定制的整个定制过程，犹如一场个人专属的量身定制服务（表4-1）。

表4-1　高级定制的工匠精神

高级定制	工匠精神的表现
用心选材	高级定制西装的面料、里料、辅料、纽扣、衬料等都需要最上等的材料。西装面料多采用全羊毛（93%以上的羊毛含量）、羊毛+真丝、羊毛+亚麻、纯亚麻、棉+亚麻、羊毛+羊绒、纯羊绒、羊驼绒等成分的面料。其中最常见的羊毛面料会根据羊毛纱线的细度分为不同的纱支等级，如110支、120支、150支等，纱线支数越高面料越轻柔，价格也越贵
极致量体	在服装定制的过程中，量体是至关重要的一个环节，一点细微的差异或错误导致的往往是服装在整体上的效果。专业的量体在部位和尺寸的掌握方面都有严格的要求。不论顾客是定制一套西装或一件大衣，甚至是一件衬衫或一条领带，量体师都会为顾客量取从上到下全身多达二十多个部位的身体尺寸，甚至对顾客的走路姿势、手表的款式、生活细节等都要了解
匠心工艺	高级定制西服必须是半毛衬工艺或者全毛衬。其中手工锁眼、真袖眼、全麻胸衬（驳头自然翻卷）、条纹袖里布、真丝大身里布、兜盖与衣身对条格、袖子与大身对条格、驳头宽度等细节，也是西服定制工艺水平的体现，工艺的好坏直接决定了这套衣服的价值。另外，从事肩、袖和领子工序的裁缝，要有十年以上的工作经验，才能达到缝制高品质西装的水平
裁剪考究	西装的裁剪是决定西装最后成型的关键，一套定制西装裁片多达五十几片，因此对裁剪师的要求极高，尤其是条纹或格纹面料的西装，需要准确裁剪西装裁片，才能使西装完美的对条、对格等
度身定制	高级服装定制是设计师根据客户的身材、尺寸、气质、喜好、场合、季节、身份、角色而设计；量体师为顾客量身，建立个人量体信息数据库。同时，每隔一段时间会为顾客重新量体，进行体型数据库修正，并且设计师会为顾客提出着装建议

第二节 高级定制西装板型

高级服装定制不仅要求工匠对产品精雕细琢，追求完美和极致，不断改善自己的工艺水平。其本身在服装的基本分类上，也比一般服装分类更加精细、更加完善。在高级服装定制中，西装板型从风格、款式、用料、功能等方面进行细致分类。不同风格、不同类型、不同款式的西装对穿着场合、搭配及用料都有着非常精准严苛的要求。极致是描述西装板型的最佳词语，大到服装整体廓型的流畅性、线条的饱满性，小到一粒纽扣的摆放、领子的宽窄程度、口袋的类型选择，都对整体板型风格及搭配有极致的要求（图4-8）。

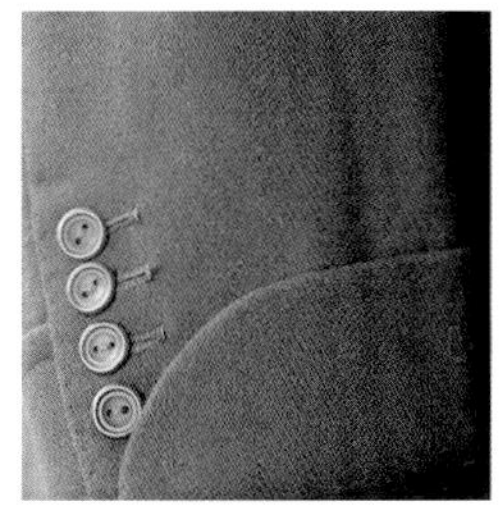

图4-8 不同板型的西装细节选择

一、高级定制西装板型的分类

（一）按板型风格分类

在西装高级定制中，不同国家的服装有不同的板型风格，从历史的发展来看，将高级定制西装分为英版西装、美版西装、欧版西装、日版西装，每种类型的板型在其外轮廓上有不同的特点，这些特点都是依据某一类人群的人体形态特征设计，为了体现完美的着身效果，每一类型的板型都经过不断地修正和对产品的精雕细琢，从而产生了多种板型来满足不同顾客的体型气质特征。

1.英版西装

西装高级定制是对人体体型缺点的修正及优点的完美体现，英版西装（图4-9）的肩线必须立体而富有棱角，袖窿较窄，腰线立体贴身，斜插兜外侧偏低，斜着切入腰部，右侧有一个零钱兜。英版西装大多为单排三粒扣，由于英国人脸型较长，因此西装领型较宽、较长，基本轮廓呈倒梯形，两侧或背后中缝有骑马衩便于活动。

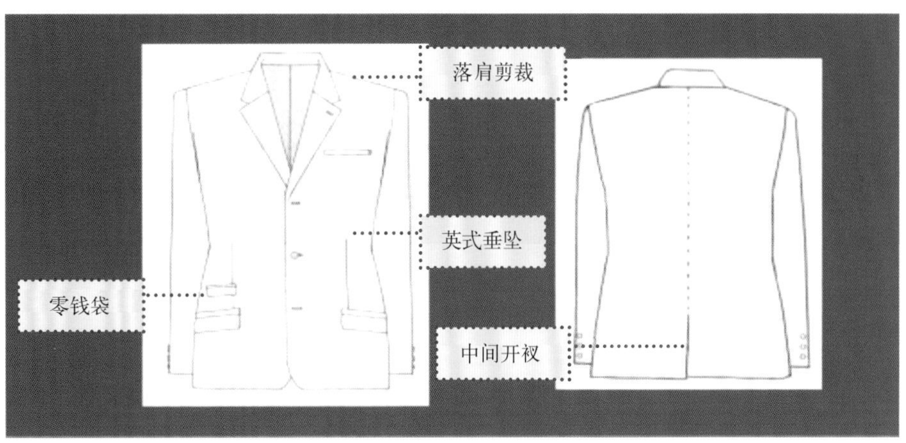

图4-9 英式版型西装

2.美版西装

由于美国人的性格特征及穿着习惯，美版西装（图4-10）基本轮廓呈H型，宽松且肥大，前身不收省，呈直线的箱型轮廓，肩线平直，垫肩很薄或无垫肩，没有收腰线，外观较方正，大多为单排两粒扣。采用平驳领，后中线单开衩，袖窿较低，适合休闲场合下穿着。

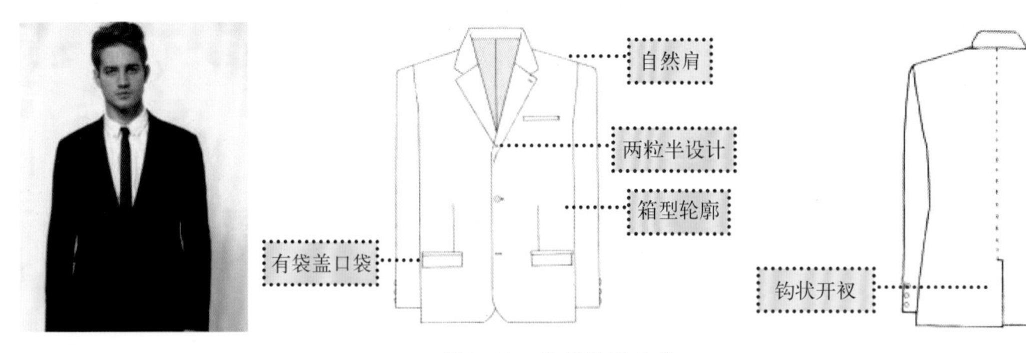

图4-10 美式版型西装

3.欧版西装

欧版西装在意大利及法国较为流行，基本轮廓呈倒梯形，大多为双排扣，戗驳领，收腰省，肩部较宽，肩垫比英式版型更加厚，更加强调肩部及背部挺括，领圈线和驳头也更高一些，多数为纤瘦硬挺的轮廓，线条流畅自然，适合在正式场合穿着（图4-11）。

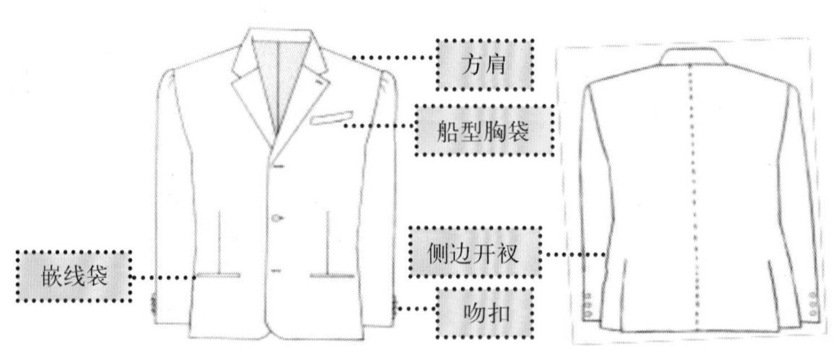

图4-11 欧式版型西装

4.日版西装

日版西装基本轮廓呈H型，衣身较短（图4-12），由于亚洲人身型中等，因此肩部设计较窄，多数为单排扣，垫肩不厚，领型较短且窄。收腰自然且不过分强调腰线，后中缝或侧缝不开衩。在日本并没有日版西装之说，服装定制裁缝为了更好地区分不同人体体型，将西装大致分类，从而更好地选择款式，并满足顾客穿着习惯。

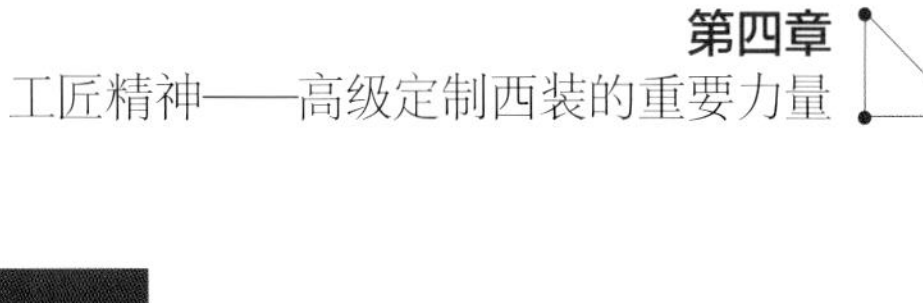

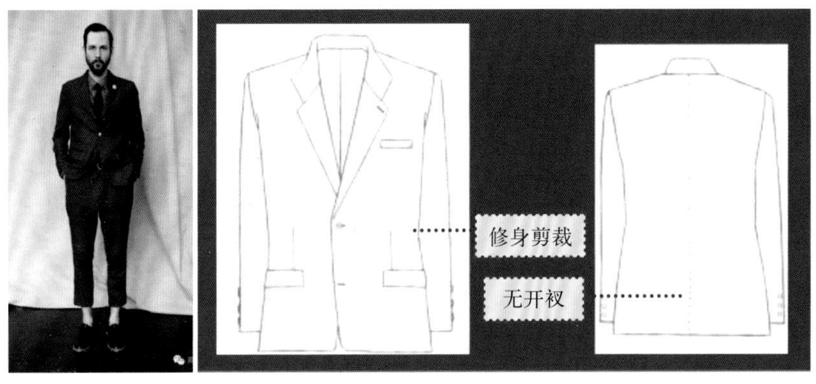

图4-12 日式版型西装

(二)按款式搭配分类

普通西装仅仅根据款式的相对正式或者休闲来选择相应场合的着装，且对款式的要求不大。在高级定制的西装款式中，有着纷繁复杂的分类及搭配要求，一些特殊的款式仅限于特定场合穿着，不同款式也有相对固定的搭配，搭配错误或款式选择错误则是对他人极大的不尊敬（表4-2）。因此，高级定制中西装款式的分类及搭配要求十分苛刻，充分展现了高级定制对服装精益求精以及不断追求极致的精神。

表4-2 高级定制男士西装款式分类及搭配要求

分类	品类	款式特点	搭配要求	适合场合	细节要求	面料要求
按穿着场合分类	礼服	燕尾服	搭配马甲、胸襟、领结，背带式裤装、裤子略长	晚间6点以后的宴会	黑色为主，平驳领、青果领	绸缎或萝缎
		平口式礼服	搭配外套、衬衣、长裤、领结、腰封	婚宴及派对	单排扣、双排扣均可	西装面料
		晨礼服	搭配白衬衫、灰黑驼色领带或领结、礼帽、马甲	庆典、婚礼、教堂礼拜	一粒扣	马甲前片为毛织物、后片为绸缎
		英乔礼服	搭配外套、衬衣、背心、领饰	婚礼、宴会、正式场合	搭配领结、领花均可	西装面料
		西装礼服	搭配外套、背心、领结、衬衣	婚礼	选择礼服衬衣	领子用缎面
	日常服	休闲便装	搭配衬衣、针织类服装	休闲场合	下装可配牛仔、其他颜色裤装	时尚流行面料
		正装	搭配同色系裤装、皮鞋、衬衣、领带	职场、会议	上下身必须是同色、同料	毛料（含毛在70%以上）
按西装件数分类	单件西装	休闲西装	搭配休闲裤、牛仔裤、针织类服装、衬衣	休闲场所	配饰和鞋子可以是休闲鞋	休闲面料
	两件套西装	西装套装	搭配同色裤子、衬衫、领带、皮鞋	正式会议、职场	上下装必须为同色同料	面料采用高档毛料、麻料
	三件套西装	三件套	搭配同色系裤装、马甲	正式商务、对外会议	搭配较窄的皮带	面料采用高档毛料、麻料

续表

<table>
<tr><th>分类</th><th>品类</th><th>款式特点</th><th>搭配要求</th><th>适合场合</th><th>细节要求</th><th>面料要求</th></tr>
<tr><td rowspan="6">按照组扣数量分类</td><td rowspan="3">单排扣西装</td><td>一粒扣</td><td rowspan="3">搭配衬衣、西裤、领带</td><td>休闲</td><td rowspan="3">两粒扣较正式</td><td rowspan="3">西装面料</td></tr>
<tr><td>两粒扣</td><td>正式</td></tr>
<tr><td>三粒扣</td><td>休闲</td></tr>
<tr><td rowspan="3">双排扣西装</td><td>双排两粒扣</td><td>搭配休闲裤、皮鞋、帽子</td><td>休闲</td><td>可随意搭配单品</td><td rowspan="3">高档毛呢，毛料、麻料等西装面料</td></tr>
<tr><td>双排四粒扣</td><td>搭配衬衣、领带、皮鞋</td><td>正式</td><td>双开衩或不开衩</td></tr>
<tr><td>双排六粒扣</td><td>搭配深色休闲裤、皮鞋、领带</td><td>休闲</td><td>戗驳领、方下摆</td></tr>
<tr><th colspan="7">特定款式西装</th></tr>
<tr><td colspan="2">名称</td><td colspan="2">款式特点</td><td colspan="2">要求</td><td>面料</td></tr>
<tr><td colspan="2">吸烟装</td><td colspan="2">款式较正式，西装更轻便</td><td colspan="2">男士在正式场所吸烟时穿</td><td>天鹅绒，搭配丝绒吸烟鞋</td></tr>
<tr><td colspan="2">大衣西装</td><td colspan="2">底边为方摆，长至膝盖</td><td colspan="2">搭配在西装外面，多为灰色、黑色、驼色</td><td>纯羊绒、羊毛</td></tr>
</table>

（三）按西装用料分类

高级定制西装采用精湛的手工艺，选择最佳面辅料来实现西装的完美呈现。在高级定制西装工艺中，按照西装用料不同，将西装工艺分为半毛芯工艺及全毛芯工艺，普通的西装都采用黏合衬，但在高级定制中则选择具有复杂工艺的高档麻衬工艺。

1.全麻衬西装

麻衬是高档西装区别于普通西装的工艺之一，高级定制服装讲究手工定制。在高级西装定制过程中，纯手工缝制的全麻衬西装，挺括自然、质感轻薄、柔软。高级西装定制的前身、驳头、挂面部位不用黏合衬、胸衬，所有材质全部选择天然毛衬、马尾衬等，并按照人体结构手工纳缝（图4-13）。手工缝制的毛衬会随人体曲线呈现不同的自然卷曲，随身体摆动而摆动，在任何情况下都能自然舒展、挺括服帖，全毛衬工序制作十分复杂，附毛衬工艺要求湿度为90%，面料需要处于舒展状态，麻衬西服在洗涤后不会起泡、起皱、渗胶。其次全麻衬的定型温度在180℃~200℃，因此在制作过程中十分耗时费力。如今的麻衬大多由亚麻织物、纯纺织物及其混纺的交织物经过煮炼和树脂整理而成，亚麻织物有很好的弹性与韧性，强度高，吸湿性强，还有易导热、耐酸碱、防腐蚀、抗菌性好等功效，目前国内还不生产全麻衬，均需从意大利进口。

2.半麻衬西装

半麻衬西装与全麻衬西装采用相同的麻衬，半麻衬西装在服装的半

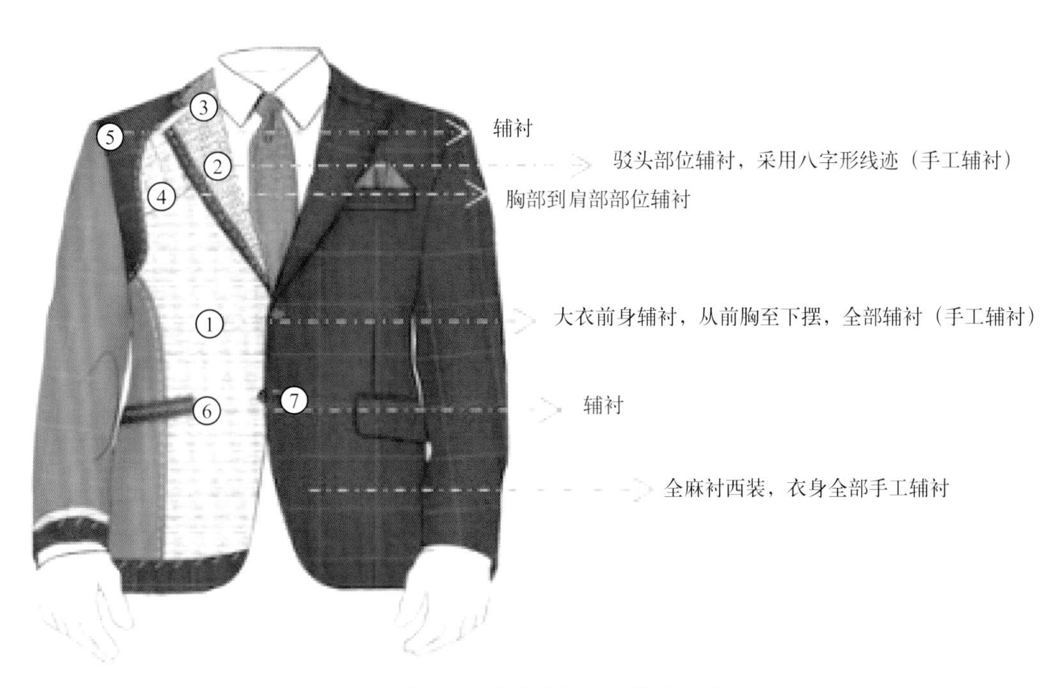

图4-13　全毛衬辅衬部位及工序

胸及驳头部位使用毛型黑炭衬，驳头部位不适用黏合衬，毛衬从西装的前身由上到下至西装前身腰部，在工艺上与全麻衬相似，只是在辅衬时不需要全部辅衬（图4-14）。半毛衬的前身底摆依然采用黏合衬，更加硬挺但不自然、容易起泡，制作工序也很简单，不需要手工缝衬，透气性、耐穿性相较差一些。毛衬分为黑炭衬与马尾衬，黑炭衬的经纱一般用细支棉纱或双股纱，纬纱一般用“牦牛毛+人头发+黏胶”纤维混纺纱、“山羊毛+少量牦牛毛+黏胶”纤维混纺纱，有较好的悬垂性。马尾衬的经纱仍采用棉纱，纬纱用马尾。由于马尾的长度有限，因此精选的优质马尾制作成的马尾衬更为珍贵，制作成本也很高。

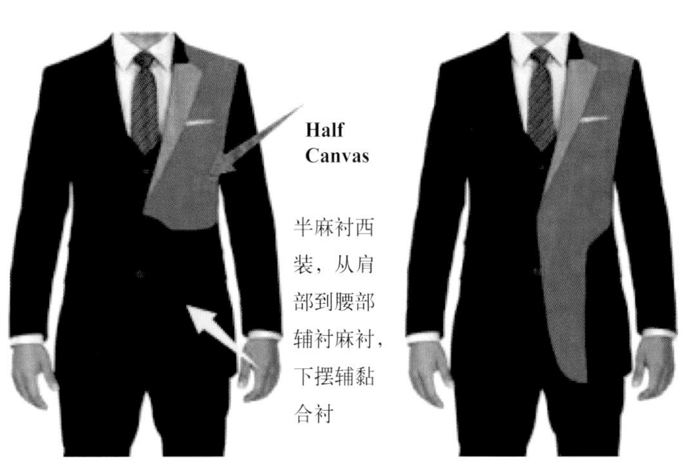

图4-14　半毛衬西装与全毛衬西装

西装采用不同的工艺所制作的服装也有很大差异，高级定制一直都追求服装的极致化，最大程度地实现服装对人体的美化，以及人穿着时和穿着后的舒适感。高级定制不同于一般成衣，仅采用一般的材质与工艺，为销售服装而生产，高级定制是围绕服装与人之间的密切关系而缝制的，因此，将高级定制工艺与传统服装工艺进行对比，以及对服装的使用寿命、穿着功效、美观程度之间的对比，感受高级定制所追求的精益求精与极致（表4-3）。

表4-3　不同西装黏衬工艺对板型影响的差异化对比

类别	优点	缺点	原材料	使用寿命
黏合衬（Fused）	制作工艺简单，时间短。适合大规模流水线制作，成本低	西装前身平整，但较生硬，不会有胸部饱满的感觉；耐穿性差；黏合衬会破坏羊毛面料的轻柔飘逸感，不适合与高档面料一起使用	与面料之间黏合使用，一般采用化学纤维制成，表面带有胶状颗粒，不易透气，容易起泡	使用寿命较短，一般服装一周穿着1～2次，寿命则不超过3年
半毛衬（Half Canvas）	改变了黏合衬西装驳头处扁平而生硬的感觉，即使顾客胸肌不发达，驳头与前胸也能饱满和自然挺括	虽驳头处不采用黏合衬，但在前身下摆仍旧有一层纺布，破坏了整体的垂顺感；毛衬需要手工纳缝，制作时间长且成本大	多数采用黑炭衬或马尾衬，黑炭衬用动物纤维与棉纱交织而成；马尾衬则直接采用棉纱与精选马尾混纺而成	使用寿命长，服装易清洗、打理，若一周穿着1～2次，可穿3~5年
全毛衬（Full Canvas）	完全依靠毛衬来衬托西装的造型，外观柔软有力、舒适、自然挺括；面料不黏任何衬布，保留了高级面料的轻柔细腻；前身不需要任何衬布，因此西装表层面料与中间毛衬在人活动时可以滑动，使西装不易产生褶皱，平整挺括	制作工艺难度极大，需要在90%的湿度下手工缝制；手工缝制对工匠的工艺要求极高，熨烫定型则需要180℃～200℃温度定型	多数采用黑炭衬或马尾衬，黑炭衬用动物纤维与棉纱交织而成；马尾衬则直接采用棉纱与精选马尾混纺而成	使用寿命长，服装易清洗、打理，若一周穿着1～2次，可穿5~7年

二、高级定制西装板型的要求

西装高级定制经量体师对身体27个部位数据的准确测量和记录，并通过与顾客长时间的交流来获取顾客的个人习惯，甚至观察顾客的走路姿势与习惯，从而专门绘制出专属于顾客的板型，并终生为顾客保存。

（一）肩部

男士的双肩宽阔厚实，因而肩头必须平直而浑厚，肩线应准确地落在肩膀外侧，而不是在肩膀之上或掉到手臂上。肩线的误差过大或过小于1厘米都不可以，并且在肩膀处不能出现任何褶皱（图4-15）。

（二）胸部

西装的前胸穿着时不应有褶皱或横纹，前胸开口处不宜过大，半个拳头大小即可。西服领子应紧贴衬衫领子，西装领还要低于衬衫领子1～2厘米，使衬衫领与西装领自上而下显示层次感，同时又避免直接接触脖颈，产生因摩擦而引起的西服损坏，前衣片应该形成隆胸（图4-16）。

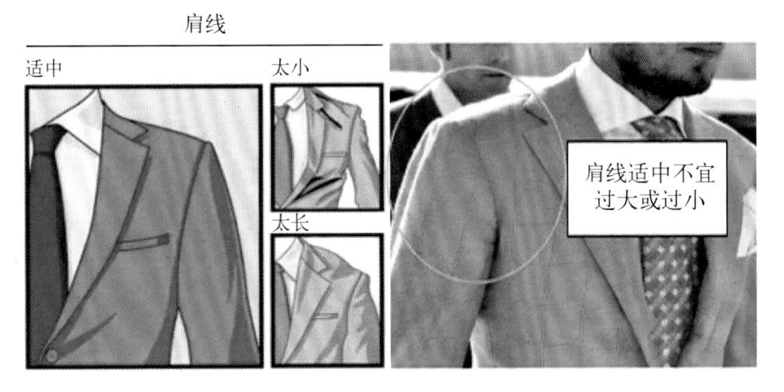

图4-15　高级定制西装板型中的肩线要求

图4-16　高级定制西装板型中的胸部要求

（三）西装袖子

西装的袖子长度更是对裁缝师技术的考验，西装的袖长不宜过长、也不能太短，否则都不是一件成功的作品，甚至会遭到专业人士的嘲讽。袖口的长度要刚好露出衬衣的1/2英寸（图4-17）。

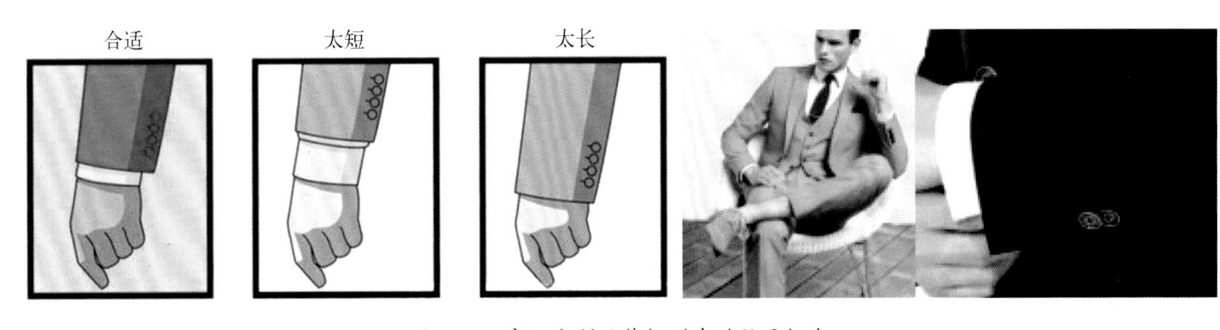

图4-17　高级定制西装板型中的袖子标准

（四）西装长度

西装长度是否合身往往是很多人都会忽略的地方，但却是最影响身型比例的重点。西装底摆应该刚好落在臀部曲线最高点的上方。技术精炼的裁缝所制作的服装往往是当顾客的手垂直放下时，服装的底摆正好到达手心处（图4-18）。

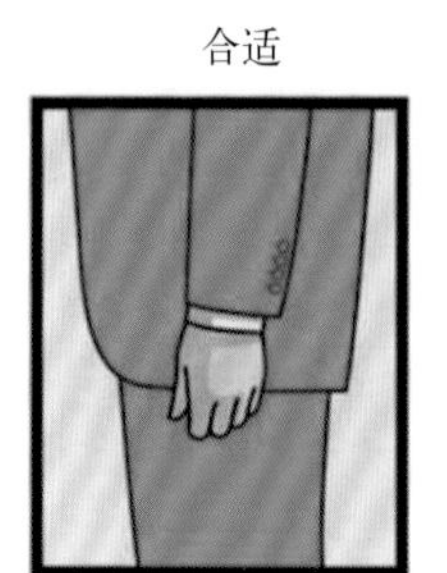

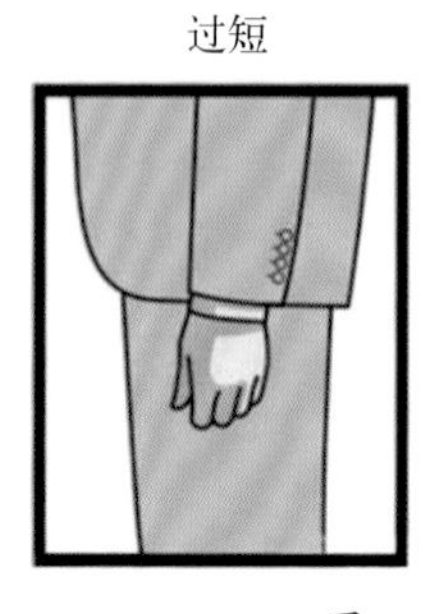

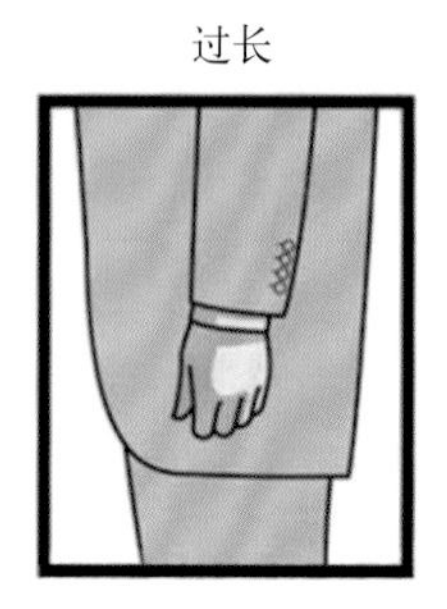

图4-18　高级定制西装板型中的长度标准

（五）胸部及腰部

高级定制的西装在系上胸前第一粒扣子后，领口自然贴合在胸口上，领口之间有一个拳头的距离。穿着者将身体挺直，自然站立，可以在腰部与袖管之间看到空隙，并有自然的腰线，收腰不能太紧或太松，定制的一切准则都是服装的合体性（图4-19）。

图4-19　高级定制西装板型中的腰部胸部标准

（六）西裤长度

高级定制的西裤在人体站立时，从大腿后面捏住裤子向前拉伸，要有2～3厘米拉伸量，同时裤腰固定在肚脐下方，裤子顶部要贴合臀部。裤腿要贴合腿形但不能过松或过长，裤长大约在鞋背顶部往下0.63厘米的地方自然垂下（图4-20）。

图4-20　高级定制西装板型中的裤子长度标准

第三节　高级定制西装工艺

现代的成衣大多依赖机器生产，但世界顶级的高级定制仍坚持手工工艺。一件顶级高级定制西装必须要经过手工锁眼、手工纳驳头，几乎所有的成衣都不纳驳头，只有顶级的手工定制才有纳驳头工艺，目的是为了使驳头和胸衬连在一起，既不容易变形，又能使驳头保持自然的形状。一件西装的手工驳头需要花费几个小时才能完成，国际顶级的纳驳头工艺在背面是看不到任何手工痕迹的，这种工艺目前在国内极难见到。更能体现手工艺的精湛之处是手工锁扣眼，一件西装上衣的扣眼，就需要由超过10年缝制经验的师傅制作8小时才能完成，其精雕细琢的程度，堪称一件艺术品（图4-21）。

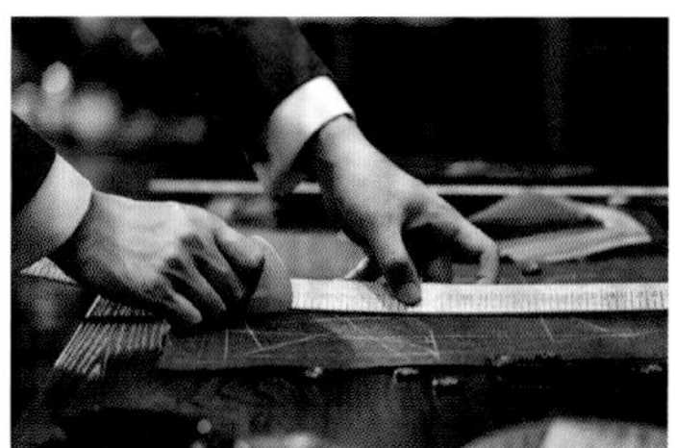

图 4-21　西装高级定制工艺

一、西服高级定制流程

高级服装定制的生产工艺流程复杂且严谨，从顾客上门到最后定制完成都需要经验十足的缝纫师与顾客全程交流，制作的服装才能更好地符合每位顾客。高级定制的服装生产工艺复杂，相较于传统服装，在面料的选择、款式的选择、工艺细节的选择上都完全不同，很多品牌会为顾客提供独一无二的毛坯样衣试制，更有两次以上的试衣，服装的特殊工艺需要经验很高的师傅完成，制作过程耗费很长的时间，因此高级定制的生产流程更能够体现工匠精神。

（一）预约定制

高级定制慢工出细活，制作周期一般在4～6周，且好的服装制作工匠数量极少。服装定制要经过量体、选款、试衣后才能开始制作，过程复杂，因此大多数高级服装定制都需要提前预约，在欧洲顶级的服装定制店更需要提前数月进行预约。

（二）沟通交流

高级定制的顾客不仅会选择自己想要的款式、面料，有时甚至会有一些夸张的要求，而面对顾客的独特需求，高级裁缝师傅则会凭借自己多年的定制经验，为顾客提出合理的意见，同时尽可能地满足顾客的要求（图4-22）。

图4-22　沟通并选择面料与款式

（三）量体

量体是定制西装的关键步骤，高级定制中的量体师一般都是经验精湛的老师傅，会通过量取顾客几十个部位的身体尺寸，来确定服装板型的合体性。多数高级定制品牌在为顾客量体时，不仅量体时间很长，而且会反复与顾客沟通交流。（图4-23）。

图4-23　高级定制量体服务

（四）制板裁剪

在进行多个部位尺寸的测量后，裁剪师会根据客人的体型特征，如凸肚、弓背等特征进行1：1板型制作，并在裁剪裁片时加放或缩小相应尺寸来完善体型缺点，突显人体体型优点，确保服装板型合适（图4-24）。

图4-24　绘制板型及裁片

（五）试衣

西装高级定制必须经过2～3次的试衣，一次是毛壳试衣，一次是半成品试衣。试衣时要及时记录板型，并对细节上的问题进行反复调整，直到最终的完美成型（图4-25）。

图4-25　顾客试衣

（六）手工锁扣眼并整烫

高级定制西装要求必须手工锁扣眼，手工锁扣眼便是服装最后的点睛之笔，高级定制的手工扣眼都是由已有10年以上缝制经验的工匠来完成，且花费时间较长。扣眼完成后，就是服装的整体熨烫，采用最原始的熨烫工具，并没有先进的熨烫整形机器，仅仅依靠多年的经验与独特的手法使西装最终成型（图4-26）。

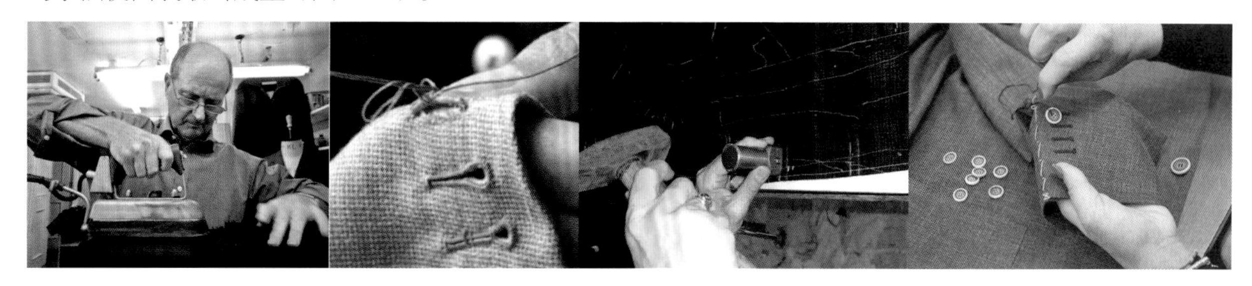

图4-26　整烫及手工锁扣眼图

（七）完成定制

经过4～6周时间的制作，通过对服装的不断修正，最终完成西装定制，顾客可上门来取或者送货上门（图4-27、图4-28）。

图4-27　西装定制完成

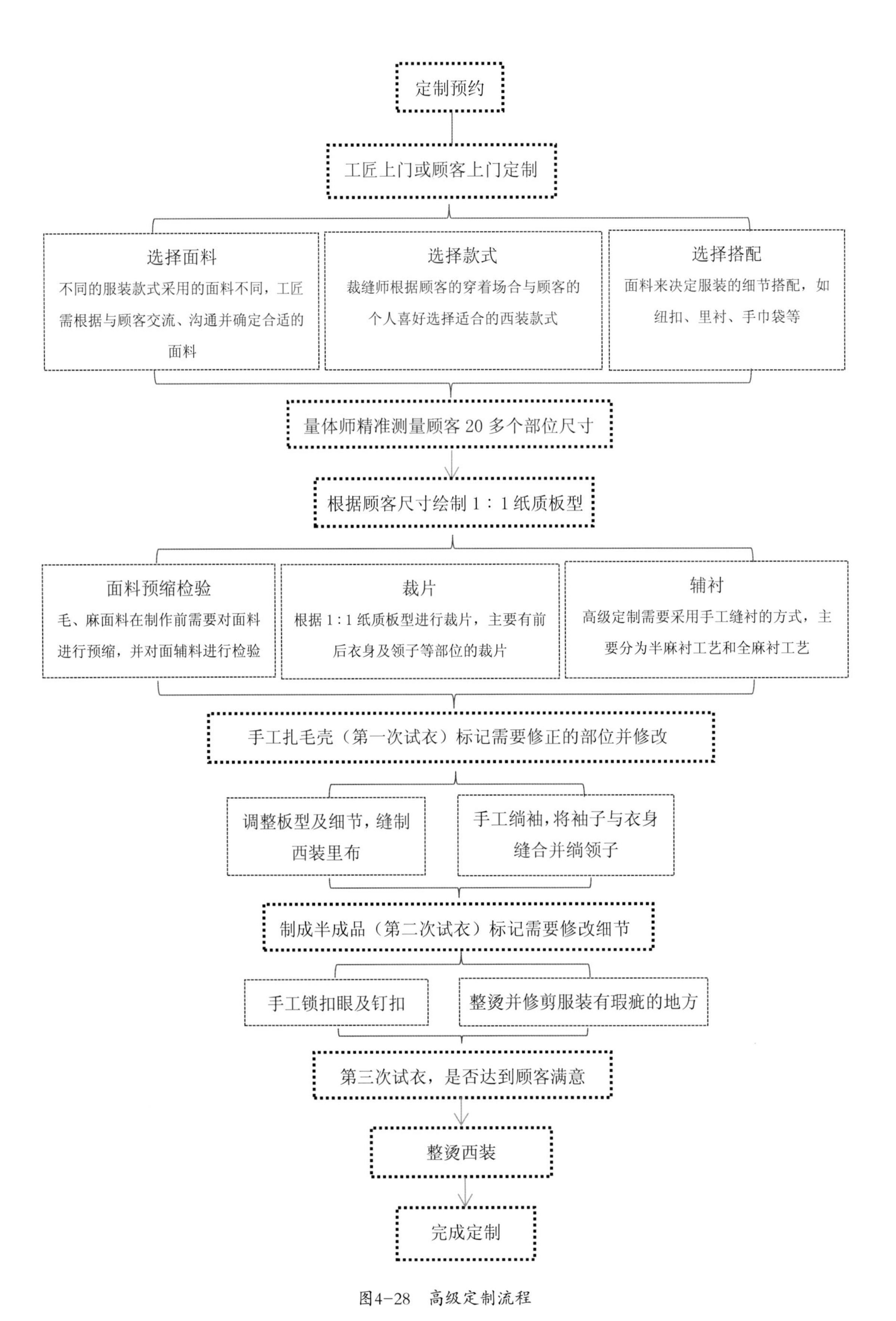
定制预约
工匠上门或顾客上门定制
选择面料
不同的服装款式采用的面料不同，工匠需根据与顾客交流、沟通并确定合适的面料
选择款式
裁缝师根据顾客的穿着场合与顾客的个人喜好选择适合的西装款式
选择搭配
面料来决定服装的细节搭配，如纽扣、里衬、手巾袋等
量体师精准测量顾客20多个部位尺寸
根据顾客尺寸绘制1：1纸质板型
面料预缩检验
毛、麻面料在制作前需要对面料进行预缩，并对面辅料进行检验
裁片
根据1:1纸质板型进行裁片，主要有前后衣身及领子等部位的裁片
辅衬
高级定制需要采用手工缝衬的方式，主要分为半麻衬工艺和全麻衬工艺
手工扎毛壳（第一次试衣）标记需要修正的部位并修改
调整板型及细节，缝制西装里布
手工绱袖，将袖子与衣身缝合并绱领子
制成半成品（第二次试衣）标记需要修改细节
手工锁扣眼及钉扣
整烫并修剪服装有瑕疵的地方
第三次试衣，是否达到顾客满意
整烫西装
完成定制

图4-28　高级定制流程

二、服装定制源数据提取技术

源数据提取是个性化定制的关键步骤，也是当下个性化定制蓬勃发展中的技术痛点。精准量体不仅对消费者的人体测量与建模具有重要意义，也是服装定制舒适度、合体性的重要保证。在手工业时代，个性化定制是最流行的生产方式，随着工业标准化大生产的实现，忠实于客户需求的定制逐渐走向了高端化。人们消费水平的提高和消费观念的升级，越来越多消费者不再满足于千篇一律的工业流水线成衣，但高端定制中令人神往的独一无二、上乘材质、精湛手工和专属设计师背后，却往往是令人望而却步的高昂价格。在工业4.0时代，传统制造和规模量产正在消失，取而代之的是以消费者为中心的个性化制造。个性化制造模式下的客户需求是零散的、非标准的，但是将规模巨大的需求整合起来之后，便可以基于大数据技术分析、聚类并挖掘其中的深层次标准，将“零售”转化为“集采”，并通过智能制造满足众多客户的个性化需求，达成定制领域难以实现的客户规模效应。

（一）个性化定制技术的困境与痛点

量体是当下个性化高级定制的痛点，也是高级定制无法大规模拓展的制约瓶颈，下面主要基于产业、技术、人体、板型、需求等方面来进行分析。

第一，从技术方面来看，传统量体师也称为师傅或裁缝（Tailor），是一个需要懂板型、懂体型、懂工艺的量体师，传统的量体师都是拥有几十年裁缝经验的老工匠，需要几十年甚至一生的时间才能积累完成。随着裁缝传承断层和手艺工匠精神缺失，企业要聘请一位技艺精湛、技术全面的量体师越来越困难。

第二，从人体体型来看，每个人的体型特征都有很大的差异性，因此批量化生产的成衣只能满足少数体型标准的消费者，而很多体型较胖、较瘦、肩宽、腿粗等特殊体型的人群很难买到合适的服装，最终出现一边是服装企业库存高企，另一边是消费者买不到合适服装的供需错配。

第三，从服装板型来看，服装板型是服装合体性与舒适度的关键因素，而准确的人体数据又是制作服装板型的关键，因此量体数据的准确性对服装板型具有很大的影响，合适的板型对人体具有很好的修饰性，能够更好地满足顾客对服装美观性、独特性、个性化的需求。

第四，从消费者需求来看，顾客消费升级使得顾客从过去的满足生活需求逐渐上升为满足精神需求，消费者越来越追求服装的个性化与独特性，越来越注重服装的舒适度与合体性，更愿意为服装的内容付费，注重体验性，因此顾客参与服装生产价值链、增加产品附加值是重点。

（二）人体测量技术的发展

人体测量技术经历了由手工量体向自动化量体、从接触式量体向非接触式量体、从二维量体到三维量体的发展过程。目前，人体测量方法可分为传统接触式测量方法和非接触式测量方法两种。随着电子商务的广泛影响，传统工业化批量生产的成衣，已经不能满足现代人对服装个性化、差异化的需求，为了能够满足消费者日益提高的个性化需求，提高企业对市场的快速响应能力，基于网络的个性化定制服务应运而生。新兴的网络服装定制的运作模式，打破了传统定制对物理空间、地域的限制，满足消费者所追求的合体性与个性化。在互联网智能制造时代，为了更加快捷地满足大多数消费者的个性化需求，即要既满足个性化定制又能快速生产制造，近年来诞生出了许多新型的服装定制模式，如网络服装定制第三方平台定制、大规模服装定制、手机APP定制等。同时也产生了许多与之相适应的量体方式，如美女上门量体、拍照量体、测量衣物、三维扫描或基于图像的非接触式量体等量体技术（表4-4）。

表4-4　服装定制人体测量方式分类

量体技术	分类	测量方式	代表品牌
接触式人体测量方式	高级工作室定制	设计师手工量体	郭培、玫瑰坊、劳伦斯·许、兰玉、殷亦晴
	高级品牌定制	师傅手工量体+沟通	隆庆祥、红都、霓楷（NIKKY）、恒龙、诗阁、赫马克斯（HerlMax）、杰尼亚
	平台定制	顾客自行量体	VOA定制
		上门量体	恒龙、留下、一品男、乔治白、吾衫、报喜鸟
		美女上门量体	衣邦人、量品
		门店量体	恒龙、亨利·普尔、埃沃、H. 亨茨曼父子（H. Huntsman &Sons）、乐裁
		运程指导顾客量体	魔法定制
	手机APP定制	电话预约量体	VOA定制、亨利·赫伯特、红领、优搜酷
		移动大巴定位量体	魔幻工厂
非接触式人体测量方式	平台定制	拍照量体	优黎雅定制
		三维人体扫描量体	Acustom Apparel、恒龙云定制、蔓楼兰、段式服饰、云衣

（三）接触式人体测量技术

接触式测量技术是人体尺寸数据测量的传统方法，利用皮尺、身高测量仪、腰节带、角度器等测量工具，通过对顾客多个部位的数据测量，测量师直接与被测量者接触完成量体，最后得到所需的尺寸信息。传统的服装定制品牌或手工作坊，在定制量体时均采用传统的手工量体技术，高级服装定制品牌的量体师同时具有高超的缝制经验与打板经

验，对服装制作的整体流程十分精通，多数是年迈的老师傅，在量体时对顾客二十多个部位进行测量，并会与顾客交流，了解顾客的穿着习惯、职业、多数出席的场合，甚至是顾客佩戴的手表的厚度等，都会详细了解。一些网络定制品牌也有手工量体方式，但多数是经过短期培训的年轻量体师，多数没有服装定制经验。手工量体通常仅采用一把软尺便可测量全部数据，记录顾客的每个详细部位，因此这种量体方式具有操作简单、直观性强、测量成本低的优点，但由于这种测量方法存在很多不确定因素，不同的量体师对测量尺寸的认知以及经验有很大的差异，会导致测量数据存在差异（表4-5）。

表4-5　传统裁缝工匠与互联网裁缝画像

裁缝项目	传统裁缝工匠	互联网裁缝
裁缝画像	年龄较长的男性：皱纹有岁月的痕迹，镌刻着岁月的沧桑，双手有几重的老茧	年轻时尚的女性：年轻就是资本，时尚就是骄傲
竞争优势	丰富经验、继承传统文化和经验沉淀	时尚穿搭、年轻貌美和前卫新潮
核心竞争力	拉（Pull）的方式吸引消费者，以提供工匠精神、极致产品和服务体验作为竞争力	推（Push）的方式满足消费者，以舒适性高于成衣、价格低于高级定制的快速定制作为竞争力
接触方式	裁缝师傅店铺坐镇，顾客上门量体	顾客等候，美女裁缝上门服务
产品卖点	传统手艺匠人的服务与产品的舒适性	性价比高，时尚以及美女上门服务
工艺价格	高溢价：手工定制，一人一板，价格昂贵	一人一板，个性化生产，价格便宜
顾　客	富人、精英、高端白领、政府官员、新贵	土豪、暴发户
黏　性	传统裁缝工匠因历史积淀、文化传承而对顾客产生黏性，如奢侈品	互联网裁缝缺少顾客黏度，消费的是服务，不是定制，缺乏黏性

1.量体服务

上门量体大多都是接触式量体，量体师根据顾客提供的地址进行上门服务。传统的高级定制品牌多数都以手工量体为主，但为了打破地域限制，许多高级定制品牌纷纷拓展上门量体服务，传统的高级定制品牌可以在微信平台或服务电话进行预约量体，量体师多数是驻店裁缝师，有精湛的定制经验。而互联网定制品牌为了确保精准提供定制服务，多数定制品牌都为顾客提供上门量体服务，顾客在量体预约网输入自己的位置，预约该区域的量体师上门量体或者联系客服，自由选择测量时间，如红领、埃沃等定制品牌。而美女免费上门量体服务，一般情况下是客户通过微信公众号、APP、打电话等方式下订单后，商家安排美女着装顾问上门提供量体服务，如衣邦人、量品等。上门量体无须任何费用，时间地点也可以根据顾客的需求调整，让顾客能更方便地享受定制服务。美女量体师有着“高颜值+专业”的典型特质，尽管能起到养眼的作用，但由于区域限制使得工作效率不高（图4-29）。

图4-29　老师傅上门量体与美女上门量体

2. 顾客自行量体

网络平台上出现很多定制品牌，但是由于定制系统不够完善，定制价位较低，因此这些品牌在定制时并没有为顾客准确量体，而是通过为顾客发送的量体方法指南或量体标准尺寸表，让顾客自行参照量体。或者让顾客在原有的合身衣物上进行粗略测量来获取尺寸数据，由于这种量体方式简单且成本低，很多刚刚起步的小型网络定制店会采用这种方式进行量体。但由于顾客可能缺乏专业测量知识，往往会产生测量错误的情况，存在精确度不高、测量部位少、衣服不合体、测量结果非数字化等问题。这种方式比较适用于简单的基本款式以及半定制服装（图4-30）。

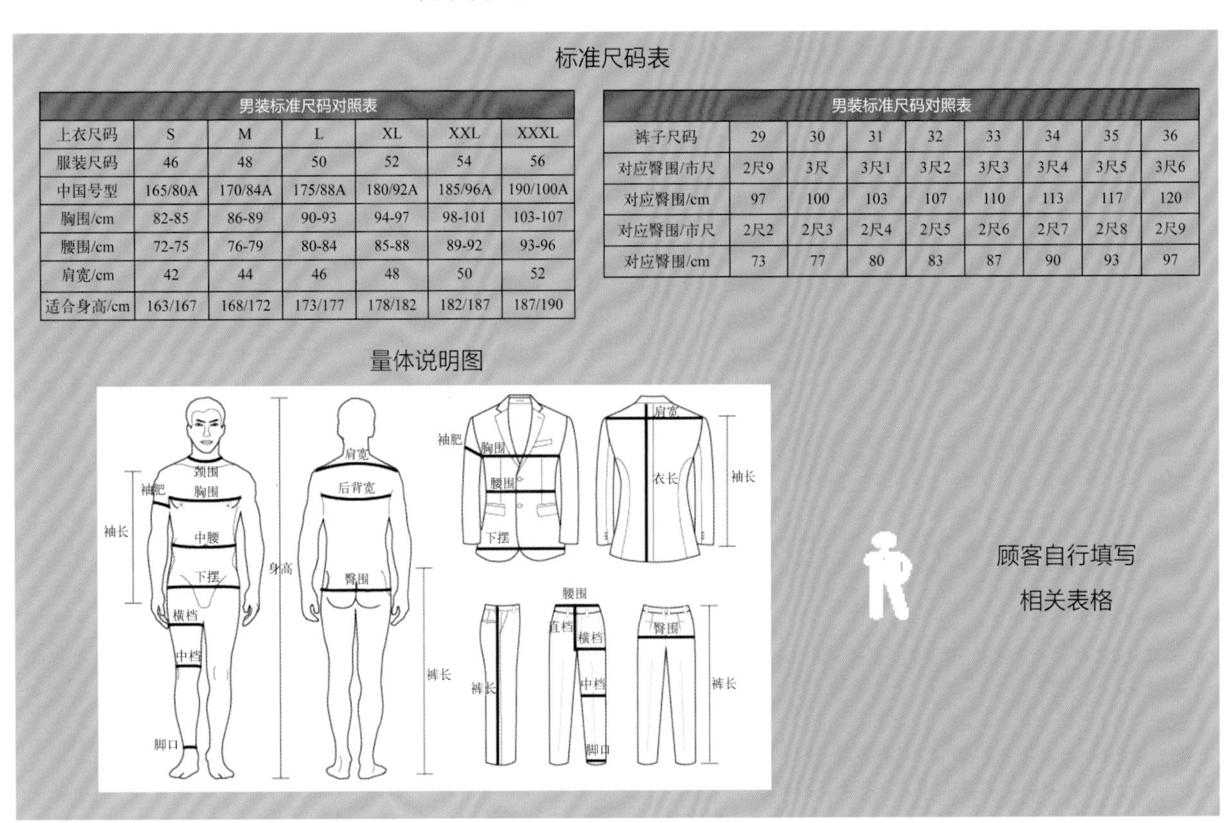
标准尺码表

男装标准尺码对照表

上衣尺码	S	M	L	XL	XXL	XXXL
服装尺码	46	48	50	52	54	56
中国号型	165/80A	170/84A	175/88A	180/92A	185/96A	190/100A
胸围/cm	82-85	86-89	90-93	94-97	98-101	103-107
腰围/cm	72-75	76-79	80-84	85-88	89-92	93-96
肩宽/cm	42	44	46	48	50	52
适合身高/cm	163/167	168/172	173/177	178/182	182/187	187/190

男装标准尺码对照表

裤子尺码	29	30	31	32	33	34	35	36
对应臀围/市尺	2尺9	3尺	3尺1	3尺2	3尺3	3尺4	3尺5	3尺6
对应臀围/cm	97	100	103	107	110	113	117	120
对应臀围/市尺	2尺2	2尺3	2尺4	2尺5	2尺6	2尺7	2尺8	2尺9
对应臀围/cm	73	77	80	83	87	90	93	97

图4-30 某品牌顾客自行量体方法

3. 门店量体

门店量体方式除传统的服装定制品牌外，现在一些新型的网络定制品牌也采用这种方式，如埃沃，由原来的线上发展到线下，将线上、线下相结合，在各个城市都开设了线下门店，顾客可以通过线上预约再到较近的门店进行量体。传统的定制品牌均是由技艺精湛的老师傅进行量体，而网络服装定制品牌所采用的量体师则是经过短暂培训的年轻量体师，多数只负责量体，对服装制作工艺了解甚少（图4-31）。

图4-31 顾客门店量体方式

4. 远程指导顾客参考标准尺寸量体

顾客通过社交软件联系客服，顾客可以直接通过微信、QQ、阿里旺旺等社交软件在客服的一对一指导下在网上自助完成量体事宜。顾客在量体时，客服会先发送一份量体方法及步骤供顾客参考，顾客根据参考图片或文字自行量体，量体的参数可以与客服交流，最终完成量体并将数据发送给客服即可。这种量体方式由于地域的限制，会导致测量结果不准确（图4-32）。

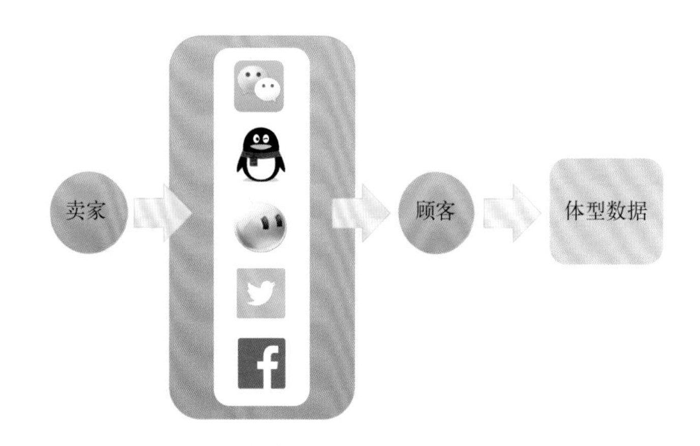

图4-32 卖家通过社交软件指导顾客量体

5. 测量衣物

顾客在无法给自身量体的情况下，可以选择一件自认为最合适的服装，把皮尺以坐标的形式摆放在服装上的不同部位拍照，拍照片发送给商家，商家根据以往经验判断顾客尺寸再进行生产制作（图4-33）。

6. 第三方平台定制量体

京东服装发挥平台优势为消费者提供的基于O2O和LBS（定位服务）模式的到店量体、上门量体服务。如果并不清楚自己应该穿哪个尺码，可以有三个选择：第一，输入自己的位置，预约量体师上门量体；第二，通过LBS（定位服务）选择距离自己较近的门店到店量体；第三，自助量体，输入自己的体征数字，系统就会自动匹配出合适的尺码。第三方平台定制量体大幅降低了个性化定制门槛和成本，同时又满足了普通消费者个性化需求。

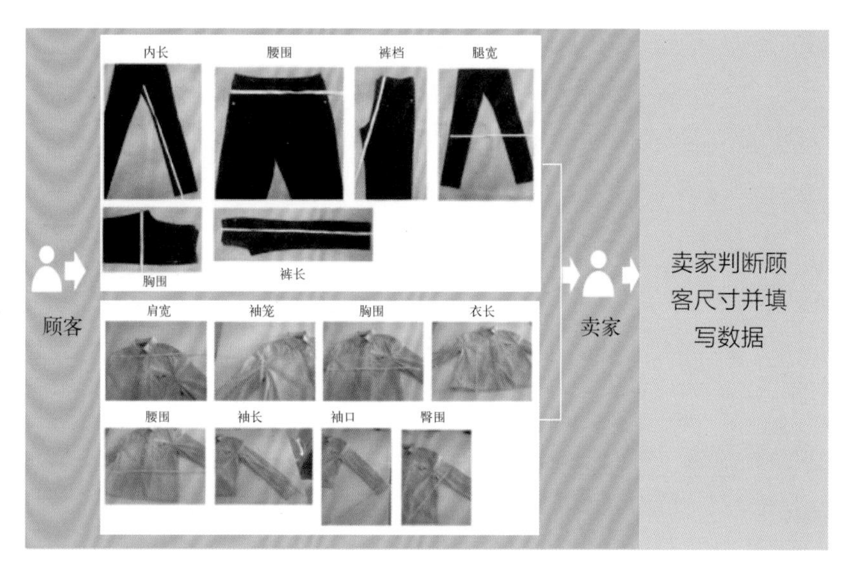

图4-33 优黎雅高级定制顾客衣物测量方法

（四）非接触式人体测量技术

非接触式人体测量技术兴起于20世纪80年代，主要有照相法和三维人体扫描。为了更加科学精准地测量人体数据，欧美等发达国家最先开始发明非接触式人体测量技术，主要有二维量体和三维人体扫描两种测量方法。虽然三维人体扫描系统测量精度高，但价格昂贵、系统庞大且复杂不便于移动，实际生产应用性不强。为实现人体测量既实用又简便，便产生出一种基于图片的人体测量技术。为了实现精确有效地量体，现阶段一些服装定制品牌开始引进运用这两种技术，拍照量体技术由于其方便快捷的优势使用范围较广。

1. 拍照量体

拍照量体是要求顾客提供穿紧身衣的正面、背面、侧面照片等方向的二维图像，以及身高、体重数据，经过图像去噪、边缘检测、轮廓提取等方法得到清晰的人体轮廓，分别测量人体轮廓各部位宽度、厚度、长度等尺寸，并采用各种数学模型计算或模拟得到人体各部位尺寸。一些定制品牌会根据顾客提供的照片让制板师根据制板公式或个人经验推算出顾客的三围以及各部位尺寸（一般商家会提供测量背景图给顾客，顾客只需站在背景图前拍照即可）。这种测量方式由于测量角度或测量工具的限制会产生差异，所获得的数据精确度也会不高（图4-34）。

2. 三维人体扫描量体

非接触式三维人体扫描量体基本是以光学为基础，结合软件应用技术、计算机图像学及传感技术等多学科为一体的技术。按照测量方式的不同被分为主动式和被动式两种。三维人体扫描具有测量时间短、测量精度高、自动化程度高、效率高等优势。但由于价格昂贵且数据转化复杂，很少品牌会使用。目前三维人体自动测量技术有TC2（美国）、Cyberware（英国）、TechMath（德国）、3D CaMega、三维云科技的“随形”、嘉纳等。系统以三维扫描仪为测量工具，可在数秒的时间内完成人体全身扫描，从而获得完整的1：1的人体三维模型，再通过测量软件快速地完成若干项人体关键尺寸数据的自动提取，并根据测量方案输出人体测量数据。相比传统的手工测量，它在数据的完整性和再利用性上有着无可比拟的优势，为服装设计、人机工程等领域的人体数据采集和自动处理提供了全面的解决方案（图4-35）。

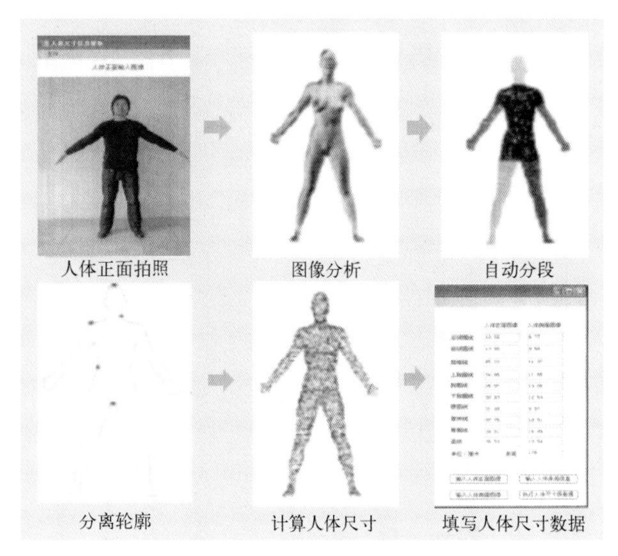

图4-34　拍照量体数据提取方法

针对服装定制已经产生多种量体方式，但由于每种量体方式都有其不同的优劣势，因此很多服装定制品牌为了更好地解决量体难题，多会采用多种量体方式并存的方法，表4-6是对多种量体方式的差异性对比。

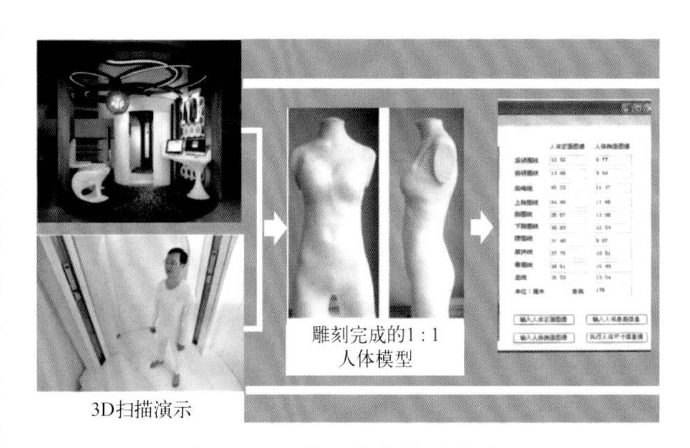

图4-35　三维人体扫描测量系统

网络服装定制作为一种新型的定制模式，在提取人体数据测量时存在较大缺陷，多数主要采用顾客自行量体、上门量体、拍照量体、远程协助量体等，易导致量体数据不精准。消费者自行量取尺寸的精确度与准确性是影响服装合体的因素之一，通常采用的是消费者的维度尺寸，而构成体型特征的因素不仅包括维度尺寸，还包括其他一些因素，这

表4-6　多种量体方式的差异性对比

量体方式	准准度	可行性	优势	劣势	代表品牌
量体师傅手工量体	精准	可行	可以与顾客进行沟通、接触	主要是测量时间长，工作量大	郭培，玫瑰坊，劳伦斯·许，兰玉，殷亦晴
顾客自行量体	差异大	可行	快速、便捷	误差大，数据不精准	VOA定制
远程指导顾客量体	差异较小	可行	便捷，操作方便	误差大，数据易出错	魔法定制
拍照量体	误差较小	可行	操作便捷，方便	误差大，限制多	优黎雅定制
门店量体	较精确	可行	误差小，测量较精确	受地域限制很大	恒龙，亨利·普尔，埃沃，H.亨茨曼父子（H. Huntsman &Sons），乐裁
上门量体服务或美女上门量体	较精确	可行	误差小，测量精确，让顾客产生愉悦感	测量时间长，费用高	恒龙，留下，一品男，乔治白，吾衫，报喜鸟
三维扫描量体	精准	可行	测量速度快，准确性高，可重复性好	成本高，普及度不高	Acustom Apparel，恒龙云定制，蔓楼兰，段式服饰，云衣

些方面的因素影响着服装定制的服务水平。网络服装定制作为服装发展的大趋势，不断满足顾客需求，完善的定制服务不仅是品牌有效竞争的基础，同时也推动了大众定制的不断升级。无论是传统高级定制的工匠师傅还是互联网裁缝，专注于产品、坚守工匠精神、将产品力做到极致都是互联网平台或传统高级定制品牌保持可持续发展的长久之计。

三、高级定制西装的生产与制作

高级定制工匠在传递手艺的同时，也传递了耐心、专注、坚持的精神。一件高级定制服装，不仅仅是质量上乘的漂亮衣服，其背后也包含了设计师对品牌的诠释，还有无数匠人数百小时的精心制作，最后穿在定制顾客身上的时候俨然已经成为凝聚了设计理念以及巧妙手艺的“艺术品”。高级定制本身就是一个形容词，它不仅形容一份独一无二的个性标榜，更形容每一针线迹的细腻、每一份裁剪的标准。

（一）巴黎查维（Charvet）

查维衬衫定制店由克里斯托弗·查维（Christophe Charvet）先生创立于1838年。在那个时代，法国裁缝店的经营方式是带着布料样本拜访客户来争取订单。为了满足客户的广泛需求，样本的种类太多很难都带到顾客面前，因此查维就开始请客户上门来挑选布料并定制衬衫，加之查维卓绝的制衣工艺，终于开创了让绅士们来店里定制衬衣的先例。查维在距巴黎不远的圣戈尔捷（Saint Gaultier）小镇上有一个工厂，每一件衬衣都严格地由一位女工负责除了上纽扣和熨烫之外的所有制作工序，定制衬衣上的每颗纽扣都来自东方的上等珍珠贝母（图4-36）。

图4-36　查维衬衫定制

当客人决定定制一件衬衣时，整个过程从第一次量体开始大概需要4个星期的时间。第一步是要选择适合的面料，专门负责为客人量身并制作纸样的老员工米歇尔（Michele）会耐心为客人介绍定制的过程，客人可以选择全定制或半定制。也就是说，如果客人的身型和已有的模板成衣大体相近，可以只在领口、袖子等地方做细微调整，这样的半定制衬衣价格要比全定制便宜一些。全定制的衬衣依据面料质地的不同，从等级I到等级XIII，价格则是350～975欧元，除了面料外，客人还将在二十多种领子形状、15种袖子图案间做出选择。裁缝师在顾客选择好面料后，会量取顾客28个部位的数据，除手表的厚度外，还有一些顾客平时扣纽扣的习惯、佩戴什么样子的领带或领结、穿什么颜色的西装、生活方式等，并

将这些信息永久地保存下来，方便下次定制。顾客个人信息变更也会被第一时间掌握，如顾客再次需要定制时，体型尺寸有变化，便会及时更新顾客之前的板型。顾客第一次试衣时，裁缝师傅会根据顾客的个人数据做好纸模，再根据纸模用白棉布做出一件成型衬衣给顾客试穿，并记录下需要修改的部位，整个制作过程需要4个星期，方可完成衬衣定制。

（二）德国奇敦（Kiton）

1956年奇敦定制服装公司成立，品牌创始人西罗·保内（Ciro Paone）生长在意大利南部那不勒斯，是羊毛商世家的后代，熟悉包括100%天然的棉、羊毛、骆马毛、小羊驼绒和羊绒在内的每一种面料，不过与面料的材质、成分相比，他更重视加工面料的工艺。当他命名品牌的时候，想到了“古希腊人在奥林匹克仪式上做祷告时所穿的正式的束腰长袍”，“Kiton”一词来源于“Chitone”即指长袍。布料要越薄越柔软才会越有弹性，奇敦同世界上最好的布料厂商合作，不仅研发生产出了纤维直径为14微米的面料，更开发出比头发丝还细的纤维，直径为11.9微米的面料。用这种面料缝制一件西装其重量还不足500克，轻薄透气，同时，需要经过11个步骤的手工整形熨烫，以及不下50次的熨烫，才能呈现持久衣型（图4-37）。

图4-37 奇敦定制

奇敦西装包括许多道传统制作工艺，而在奇敦雇佣的三百多名裁缝中，并不是所有的师傅都有资格处理这些工艺细节。例如，独特的五片缝制领子、“那不勒斯式袖口”以及“那不勒斯式肩袖”都是需要至少超过20年制衣经验的大师级裁缝才能完成。在众多流派的定制服装工艺中，只有奇敦的领子是由五块布料分开缝制，这样剪裁可以更贴合穿着者的颈部曲线。而“那不勒斯式肩袖”则是由裁缝细细地在袖山上打褶，然后把这个袖山做得出奇的宽，袖山比袖窿大三倍，这样缝制的肩袖能令胳膊伸展自如，而准确定位的手工缝制肩垫不仅保证穿着舒适，还赋予了服装样式的丰富性。面料的材质和厚度不同，需要手工缝制的针法、松紧程度和次数也会不一样，手工缝制最大的好处就是可以自主地调整针法以保持面料的活力。只有在手肘这样较容易磨损的地方，才会用缝纫机反复缝合，以保证耐久性，当然这也是裁缝师傅自己踩着缝纫机来完成的。

（三）高级定制匠艺传承——手工缝制

在手工定制工艺中有很多特殊的工艺手法，与普通服装的生产工艺有很大的差别，裁缝采用手工扎毛壳的工艺，做出服装的最初模型，还有一些精细的手工锁扣眼、手工摆缝等特色工艺，更有推、归、拔等复杂的工艺技术，实现服装从二维到三维的转变，高级裁缝会采用手工的方式实现服装从平面到立体的完美蜕变，而这些手工工艺也是匠人最引以为傲的技术，掌握这些技术绝非三年五载就可以炼成，需要花费一生的时间去学习，投入终生的经历去钻研完成。

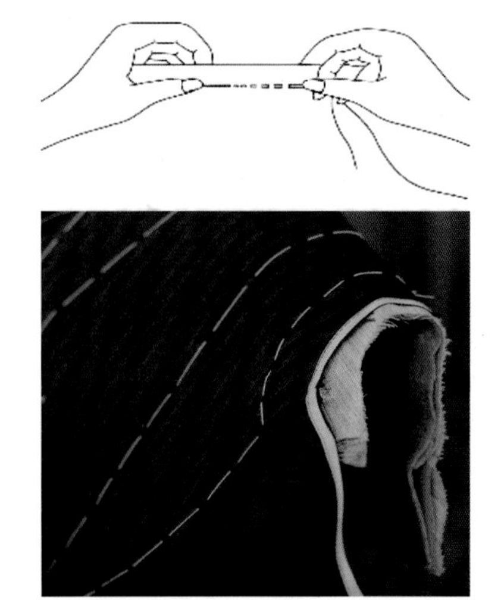

图4-38　缝针工艺

1.手工缝纫工艺

服装定制中的一些手工缝纫工艺可以体现一件服装的档次，服装缝、环、拱、扳、扎、锁等工艺都是缝纫师所必须掌握的技巧，这些工艺是机器缝制所不能替代的，必须手工完成，一个好的缝纫师不仅拥有高超的手工缝制技术还会根据不同的面料选择不同型号的针型，服装缝纫针的型号有1～15个号型码，号码越大，针身越细越短。

（1）缝针：针距相等的针法。缝针是手缝针法中最常用的针法，一般采用6号针型，针距0.3厘米，在连续缝制5～6针后拔出，这种针法可以随意抽缩，常用于袖山、口袋部位。这种针迹均匀整齐，针迹平整美观（图4-38）。

（2）定针：临时固定的针法，也称为假缝针，与缝针相似但可以随意调节针距，选用6号针型，针距一般不超过0.5厘米，这种针法松紧适度，使用单根白棉线，多用于两层或多层的布料固定，服装的底边、止口等部位（图4-39）。

（3）打线丁：用白棉线在服装上做缝制标记。采用白棉或棉纱，针法与定针相似，一般采用双线，连续两针再移位、进针，浮线移位距离4～6厘米，缝线顺直、松紧适度，转弯处可缝密一些（图4-40）。

图4-39　定针工艺

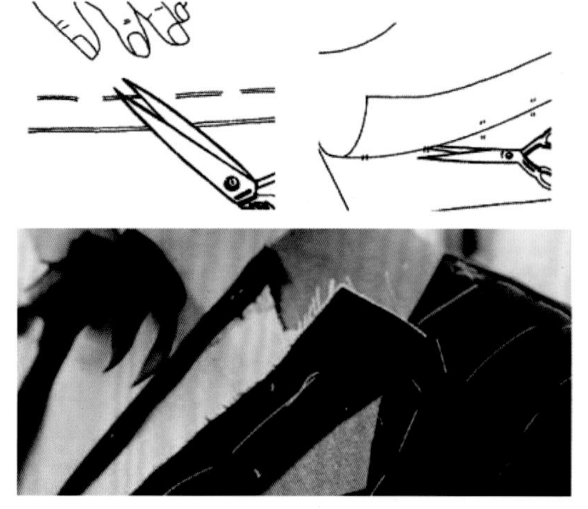

图4-40　打线丁

2.高级定制点睛之笔——手工锁扣眼

扣眼从外观上主要分为圆头眼和平头眼两种，从是否开刀又可分为真扣眼和假扣眼，从功能上又可分为止口常用的实用扣眼和西装驳头上、袖口上常用的装饰扣眼（图4-41）。

图4-41　手工锁扣眼

3.高级定制西装的手工缝制与钉扣工艺

一件高档西装定制，在定制过程中其手工艺制作成分占西装制作的较大比例，西装所有的外装饰线（包括上衣的驳头、止口、底摆、前省、手巾袋、大兜盖等部位）、纽扣的凤眼、大身的扣开眼及锁缝都是纯手针工艺（图4-42）。如在领子上手工钉八字针迹，使领子自然地翻折。

高级定制西装中袖窿的缝纫也必须是手工制作，这对于手工师傅的技术要求很高，因此一件高级定制服装大多不只是一位师傅制作完成，而是由好几位师傅共同完成，在袖窿底部，以0.4厘米的针距，距离里布缝折边0.5厘米处进行手工缝制，长度自后侧缝上方的2厘米起至前侧缝上方的2厘米左右为止，左右袖窿所缝的长度对称（图4-43）。西装挂面则分别在距离挂面和下摆的部位手工星点缝，对挂面进行必要的固定，使前身不外卷起翘而与人体吻合。另外，领角反面的领绒边角、袖衩口、下摆里角等部位，需要手工补缝、锁定，采用手工暗缝针迹或三角针迹锁定。一件好的西装是看不到任何缝迹的，这是工匠师傅对每件服装的要求，也体现工匠师傅的精湛工艺。

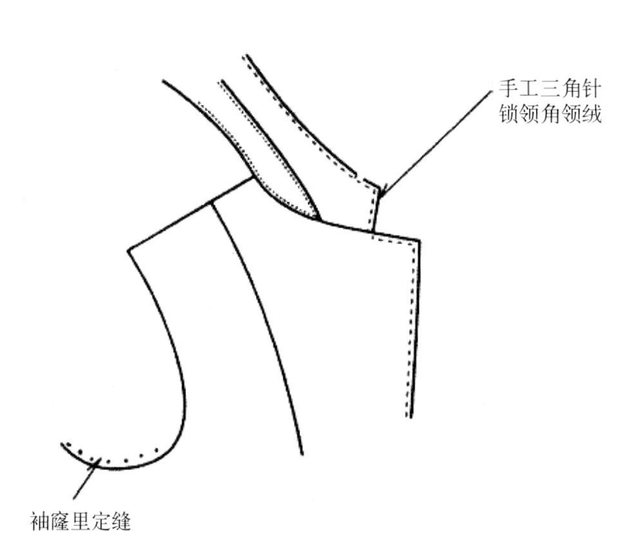

图4-42　西装手缝工艺

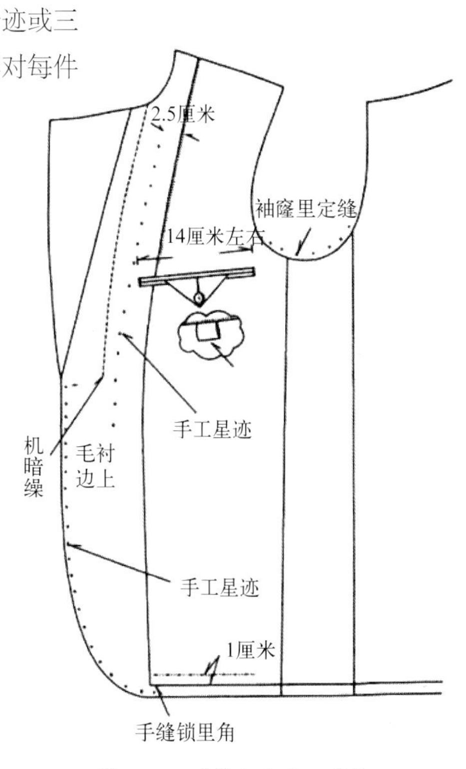

图4-43　西装上衣手工痕迹

4.西裤定制的手工缝制

无论是套装还是单西装或单裤，每一个细节都极致考究，才能体现每件服装是服务于单个人，在西裤定制中有许多工艺过程都能通过先进的机器完成，虽然机械制作的工艺完美，但却使得每件服装呈现出来都几乎一模一样，十分相似。手工缝制除了要求裁缝缝制出来的工艺要与机器制作相媲美外，在裁缝手中还有不同的诠释，根据每一位穿着者的个性与穿着习惯而特别缝制，手工缝纫使每一件服装都有不同的韵味。西裤的手工工艺虽没有西装工序复杂，但一条好的定制西裤，在手工艺上也有很大的要求和手工成分。

（四）定制服装整烫工艺

归、拔工艺是服装造型的重要工艺技术，运用归、拔工艺可以使得服装更加贴合人体曲线，更有立体效果，服装的整体形态也更加完美。归、拔工艺主要是运用服装织物的伸缩性能，通过外力来改变服装的织物组织（图4-44），使之拉长、缩短或推向一个方向，服装熨烫中的归、拔工艺主要是为了使服装的廓型从平面变成立体，从而满足人体凹凸不平的身体曲线。

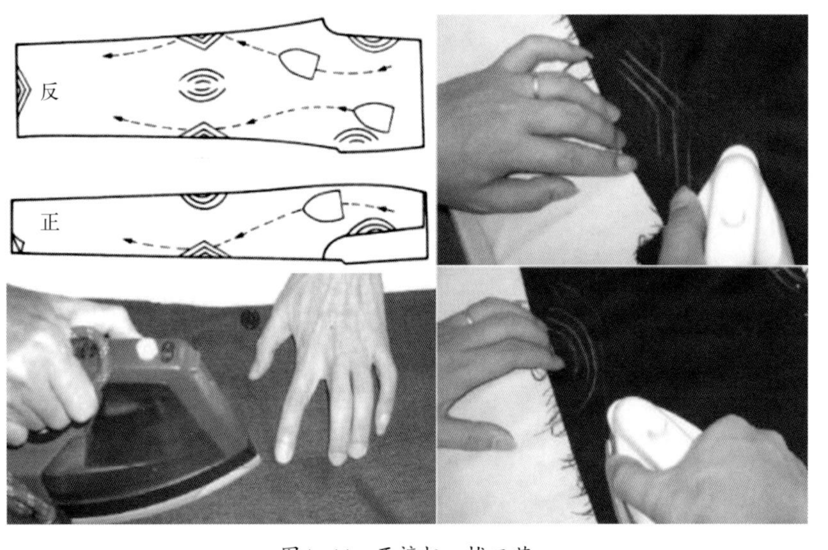

图4-44　西裤归、拔工艺

归是指归拢，是把衣片的某一部分按预定的要求缩短，即归缩熨烫工艺，对衣片有关部位的外凸弯弧线进行归烫，形成外直、里凹的隆起弧面。如对西装上衣的“撇胸”外凸弧线进行归烫，一方面是对外凸弧线部位的经向丝缕采用归缩工艺，若丝缕相对较长，必须形成一个空度，隆起成胖势。这个胖势是为了促进胸部造型的隆起所要获得的归烫效果。拔是指拔开，把衣片某一部位按预定要求伸长，拔开熨烫后的衣片，把预定部位的织物纤维的经向丝缕拨开、抻长，略微改变其经纬组织的方向，使其产生适当的隆起空度。

（五）高级定制西装工艺制作

1.男西装制作工艺流程

在男西装制作工艺流程中需要经过70道工艺才能完成一件西装的制作，定制西装中有打线丁、手工缝衬、归、拔等手工工艺，制作时间

长，一般一件手工西装定制需要4～6周的时间才能完成，而定制中的手工艺则是普通西装中没有的。传统手工艺能够使西装更加贴合人体的形态，穿着更加舒适，不易变形（图4-45）。

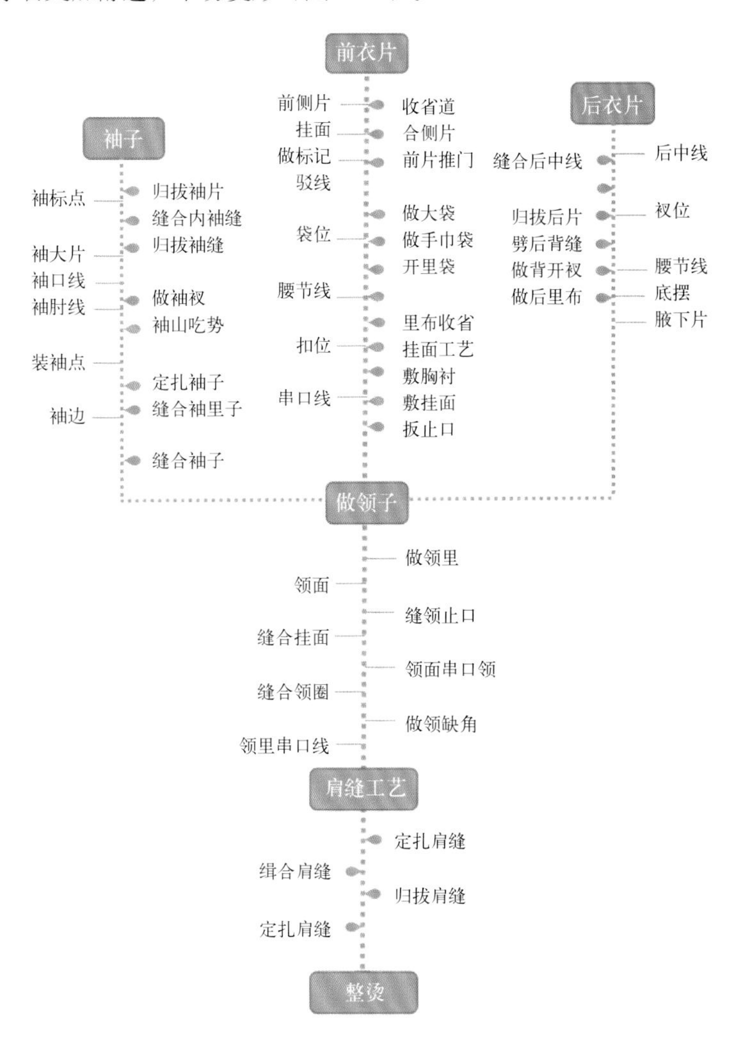

图4-45　男西装制作流程

2.男西装马甲制作工艺

男士西装马甲在制作流程中有25项工艺流程，制作过程复杂，需要打线丁、手工锁眼、手工摆缝等手工艺，马甲制作时间相较于西装制作时间较短，但马甲的面料一般较为单薄，因此对工艺要求较高（图4-46）。

3.男西裤制作工艺

男西裤整个工艺流程需经过30道工序，主要采用手工开袋、手工锁扣眼、推、归、拔等工艺，裤脚用手针嵌缝（图4-47）。在西装的中线熨烫中，也需要十分精致的工艺，精细的中线会使人的气质更加笔直挺括。西裤的合体性对穿着效果影响也十分大，因此，在西裤制作中会采用归、拔工艺，使得西装板型更加贴合人体形态，使人体在运动中不会出现变形、裤线扭曲的现象。

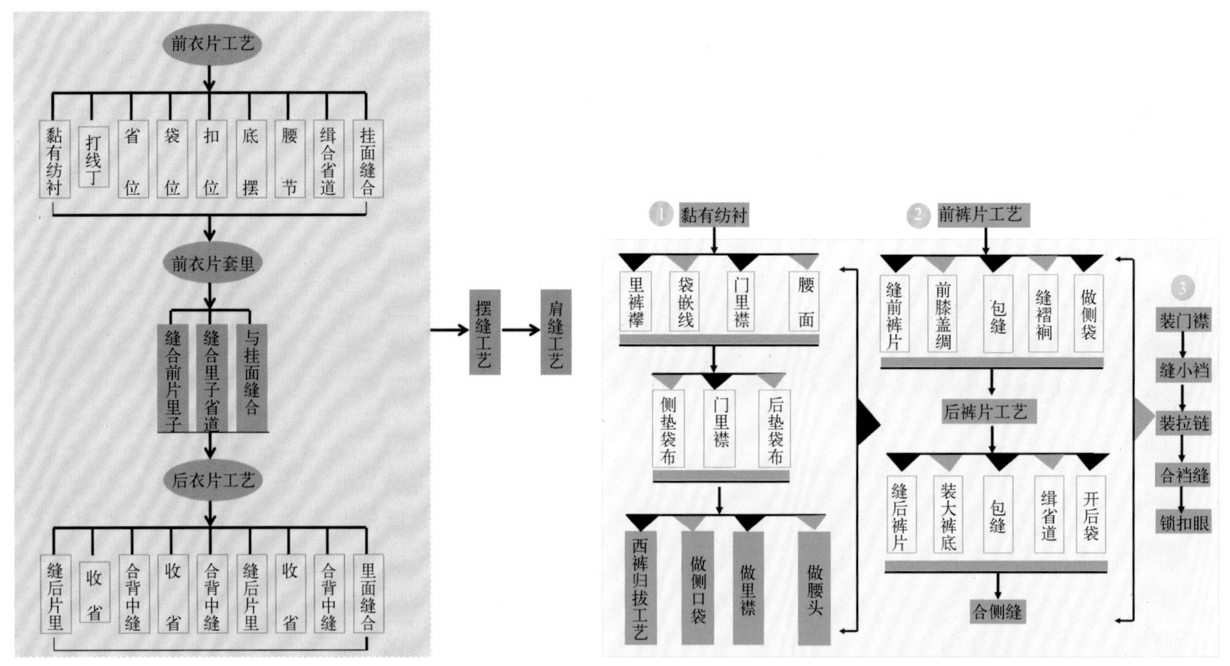

图4-46　男西装马甲制作流程

图4-47　男西裤制作流程

第四节　工匠精神之传承

一、红帮裁缝——用“功夫”演绎工匠精神

自中国进入近代社会以来，红帮裁缝是以缝制西装为谋生手段出现的一个新型服装群体，丢弃原来传统的服装缝制，开始承接西服业务，并通过学习西方西装工艺、不断地实践使之与中国传统的手工艺相结合，形成了一套独特的完整西装缝制工艺——“红帮工艺”。纵观中国社会进入近现代转型期，红帮裁缝以其逐渐形成的群体力量担当起中国近现代服装业的主力军，创立“海派”西服，将西方西装工艺、文化与中国传统服饰相结合，创造出中西结合的服装款式——中山装与旗袍，这两款服装成为独具中国特色的服装，引领中国服饰的转型，抢占海内外西装市场，并不断拓展、振兴民族服装业。红帮裁缝多数以前店后厂的形式，与萨维尔街相类似，裁缝分为缝纫工和裁剪工，缝纫工在掌握熟练技术后，老板会传授其裁剪知识。红帮裁缝发扬并集成了清朝时期本帮裁缝服装的“裁衣经”，它不限于服装本身，而是根据穿着者的个人情况，在为顾客裁衣时，会询问其性格、年龄、喜好等，并认真测量顾客各部位尺寸。

对于红帮裁缝来讲，不论师傅还是徒弟，为确保自己制作出来的服装产品能达到精雕细琢、精益求精、更加完美的程度，针对西装面料厚、辅料硬的特点，会不断通过练习“热水里捞针”“牛皮里拔针”等功夫，来提高运针的速度和力度。为了练就一手精湛的功夫，也为了达到顾客的需求，红帮裁缝经常会在做样衣这道必不可少的工序上不断钻研。做一件考究的西装和中山装，不可能一步到位，尤其是入门不久的新手，要想做出来的服装贴合顾客的身材，必须进行半成品的试穿，一般试穿三次，比较复杂的服装则需要四五次试穿。正是在这种时间加精力的不断磨炼下，红帮裁缝创造了中国服装史上第一套西装、第一套中山装、第一家西装店、第一部西装理论专著、第一家西装工艺学校。红帮裁缝采用的“红帮工艺”是制作西装时的一套独特的传统技术与方法。不同于大批量生产的西装的大部分工序是机器完成，红帮裁缝是针对不同顾客人群进行个性化定制，大部分工序由传统的西装手工工艺完成。虽然传统的西装工艺起源于欧洲，19世纪末由日本传入我国，但是红帮裁缝在缝制西装的基础上融入了国内传统的手工缝制技术，形成了一套与国外技术相媲美的“红帮工艺”。

起初红帮裁缝仅仅处于模仿国外的阶段，经过长时间的磨炼，红帮裁缝顾天云在1933年编写了我国第一部西装裁剪书《西服裁剪指南》，这是其在国外学习西服裁剪技术二十多年的经验总结，随后顾天云的徒弟以这本书为基础，不断研究改进西服裁剪方法，归纳总结自己的制图计算公式。戴永甫更是将这些综合起来，出版了《服装裁剪新法——D式裁剪》一书，D式裁剪法是戴永甫四十多年的服装裁剪实践中，以广泛的调查、测量、验算为基础，反复研究人体的纵横向增长规律、分析服装内外层次的穿着关系，创立的一套科学的服装裁剪方法。

二、红帮裁缝——匠人

（一）余元芳——第三代红帮裁缝

余元芳是宁波市奉化区白杜村人（图4-48），新中国成立前从师于上海王才运门下，从小练习红帮裁缝的精湛技艺“目测量衣”“抽丝补调”“特型矫正”。先后为许多元首、驻华领馆人员和国家领导人制作服装，被誉为“服装国师”和“西服国手”。小学毕业后便开始在上海王升泰西服店学艺，1941年师满后考入上海南京路王顺泰，主管业务和裁剪，抗日战争胜利后便开始自立门户。1949年2月与其兄长余长鹤在百老汇大厦（今上海

图4-48　西服国手——余元芳

大厦）一口大厅开设波玮西服店，承接各国领事馆、美国善后救济总署的制服业务。“波玮”制作西服，无论量体裁衣，还是裁衣试样，质量有口皆碑。从20世纪50年代到60年代，周总理的内衣外套，几乎都出自余元芳之手，每逢出国访问、参加重大国际会议或见国外贵宾，总是委托余元芳准备中山装或西服。1964年，余元芳被周总理安排到会见厅，目测来访的柬埔寨西哈努克亲王、妻子和王子，随后，余元芳便为三人制作大衣和西装。两天后服装制作完成，西哈努克一家人穿上后拍手叫绝，可见余元芳技艺之精。

功夫不负有心人，几十年如一日，余元芳练成了一手“绝活”——目测裁剪，即一般顾客不用量体，用眼瞟一眼就可确定尺寸。而在具体服装制作工艺上，则发扬“红帮”传统，逐渐形成了十二字成衣诀。一是“挺”，服装上身后能给人挺拔伟岸的视觉形象；二是“平”，即使体型不正常的人也能掩去生理上的缺憾；三是“直”，针脚、纹路、轴线、纽扣等都依据图样呈直线；四是“服”，外观不皱不褶，平平服服；五是“窝”，即服装依人的曲线而设计，不是简单包装，而是构建出潇洒美；六是“圆”，穿在身上呈椭圆形，不扣纽扣时同样依身躯呈现圆形；七是“顺”，腋下、前胸、肘部、臀部松紧适宜，宽窄得当；八是“清”，各部件构图清晰，脉络分明；九是“登”，垫肩衬夹加到好处，有棱有角；十是“合”，整套服装依体型开合，前摆、后摆乃至袋盖，任何细小部件都做到不翘不翻，不吊不凸，成为一个和谐的整体；十一是“盛”，服装穿在身上，给人以气足神扬、充满活力的感觉；十二是“密”，在制作过程中密针细线，严丝合缝。

（二）一代宗师——顾天云服装生涯

顾天云（图4-49），小名宏法，1883年生于宁波鄞县顾家村，15岁时去上海拜师学裁缝，在白克路裕昌祥西服店拜店主詹炳生先生为师，学习现代服装制作，同时学外语，3年师满后，便只身来到东京，创办宏泰西服店。但是顾天云并没有把自己的发展标杆定格在东京的“二手洋服”——模仿欧洲的日式洋服上，苦干几年有了积蓄后，毅然决定去西服的发祥地学习顶尖的西服设计理念、制作技艺和营销方式。顾天云先后访问考察了十多个以西服设计、制作著称的国家，拜访了多位名师，搜罗各类服装著作、文章、图片资料，以及各种有借鉴价值的实物，从实践和理论两方面潜心研习。1923年，顾天云回国，开始创业，在上海南京路24号经营宏泰西服店，编著了《西服裁剪指南》一书，是中国服装史上一部开创性专著，具有里程碑意义，为起步不久的中国现代服装界适时地提供了一套内容全面、系统、详细而又深入的教科书。在《西服裁剪指南》一书的影响下，开创了我国服装学研究先河，《西

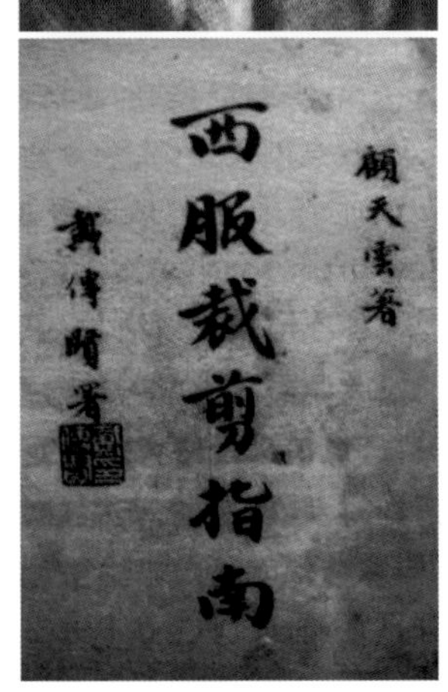

图4-49　顾天云和他的《西服裁剪指南》

服裁剪指南》一书中所介绍的服装裁剪方法颇受西洋裁剪方法的影响，如画裁剪图的先后顺序、相关衣片的构成形态、分数计算公式、角尺引用，特别是袖子的结构方法和袖片形状几乎与西洋裁剪技术如出一辙，这是顾天云在国外几年对西洋裁剪方法的学习成果。从衣片的结构关系看，顾天云在《西服裁剪指南》中介绍的方法结合了中国人的实际身体体型，如整个衣身放宽、下摆加大，适应中国人着装宽松的习惯。后片肩线变斜、前胸下无腰省等，以适应当时国内西服垫肩薄、腰身宽松、领口与颈部吻合的因素。顾天云不仅是技艺高超的红帮裁缝，而且是经营有方的西服店老板，尤为重要的也是我国西服理论的开山鼻祖，我国现代服装职业教育的一代宗师。《西服裁剪指南》让“红帮技艺”从经验上升到理论，成为我国西服业发展中一个划时代的里程碑，《西服裁剪指南》的问世，在一定程度上打破了上海西服界封闭局面。

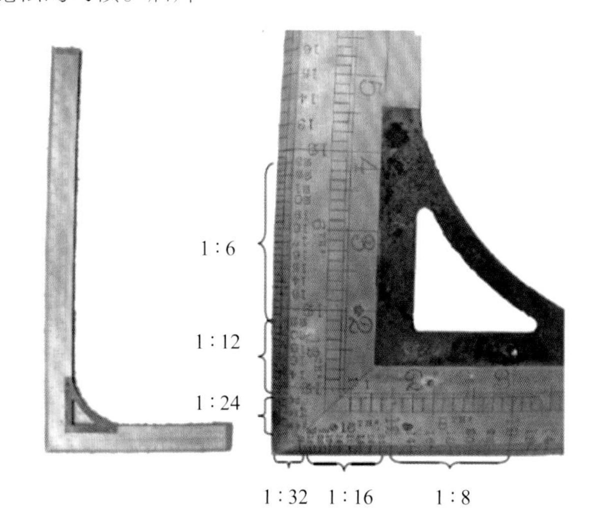

图4-50　角度比例尺

顾天云的西服裁剪方法，需要借助于一种直角比例尺，在他的《西服裁剪指南》中称之为角尺（图4-50），角尺较短的一边一次标有1/32、1/16、1/8、1/4、1/2的比例尺度，较长的一边依次标有1/24、1/12、1/6、1/3、2/3的比例尺度，绘制裁剪图时，可以在角尺上直接找出半胸围量的各种比例对应的尺寸数字，从而确定划线的距离。

（三）攀登服装技术高峰——戴永甫与“D式裁剪”

戴永甫，1920年12月出生，宁波鄞县古林镇戴家人，13岁到上海拜师学艺后在南京市城隍庙附近的露香园路开设了一家小成衣作坊。新中国成立后，戴永甫在上海服装研究所工作，从事服装研究与教育工作。为了提高科学文化水平，他努力学习科学文化知识，利用业余时间进修中学数学直至微积分，这些表面枯燥无味的数学知识后来成为他研究服装科技的基础，也是他能够在同行中脱颖而出的重要原因。戴永甫是中国近现代攀登服装科技高峰的人，1952年完成《永甫裁剪法》讲义，曾五次重印；1956年出版《怎样学习裁剪》；20世纪50年代，为了适应布料短缺的现状，发明了一种计算服装用料的工具——“衣料计算盘”，可快速准确地查出各种款式和规格的服装用料，在当时运用十分广泛；20世纪70年代末戴永甫第一次公开发行《D式服装裁剪蓝图》，1980年经修订后重印，更名为《D式裁剪》，1988年2月经过再次的修订完善正式出版《服装裁剪新法——D式裁剪》。此外，1987年，为了进一步实现快速、便捷的裁剪，戴永甫发明了服装可变形板，以“D式裁剪”的基型为母板，将组成母板的主要部位设计为可移动部分，通过机械运动的移动原理，不需要繁复的计算公式，便能变换出各种不同比例大小的服装款式裁剪图。戴永甫在他的“D式裁剪”中，发明了7/33和7/40比例直尺（图4-51）、1/3和1/4比例直尺，可以方便测量书中小型裁剪图的真实距离（图4-52）。

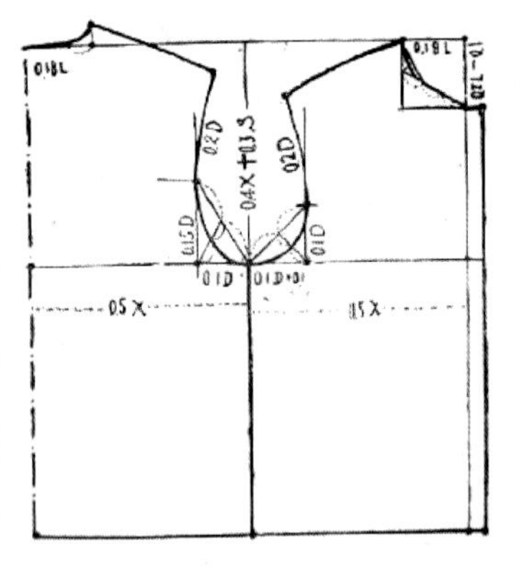

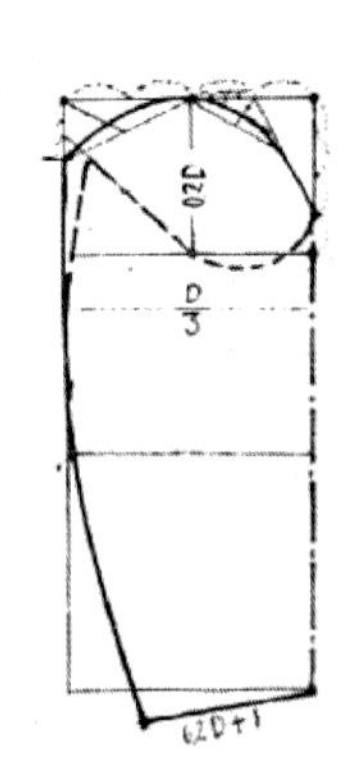

图4-51　戴永甫和《D式裁剪》中的基型图

从20世纪60年代中期到80年代初，戴永甫逐步摆脱利用三角比例尺工具的西方裁剪方法，从袖子入手，以测量人体大量真实数据为研究依据，展开有关袖系的深入研究。经过十多年的探索研究，终于在20世纪70年代末向世人展示了他研究成功的雏形《D式裁剪》。从20世纪70年代末《D式裁剪》的第一次问世到1988年《服装裁剪新法——D式裁剪》的正式出版，戴永甫又花了将近10年的时间，将D式裁剪中的函数关系进一步完善，整个研究过程经历了三十多年的时间，从1952年《永甫裁剪法》、1954年《怎样学习裁剪》、1970年的《D式裁剪蓝图》、1980年的《D式裁剪》直到1988年的《服装裁剪新法——D式裁剪》，最终取得了以D为变量的准确袖系函数关系的突破性研究。戴永甫最重要的成就是D式裁剪法的研究与推广，这项具有开创性的重大研究成果给他带来很大的荣誉，也奠定了他在我国服装裁剪技术发展历程中的重要地位。

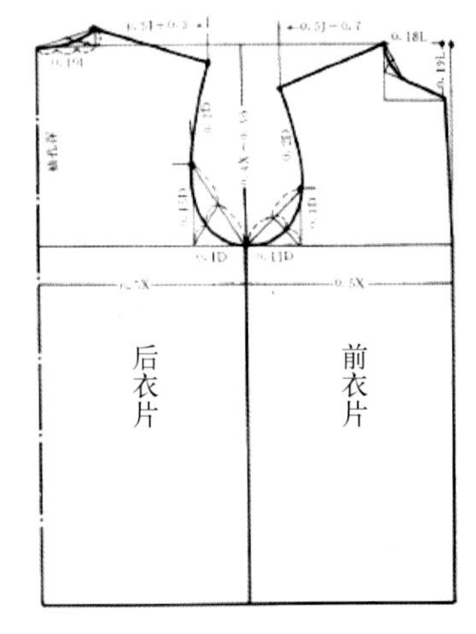

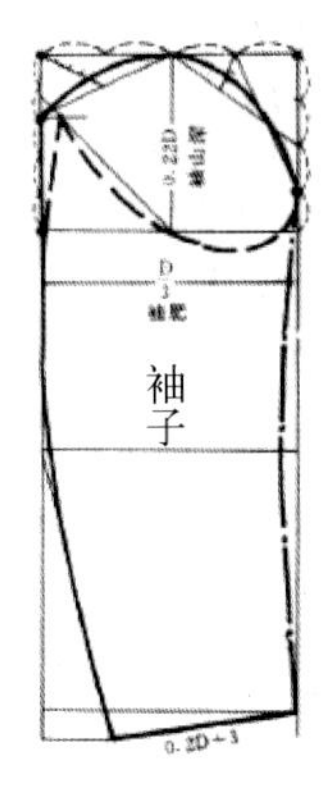

7/33、7/40比例直尺

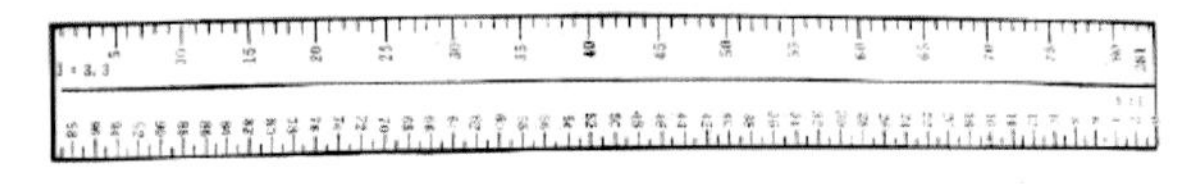

1/3、1/4比例直尺

图4-52　《服装裁剪新法——D式裁剪》中的基型图和他的比例直尺

（四）模范商人——王才运及其荣昌祥服装公司

图4-53　王才运

王才运（1879—1931），浙江奉化王溆浦村人（图4-53），13岁随父亲王睿谟离乡赴上海，先在一家杂货店当学徒，三年期满后不久便跟随父亲学裁缝，初为“包袱裁缝”。1900年，其父亲从日本学习西服裁剪缝制技术归来，在上海浙江路与天津路交汇处开设了一家西服店——王荣泰洋服店，上门为居民做衣，成为“拎包裁缝”，不过与他人不同的是，他人拎包内只放剪刀、量尺、熨斗、粉线等裁缝工具，而他除了这些工具外更多的是放各种布料、呢料小样，走街串巷，一家一家兜售介绍，让居民选料定制服装。20世纪初，上海兴起的以上门服务为主的“拎包裁缝”有两种，一种手艺水平比较低，服务面比较广，既做新衣，也补旧衣；另一种，技艺水平比较高，能设计立样，帮助顾客选料选色、量体裁衣，他们的服务对象多数是较高层次的消费群。

王才运在王荣泰洋服店一边跟随父亲学习西服裁剪制衣技术，一边帮着父亲经营店堂，西服店在父子的共同努力下，积累了一定的资金，又得到了亲戚的资助，1910年，王才运与同乡合伙，开设了“荣昌祥呢绒西服号”（图4-54）。以零售呢绒和定制西服为主，兼营衬衫、领带、呢帽、皮鞋、背带等西服相关的配套服饰。1916年原来的两位合伙人撤资离去，“荣昌祥”由王才运独资经营，资产总额已达到10万两，后又不惜借力用外汇，进口国外风行的服装样衣，博采众长、兼收并蓄发展西装的工艺技术，不断翻新西服的款式。早期的中山装是由19世纪末20世纪初在日本的张尚义后人制作，直翻领，胸前7粒扣子，4个口袋，袖口3粒扣子。中山装的修改定型则是在上海的红帮服装店，在1910年荣昌祥成立的时候制作的，辛亥革命后王才运根据孙中山先生意愿，与一些打样、裁剪大师经过多次修改与试样才完成，并称之为“中山装”，中山装具备挺、平、直、圆、顺、盛、密、匀等特色。

图4-54　“荣昌祥呢绒西服号”店铺

小结

“工匠精神”的本质是人类在认识世界、改造世界的实践中所形成的一种坚定、执着、踏实、韧性、专注、精益求精和追求极致的精神，也是一种热爱工作、热爱事业、热爱生活的态度，并集中地展现出一种鲜明的使命感、责任心和勇于担当的精神，互联网时代的工匠精神特征还包括创新精神、开放协作、迭代创新等内涵。随着时代的变迁，工匠精神的核心一直都是通过对工艺的极致追求，为顾客提供最具有效用和最具美感的产品与服务。工匠精神要为产品注入灵魂和生命，体现对技术和优雅永恒不变的崇敬，不论是在慢工出细活的传统时代，还是在互联网时代都需要执着专一、精益求精、一丝不苟、极致完美的工匠精神。“工匠精神”与创新创造不是矛盾的，“工匠精神”指向的是凡事追求极致，在这一过程中，本身就需要以开放的姿态吸收最前沿的技术和最新的成果。

高级定制服装之所以区别于一般产品，是因为它的每一个制作环节、每一针、每一线都凝结了裁缝师对产品的尊重。工匠精神是个人对工作的执着、对产品负责的态度，通过极致、注重细节和不断追求完美，给顾客无可挑剔的体验，将一丝不苟、精益求精的工匠精神融入每一个环节，制作出打动人心的一流产品。高级定制需要传承工匠精神才能经历上百年磨炼保留至今，高级定制裁缝是无法复制的，更无法在短期内进行复制，即使大规模定制培养了所谓的互联网裁缝，短期内掌握了销售技巧、TPO原则、搭配及量体的编码化知识，但依旧无法掌握经验导向的隐含类知识，编码化知识可以短时间通过快速学习了解，而隐含类知识需要岁月的沉淀。传统的高级定制以丰富的行业经验、传统文化和历史沉淀等为资本，获得顾客的尊敬与喜爱，传统的手工艺是无法被取代的。高级定制之所以经历了几百年的历程仍旧被少数人追捧，是因为高级定制承载着一个国家、一个时代、一个品牌、一个人的传奇文化，顾客愿意为其精神和文化支付溢价。

第五章

中国传统服装定制品牌分析

第一节　国内传统高级定制品牌发展状况

消费升级在不断重构消费者的需求，个性化定制的消费观已经成为大势所趋，个性化要求的与日俱增，使得尝试私人定制的人不仅越来越多，而且逐渐成为一种时尚。“高级定制”这个词开始逐渐被人们接受，而且正迅速细化成为一种需求。无论是主持人、艺人还是一些来自政界、商界的高层人士都钟情于量体裁衣的舒适感和独一无二的特性，同时还能够做到符合各种社交场合的多重需求。如此多的优点集于一身，使得“定制”成为时尚界的又一痛点，如今已呈现出“高峰”趋势。红帮裁缝与国内以及海外等地的现代服装定制业的起步与发展有着千丝万缕的联系。从时间上看，其影响由近代延续至今；从地域上看，由沿海发展到全国乃至海外，出现了一大批享誉一时的定制百年老店；从风格上看，现代男士西装风格深受红帮裁缝影响，传统定制品牌大多集中在中高价位和经典风格。然而，由于社会文化变迁、服装业变革和消费需求变化等因素，定制服装在中国的发展一度处于边缘化状态。如果说现代西装成衣业是对红帮理念精髓的吸收，那么21世纪初期逐渐升温的高级定制业则是对红帮精神与技艺的全面继承。

一、传统高级定制品牌发展历史

19 世纪末20世纪初，西服广泛流传于世界各国并逐渐成为一种国际通用服装。追溯中国最早的宁波红帮裁缝，起源于日本横滨，在上海成名，并扩散壮大成为中国所有租界城市、租界地甚至名扬海外的制作西服的社会群体。1840 年鸦片战争之后，西风东渐，西式服装传入我国，国民也竟尚西装，中国的传统服饰由此受到了前所未有的冲击。为了适应当时的潮流，一些中装裁缝便停做马褂和对襟衣，专学洋服，业内称为红帮裁缝。引领中国服饰转型的红帮裁缝创造了海派西服、中西合璧的中山装、旗袍，最初的构成人员主要由来自宁波地区的原本缝制中装的本帮裁缝转型而来（图5-1）。红帮裁缝分为“男式红帮裁缝”和“女式红帮裁缝”，男式红帮裁缝主要来自宁波，以做男西服为主，后来演变为“西服业”；

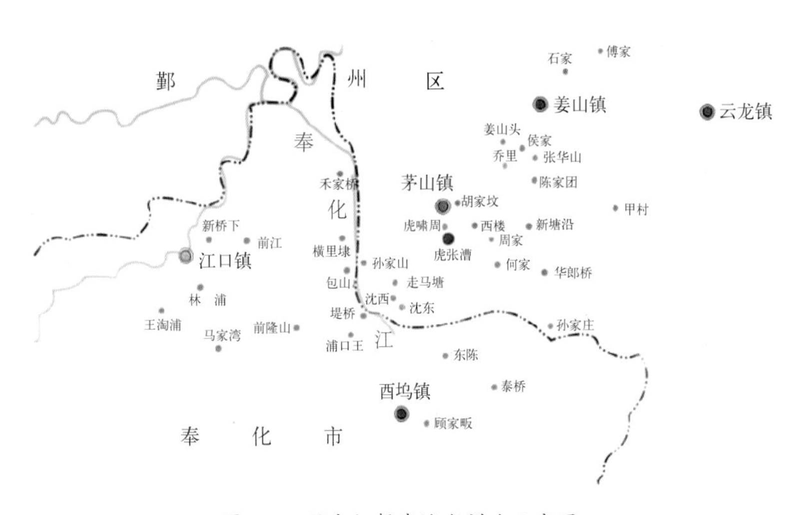

图5-1　国内红帮裁缝发祥地示意图

女式红帮裁缝主要来自上海，以做女西式服装为主，后来演变为“时装业”。时装业和西服业都是做西式服装的，它们只是业务不同，并无本质区别。

1896年，宁波奉化人江良通在上海巨鹿路405号创办了“和昌号”洋服店（目前研究资料所证实最早的洋服店），自此之后，中国人创办的西服店数量日益增加。自20世纪30年代起，“培罗蒙”“亨生”等专做高级西装和礼服的裁缝店林立于中国上海、哈尔滨等城市，并产生海派、俄派等多种风格流派，以西服制作为起点并发展壮大，逐渐形成一定规模后演变为时装业。20世纪末期中国成衣业迅猛发展，致使国内定制行业走向低迷甚至边缘化，但自新世纪国内经济迅猛发展，国内中产阶级崛起为国内服装定制带来了新需求与发展契机。现今中国传统红帮裁缝定制品牌有红都、永正、罗马世家、真挚服、隆庆祥以及香港的W.W.Chan&sons、Sam's Tailor和台湾的Dave Trailer等。红帮裁缝不但是20世纪上半叶中国西服业的缔造者，而且对20世纪50年代香港地区服装业，80年代大陆服装业的腾飞起到了技术支持作用。从发展历程看（图5-2），传统高级定制已逐步从艺术品的象牙塔走向大众，不断满足消费者个性化需求和自我观念的实现。

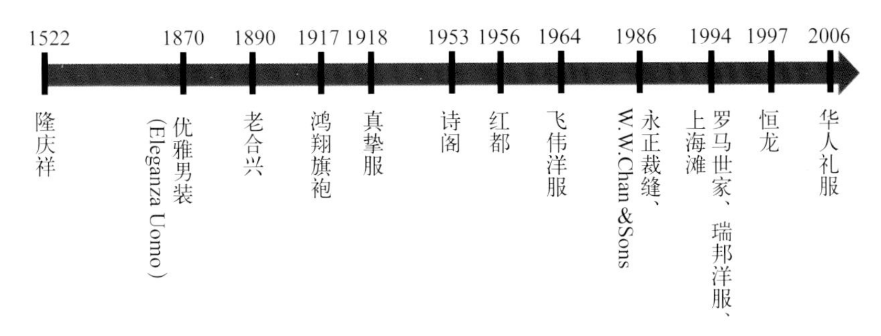

图5-2 国内传统高级定制品牌发展时间轴（年）

二、传统高级定制“工匠精神”

所谓“红帮工艺”是红帮裁缝制作西服的一整套独特的传统技术和方法，它不同于现代西服批量生产、大部分工序由机器完成的工艺流程，而是针对不同顾客人群，进行个性化定制，大部分工序是由手工完成的西服传统工艺。精益求精的红帮工艺是红帮裁缝在市场竞争中立于不败之地的基石，是名扬四海的法宝。红帮裁缝在西服工艺操作中的四个功为“刀功”“手功”“烫功”“车功”，这四个功各尽所能，需娴熟操作，才能制作出舒适、合体、美观大方的西服（表5-1）。红帮工艺是一件系统工程，每道工序相互关联、互为因果，若要步入这个复杂且“宏大”的工程，首先必须了解“四功”的运用原理。

表5-1　红帮工匠裁缝精神

“四功”	刀功	即剪裁水平，裁剪师在剪裁时既要按照技术需求裁剪出造型和款式优美、适合人体特征的衣片，又要力求节约用料
	手功	指的是在制作服装时，对一些不能直接用缝纫机操作或用缝纫机操作达不到高质量要求的部位，运用手上功夫进行针锋的精巧技艺，主要有：“板”“串”“甩”“锁”“钉”“撬”“扎”“打”“包”“拱”“勾”“撩”“碰”“搀”14种针法，从而做出需要的“势道”
	车功	缝纫时针迹要清晰、齐整、顺直、剩势恰当，从而做出需要的“势道”
	烫功	指在服装的不同部位，灵活运用“推”“归”“拔”“压”“起水”等不同手法，在适当的温度、湿度与压力下操作熨斗的水平
胁势	“胁势”“胖势”“窝势”“戤势”“凹势”“翘势”“剩势”“圆势”“弯势” 这“九个势”是通过服装操作工艺将衣服的某些部位做成符合体型和造型需要的形状之意	
“十六个字”	平	指衣服制成后的面、里衬平坦，不倾斜；门襟与背衩不搅不豁、无起伏
	服	指衣服制成后不但要符合人体尺寸的大小，而且各部位的凹凸曲面应与人体的凹凸面一致，即俗称的“服帖”。这是靠操作中做出的胖势和胁势来体现的。主要反映在后背、腰胁、胸部和臀部等
	顺	指制成衣服的缝线及各部位的线条均与人的体型线条相吻合。这是靠操作中的“剩势”来体现的，如肩缝、摆缝、袖缝等位置
	直	指制成衣物的各种直线应挺直、无弯曲，如袋盖，袋口，驳头（翻领）、串口部位
	圆	指衣物的各部位连接线条均由平滑的圆弧构成。这是靠操作中做出的圆势来体现，主要反映在袖山头等处
	登	指衣物穿在人身上后，各部位的横线条（如胸围线、腰围线）均与地面平行。使衣服的重心线基本落在身体的重心线邻近
	挺	指衣服的各部位挺括，体现出所用面料的最佳质感
	满	指衣服制成后前胸部位丰满，能发扬体型的长处，弥补体型的不足，使之符合人们的审美观点。这主要靠操作中做出“胖势”和“胁势”来实现
	薄	指上衣的止口缝份较多因而较厚的部位要做得薄，能给人以飘逸、舒适的感觉
	松	指衣服的某些部位（如西装的领、驳头、肩头等）不拉紧、不呆板，给人活泼的动感。通过在操作中做出的“凹势”和“翘势”实现
	匀	指面、里、衬等各部位统一均匀，符合习惯和造型需要，不会给人以厚薄不均的感觉，主要反映在装垫肩的肩部等位置
	软	指使用衬头的服装挺而不硬，柔软且富有弹性，穿上后动作方便，回弹力好，这主要表现在上衣的胸部和肩部
	活	指衣物形成的各方面线条和曲面灵巧活络，不给人以呆滞的感觉
	轻	指穿着服装后，感觉到衣服重量较轻而并非指衣衫的自重量。穿着上衣时，主要重量由肩部均衡承担。若受力点集中在外肩，则动作会不方便，感觉到衣服较重，俗称“压肩头”；若受力中心在肩颈部，并分散在整个肩部，则感觉会较轻，且行动方便。这主要靠在操作中做出的“凹势”和“翘势”来体现
	窝	指衣服在制成后的各边缘部位（如领头、止口、袋盖、背衩等）向人体自然式的轻微卷曲，使服装的外形光滑、匀服，这就是“窝势”
	戤	为了使穿着服装后动作方便，在主要的活动部位（如手臂等处）需要有一定的宽舒度，成衣的这些宽舒度主要体现在前胸和后背等部位。如在人体静态直立时，前后袖窿处呈现比较顺服的状态，形成漂亮的造型，这是靠操作中做出的“戤势”来体现的
“十二句话”	不紧不翘领头松，灵活美观驳头窝；不搅不豁止口薄，轻软均匀肩头服；吸势顺活底边圆，后身背衩垂直平； 前圆后登袖子活，前后戤势摆缝挺；各道封口线顺直，例外窝势针脚密；胸部丰满规格准，穿着舒服动作便	

李克强总理在2016年政府工作报告中提到“鼓励企业开展个性化定制、柔性化生产，培育精益求精的工匠精神，增品种、提品质、创品牌。”这是政府工作报告里第一次出现“工匠精神”，也是制造业的一个全新的亮点。“工匠精神”是指工匠对自己的产品精雕细琢，精益求精的精神理念。“工匠精神”也是追求精益求精，以及对传统工艺、传统文化的恪守。“工匠精神”的理念就是从容独立、踏实务实；摒弃浮躁、宁静致远；精致精细，执着专一。同时，制造业也是一个最需要“工匠精神”的行业，“手艺人”的内涵以及传统工艺对精雕细琢的强调，成为这一行业赖以生存的法宝以及必须恪守的准则。能工巧匠者，可夺天工也。传统高级定制中工匠手艺师傅以推、归、拔等技术，将工匠精神融入服装的制作中。传统高级定制的工匠精神主要体现在以下几个方面。

（1）单独量体，一人一板。即裁缝会根据客人的体型专门设计制作一个板型，而不是根据现有板型进行修改调整（套码或推板）。

（2）两周以上工期，两次以上试样，舒适性高，价格昂贵。

（3）限量版材料。如果是高级定制西装，都会采用牛角扣，而不是像大多数成衣西装用树脂扣。这个其实是个成本问题，不过也是品质的象征。

（4）60%以上的手工工艺。所有的扣眼都是手工锁的，袖口纽扣下要开真扣眼。条纹或者格子面料的服装非常注意对条或者对格，即使是上衣兜盖上的条纹和兜盖上方的条纹都要对条对格，衣身和袖子的格子也要一致。

（5）裁剪上强调合体、修身和线条感。往往肩部稍宽，腰部收紧，上身呈沙漏型。

（6）垫肩较薄，使肩部线条自然，而袖窿上提为手臂提供足够的活动空间。极致的选材、极致的用心、极致的设计、极致地把控制作的每一道工序，秉承“把握住极致的匠心，出来的必然是一件精品”的态度（图5-3）。

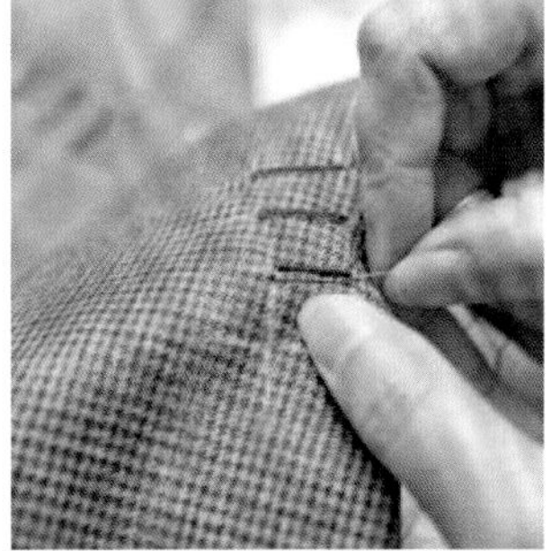

图5-3　传统高级定制工艺

三、传统高级定制品牌发展困境

工业化带动了成衣业的发展，许多顾客向往款式多样更新迅速的新式服装，20世纪90年代成衣业的繁荣为传统高级定制品牌带来巨大挑战。上海曾经积聚了众多高级定制品牌店，南京路上的王兴昌、荣兴昌、裕昌祥、王顺泰、王荣康、汇利六大裁缝名店；“四大名旦”亨生、启发、德昌、培罗蒙，以及颇有英国萨维尔街之势的茂名南路，这些高级定制品牌鼎盛时期曾为国家元首、政要、商界大亨制衣，然而现在许多传统定制店要么落寞、要么沉寂或仍保持着小裁缝店规模。在此期间，一些传统高级定制品牌奋勇而起，如培罗蒙等扩大产品类别增加团体定制、扩大生产规模增加成衣业务。诗阁根据市场规模制定相应发展战略，拓展海外市场。传统高级定制品牌历经工业化到来的挑战，传统的小规模裁缝店经营形式基本已被企业集团的运作方式取代。

（一）网络定制冲击，传统定制销售渠道单一

互联网技术、云计算、大数据、人工智能、虚拟现实等技术的深度运用，对原有服装市场商业模式形成了巨大的冲击，特别是互联网对线下要素的集成和优化作用，给服装行业带来了翻天覆地的变化。自2014年服装企业纷纷转型升级开始，“互联网+”私人定制受到了资本市场的关注，许多线上定制企业逐渐在全国各地开设线下体验店，而线下的企业纷纷调整战线往线上转移，提供量身定制服务、以手工艺为特色的传统高级定制品牌站在风口浪尖、面临重重困境。

（二）消费群年轻化，产品开发时尚度低

中产阶级的崛起让原有的定制目标消费群趋向年轻化，年轻的消费群体易受潮流风向影响，追求时尚感强的快时尚，注重消费体验，传统高级定制的服装款式已不能满足顾客个性化的时尚需求，漫长的定制周期在快时尚纵横的时代成为制约传统高级定制发展的最大影响因素之一。

（三）营销手段单一，降价成为营销的主要方法

市场竞争激烈，传统高级定制企业不得不运用各种促销手段来增加销量，由于迫于竞争对手及渠道压力，促销、再促销，但销量似乎并不能见到实质性的增长，反倒促销费用增加很多，品牌形象又受到了影响。大部分的企业都有发展VIP客户，但现状是“贵宾”泛滥但无实质意义，相似的营销手法对维持品牌忠诚度效果并不明显。

（四）传统定制成本高，手工艺技术难传承

传统高级定制核心技术是手工艺技术，需要花费漫长的时间磨炼，每一位传统高级定制工匠师傅都是一生从事此行业。但随着时代的变迁，原有的工匠师傅消逝，传统高级定制手工艺传承问题成为传统定制企业的巨大挑战。随着实体店面租金、物业、人员管理等费用的增长，传统高级定制企业生产成本居高不下，企业经营困难重重。

第二节　上海传统定制品牌

鸦片战争后上海开埠，在以后的百余年发展中，上海成为远东乃至世界大都市（图5-4）。从某种角度看，上海定制服装的发展史简直就是中国服装定制的发展史。当年上海著名的“四把刀”行业指的就是厨师、理发、修甲和裁缝。上海是中国近现代服装的发源地，中国的第一套西装和中山装就在上海诞生和定型，它是一个庞大的、开放的、充满活力的市场，在这个市场不仅仅包含服装的新颖面料、款式，还包括很多技术人才。在这里上海红帮集聚了众多的能工巧匠，不断赢得国家军政要员、演艺界明星和社会名流的称赞，数以百计的名贵西服成为人们追逐的时尚经典，也先后涌现了众多如培罗蒙、荣昌祥呢绒西服号、汇丰号等西服定制品牌（图5-5）。定制服装的老字号，在当时不但为定居在上海的特殊人群制装，还应邀到南京为一些政界要人量体裁衣。例如，培罗蒙的经理戴祖贻就曾被邀到南京为颜惠庆、何应钦、张群等量体定制；荣昌祥呢绒西服号的王才运等人1927年为蒋介石和宋美龄婚礼制作服装；1948年李宗仁当选国民党“副总统”，就职典礼服装是上海有名的西服店赶制的一套高冠硬领燕尾服，也是出自红帮名师；京剧“四大名旦”中的梅兰芳出国演出的西服，经常由雷蒙的楼景康制作；程砚秋也经常到培罗蒙、许达昌等店量身定做高级西装。

图5-4　上海传统高级定制市场

图5-5　1917年上海荣昌祥

曾经的红帮西服店的薪酬制度采用月薪制和计件制两种。长工一般为月薪制，临时聘请的工人流动性比较大，一般按计件制发工资。由于临时工人在一定的时间内制作的西服越多，收入越高，因此计件制可以提高工作的积极性。南京路上的一些西服名店为了让技术高超的师傅由临时工成为长工，能够长期留在店内做工，就采用了一种月薪制和计件制两者结合的方式，如荣昌祥、培罗蒙等西服名店，除了每月发给高级技师固定的底薪，还按制作件数如数支付酬劳，在双份工资的激励下，增强了技工对西服店的忠诚度。无论是月薪制还是计件制，店主都是参照技工的专长和技术的高低制订工资。工厂的技工按专长分为上装师傅和下装师傅，上装师傅专做西装和大衣，下装师傅专做裤子和马甲，由于西装、大衣比裤子、马甲的工序复杂、制作难度大，因此，上装师傅比下装师傅的整体工资水平高。上装师傅按照技术的高低又被分为7工师傅、5工师傅和3工师傅等，其中7工师傅的技术最高，其次是5工师傅，再次是3工师傅。7工师傅制作一件西服需要精工细作7天，报酬也最高，一般多在南京路上的西服名店做工。

除了拥有科学的管理体系，专研高级定制的设计与制作技艺，上海早期的高级定制人还积极投身于服装技术教学建设中，早在20世纪40年代就在上海建立了我国最早的服装职业技术学校，为我国服装职业技术教育做出了不可磨灭的贡献。1947年5月在上海西服商业同业公会“荣昌祥呢绒西服号的王宏卿”“宏泰号的顾天云”等34位名店经理的发起下，正式筹建“上海市私立西服业初级工艺职业学校”，这也是我国第一所西服工艺学校（图5-6）。学校以科学的职业分析为依据设置学校课程，不仅要让学生掌握西服裁剪、缝制等的知识与技能，还要有勤劳的习惯、求精的风格、审美的情操、改进的意识、互助的精神。课程主要分两大类：一类是基本学科，如公民、国文、英语、体育等；另一类是知识、技能学科，如笔算、珠算、簿记、图画、美术设计、缝纫、裁剪、售货术等。

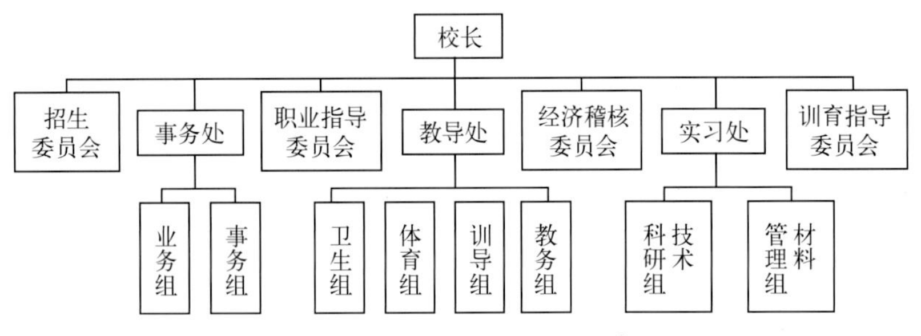

图5-6　上海私立西服业初级工艺职业学校组织结构

在保持发扬传统的同时，上海高级定制行业也在不断汲取新鲜血液，现今一大批较有影响力的设计师投身于高级定制服装业，创立了一批在业内颇具良好声誉的高级定制品牌。除了一些老牌定制品牌及定制街区外，在上海服装定制行业中还不乏许多新锐设计师的自主定制品牌，思想上兼容包并，更加容易了解和接受国际化视觉语言及国际的设计潮流、设计交流与设计动向，设计思维呈现多元化或多极化的趋势，所表现出来的定制服装设计作品往往创意大胆，更能被年轻一代消费者接受，并被国外顾客及媒体所关注，具有一定的发展潜力。如吉承、陈野槐、马艳丽、凌雅丽、郑小丹等一批新锐设计师，大都留学海外，所设计制作的定制服装总是有着较新的理念支撑。

上海有着开放性、创造性、扬弃性和多元化特征的海派文化，其特点是海纳百川、善于扬弃、追求卓越、勇于创新。海派文化的种种特征深深影响着上海这个国际化大都市以及城市居民审美与价值取向，表现在服装设计特点上是熔铸中西，为我所用。服装制作工艺考究、追求品质，具有西欧风格特色，标新立异且灵活多样，商业气息浓厚，充满流行感，于俏丽活泼之中显得端庄稳重。海派高级定制受顾客个体审美倾向的引导，一般都极富个性，更加追求设计上的匠心独具，与其他城市相比，现代上海的定制少了洋腔洋调的浮华，多了一些个性与实在。目前，上海定制店大部分以工作室的形式出现，这些店散落在上海各个角落，如茂名南路、长乐路、新乐路、泰康路、田子坊、南昌路、进贤路等。且各自定位不同，女装定制多以婚纱、小礼服、旗袍、套装定制为主；男装主要是衬衫和西装定制。就像英国的萨维尔街一样，茂名南路被许多业内人士称为中国的定制街（图5-7），这里既有旗袍定制店、礼服高级定制店、洋服高级店、衬衫定制店、皮鞋定制店等，也有本土经典品牌与新生品牌并置，也有外来品牌如在香港开设而又转战上海的W.W.Chan&Sons（图5-8）。

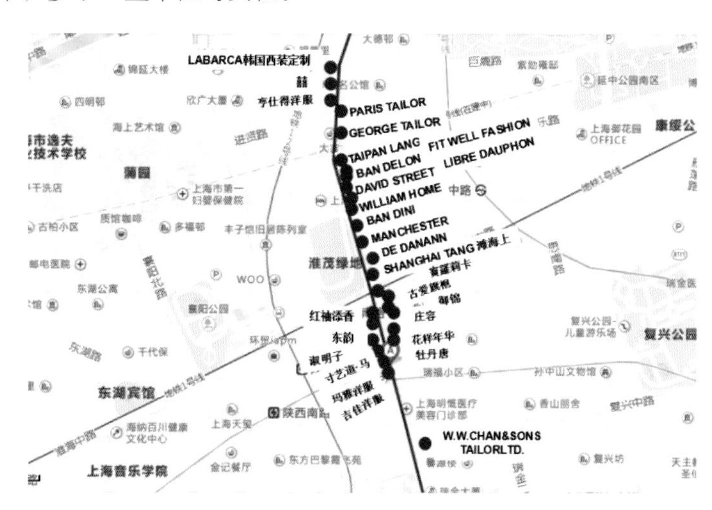

图5-7　上海茂名路定制品牌

图5-8　茂名南路上的W.W.Chan&Sons

一、鸿翔时装

（一）鸿翔时装变迁

鸿翔创始人为金鸿翔（5-9），本名金毛囡，上海川沙人，生于1895年4月6日，自幼家境贫寒，13岁到上海中式成衣铺当学徒，善于观察当时上海流行和时尚。有些风流小姐、学生以穿西服为时髦，金鸿翔就跳槽改学西式裁缝，学得一套好手艺满师后，1914年初赴俄国海参崴在其舅父开设的西式服装店做工，翌年返回上海，到悦兴祥西式裁缝店当技工。在接待外宾和女客过程中，金鸿翔积累了大量业务经验，萌生了独辟蹊径的念头，于是另立门户自己开业经营。1917年，金鸿翔筹资在静安寺路（现南京西路）863号（今鸿翔原址）开设上海第一家西式时装公司，用自己的名字“鸿翔”为招牌，主营各种高档女子时装，以选料讲究、品种繁多、款式新颖、工艺精湛很快轰动了上海

图5-9　鸿翔时装创始人金鸿翔

图5-10　民国时期的鸿翔时装

滩（图5-10）。鸿翔在经营中继承和发展了时装的造型设计、工艺处理等传统特色。女式西服和大衣讲究体型吻合、曲线优美、挺柔相济；丝绸礼服、连衣裙、衬衫则追求天衣无缝、高雅飘逸、雍容华贵。制作时“推、归、拔”处理得当，衬料运用高温起水定型，缝制以传统手工操作为主，做成的服装丰满、舒适、自然、灵巧，久不走样，曾接待了无数慕名而来的港、澳、台同胞，国际友人和政界、文艺界著名人士，多次为访华的元首级国宾提供了优质服务，被誉为“女服之王”。“鸿祥时装公司”的女宾多为大家闺秀和金粉名媛，如宋氏三姐妹、王光美、影星胡蝶等。

1927年金鸿翔倡议并实施把原三蕊堂公所（行业组织）改组成立上海市时装业同业公会，并任理事长。1928年，金鸿翔把原房翻建成六开间二层楼新式市房，铺面作商场，后来又发展到九开间门面，实行前店后工厂，营业面积多达1200平方米。1931年在美国芝加哥国际博览会上，鸿翔大衣和礼服获得银质奖。1943年鸿翔业务发达，在现今的南京东路开设鸿翔分公司，简称东鸿翔，当时在南京路上连开二家时装公司确实震动了上海人。业内称鸿翔为“女服之王”，公司职工多达四百余人，技术人员云集，量衣、裁剪、缝纫、设计等技艺高超、出类拔萃。公司著名特级服装技师顾荣伯，人称“服装郎中”，首创“立体裁剪”，为中外宾客制作了不少高档服装。

1948年，国民党的统治一度搞垮了上海的经济，鸿翔也因之遭到重创，店内大衣、呢绒几乎被抢购一空，金鸿翔选择留在上海。由于解放初期经济比较困难，鸿翔又一次进行了转型，将经营品种从大衣转向两用衫、裤子等普通服饰，面料则由呢绒、皮毛改为棉布、化纤。1956年，鸿翔转为公私合营。20世纪80年代，人民生活水平提高，对衣着的需求也骤然增加，鸿翔再次经历了发展的黄金时期。鸿翔不但生产呢服装、呢大衣，各单位定制的“工作服”更使得鸿翔技工们忙得不可开交。这段时间，鸿翔生产的大衣、呢裤多次获得部优、市优的称号，列为国家和上海市的名牌产品。

图5-11　位于南京西路的鸿翔百货商厦

如今，随着国外品牌的大量涌入，许多老字号均已不复存在，鸿翔同样面临着挑战。1993年鸿翔开业成为沪上第一家五星级百货公司（图5-11），仍保持几十年来的“量体裁衣、量身定做”的传统特色，将鸿翔卓尔不群的裁剪、缝制工艺与现代化的制衣设备相结合，为消费者提供优质定制服务，除定制现代女装外，还定制中国式的现代化改制旗袍。2008年，这一老字号企业全面撤离驻守多年的南京西路，原址被英国玛莎百货取而代之，而曾经红极一时的鸿翔制衣却只能偏安于支马路陕西北路上。

（二）品牌特色

1.明星效应，推陈出新

鸿翔时装公司每年都要举行时装表演，发布公司最新设计的服装款式，1934年，鸿翔时装在上海百乐门舞厅举办了全国第一次时装表演，吸引了阮玲玉等大量当红明星上台助阵，以明星效应推广新款式，使其快速流行。此后，在当时的夏令配合电影院、大华花园等处，又先后举办了多次时装表演，参加者除了万众瞩目的大明星之外，还多了许多上海名媛。

1934年，获赠孙中山夫人宋庆龄亲笔题字“推陈出新、妙手天成、国货精粹、经济干成”。1937年，“学界泰斗、人世楷模”蔡元培为鸿翔题写“国货津梁”巨幅牌匾。1947年，英国伊丽莎白二世结婚也要在鸿翔定制一套婚礼服，虽然女王未来上海，鸿翔通过领事馆的资料，进行特殊裁剪，花费 200 个工时精制了一套大红缎料中华披风，满刺金线，描鸳绣凤（图5-12）。斗篷在英国皇宫展出后，艺压群芳，连法国名手的礼服都相形见绌，获得了最高评价，英国女王赠亲笔签名印有“白金汉宫”字样的谢贴。

图5-12　鸿翔时装曾为英女王制作结婚礼服

2.把握流行，款式创新

“鸿翔”对旗袍进行改良主要经过三个阶段：（1）20世纪初，主要为轮廓线上的改变，如袖口逐渐缩小，腰身的外轮廓线略向内收；（2）1925年左右，开始出现结构上的变化，如在腋下加胸省，使胸部呈现出立体感；（3）19世纪30～40年代加腰省，并改变袖部结构，由中式连袖改为西式装袖，旗袍造型出现胸腰差，袖窿处不再有多余的量，与身体的服帖度更大。经过从外形轮廓到内在结构的“改良”，红帮裁缝最终将中国这种传统的宽大袍服改为显示中国女子形体美与独特风韵的服装款式，衣服底下如“一缕诗魂”的女性终于在“旗袍的烘云托月中忠实地将其身体轮廓曲线构出”。鸿翔时装公司因发扬中国传统手工艺而赢得了国际赞誉，1933年送展旗袍获芝加哥世博会银质奖，首次为中国时装赢得国际殊荣。

3.制度化管理

鸿祥时装公司的客户订单正面不但有顾客所定制服装的款式图、

效果图、面料小样、部位尺寸、体型特征说明，还标明负责裁剪和缝制人的姓名及工资，右侧附有发票，并记录顾客姓名、地址、定制商品名称、价格，已支付钱数、应支付的钱数以及交付日期等，制订详细规范的单据是企业实现制度化管理的重要体现。在订货单背面有关于特殊体型的说明和详细的款式图供打板师傅参考。单上印有5种特殊体型的文字描述：大胸小臀、大胸大臀、溜肩大胸、老年肚大驼背、病态瘦体。如果顾客符合哪种体型，直接在序号上打勾即可，款式图的绘制要求表达清楚、比例正确、线条流畅。

图5-13　上海老克勒们的定制西服

二、培罗蒙

（一）培罗蒙起源

上海培罗蒙西服公司创始人许达昌学艺于上海王荣昌西服店，他刻苦钻研，全面掌握了量、算、裁、缝等技艺，1928年独资在上海市四川中路开办“许达昌西服店”，1932年搬到上海市南京西路新世界楼上，1935年又迁到南京西路新华电影院对面，改店名为“培罗蒙”，1936年迁到上海市南京东路257号。顾客中依然较多闻人贤达，此外它还承担了部分“政治任务”。另外，培罗蒙还为上海APEC峰会和上海合作组织定制官员服，并成为上海大剧院艺术中心指定服装商。2007年，培罗蒙的缝制工艺列入“上海非物质文化遗产”名单，在老上海心目中，培罗蒙就是摩登的象征，与精致优雅同义（图5-13）。

（二）品牌特色

1.严格工序

在西服的缝制过程中，工序中规定应该用手工操作的地方，如装领头、锁扣眼、撬夹里等，培罗蒙西服店决不会因为贪图省工时而用缝纫机或用糨糊粘贴代替。完成一件西服至少需要四十多道工序，裁缝对每一道工序都会严格、认真地操作，培罗蒙做一件西服要长达60个小时，靠着“加工足料，精工细作”，对每个工艺细节都下足功夫，不偷工减料，实现对顾客“永不走样”的质量承诺。中华老字号培罗蒙经过几代人的努力，制订了一套严格的工艺流程和操作规程及检验标准，通过操作要求上的推、归、拔、结、沉和西服内因制作上的胖、窝、圆、服、顺，最后达到外形感观上的平、直、戤、登、挺，加上刀工、手工、车工、烫工的四功到家，达到得天独厚的境地。

2.品牌形象

培罗蒙的文字标识选用中英文两种文字。传统名称西服店的英文名字一般为中文的拼音（民国时期的拼音形式），如荣昌祥为CHONG

SING，协昌为YA CHONG，王顺昌为WANG ZUNG CHONG等；而较现代的西服店，中文名字本身是译音词，还有一个专有的英文名字与之对应，培罗蒙为BAROMON等，文字标识作为标牌悬挂在店面门头最显著的地方，以便顾客识别店面的品牌。相同的文字标识还会做成商标绣在西服里袋的上口袋上面，商标上不仅绣有西服店的中英文名字，还留有店面的电话和地址（图5-14），以方便顾客与店面的联系，也起到对品牌进一步宣传的作用。20世纪50年代转移到日本东京的培罗蒙分店，它的商标设计更加个性化，上面出现了“剪刀”图形（图5-15），图文并茂，识别性较强。培罗蒙早在20世纪30～40年代就已具有了较先进的品牌标识理念，创建人许达昌受到一个国外羊毛面料品牌图形标志的启发，为培罗蒙设计了一个图形标志，这个标志一直被沿用到20世纪50年代香港培罗蒙的店面中。图形标志还被做成一个大铜牌悬挂在店铺入口最明显的位置（图5-16），成为香港培罗蒙品牌的显著标识。日本的培罗蒙分店由许达昌的徒弟戴祖贻接手后，一直延续品牌经营理念，亲自设计了一个雄狮图形的品牌标志，寓意中国像雄狮一样已经觉醒（图5-17）。这个标志被广泛用于日本培罗蒙品牌的各项业务上，如公司宣传册封面（图5-18）。

图5-14　荣昌祥商标

图5-15　日本培罗蒙商标

3.店面包装

培罗蒙用西式的现代店铺装潢让顾客在进店后也为之一振，从而达到吸引高级顾客的目的。1935年许达昌将培罗蒙由原来的上海四川路搬迁到繁华的静安寺路（今南京西路）735 号，采用最时髦华贵的欧洲风格装修培罗蒙的店铺，地板用明亮光鲜的瓷砖，墙壁四周是放衣料杂物的高级木架，通向二楼的木质楼梯上铺着红色地毯，旁边是精致镂花的金属扶手栏杆，店堂内的主灯为欧式豪华吊灯，天花板四周的大量灯管将整个店堂照得光彩夺目。

图5-16　香港培罗蒙铜牌标志

4.试样体验

试样间前后左右四面都有高过人头的大镜子，顾客可以从各个角度观察到西服的立体效果，而且天花板的四角都安装有荧光灯，室内十分明亮，可使顾客观看得更加清楚，不让西服上的任何瑕疵躲过顾客的眼睛。培罗蒙的试衣间连地板也换成了镜子，顾客甚至可以从地上看到西服的仰视效果。在西服的试样方面，培罗蒙还有一套别出心裁的经营方式，其他西服店都是试“毛壳”“光壳”，而培罗蒙在西服未做之前就有一次试样，这个试样的目的是把握顾客的体型，确定顾客的纸样样板。

图5-17　日本培罗蒙宣传册封面

5.标准号型

在培罗蒙的店中，陈列着大小型号各异的标准样板，这些样板分别适合于体态不同的人群。如果顾客要定制西服，裁剪师傅会先根据顾客的体型特点为其挑选一套与身材相仿的纸样，然后用白坯布做成样衣，根据顾客对坯布样衣的试穿效果，裁剪师修改样衣中不合适的地方，再将修改好的坯布衣片拓成纸样，便得出了顾客本人的纸样样板。这个纸样将被标注上顾客的名字，在店铺永久保存。这种试样方法原是因为老板许达昌在创建培罗蒙之初，对裁剪知识并不太熟悉，只能通过修改样衣的方式把握顾客的体型，但经过长时间的实践和不断改进，发现这种试样方法能令顾客更满意，因为顾客一开始就能了解试穿效果，自己可以尽早针对西服的具体部位提出修改意见，在做成“毛壳”时就能在款式和尺寸等方面比较符合顾客的要求，而且这次试样还能体现店铺精细、周到、负责的服务态度，同时也满足了顾客享受高品质服务的精神需求。

图5-18　日本培罗蒙老板戴祖贻身着“培罗蒙”标志的西服

6.上门服务

顾客有上门服务的要求，红帮西服店就会派职员到顾客家中为其量尺寸、试样，并携带面料样板供顾客挑选。若是老顾客，即使在外地，老板也会派店员上门服务。如上海培罗蒙的顾客很多是在南京任职的高官，工作非常繁忙，一般会要求培罗蒙在周末的休息日派人上门。许达昌的高徒戴祖贻就经常去南京为高官定制西服，有时会正好碰上顾客在忙工作或吃饭，就在门外一直耐心等候。在红帮西服店的店规中，无论任何情况，职员都要笑迎顾客，绝对不能与顾客发生口角或争执，否则会受到严厉的惩罚。

7.人才培养

许达昌不惜以高薪聘请了当时号称上海西服业“四大名旦”的王阿福、沈雪海、鲍公海、庄志龙等工艺大师，并配备上等技师，使培罗蒙精英荟萃、人才济济。为了在同业中选择优秀人才，许达昌还经常派经理戴祖贻亲自到技术高超的师傅家中请他们到店工作，聘请条件往往是重金高薪、优厚的待遇。在哈尔滨有“四大名旦”之称的陈阿根等高级技师都成为培罗蒙的顶梁柱，为培罗蒙后来居上成为“沪上最著名的西服号”提供了重要技术支持。

三、荣昌祥

（一）荣昌祥演变

“荣昌祥呢绒西服号”由王才运于1902年开设，位于上海南京东路782号。1910年店址迁到上海最繁华的南京路与西藏路交界（今上海一百）。据《黄浦区商业志》记载，荣昌祥店堂规模为十开间三层楼，装饰富丽，颇具气派，前店后厂，职工百余人，资产达十万余银元，为

“当时上海商界最完美最著名的西服专业店”。徐锡麟慕名而来，在该店定制西服。1916年4月孙中山先生到该店，以日本士官服为基样，改制了一套直翻领、四贴袋、五粒扣的新式服装，此后“中山装”风靡了中国大半个世纪（图5-19）。

民國日報
THE REPUBLICAN DAILY NEWS
民衆必備
中山裝衣服
式樣準確
取價特廉
東路軍前敵總指揮部政治部
國民革命軍東路軍前敵總指揮部

图5-19　中山装

随后荣昌祥经历了30年代初的被迫迁址，1945年重回上海，1956年公私合营，直到1959年，荣昌祥第三代传承人王汝珍携艺返乡，回到宁波奉化王溆浦村，将荣昌祥西服制作工艺传予侄孙王永华，由王永华继续传承和发扬荣昌祥西服的传统工艺和精湛技艺。1979年，依托荣昌祥西服的制作工艺，奉化市成立了第一服装厂，王永华为特聘技师。1992年，王永华成立“奉化市荣昌祥制衣有限公司”，并重新注册了“荣昌祥”这一品牌商标。1996年，王永华之子王朝阳继承了荣昌祥制衣有限公司，并将公司发扬光大，斥巨资建造一流厂房。荣昌祥品牌经历了百年历史，在五代传人手中得到了传承，见证了宁波奉化“红帮裁缝”的历史变迁。

1.第一代创始人——王才运

浙江宁波奉化是“红帮裁缝”的故乡，江口街道王溆浦村在清末民国初期涌现了一批勤劳经营的裁缝人，较有代表就是该村的王才运（图5-20）。1879年生于王溆浦村，13岁跟着父亲到上海当学徒学裁缝，自幼聪敏机灵，在父亲悉心传授和谆谆教诲下，从“包袱裁缝”做起，刻苦钻研服装技艺，稍有积蓄，先在上海的浙江路与天津路忆鑫里附近，租借店面，开设了“王荣泰洋服店”，积累了一定资金后，于1902年，王才运与同乡王汝功、张理标三人合伙，在上海南京东路782号开设了“荣昌祥呢绒西服号”，因服务周到、技艺精湛，规模逐渐扩大，1910年，荣昌祥店址迁至上海的南京路与西藏路口（今上海一百）。1916年王才运与孙中山先生一起研制出了被尊为“国服”的第一套中山装。自此，“奉帮裁缝”的美誉传遍海内外，1919年，王才运被选为上海市南京路商界联合会会长。

图5-20　第一代创始人——王才运

荣昌祥的伙计学徒大都来自本乡的奉化王溆浦村，有子侄辈的，也有外甥、外甥婿等亲戚。王才运深知“功以才成，业由才广”的道理。他以长辈身份，从严管教，除了亲自传授西服知识外，还聘请教师在业余时间讲授国文、外语、珠算、账册等知识。所以，荣昌祥的职工学徒不仅技艺俱精，而且能熟练地运用英语与外国人对话，经营业务上本领过硬，为日后自办企业、独立经营打下了扎实的基础。1919年的“五四运动”，1925年的“五卅惨案”，掀起了轰轰烈烈的反帝爱国运动。在风起云涌的革命浪潮中，王才运积极响应，领导商界参加罢市斗争，竭力抵制日货，提倡国货。1926年春，王才运决定弃商归里，将经营了二十余年，正处于鼎盛时期的“荣昌祥”给侄女婿王宏卿管理，并把大部分资产以分红形式分给门徒，让其自立门户。这对上海西服业的发展起了十分有力的推动作用，也被誉为上海西服业的鼻祖。

2.第二代传人——王宏卿

王宏卿（1900—1972），宁波奉化王溆浦人，15岁时奉父命到上海，投奔族叔王才运的“荣昌祥”当学徒。在王才运的严格训导下，王宏卿发奋学习，技艺长进，业务过硬且英语熟练。三年师满后，在荣昌祥当营业员，工作认真负责，深得王才运的喜爱。1925年后，受师傅委托，悉心改进企业经营管理，开拓团体制服业务，发展西服生产，扩大呢绒批发，使荣昌祥保持了兴旺发达的景象。

20世纪30年代初，荣昌祥被迫迁址后，王宏卿精心装修，调整经营范围，派遣高徒去日本学习西服，长期订购欧美西装新样本，了解世界流行款式，使荣昌祥的工艺、质量、款式不断进步，走在同行前列。1937年抗战爆发，王宏卿会集同业亲赴内地，筹建被服厂支持抗战，提供后勤服务，共赴国难。1945年抗战胜利后，王宏卿回到上海，继续主持荣昌祥的业务，悉心整顿，重振旗鼓，恢复传统经营特色。王宏卿担任上海市西服业同业公会理事长时，殚精竭虑，奔走协调，创办上海市西服职业学校，培养西服技术人才。1949年上海解放后，王宏卿积极参加社会活动，曾任西服业同业公会主任委员。

3.第三代传人——王汝珍

1950年，王宏卿将荣昌祥经理的职务交给了儿子王汝珍，遂成荣昌祥第三代传人。1954～1955年，国家对私营企业实行“利用、限制、改造”政策，1956年开始公私合营。1959年7月，王汝珍回到家乡宁波王溆浦村。1960年，王汝珍将荣昌祥西服制作工艺传于侄孙王永华，由王永华继续传承和发扬荣昌祥的传统工艺和精湛技艺，王永华制作的西服在当地也是极有名气。1979年，依托荣昌祥西服制作工艺，奉化市第一服装厂成立，王永华为特聘技师。

4.第四代传人——王永华和第五代传人王朝阳

1996年，王永华之子王朝阳，在继承和发扬先辈优良传统的基础上，大胆改革创新，广纳人才，引进先进设备，投入三千多万建造一流厂房，专业生产荣昌祥服饰，将荣昌祥进一步发扬光大，使公司步入了快速发展的轨道，成为奉化市品牌深厚、影响广远的大中型服装企业。

（二）品牌特色

1.运行机制

制度化是一个企业向规范有序变迁的过程，也是其组织发展成熟的过程。许多红帮企业家意识到建立健全组织管理系统是企业制度化运行的前提保证。20 世纪20年代中后期的荣昌祥职工总数已达一百多人，而且荣昌祥经营业务繁多，除定制外还销售呢绒、衬衫、皮鞋等各类西服配套用品。为了强化科学管理，荣昌祥老板王才运对传统家族式管理中责权全部集于老板一身、责权不清的状况进行了改进，建立起严密的组织管理系统，让店铺施行制度化运行。王才运采用分设部门、分级管理的方法，使店铺的职员层级清晰、分工明确。在总经理和副经理下面分设五个部门，分别为订货部、零售部、批发部、陈列部、财务部。正是这种分设部门、分级管理的方法，使荣昌祥的各项业务都井井有条，成为当时规模最大、业务最完备的西服名店。在具体管理措施上，红帮西服店都制订出各种规章，如荣昌祥就明文制订了18条店规，从店员的待客礼仪到个人的行为规范都有具体要求，每个店员要严格执守。而在客户定制业务方面，不同的店铺根据需要再制订各种详细的订单。

2.人才培养

红帮西服店老板理解人才对于西服店生存与发展的重要性，因此对人才的培养与引进尤为重视。首先在人才培养方面，运用先进的学校教育提升员工的技术与素质。如早在20世纪20年代初，荣昌祥老板王才运就开办夜校学习班，聘请专业教师传授店员国文、英语、国民基本常识、地理、伦理、基本绘画知识、珠算、财会、账务等知识（图5-21）。不仅提高了店员财会等方面的基本业务能力，而且还提高了整体文化素养，弥补了大部分学徒由于家庭经济原因导致的文化水平较低的局限。国文常识的熏陶与英语水平的提升，使店员接待中外顾客都游刃有余，给顾客留下了良好的印象，与不少名人建立了长期的客户关系，实现了不菲的业绩。红帮西服店技工裁剪专业水平的提升也不再局限于传统的学徒式传授，如上海市西服业同业公会从20世纪30年代就开始创办西服裁剪学习班，并以西服名店“宏泰”老板顾天云编写的《西服裁剪指南》（1933年）为教科书，希望提升整个行业的裁剪水平。许多西服名店的老板都派得意门徒前去学习，如“培罗蒙”戴祖贻、“荣昌祥”胡沛天都先后都参加过学习班，通过培训，业务能力显著提高，之后都成为西服店的骨干力量。此外，红帮西服店老板还遣派店员出国进修学习，如20世纪30年代，“荣昌祥”老板王宏卿遣派副经理蒋月卿到日本学习先进的西服工艺与管理，学习时间长达一年半。归国后，蒋月卿就协助王宏卿对荣昌祥的业务进行了全面调整，使荣昌祥在激烈的西服市场竞争中占据优势。

3.团体定制

1925 年王宏卿接管荣昌祥后，将目标市场扩大到工人、学生和军人，这些业务并非高级定制而是批量生产，多为团体制服，制服加工省事而且数量庞大，有利于迅速积累资金。随着国内西服店数量的增加，市场对呢绒的需求量也迅速加大，王宏卿便看准了呢绒批发这块市场，向上海市内以及其他各省市的西服店铺提供充足且高档的呢绒。

国文教材图

国民常识教材图

地理教材

基本绘画常识教材

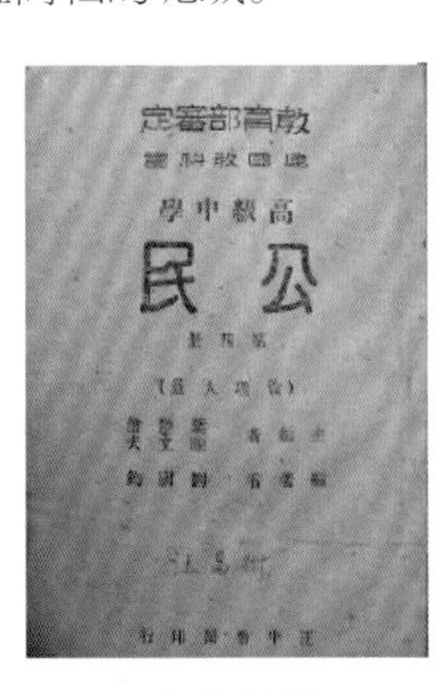

公民教材

图5-21 荣昌祥夜校学习班教材

4.扩大产品线

1937年日本发动全面侵华战争，一时间国内的军需产品极缺，于是王宏卿又在武汉创办了一家军用专业工厂——华商被服厂，主要生产军服、被子、绑腿带、军帽和军官穿的粗呢、华达呢等毛料呢制品服装，补充了上海西服店因战时影响的资金不足，也为抗日战争出了一分力量。抗战胜利后，王宏卿回到上海，重整旗鼓恢复荣昌祥业务。为适应当时市场对雨衣的需求，又开办华东雨衣厂生产“泰山牌”雨衣。

四、朋街（Bong Street）

上海朋街服饰有限公司原名朋街女子服装商店，是一家专营女式时装的老字号特色企业，朋街这一品牌创始于1935年，是一个德国籍犹太人立西纳创办的，创立于“十里洋场”的南京东路61号2楼。为了表达对家乡的思念，用了他家乡的一条小街“Bong Street”作为店名和品牌，中文译音叫“朋街”，汇集了当时许多技术相当精湛的裁缝高手，拥有一支身怀绝活的技术队伍，宋长富的晚礼服、李万胜的衬衫、傅振堂的羊绒大衣、曹永泉的铜丝盘花纽扣、邹顺章的旗袍，其工艺之精湛、造型之美，在上海堪称一绝。当年的品牌创始人立西纳在经营中又借鉴了当时盛行于欧洲的时装展览，每年春秋举办流行时装发布会，并请外籍模特走台，推出欧洲最流行的时装款式陈列于商场，供来宾观赏定制（图5-22），一时名声大振，吸引了沪上各国时髦女郎注目，许多社会名流也慕名而来，朋街礼服、时装成了当时女士们的心仪之物。20世纪30～40年代，朋街曾是海派时装的标志。抗日战争结束后，立西纳萌生了强烈的思乡之情，遂将朋街出让给领班张新远、张根挑叔侄俩，但是社会动乱不已，朋街只是勉力维持。新中国成立后，朋街于1956年实行公私合营，搬进了现址，南京东路154号整幢楼房，并增添了十多名各有绝技的老师傅（图5-23）。

图5-22　陈列于商场供来宾观赏定制

五、真挚服

（一）真挚服发展历程

真挚服源于1918年，上海百年明星定制店，秉承典雅高贵的传统，创造完美无瑕的品质，以追求臻善臻美的执着及专业精神，传承至今。上海真挚服主要从事西装、衬衫、领带等的定制，公司以职业的精神和创新的产品，致力于为客户提供全面满意的服务，依托强大的研究力量，为客户创造最大价值。真挚服的专业员工不仅能参与顾客的西服设计，还能给出配饰上合理得体的推荐。真挚服老板早先在日本工作，所以技术上大量使用了日式风格，目前该店仍然为日本本土的定制服装店提供手工制作服务，剪裁方式为日式融合欧式，采用世界一流品质面料，再配以单独裁剪和精细手工缝制，量身制作（图5-24）。在工艺上采用传统的手工缝制和先进设施，不仅仅是二百余道工序的完成，配以最合适的辅助材料也至关重要。一直以来，真挚服荣受世界顶级品牌世家宝的超细5 tex（200s）“AND VICVNA”和6.7 tex（150s）22K黄金线等特种限量面料的供应，以先进的技术、可靠的质量、快捷的供货、特惠的价格、周到的服务让顾客得到满意的收获。

图5-23　朋街旧貌

图5-24　真挚服店铺陈列

（二）制服定制

真挚服提供西装上衣、衬衣、马甲、西服套装、夹克、风衣等制服类定制，有上千种不同价位的高端进口优质面料供选择，量体裁衣，可上门服务，终身免费调整、修改尺寸（图5-25）。款式设计则分为设计师推荐和杂志指定款式两种，定制方式有顾客前往门店或在线定制。

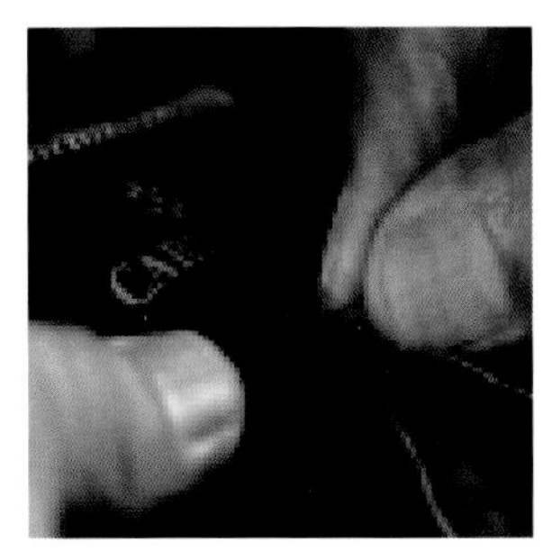

制服定制合作商户

图5-25　真挚服制服定制

第三节　香港传统定制品牌

20世纪中叶是红帮裁缝再次拓展海外市场的一个重要时期。由于20世纪50年代中国大陆的社会生活面貌发生了巨大变化，服装款式种类由丰富趋向单一，服饰的对外交流基本中止，中国服饰陷入了一个封闭的、在服饰时尚方面波澜不兴的收敛时期。历史的变更致使红帮裁缝大规模从上海移师香港和海外各地寻求发展。当时上海有一半以上的红帮店放弃大陆的店铺，移居香港，白手起家。例如，一些培罗蒙的红帮高手追随老板许达昌来到中国香港，初到香港条件艰苦，只租赁一间非常简陋的小屋子作为师徒夜间的工作场所，白天在外面到处接生意。初到香港的红帮裁缝再次发扬了半个多世纪前先辈“拎包”时代的艰苦奋斗精神，在没有固定店面的状态下打拼天下，海外的奋斗再次迎来了事业的高峰。以培罗蒙为例，成熟精湛的西服制作技术、先进的经营管理经验很快为培罗蒙赢得了香港富商大贾的顾客群，包玉刚、邵逸夫、李嘉诚、荣智健等都成为常客。到香港不到两年，许达昌就在香港思豪酒店二楼开设门市部，1966 年又将店面迁到香港金融商业中心的购物名街皇后大道的太古大厦（图5-26）。期间“培罗蒙”立足香港，面向世界，又向日本等地拓展。1950年由老友顾天云引荐，许达昌着手将“培罗蒙”的分店开到日本东京，由原培罗蒙经理戴祖贻经营。戴祖贻先把“培罗蒙”的店铺开设在日本东京顶级大饭店帝国饭店，专为日、美、英、法、意等国的政界要人定制高级西服，后又在日本东京、冲绳等地开设6家培罗蒙分店，扩展更多消费层次的顾客人群。

图5-26　位于香港的培罗蒙

红帮裁缝于20世纪50年代大规模移师香港市场，无疑对香港服装业的发展起到巨大促进作用。在1940年之前，香港几乎无服装制衣业可言，至30年代只有几家“家庭式的山寨厂”。上海大批红帮裁缝移师香港后，香港制衣业迅速起步。1950年有制衣机构41家，1955年增至99家，1960年增至970家，1965年达到1510家。20世纪60年代，香港的制造业取代转口贸易业的主体地位，其中制衣业占整个制造业GDP的三分之一。70年代初成衣出口值已达43亿，80年代进入黄金时期，出口总值跃居世界成衣出口之首，1990年出口总值超过了100亿元。陈瑞球在《香港服装史・序言》中说：“制衣，替本港工业创造了奇迹”，1992年印行的《香港服装史》明确指出：“香港西装与意大利西装同被誉为国际风格和最精美的成衣，全因香港拥有一批手工精细的上海裁缝

师傅。”现香港健在的红帮裁缝仅存二十余位，如车志明、蒋家埜、尉世标、吴国华等，港九洋服商联会、香港服装业总工会中的成员多为红帮传人，担任商会、工会的要职人员也多为红帮名手，如港九洋服商联会名誉会长车志明、理事长许建成，香港服装业总工会主席冯万如、秘书长林庭等。

红帮裁缝于19世纪中晚期顺应时代潮流，主动把握海内外商机，率先进军海内外西服市场，并以早期的海外西服开拓市场优势促进国内西服业的发展。20 世纪上半叶，以贯通中西的技术和经营管理的竞争优势，快速大规模占领国内西服市场，其行业规模、技术、管理水平可与当时国际西服业媲美。20世纪中叶，红帮裁缝移师海外，引领了香港服装业的腾飞路，将“红帮”声誉名扬四海，近年来香港开始涌现了如邓达智、马伟明、郑兆明等一批具有国际影响力的著名时装设计师，他们发挥国际视野和中西结合的创意理念，在国际时装舞台上有了一席之地，打造了“香港时装设计”这一群体品牌，而香港时装周也是世界时尚领域不可或缺的舞台。由于香港是一座极富现代感、注重传统而又崇尚现代、中西文化交融的城市，定制者的社会背景、着装审美、价值取向等决定了香港高级定制服装的设计风格，其设计特点是秉承优良传统，融贯中西文化，产品的商业性、实用性、艺术性并重，强调在国际化、市场化之下，结合传统元素和西方时尚理念进行创意设计，少有华而不实的设计。如今，一些红帮名店依然在香港林立如培罗蒙、恒康呢绒、老合兴、W.W.Chen&Sons等，岁月的沧桑并未洗刷掉曾经夺目的光彩，这些红帮西服店不但在20世纪中叶一度引领香港制衣业的腾飞路，在21世纪依然占据香港高级定制业的高地。

一、亚民兴昌

亚民兴昌成立于1898年，拥有118年历史，是香港最早成立的高级定制品牌之一，地址在香港文华东方酒店阁楼M10（图5-27）内，亚民兴昌的师傅大多来自上海、广东两地。亚民兴昌的西服制作全部采用英国进口布料，西服是正统的英式风格，在香港回归之前，多任港督都在亚民兴昌定制西服。

图5-27　亚民兴昌旧貌

亚民兴昌定制无须预约，到店后由裁缝量身，如果届时有其他客人在场则需等待。制衣过程至少需经过两次试衣（图5-28），为每个顾客单独制板，并且保留顾客的量体数据，最快需要一个礼拜才能取衣。两件套价位约为17000港币，加马甲4000港币起，三件套约22000港币，衬衫约为2000港币。亚民兴昌的手工锁扣眼工艺相对其他传统高级定制品牌较慢，所以顾客如果要求手工锁扣眼，需等待更长的时间。

二、惠利洋服（William Yu）

图5-28　亚民兴昌西装毛壳

惠利洋服是一家在半岛酒店经营了80年的老牌裁缝店，是半岛酒店里驻店时间最长的裁缝店。创办人余先生是上海红帮裁缝大师，1900年余先生因躲避战乱而移居香港。1928年香港半岛酒店开业后，余先生于次年在半岛酒店建立“惠利洋服”缝纫店。创始人余先生（William Yu），出生于上海。迈克尔·庞恩（Michael Poon）是余先生自20世纪50年代起唯一的徒弟，现在是该店的总经理。

半岛酒店是香港最顶尖的酒店，入住酒店的客人非富即贵。惠利洋服为众多世界500强企业高管及国际大牌明星定制衬衫，其中包括可口可乐公司总裁、中资集团高管及尼古拉斯·凯奇（Nicolas Cage）等。惠利洋服选用顶级的意大利、英国米尔斯羊毛和羊绒，每年两次旅行到美国、欧洲和日本接收订单，为顾客测量尺寸。惠利洋服除了量身定制业务外，更为国际品牌服装提供原材料、款式设计及生产加工服务，在东南亚及中国大陆拥有数十家服装工厂，生产工人超过五万余名（图5-29）。

图5-29　深圳“领秀”与香港“惠利洋服”联姻

三、诗阁（Ascot Chang）

（一）诗阁诞生

张子斌出生于浙江宁波，14岁来到上海跟随一位老裁缝学艺，这位师傅当时的客人都是名流商贾。经过十多年的学徒生涯，1949年，张子斌带着仅有的10美金来到香港淘金。一开始，寄宿在亲友家中，靠上门推销为顾客定制服装。1955年，位于尖沙咀金巴利道的第一家“诗阁”店正式开张，在当时的香港，张子斌只是众多南下的上海裁缝之一，由于其他裁缝觉得衬衫利薄而专注于西装，因此便给擅长衬衫定制的张子斌让出了一片天空。1963年，张子斌获邀入住半岛酒店，开设了第二家分店，凭借半岛酒店非富即贵的客源，诗阁的名气与生意都开始蒸蒸日上。

1967年，香港出现暴动，游客大量减少，依赖半岛酒店客源的诗阁受到影响，但这次危机却成为诗阁走向全球市场的契机。当时环球旅行定制是英国、意大利定制名家必然提供的服务，张子斌与几个同行商议一同前往波士顿，为美国客户提供上门定制服务，不但解了燃眉之急，而且也和英国、意大利的同行们站在了同一起跑线上。之后，纽约57街与洛杉矶比弗利山庄分店的开张，更使其在国际上有了固定的消费阵营，无须依赖每年一次的旅行定制。经过几十年的苦心经营，诗阁已经发展成为以香港为核心加工地，拥有遍布世界7间专门店（香港、上海、纽约、洛杉矶）的规模（图5-30、图5-31）。如今，福布斯富豪榜上有超过15%大富豪是诗阁的客户，证明诗阁开拓美国市场的成功，客人更包括美国前总统尼克松与老布什、建筑大师贝聿铭、香港大亨邵逸夫、李嘉诚、中信泰富主席荣智健、香港财政司司长唐英年、澳门金沙酒店老板谢尔登·阿德尔森（Sheldon Adelson）、设计大师汤米·希尔费格（Tommy Hilfiger）、金融界大亨亨利·R. 克拉维斯（Henry R.Kravis）等。许多名人往往定制一次就是一两打服装，比如当年邵逸夫就经常在半岛酒店喝完下午茶后，和方逸华一起来这里定制衬衫，而且永远都只要纯白色。

图5-30 金巴利道34号第一家诗阁店

图5-31 第一家国际分店在纽约57街

（二）品牌特色

1.熟记顾客信息

诗阁半岛酒店店的熟客只要在进门的那一刻起，店铺经理就会热情地叫出顾客的名字，并要求对熟客定制过的款式也熟知。诗阁要求五六年前定制过衬衫的客人名字都被熟记。在诗阁位于香港红勘工厂的资料库一排排整齐的木架上，放满了七八万名客人的纸样，只有离世或者10年内没有定制过衬衫的资料才会被销毁。客人无论是在全球哪一家诗阁店定制衬衫，其数据最终都会被传回红勘的工厂制作，因为诗阁在全世界只有一个生产地。很多熟客都是通过电话或Email的方式来下订单，告知店铺所要的款式及颜色，而制作好的衣服也通过邮寄到客人手中。一件衬衫的定制周期在2～3周。

2.极致工艺追求

诗阁的面料有五千多种选择，有瑞士阿鲁姆（Alumo）、意大利太丝特（Testa）、英国托马斯·梅森（Thomas Mason）等品牌，而且许多品牌的顶级面料在香港都是“诗阁”独家专用。所有面料全部是进口的高档面料，都经过丝光处理及预缩整理，稳定面料的缩水变形，既结实又轻柔精细，穿着舒适，而且泛着丝绸一样的光泽。此外，特有的每英寸22针的单线缝制法，可以保证衬衫即使经过多次洗涤也能完好如初。纽扣都是经过手工筛选的纯色贝母，缝钉上去的针数，也比一般的衬衫多一倍（图5-32）。

四、W.W.Chan&Sons

20世纪的旧上海，黄浦江边聚集了一批裁缝，自幼学徒出身，经过几十年的严苛训练，技艺炉火纯青，各方名流才俊无不以能穿一件他们制作的衣服为荣。因为这些人大多来自宁波鄞州、奉化一带，上海人就称这些师傅为“奉帮裁缝”，因为吴语“奉”和“红”同音，因此最后

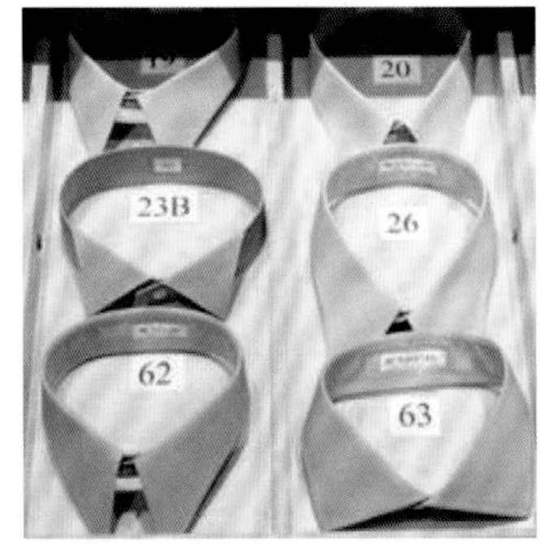

图5-32 诗阁衬衫用料工艺

图5-33 W.W.Chan&Sons上海旧址

演变为“红帮裁缝”。陈荣华便是来自宁波裁缝中间的一个，他14岁来到上海生利洋服店当学徒，接触了不少外国顾客，懂得了西装行业中常用的英语词汇，同时也学到了一些经营之道。1943年，21岁的陈荣华以优异的成绩毕业于上海市西服工艺专门学校。1950年，辗转到香港，在九龙开办了洋服工厂，当时的客人大多是外籍商人（图5-33）。随着生意日渐兴隆，陈荣华开始每年去纽约、华盛顿、芝加哥等美国大城市主动拜访老客户，接回了一批又一批的名流商贾的订单。1967年，15岁的陈家宁开始跟随父亲学习西装裁剪、打样等工艺，7年学成之后又到美国南加州大学商业管理专业学习，大学毕业后陈家宁依然做起了裁缝，1982年父亲退休后正式将店号交给了陈家宁（表5-2）。

W.W.Chan&Sons面料来自世界著名的品牌如杰尼亚、世家宝、诺悠翩雅、贺兰德&谢瑞、切瑞蒂1881等，对于急需的客人，可以在完全保证高品质的情况下，最快5天之内完成所有的定制流程快速交货。一直以来W.W.Chan & Sons都延续着传统的制作工艺，对于新客户一般会被要求试穿3次，并为每个客人保留纸样，所有的定制数据也会存档，方便客人下次定制。另外，W.W.Chan & Sons还为顾客提供“终身保用”的售后服务，诸如钩丝、纽扣脱落等问题都能得到妥善解决。在W.W.Chan & Sons的试衣间里，数面镜子呈多角度环绕一周。

上海茂名南路聚集了很多高级定制店，有一些中国萨维尔街之势。W.W.Chan & Sons就坐落在茂名南路与淮海路的交口处，在上海的店铺中，客人50%是在上海工作生活的外国商人。另外，50%的客人则来自全国各地，对着装品位有一定的要求，也有个性化定制的需求。W.W.Chan & Sons第二代传人陈家宁把父亲的事业重新拓展回了上海，尽管店内有三个裁缝师傅负责量体试衣，但陈家宁每天都穿着考究的西装、衬衫，领带都打点得一丝不苟，当熟客和贵客临门的时候亲自量体。

表5-2　W.W.Chan & Sons发展史

历史时间	事件
1922年	陈荣华（粤音：Chan Wing Wah，简称：W.W.Chan）出生于浙江宁波鄞州云龙镇
1936年	陈荣华在“生利裁缝店”当学徒
1941年	陈荣华在中国第一家西服工艺专门学院的上海裁剪学院注册深造
1943年	陈荣华毕业于上海裁剪学院，并以优异成绩名列三甲，获发荣誉证书
1948年	陈荣华迁往香港，开始为在香港居住的外籍人士提供西服定制服务
1950年	陈荣华在香港成立金华洋服工厂，开始为太古集团的高管们定制制服
1965年	陈荣华在九龙弥敦道开设专营店
1967年	陈荣华儿子彼得·陈（Peter Chan）在店里拜师学艺
1982年	陈荣华老先生退休，公司的营运移交给彼得·陈
1986年	朱华苗先生（Mr. Patrick Chu）加入W.W.Chan & Sons
1987年	W.W.Chan & Sons 的女装部命名为 Irene Fashion
1989年	W.W.Chan & Sons 在深圳开设荣泰莱服装有限公司，设立第一家洋服工艺培训中心
1990年	W.W.Chan & Sons在深圳开设洋服店，最高峰时拥有三家洋服店，荣泰莱服饰有限公司的裁缝师多达200名，红帮工艺的传承与实践同时得到延续，为日后在国内的发展奠下基础
2002年	W.W.Chan & Sons 在上海开工厂作坊，并在希尔顿酒店设立第一家专营店；同年，在上海成立严格出品的衬衣制作工厂，每月平均生产逾千件高品质定制衬衣
2003年	Mr. Patrick Chu出任W.W.Chan & Sons香港店的总经理；同年，W.W.Chan & Sons 在上海茂名南路设立专营店，为后期上海市政府将茂名南路（锦江饭店路段）发展成“高档西服定制一条街”（中国的萨维尔街）作出标志性的贡献
2010年	W.W.Chan & Sons在上海南京西路的上海商城波德曼丽嘉大酒店（Portman Ritz-Carlton）开设分店

第四节　北京传统定制品牌

新中国成立初期，北京服务业可以用“全无行业”来形容，全市服务业仅有两万多家，其中一半是饮食业，鸡毛小店、通铺大炕、食品担子、剃头挑子以及提篮叫卖的串街小贩，支撑了人们的日常生活。而上海却早已是另一番天地，由于开埠早且租界云集，20世纪20年代上海就有“东方小巴黎”之称，时装、发型和各种商品的潮流都与欧洲同步。上海南京路上先后成立了先施、永安、新新、大新四大百货公司，不但装潢考究、橱窗争奇斗艳，而且聚集了全世界几千种商品，号称没有顾客买不到的东西。除四大百货外，南京路上还经营着许多高品质的专营店，上海的商业早已脱离了小作坊的经营模式，逐渐发展为规范化、大规模的现代商业和服务业。在欧风美雨下浸润的上海，比遗老遗少聚集的北京时尚得多。20世纪20年代起，上海女性就开始烫头，旗袍的款式也是一年一变，穿西装皮鞋的摩登人士更比比皆是。为了改变北京服务业落后的面貌，适应日益频繁的外交活动，更好地服务中央和北京市民，1956年周总理提出“繁荣首都服务行业”的号召，遂有大批服装、照相、美发、洗染、餐饮等上海名店陆续迁京。

接到周总理指示后，北京市政府马上让北京市第二商业局与上海市第一商业局接洽，北京服装公司经理连方、副经理兼上海迁京联络组组长方华和业务科长万家骥前往上海考察服装业，研究上海知名服装店迁往北京事宜。经过考察，北京方面确定了包括“鸿霞”“造寸”“万国”“波纬”“雷蒙”“蓝天”等在内的21家服装店支援北京，这些店均是上海一流的服装店，且无一例外开在上海的核心商业区。北京方面给出优厚的条件动员上海服务人员前去繁荣北京服务业，不但负担上海来京人员的路费，提供来京后的住宿，而且保证来京人员原有工资不变，并承诺在一年之内把家属全部调入北京。面对优厚的待遇，“红帮”师傅们纷纷踊跃报名，被挑选上都感到很光荣。上海服装业一共迁来21家服装店，208人。当期的《北京日报》以“适应首都人民改进服装的需要上海20家著名服装店迁到北京”为题写了一篇报道。文中写道：“上海的蓝天、造寸、万国、鸿霞、波纬等二十家著名的时装西服店，已经迁到北京，改为地方国营。为了满足首都人民改进服装花样的要求，将大量制作经济、适用、美丽、大方的新式服装。”

北京作为一座历史悠久的文明古都，全国政治、经济、文化中心和对外交流中心，又是世界闻名的现代化国际大都市，官方正式社交活动和大型文化艺术活动为北京高级定制业的蓬勃发展提供了土壤。北京有二百多家服装设计工作室从事定制业务，其中相当一部分为“高级定制”工作室，专门在CBD、中关村地区，为名人提供单件高级定制和影视剧装的设计服务。悠久的传统文化积淀和国际时尚潮流的融汇，再加上官方正式社交活动、大型文化艺术活动相对较多，决定了北京高级定制市场的消费特征以及服装设计特点，出席各种社交礼仪和文艺活动的定制服饰设计风格紧随国际潮流的脉动，讲究极致奢华、端庄文雅、品位非凡。同时，传统中式服装的定制也具有较大消费市场，此类服装设计与制作工艺的特点较注重对中国传统文化的传承，设计理念注重人文精神的表达，制作手法与工艺注重传统工艺的表现，整体设计特征奢华而兼具民族特色，民族情愫更深入骨髓。虽然每套高级时装的定制价格不菲，但由于其个性的设计、别致稀缺的面料、精湛的工艺，吸引了不少客户，使定制产业在北京已初具规模。

一、红都

北京市红都时装公司由1956年3月从上海迁京的波纬、造寸、蓝天、雷蒙、红霞、万国、金泰几家服装店和中央办公厅附属服装加工厂合并组建而成（图5-34、图5-35）。自成立以来，红都一直为中央领导和国内外政经界、文化界等知名人士定制服装，红都曾为毛泽东主席、周恩来总理等领导人定制服装，在当时是中国服装界第一名牌，并独家承担全国人大、政协两会代表的制装任务，享有很高的声誉，堪称中国服装界“皇家品牌”，红都多年来一直在制衣行业保持着高超的工艺技术水平，并成就了一个时代的辉煌。

图5-34 1973年“红都”旧址

（一）红都发展演变

1.红都发展历程

五十多年前第一家红都服装店在北京诞生，标志红都正式面世，企业坚持个性化成衣定制服务的可持续发展道路，在国内服装行业始终采取“个性化量身度制”的业务模式，依靠品牌设计、信息化和人才队伍建设，在激烈的市场竞争中形成了自己的核心竞争力，获得令世人瞩目的成就。红都有悠久的历史（图5-36），从红帮裁缝开始发展，后来到上海和日本发展，开始做西服，形成了波纬等服装品牌，这些公司迁到北京之后合起来组成了红都。红都是中国民族服装品牌，也是中国唯一有着几十年历史的国有服装品牌，红都品牌的起源和几十年的历史文化积淀，奠定了红都在中国服装界的特殊地位，红都也曾荣获中华老字号“中国高级成衣定制第一家”的荣誉。目前，北京红都时代服装有限公司是以“红都”品牌为龙头，拥有红都、蓝天、造寸等服装企业，其中红都、蓝天、造寸、华表、双顺等都是有着五十多年至一百多年历史的老字号企业和知名品牌，现已发展成为集服装、纺织、商业、批发、零售等为一体的跨行业综合性国有企业，年生产能力50万件套。

图5-35 1956年“红都”迁京

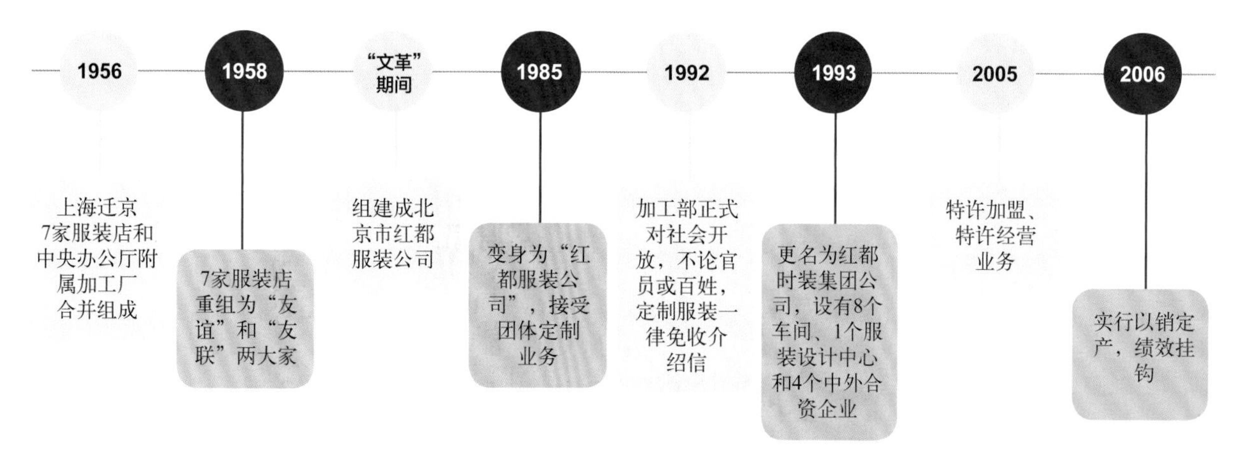

图5-36 “红都”品牌发展历程

2.红都的政治影响力

从共和国“高端定制第一家”到以服装为主业的企业集团，从计划经济时代的宠儿到市场经济大潮中的呛水者，再到弄潮儿。红都摘得无数荣耀，也经历过风雨阵痛，如今又走向新的鼎盛。红都作为民族服装品牌的代表，不仅传承了红帮技艺，而且见证了新中国的发展历程。从中共八大开始，红都承担了历次党代会的国家领导人制装的重任，在中国经历的许多重大历史事件中，红都作为民族服装品牌，都承担了制装任务，有幸成为这些重要事件的见证者。

3.红都名人坊

红都是有历史的企业，给四代领导人都做过服装。20世纪50年代开始从上海迁往北京，迁往北京的主要任务就是为了给中央领导和外交官服务。当时新中国刚成立，北京定制相对比较缺乏，领导人和出国人员的服装都由红都承担制作。最早给毛泽东主席制作服装，一般是请师傅到香山去给毛主席制装，就是从那时开始，这个传统一直延续下来。80年代前到红都做服装要凭介绍信，基本不对外，只为领导人制装，且需要省一级的介绍信才给定制服装。

（二）品牌特色模式

1.经营模式

在经营模式上，为尽快扩大销售规模，红都采取了特许加盟的扩张方式。由于红都最大特点是量体裁衣，在选择加盟商时，会优先选择有这方面专业经验的合作伙伴。而且对加盟商的要求非常严格，选好合作伙伴之后，必须到北京的红都总店进行系统培训。从技术到服务都要经过总店严格的训练才能正式展开业务。为统一全国各地生产的所有产品品质，红都的面料都由北京总部统一供应。当地的师傅测量之后把尺寸传到总部，由红都总公司制衣，在当地修改调整（表5-3）。

2.定制流程

红都拥有上千种面料，包括意大利进口高级面料、国内高档面料。选用的高支高密度的面料，手感细腻柔顺，弹性良好，纹理清晰，光泽自然柔和。红都高级定制通过多种渠道预约定制方式，技师根据顾客的需求提供定制建议，提供免费上门的量体服务，服装制作过程中拥有试样环节，并且提供良好的售后服务。

红都团体定制分为前期沟通、样衣制作、合同签署、特色量体、下单生产、供货六步。“红都”保证了每件服装都是量身定做，不管体型如何，都能保证合身得体。精选高支纱面料、进口面料和包芯线，让服装更舒挺耐穿。通过独特的服装定制模式简化传统定制中间环节，使服

表5-3 “红都”品牌加盟制度

加盟形式	加盟商	代理商	销售代理人
简介	1. 在地级市以上市中心商业区开设专卖店，并展开定制业务 2. 在销售红都套装的同时，在区域内开展职业装定制业务，红都提供后援支持	1. 以代理红都产品的独立公司加展示厅的方式运营 2. 红都提供差异化的职业装产品、整套的企业CIS系统及企业运作模式，以合作伙伴的方式提供产品业务、技术、生产、管理支持	代理人拥有良好的社会关系，红都提供相应配合，促成订单的合作关系
加盟费用	加盟费、保证金	加盟费、保证金	保证金5万元
具体要求	1. 20万以上流动资金及2年以上服装定制实操经验 2. 认同红都品牌文化及经营模式，具有品牌意识和管理经验 3. 具有良好投资心态、风险意识、创业开拓精神及良好的组织管理能力 4. 具备良好的沟通能力及社会关系 5. 具备良好的个人品质和社会信誉 6. 有熟悉电脑、电子商务的专业人才及相关配置 7. 具备较稳定的客户群体	1. 有基本公司机构设置、备10万以上投资实力和良好办公环境、稳定的从业人员（1~2名服装专科以上学历） 2. 熟悉职业装定制领域，有一年以上从业经验 3. 认同品牌文化及经营模式，具有品牌意识和管理经验 4. 具有良好投资心态、风险意识 、创业开拓精神组织管理能力 5. 有高素质的量身师傅，可提供精准的量身数据 6. 有熟悉电脑、电子商务的专业人才及相关配置 7. 具备良好的沟通能力及社会关系网，较稳定的客户群体 8. 具备良好的个人品质和社会信誉	1. 具有潜在客户群体的个人 2. 红都提供业务洽谈、设计方案、生产保障、质量保障、服务保障 3. 双方协商作合理利润分成

装的价格更加优化合理，以便为更多的客户提供定做服务。

3.红都特色

红都是在周恩来总理的亲切关怀和过问下，1956年3月从上海迁京的老企业。多年来一直致力于将企业深厚、独特的文化底蕴融入品牌，精工细作、高贵典雅、卓尔不群是红都追求的目标。为几代党和国家领导人制装服务是红都特殊而光荣的任务，悬挂在天安门城楼中央的那件衬托主席领袖风采的中山装就出自红都的高级技师之手。公司拥有一支以高级服装技师为核心、中青年技师为骨干的专业设计、制作团队。这支队伍是几十年来以师傅带徒弟的模式带出来的，是优秀的传统技艺与现代文化、先进技术的结合，人才队伍是保障产品质量的关键。

图5-37 瑞蚨祥门面图

二、瑞蚨祥

北京瑞蚨祥绸布店始建于1893年（清光绪十九年），由山东章丘旧军镇以卖“寨子布”（土布）起家的孟氏家族出资开设，业主是孟子（孟轲）后裔第68代孙孟洛川。无论如今京城里有多少高级服装定制，瑞蚨祥给人的庄重与踏实确实无人可及（图5-37、图5-38）。天安门广场升起的第一面五星红旗的面料就是瑞蚨祥提供。当时北京曾流传着一首歌谣：“头顶马聚源，脚踩内联升，身穿瑞蚨祥。”老字号

图5-38 毛主席为瑞蚨祥题字

分工细致，定制分成高级定制组和普通定制组。如果要定做的是一件承载着重大意义的旗袍，希望加进去手工刺绣图案，那就选择高级定制；如果是平时穿或者参加一些普通宴会的旗袍，那就选择普通定制。顾客选好定制的种类后，店内的定制师傅会向顾客提出专业的定制款式和面料选择方面的建议，如果顾客选择高级定制，师傅会向顾客展示旗袍样图，在双方商榷完毕之后，店内的量体工作就结束了，剩下的工作就交给车间技师来完成（图5-39、图5-40）。

图5-39　瑞蚨祥旗袍

图5-40　瑞蚨祥旗袍面料

“瑞蚨祥”的定制种类有普通定制、无手工刺绣的高级定制和加入刺绣的高级手工定制三种。普通定制的定制周期约为10天，其中包括定制开始7天后的一次试衣；高级手工刺绣定制周期按照刺绣图案不同，半个月到半年不等；无手工刺绣高级定制的周期为10天并包括1次试衣。如果顾客的身材比较特殊，则会进行2次或者更多次试衣。整个店内的面料都以传统旗袍面料为主，没有新式面料的引进，在普通定制时不接受顾客自带面料。

三、隆庆祥

（一）隆庆祥发展变迁

隆庆祥有着悠久的量身定制文化，其历史可追溯至明朝，因工艺精湛、裁作舒适，隆庆帝欣悦之余亲书“袁氏裁作” 以示嘉奖。乾隆年间，袁氏第九代传人袁士杰在京城开办“袁氏制衣坊”得乾隆帝赐书“天庆祥瑞”；为感念皇恩，将祖上裁作衣物的裁案制成匾额，改字号为“隆庆祥”。至清末，时局动荡，袁氏先祖远涉重洋，系统学习西方制衣技法。20世纪90年代，袁氏后人在中原恢复祖上老字号“隆庆祥”。历经多年发展，2011年8月28日正式于北京复业，2013年11月北京前门大街老店原址重张（表5-4）。隆庆祥经过二十余年的创新经营和稳健发展，已发展成为以专业量身定制高档西装、衬衫等为主营业务，兼营多种服饰类产品，集设计、研发、生产、销售于一体的综合性服装服饰企业。旗下拥有“隆庆祥”高端私人定制和“蒂夫曼”商务装定制品牌。

表5-4　隆庆祥历史大事件

历史时间	事件
明朝嘉靖年间（1522～1566年）	袁氏先祖以精湛的裁缝手艺名噪京华
明朝穆宗年间（1537～1572年）	袁氏因制衣技艺精湛并深得隆庆帝喜爱，曾得赐御封“袁氏制衣”
清朝乾隆年间	袁氏第九代传人袁士杰在京城开办“袁氏制衣坊”得乾隆帝赐书“天庆祥瑞”；为感念皇恩，将祖上裁作衣物的裁案制成匾额，改字号为“隆庆祥”
清朝末期	时局动荡，袁氏先祖远涉重洋，系统学习西方制衣技法
1995年9月	袁氏后人恢复祖上老字号“隆庆祥”，成立隆庆祥针纺时装有限公司
2011年8月	隆庆祥复业北京，实现百年回归梦想
2011年9～10月	隆庆祥南京旗舰店、石家庄店盛大开业，布局全国市场
2012年起	连续在中国革命军事博物馆组织百名将军书法展
2013年11月 2013年12月	隆庆祥前门老店原址重装 隆庆祥被授予“中华老字号”会员单位
2013年12月 2013年12月 2015年 2015年5月 2017年8月	隆庆祥连续5年在国家大剧院组织新年音乐会，连续4年在钓鱼台国宾馆组织新品发布会 隆庆祥被国家给工商总局商标局授予“中国驰名商标”称号 隆庆祥被认定为省级企业技术中心 隆庆祥被北京老字号协会认定为“北京老字号” 隆庆祥传统西装制作技艺入选第五批北京东城区级非物质文化遗产代表性项目名录

隆庆祥品牌定制产品，男装为主，女装为辅，以西服等商务正装为依托，研发制作中山装、青年装、礼服等中西式服装。随着隆庆祥品牌在服饰零售上的成功经营，又成功推出衬衣、礼服等系列定制产品，产品生态链日趋成熟。在定制方面，隆庆祥主要推出个人高端私人订制和团体商务装定制两大业务渠道。从品牌战略方面隆庆祥旗下“隆庆祥”“蒂夫曼”等多个子品牌运营。蒂夫曼品牌主要专业从事中、高端商务职业装的设计制作，服务优秀的政、商团体客户。

（二）品牌特色模式

1.品牌运营

隆庆祥通过对品牌历史传承的宣传，让消费者了解隆庆祥是“量身定制私人裁缝”，祖祖辈辈皆为制衣世家，让消费者感觉真实可信，同时向消费者传达西服制衣有406道精致工序，在消费者心目中建立了良好的品牌形象。企业连续5年在中国国家大剧院组织回馈客户的专场新年音乐会，连续4年在钓鱼台国宾馆组织专场流行趋势暨定制新品发布会，连续在中国革命军事博物馆组织百名将军及名家书画展，品牌价值逐年攀升。

2.工艺技术

隆庆祥始终将“量身定制，私人裁缝”“1+1”量身定制的贴心服务作为隆庆祥企业系列产品的核心竞争力，为客户提供从面料选择、款式设计、工艺优化、售后服务的“一站式”尊贵服务。产品采用单人单板、单板单裁、单裁单做，以其独一无二的专属性彰显尊贵荣耀。

隆庆祥传统量身定制西装，强调私人定制理念，与其他新兴品牌与众不同。从流水线上生产出来的成衣最大特点就是尽可能地模糊很多个体体型上的差异，仅量三围、衣长等三四个尺寸，但每个人的身材千差万别，不能用有限的几个标准号码去套用。传统量体定制的魅力就在于其真正的量体裁衣，通过多次试样等方式与客户多次接触沟通，想客人所想，发现并传递属于客户独有的个人形体之美。每套西装都要经过定面料、定款式、制板、裁剪、制作、试样、后整理、取件共8个步骤，均采用406道工序，而且大量工序是手工制作。一般要先后试样1～2次再出成品，经过试样微调，做到精益求精。

3.工匠精神

隆庆祥深谙持久创新对于传承传统文化、复兴老字号民族品牌的重要性，在面对老字号复兴的困境中，积极开拓、创新形式，将老字号的精髓和传承用现代化的经营模式和价值认同进行展现。“量身定制、私人裁缝”就是用现代化的品牌经营，让当代人体验并感受到“以人为本”衣着生活方式的魅力和吸引力，而融入东方哲学和审美理念的产品设计、适合当代人商务及休闲生活的个性定制，更是将国人对中国精神和中国气质的追求变为现实。

隆庆祥一直坚守着祖辈“天眷独厚”的品质观，忠于“顶级专属”的定制理念。“严谨认真、止于至善”“居安思危、防患未然”“一寸布一寸丝物尽其用，不自高不自大量体裁衣”是隆庆祥人一直坚守的企业精神、危机观和祖训，在精益求精中求发展，在居安思危中谋突破。

第五节　其他地区传统定制品牌

传统高级定制起源于红帮裁缝，红帮形成群体之后，日益摆脱小生产者的狭隘性。起初，大多以血缘关系为纽带，其后扩展为乡缘，继而便走向五湖四海，表现出“囊括四海之意”。红帮裁缝纵横驰骋，敢认他乡为故乡，已成为鲜明的群体性格。日本的横滨、神户、东京，俄罗斯，朝鲜半岛、东南亚诸国都曾是红帮裁缝的早期涉足之处。其后，又有几次战略转移，从南方的大上海到北方的哈尔滨都曾是创业的乐土，在那里为中国现代服装业奠定了基石，于是那里就成了红帮裁缝的第二故乡。香港则是第三故乡，20世纪40年代之后，一批接一批的红帮裁缝从内地迁往香港，成为香港制衣业的拓荒主力军。20世纪60年代，仅上海就有二十余家红帮名店、二百多名红帮名师迁往北京，其他城市的红帮人也有不少迁至北京发展，北京可以算是红帮的第四故乡。全国大部分大中城市，都有红帮人长居创业，“第一家西服店”无不是红帮人创办的。郑州、杭州、广州等地涌现许多知名高级定制品牌，如杭州恒龙定制，天津永正裁缝，隆庆祥等一批在消费圈中拥有良好口碑的高级定制品牌，起始皆源自红帮裁缝。

台湾的西服定制业分为上海师傅和台湾师傅，当年上海师傅的手艺是向英国人学习；而纯粹的台湾师傅手艺则是师承日本占领时代，从日本渡海来台的西服师傅风格，偏向保守简单，线条比较格律化，顾客忠诚度很高。

一、天津永正裁缝

（一）永正发展历程

永正裁缝于1986年创始于天津和平区（图5-41），创始人王永正，现总部位于天津滨海新区。1988年王永正注册了“永正西装厂”，开始进入商场销售成衣。1992年，西装厂改名为永正制衣有限公司，用公司制度经营裁缝店，取消了前店后厂这种古老的模式，并逐步转变为如今的“店厂分离”的模式。永正裁缝是中国首家完全个性化的量体裁衣生产企业，目前永正裁缝店覆盖全国众多主要省会城市，店堂地处于当地顶级商场及五星级酒店中。

图5-41　永正裁缝创立之初旧址

（二）产品特色

1.定制流程

永正裁缝生产基地设在天津，其中80%的技师是有20年裁剪经验的老师傅，每套定制服装都是经过数百道不同的手工制作工序精心雕琢。在永正定制一套服装基本上都是先由顾客选好面料，量体师傅帮顾客进行多个部位量体，顾客写好地址交付定金就确认订单生成，顾客对永正展示出充分的信任是因为其工艺技术、用料、品牌信誉都属于一流的水平。为顾客第一次试穿后，西服会完全拆开并按试穿基础上的改动而重新剪裁，然后再进行细致的缝制。每一道工序完成后裁缝师傅都会进行小熨，确保满意后再继续下一步。在定制周期中一般客人会被要求试穿

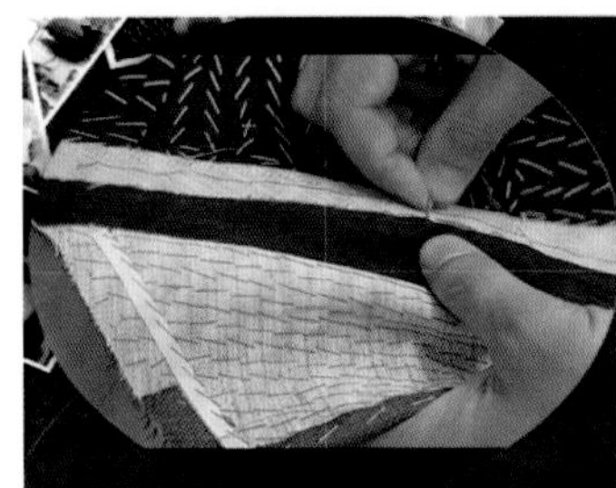

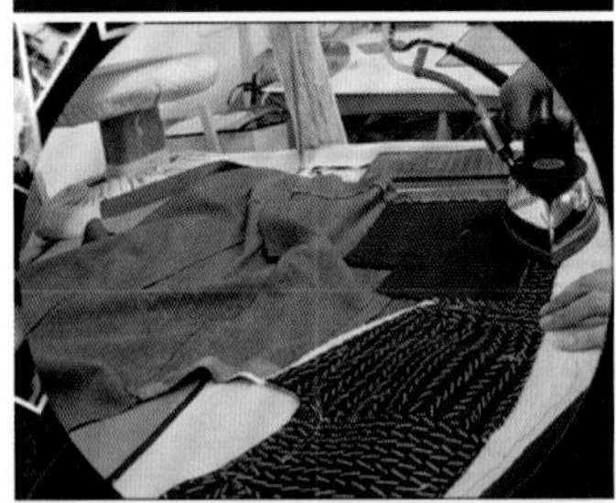

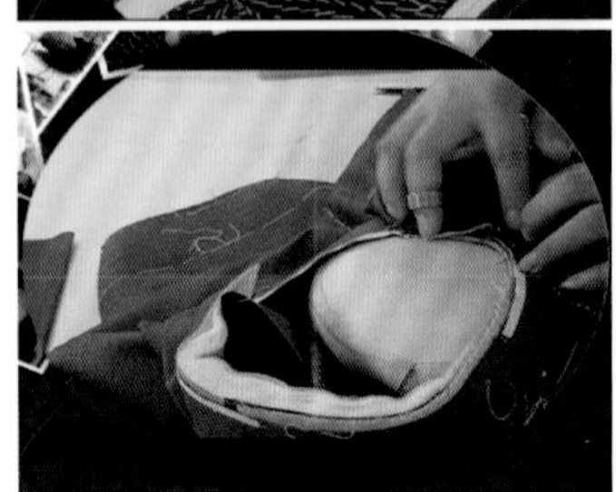

图5-42　永正裁缝的工艺技术

一次，更高级的特殊面料则需再次试衣，整个周期大概要45～50天。

2.工艺特点

永正裁缝始创于20世纪80年代，经过近30年的不断创新、艰苦探索和实践，并通过长期与国际同行的学习和交流，在生产工艺、手工技巧、型体处理等方面已经达到或接近国际同行业最高技术水平。永正的工艺则主要体现在全麻衬、衬里、活袖扣、手工锁眼、钉扣、对格对条和一些特有的细节上（图5-42）。

（1）衬里。永正使用质地优良的西服里衬作为辅料，并且袖窿和身体部分采用不同弹性的衬里，因为身体和手臂在活动时产生的拉力不同，这样不容易造成活动困难并产生拉扯撕裂的问题。而且永正定制的西装可以根据顾客的喜好选择不同花色衬里。

（2）活袖扣。永正袖口的纽扣可以真正解开，比缝上去的假纽扣做工来得更精致，在永正定制西装还可以根据顾客的喜好选择袖扣颗数以及排列方式，彰显出独特的品位。永正的西装基本上都会采用牛角扣，同时还有贝壳扣、牛骨粉扣、真皮包扣等纽扣可供选择。

（3）手工锁眼、钉扣。永正手工缝制的扣眼外观更加饱满、考究（图5-43）。钉扣也很有讲究，以扎实的十字缝线固定后，还要在扣子下绕上几个线圈，才能构成一个方便扣子扣合的高度。

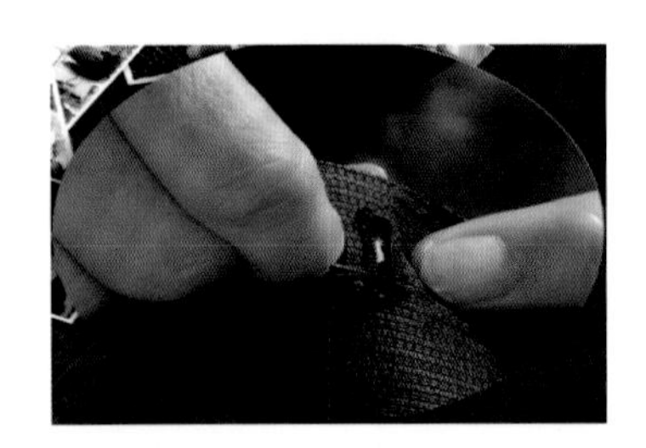

图5-43　手工锁扣眼

全手工制作西装并非是每一针、每一条合缝都采用手针缝制，而是重点塑型工艺及缝制部位采用手工制作完成，以弥补机器无法达到的效果，如手工锁眼、手工绱领绱衬等，但是如后中线、侧缝线等部位机器缝制明显比手缝的又好又干净，便也不会盲目迷信手工与传统工艺。不过永正西装所有的外装饰线，包括上衣的驳头、止口、底摆、胸省、手巾袋、大兜盖、袖扣的凤眼、大身扣眼及锁缝都由纯手工工艺完成（图5-44）。

图5-44　手工定标

二、杭州“恒龙定制”

（一）恒龙发展历程

1997年恒龙创办自营品牌“恒龙洋服（Hanloon）”，2003年年底，恒龙接到来自英国萨维尔街世家宝公司的900套团购订单，恒龙的定制手艺受到了英国的萨维尔街认可，使得恒龙在2006年成功代理“亨利·普尔”公司，同年第一家“亨利·普尔”店在北京东方广场开业，同时衍生出飞单模式，另外，恒龙还代理了诗阁衬衫，基本完成多品牌战略的布局，定制男装全线覆盖（表5-5）。2012年，恒龙为了扩大定制服装的市场，于2014年开启了基于“互联网+”的恒龙云定制平台，将众多高级定制企业集聚，整合设计师、面辅料商、服装配饰企业等参与其中，实现数据、板型，甚至客户资源之间的共享，拓宽其云平台下各定制企业所服务的客户群。

表5-5　恒龙品牌店铺发展历程

时间	事件
2001年	恒龙洋服店在杭州大厦B座1楼开业
2003年	恒龙洋服店在南京东方广场开业 恒龙洋服店在北京燕莎中心凯宾开业
2004年	恒龙洋服店在北京国际贸易中心开业 恒龙洋服店在苏州泰华商城开业 恒龙洋服店在杭州大厦B座2楼开业 恒龙女装店在杭州大厦7楼开业
2006年	恒龙洋服店在杭州大厦B楼5楼店 亨利·普尔店在北京东方广场开业
2007年	诗阁在南京德基开业 诗阁在杭州大厦B2楼开业
2008年	诗阁在北京华贸购物中心开业
2009年	恒龙洋服店在南京德基广场开业 恒龙洋服店在杭州大厦B座2楼开业 恒龙女装店在杭州大厦C座开业 亨利·普尔店在杭州华浙广场开业
2010年	亨利·普尔店在北京王府井半岛酒店开业
2011年	亨利·普尔店在北京国贸三期开业
2012年	恒龙洋服店在济南银座开业 恒龙洋服店在杭州大厦A座开业
2015年	恒龙&亨利·普尔店在苏州泰华商城开业
2016年	亨利·普尔悦荟俱乐部在杭州大厦B座5楼开业

（二）品牌模式

1.自主经营

恒龙是公司旗下自主经营品牌，即指品牌的拓展计划和日常销售管理等工作均由公司总部负责完成。在这种设计、生产、销售为一体的自有经营模式中，定制服装品牌负责从产品设计、面辅料采购、组织生产到交付顾客的整条供应链管理（图5-45）。

图5-45　恒龙杭州大厦A座1楼店铺形象

2.代理模式

恒龙旗下的亨利·普尔与诗阁衬衫即为代理模式。代理经营模式需要消耗大量的精力用于风险控制，双方文化沟通、管理与营销战略。亨利·普尔创立于1806年，有着二百多年历史，是燕尾服的创始人，亨利·普尔以为世界各地的王公贵族、政要财阀、明星等定制名贵西服而闻名于世。曾为丘吉尔、拿破仑、狄更斯定制服装，在全球穿上亨利·普尔服装已经是一种奢侈和贵族标志。2006年，亨利·普尔意识到中国市场的重要性，选择在中国大陆与恒龙合作，成为第一家进入中国的萨维尔街定制品牌，同年在北京东方广场开设了第一家店，随后又在北京、杭州开了三家店。亨利·普尔在全球拥有众多忠诚的客户，从2013年至今，每年亨利·普尔板师都要飞中国至少两次，与恒龙一起接待各地的顾客订单，对工厂进行技术指导，恒龙高级定制不仅具有了英国的板型和工艺，而且将英国的传统绅士气质传递到了中国，同时更兼备了中国“红帮”精湛的手工制作技术，可谓两者的完美结合（图5-46）。

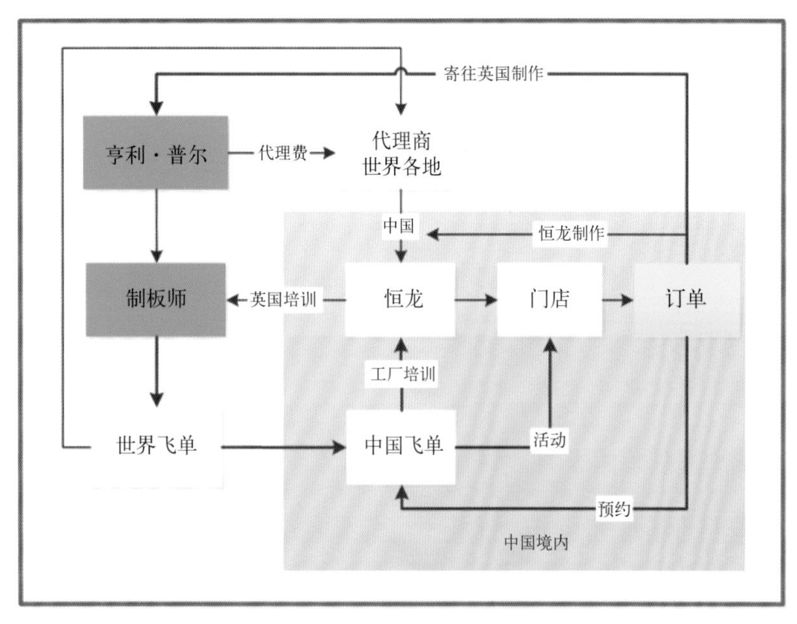

图5-46　亨利·普尔飞单模式

2015年9月，亨利·普尔的板师就分别在北京王府半岛饭店、上海兴国饭店以及杭州大厦的恒龙品牌门店进行飞单服务，接待了数十位VIP客户（图5-47）。亨利·普尔的板师每次都会亲自为顾客进行量体、试衣、制板以及传授相关着装知识，精湛的技艺和一丝不苟的严谨态度感染了现场的每一位顾客和员工（图5-48）。

图5-47　亨利·普尔首席板师为顾客试毛壳

图5-48　亨利·普尔板师传授技艺

（三）定制流程

1.定制流程

恒龙采用最先进的3D测量仪和IT网络技术，结合传统的“归、推、拔”手工定制技术，推出3D云服务雕刻出人体模型，并自动裁剪出符合人体模型的服装。顾客只需通过系统平台客户端登陆并填写个人基本信息，老客户信息会自动匹配，如为客户建立的3D人体扫描数据库，涵盖了所测量的所有关键部位尺寸数据，以及大肚、驼背等特殊体型标注。顾客进入系统定制页面可自主设计任何款式、面料、色彩的服装并与之搭配细节设计。西装款式设计研发遵循TPO男士着装规则，顾客可在系统默认的TPO款式模块中选取着装搭配方案，该模块涵盖所有场合男士着装需求。款式模块设有领型、门襟、大袋、后背、手巾袋、袖扣和开衩等多个子模块和各项工艺细节，用户只需跟着系统流程提示依次选择完并确认即可。在线搭配实现虚拟设计3D试衣效果，提升量身定制消费体验，顾客可随意拖动旋转查看并感受定制服装上身后各个角度的效果，帮助顾客进行产品购买决策（图5-49）。

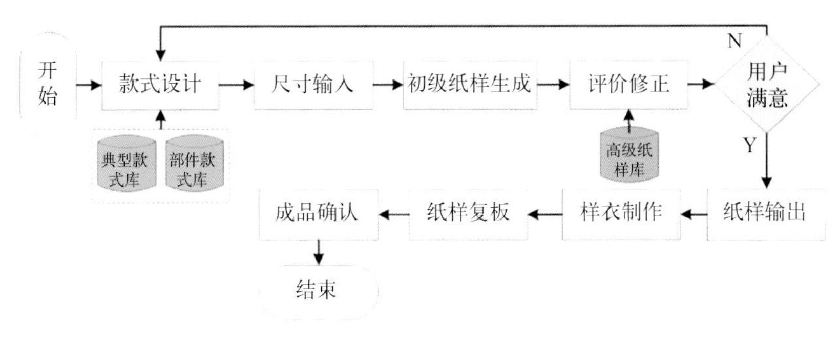

图5-49　系统工作流程

订单生成后通过专家知识的数字化纸样数据库系统智能生成纸样，并通过各项综合评价参数确认，以确保纸样在后期制作工艺技术上的正确指导。数字化个性定制的各项系列工作均由计算机自动完成，且在初始样板生成后进行三维虚拟试衣，试衣效果经由顾客确认满意即可制作样衣，若不满意可重新对服装的设计模块进行选择设计（图5-50）。

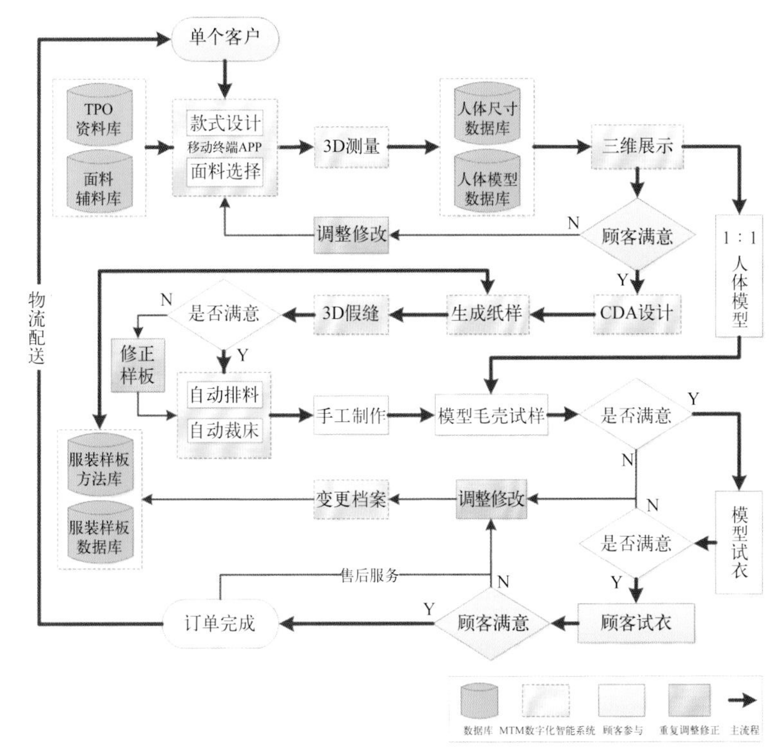

图5-50　恒龙数字化个性定制流程

图5-51 恒龙模型

图5-52 手工制作

2.制作流程

从图5-50所示的恒龙的个性化定制流程可以看出，在制作方面，恒龙保留了传统高级定制的手工艺，提供毛壳试样等环节，为节省顾客试衣次数开发了1：1人体模型试衣技术（图5-51）。整个制作环节中分别采用模型试身毛壳、模型试衣、顾客试衣3次试穿，每次都进行调整校对，真正保证了高级定制纯手工高品质（图5-52）。

（四）智能定制平台

1.数字化系统

恒龙云定制主要由7大系统和8大平台组成，7大系统分别为3D测量系统、国际TPO系统、款式数字设计、智能制板系统、三维试衣系统、三维设计系统和信息管理系统。8大平台分别是服装定制平台、内衣定制平台、鞋定制平台、3D人体平台、3D数据平台、三维试衣平台、三维设计平台和互联网第三方服务平台。个性化云定制平台不仅仅局限在服装领域，同理适用于鞋、内衣等行业，未来还可以延伸至其他的消费行业。云定制拥有7个数字化创新，人体数字化、款式数字化、设计数字化、制板数字化、裁剪数字化、试衣数字化和生产数字化。平台通过数据共享、信息共享、客户共享、服务共享和管理共享建立起共赢、互补的全定制国际品牌联盟。 恒龙云定制平台不仅是一个设计师联盟，而且也成为设计师与顾客之间更高效、更直接的桥梁，一对一的设计化定制将成为主流。

2.三维扫描技术

云定制是基于3D测量、互联网技术、大数据时代，结合恒龙品牌高级定制专家知识和经验，把人变成数字、数字变衣服的数字化解决方案。顾客穿着特定的衣服进入3D测量仪进行全身扫描得出人体数据（图5-53、图5-54），通过非接触式的全身扫描，利用先进的光学成像技术。所采用的光包括激光、普通光以及红外光等，通过捕捉发射到人体表面的光所形成的图像，并捕获人体上万个数据点，扫描系统对人体的特征点和结构线进行标记，利用计算机算法对这些标记点进行识别以获得人体特征点，生成人体三维轮廓。

传统的手工接触式测量方式，通常需要有经验的人员操作，因而测量的精准度与测量者的专业程度有很大关联，人体测量数据有限，这无疑会限制大规模服装定制产业的发展。现代三维人体扫描技术对人体进行非接触性的测量，可以快速准确地获取人体表面的精确三维数据，不仅节省人力、物力，并能够根据客户需求进行快速调整。虚拟人体几何建模通过离散数据点或细小的三角面片或其他多边形构成光滑的曲面，向人体曲面进行拟合逼近。三维人体扫描技术的出现大大改善了服装和

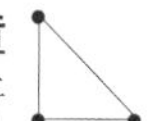

体型之间的匹配问题，同时延伸出来的3D试衣系统、大容量数据存储检索系统等智能数字一体化系统，使得服装个性化量身定制、智能数字一体化生产成为现实，突破了传统手工量身定制的局限性，很好地适应了当前服装产业流行时尚、快节奏、高效运营的市场要求。

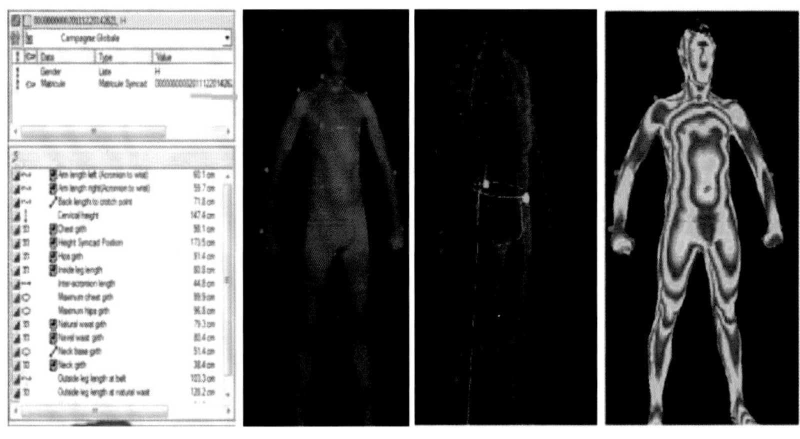

图5-53　3D测量技术图示

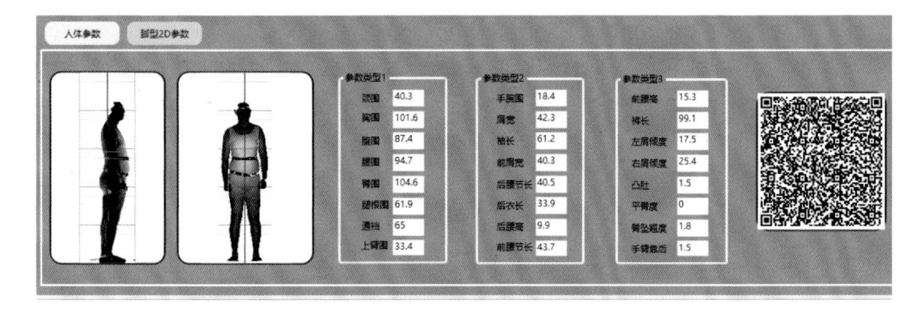

图5-54　3D测量数据

3.三维试衣系统

云定制移动端采用三维设计，顾客通过移动端注册专属账号进入系统设计界面进行款式设计，典型款式模块根据被国际社会公认的成功着装原则TPO男士着装规则设定，即符合特定时间、地点、场合的着装规则，基本框架以男装为载体，服装的分类形式按照礼仪等级划分为礼服系统、常服系统、外套系统、户外服（休闲服）系统等。顾客可根据系统模块自行选取西装款式设计方案，各款式模块下分别设有领型、门襟、口袋、手巾袋、袖扣和开衩等子模块，依次选择模块组合设计后确认即可查看三维设计效果（图5-55、图5-56）。

系统在输入关键部位量体数据的基础上，通过专家知识自动生成个性化定制纸样，但是该纸样在生成后必须通过高级纸样数据库的综合评价参数确认，以确保纸样在技术上的正确性。整系列工作均由计算机自动完成，此初始样板生成并展示三维试衣效果，顾客确认满意即可制作样衣。若不满意返回对款式设计问题进行重新描述，再经过工作流程自动生成。

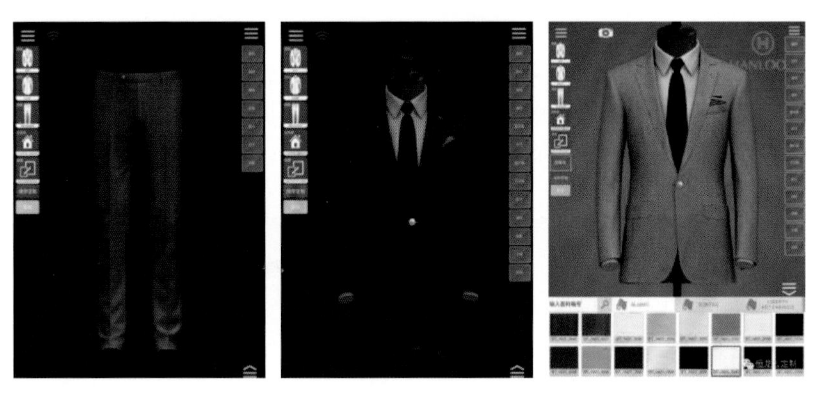

图5-55　移动端三维设计效果展示

4.数字化智能化MTM服装定制系统

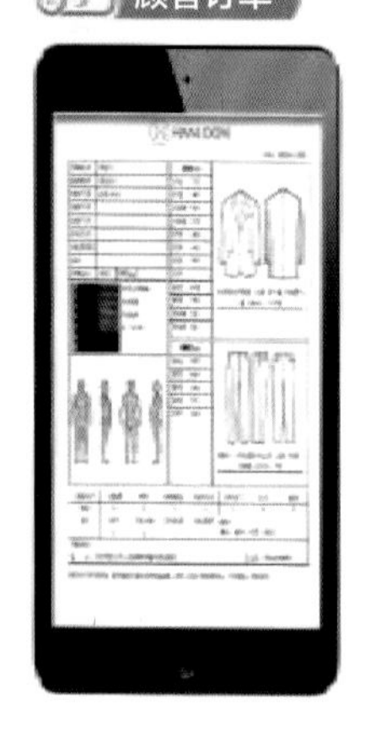

图5-56　订单页面

西装高级定制过程中的数字化与智能化的功能实现，通过借助于信息技术，归纳西装专家知识，开发西装高级定制数字化智能化管理系统，实现了终端店铺、工厂制造与顾客体验在订单传递、生产制作和终端销售的无缝对接，系统能高效解决从客人量体开始一直到成衣出厂的各个环节的工作。由于系统运行在VPN环境下，使得系统的安全性得到巨大的保障，很好地保护了客人的隐私数据和公司机密数据。以服装行业特色需求为基础，运用智能互联网的先进技术，将这一传统的行业与最新的信息化技术相结合，打破了传统纯手工制作的低效工作模式，从客人在门店接受量体开始，一直到最后成衣出厂，全程实现电子化、信息化、智能化系统管理。

MTM量身定制是将定制服装的生产形态通过数字化智能化产品重组转化为或部分转化为个性化定制、符合个体体型特征的批量生产服装。系统分三个主要模块，分别是数据库管理模块、规则设定模块（体型识别规则、样板放缩规则、样板修改规则）、订单批量处理模块。MTM系统主要是根据三维扫描对消费者个体的尺寸信息进行体型识别，然后调用样板数据库中的标准号型样板，在大数据的帮助下通过专家知识制定生成放缩规则和样板点修改规则再自动生成样板，并根据三维假缝试衣系统的预览效果对样板进行修改，最终使样板满足消费者个性化的体型数据（图5-57）。

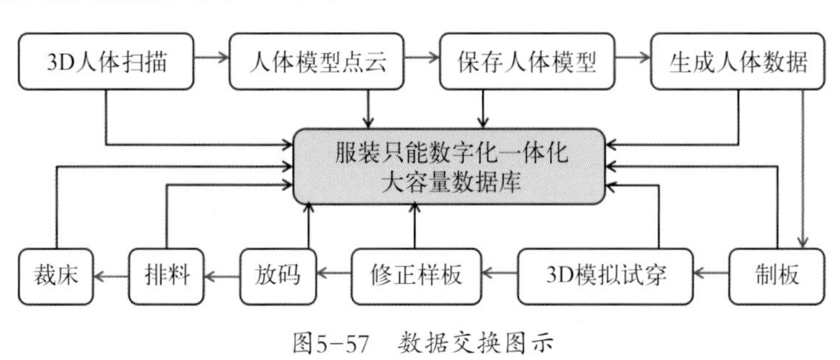

图5-57　数据交换图示

用户在3D测量人体时，提取人体数据构建尺寸模型，通过三维试衣展示对款式设计和面料的选择做出满意判断，查看三维展示确认满意，生成订单后进入服装CAD设计系统，智能制板自动生成纸样，通过3D假缝技术对样板进行标准判断，满意后进入自动裁剪系统，生成的所有数据均在VPN环境下的大数据库存储系统内交互（图5-58）。实现服装的数字化大规模定制，在人体测量技术、服装设计、三维展示、智能制板、面料裁剪等重要环节均实现自动化。将这些环节整合成为一个自动化、一体化的系统，使服装从尺寸获取到成品产出、展示都自动完成。在数字化服装定制系统中，人体尺寸数据的自动获取占有非常关键的基础性地位。

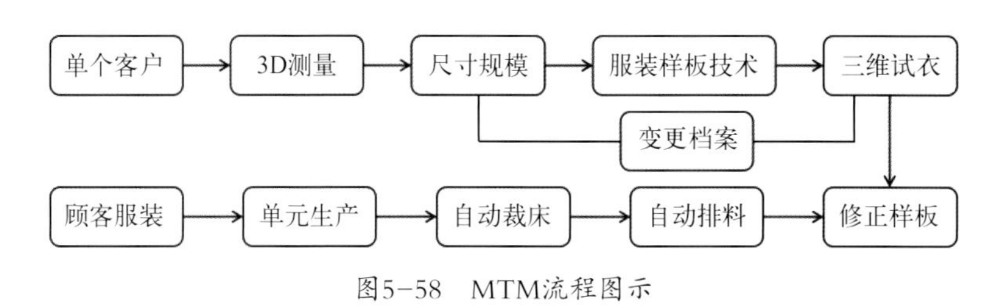

图5-58　MTM流程图示

恒龙的MTM系统旨在为消费者提供满足其不同体型的定制化服装，其中特殊体型消费者的服装定制是MTM系统的重要组成部分（图5-59）。特殊体型顾客进行三维扫描后，系统进行修补，并基于自动生成的特殊体型服装纸样进行二次设计或直接修改参数化设计模型生成原型设计。

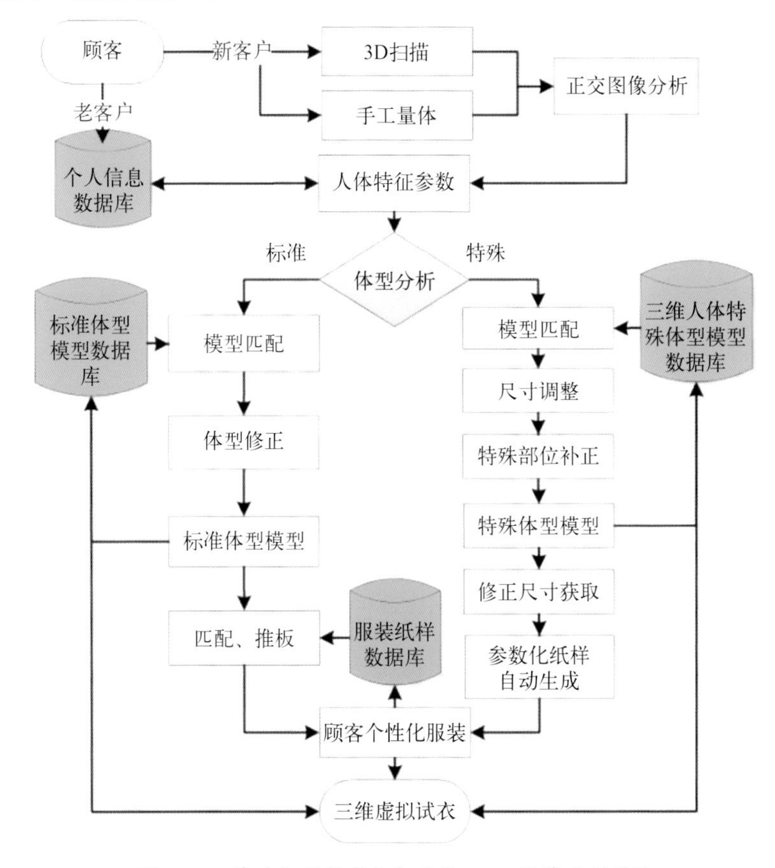

图5-59　特殊体型数字化智能化MTM服装定制系统

5.TPO着装系统

TPO着装规则是有关服饰礼仪的基本原则之一。TPO规则即着装要考虑到时间（Time）、地点（Place）、场合（Occasion），含义是要求人们在选择服装、考虑其具体款式时，首先应当兼顾时间、地点、目的，并应力求使自己的着装及其具体款式与着装的时间、地点、目的协调一致、和谐般配。TPO着装规则是一套较为完整和成熟的、追求绅士修养的着装体系（图5-60）。如今，这一规则已经被国际社会普遍接受和认同，并且固定下来形成国际惯例，成为中产阶级和贵族阶层必备的修养功课。

正式礼服——塔士多（Tuxedo，美国版）黄金组合

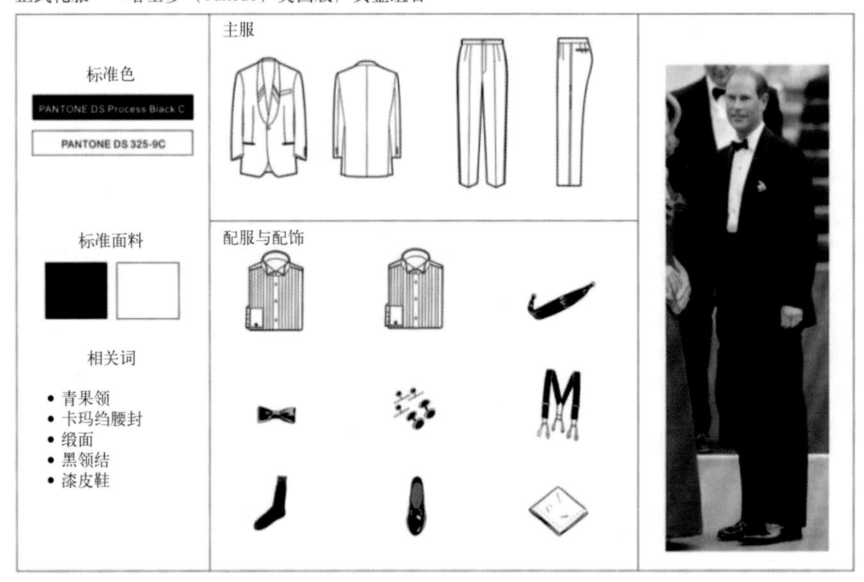

第一礼服——晨礼服（Morning Coat）黄金组合

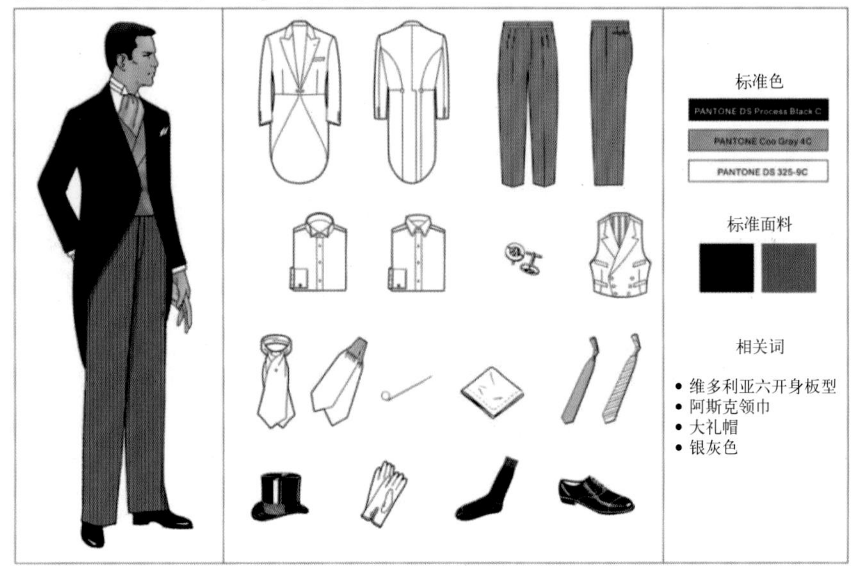

图5-60 搭配规则

恒龙始终坚持推广TPO国际着装规则，为公司量身打造男装板型，主要针对男装外套、礼服、常服、户外服以及各类别的配服、配饰等做系统的总结，并构建男装系统平台，以这个平台为基点对服装类别逐次分流，形成分类合理、层次分明的男装体系（图5-61）。

每一套出自恒龙品牌的定制西装都严格遵守了TPO规则（图5-62），TPO款式图同样被录入在公司开单系统之中，顾客在下单时便可以清楚地了解到TPO搭配，同时还会有相对应的着装案例推荐供顾客参考（图5-63）。

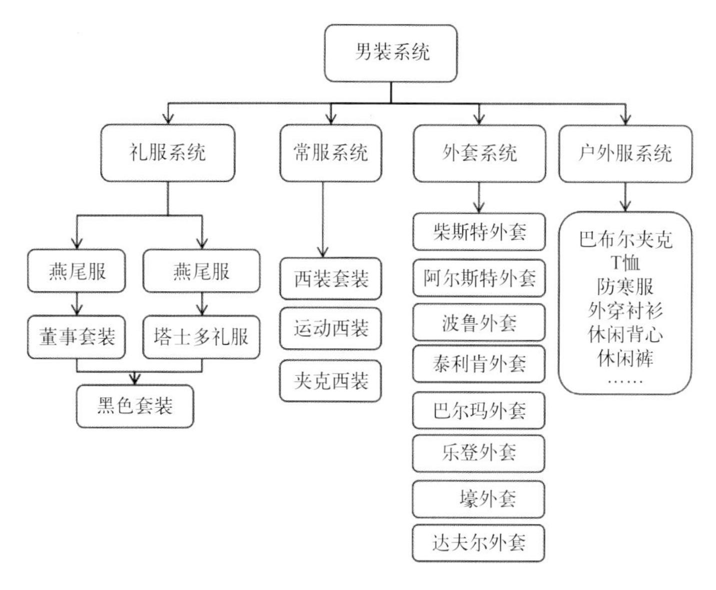

图5-61　TPO知识系统

图5-62　恒龙黑色董事套装产品

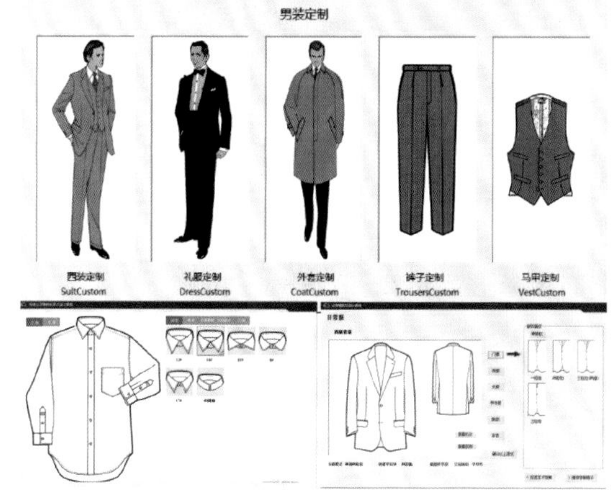

图5-63　恒龙产品开发

顾客在网上进行下单的第二步就是选择衣服款式，款式都是按照TPO国际着装规则搭配。恒龙还与英国萨维尔街上著名的亨利·普尔公司合作，作为其在中国地区的代理，恒龙品牌继承了皇家御用定制品牌亨利·普尔的风格和传播模式，在产品开发上坚持TPO原则，在品牌继承上始终保持一致性，并根据TPO规则制作成衣产品（图5-64）。

将客制化和数字化进行结合，在“轻定制”方面推出了云定制平台，同时在多品牌战略的布局中还衍生出TPO着装系统和飞单模式。恒龙作为一个基于顾客价值发展的定制服装品牌，通过代理、自营、联合与跨界四种经营模式，发展多品牌战略，借此达到全品类覆盖，占据更多的细分市场，多渠道进行销售，将代理品牌和联合品牌的消费者引流至恒龙，扩大自身影响力。恒龙不断进行创新发展，配合3D数据测

图5-64 恒龙定制样衣

量，特体人台进行线上线下联通，基于3D测量、互联网技术、大数据时代，结合恒龙高级定制专家知识和经验，把人变成数字，将系统应用于终端，实现数字变衣服的数字化解决方案，降低服装成本，缩短制衣流程，提高效率。恒龙通过开发独特的专属系统以区分自己和其他的定制品牌，构建云定制商业模式，便于旗下品牌进行交流形成品牌联盟和设计师联盟，拥有量体数据全产业链，在大数据下做出调整来满足所有顾客的定制需求，同时减少运营成本，这有助于高级定制品牌实现数据共享，避免消费者与品牌商之间信息不对称。

三、广东华人礼服

（一）华人礼服的发展

华人礼服前身为成立于80年代末的中山市新新洋服公司，是一家中式礼服、职业装高级定制的现代化企业，总部位于广东省中山市南朗镇华人礼服工业园，占地二万一千多平方米，员工五百多人，拥有先进的制衣设备一千多台，年生产能力为西装和中山装共80万套、衬衫50万件，唐装旗袍20万件。“华人礼服”品牌分正装和休闲两大系列，正装系列有国服类、礼服类和礼仪类；休闲系列有商务类、文化类和体育类，以满足客户多元化、个性化的需求。华人礼服制作中山装已有九十多年的历史，2005年推出的“华人礼服·中山装”则定位国际高端品牌，客户群体包括各国家领导人、社会名流等。通过加入东盟友好促进会、中国国际商会、中俄双边企业家理事会、博鳌亚洲论坛等国际组织，参加澳门全球华人华侨和平统一促进大会组织等，华人礼服积极开展国际商务活动，将中山装品牌推广到世界各国（图5-65）。

（二）主线产品

华人礼服在西装洋服和中山装业务方面各有侧重，但是经过几届服

图5-65 华人礼服高级定制

博会的“洗礼”，发现曾经“隐退”的中山装再次得到客户的青睐，华人礼服逐渐回归（图5-66）。服装作为一个国家民族的文化符号和形象窗口，中山装更能体现中华民族的自信心和奋斗精神，这也是为什么海内外华人、华侨都特别钟爱中山装的原因所在，因为它最能穿出中国人的精、气、神，能更充分地展示中国人的形象。因此华人礼服在推广服装产品和品牌的同时，更是挖掘和弘扬中国服装文化，特别是中山装，并且重点推广了中山装和中式礼服。

图5-66　华人礼服主线产品

（三）中山装起源

中山装诞生于辛亥革命成功后，是伟大的民主革命先驱孙中山先生亲自设计和倡导的中式礼服。1912年，孙中山就任中华民国临时大总统以后，颁布了一系列政治、经济改革和社会改革的法令政策。“剪辫”“易服”就是最主要的改革。他号召人民“涤旧染之污，作新国之民”。当时为了摒弃满清政府不合时代潮流的长袍、马褂，统一革命党人的服装，他希望能有一种“适于卫生，便于动作，宜于经济，壮于观瞻”的新式礼服。经过缜密思考，孙中山决定亲自设计，由革命党人华侨黄隆生制作而成。首先以南洋华侨的“企领文装”和学生装为基样，揉合了西装的特点，在直领上加一翻领，又将三个暗袋改为四个明袋，衣袋加上倒山字形 “笔架盖”，并各钉纽扣一枚，既美观又安全。四个明袋采用涨缩自如、颇具弹性的“琴袋”式样，旨在便于放置书本、笔记本等必需品。此后几经修改演变，确定为封闭式小翻领、袖口边三粒扣、四袋、五扣的上衣式样，并融入中华传统文化思想和革命理想，取名为“中山装”。中山装的诞生凝聚孙中山先生的智慧和奋斗理想，为中华服饰文化划时代的经典创意，代表了中国人民振兴中华、自强不息的爱国精神。在孙中山的大力倡导下，举国崇尚，后来演变成了新一代中国人标志性的礼服，被世界公认为中国的“国服”。

（四）加盟代理

除以上定制模式之外，品牌还开展了国内市场代理运营的模式。“华人礼服”目前正在全国一些主要城市，如北京、上海、南京、武汉等地做重点推广，但考虑到华人礼服生产的中山装采取的是量身定做的模式，主要是加盟店或旗舰店，已经有深圳、华东地区的代理商与公司签订合约。由此带动了国内部分服装企业模仿生产中山装礼服，国内中山服行业的生产开发也开始升温，中山装在市场渐渐受到了消费者的追捧。

四、台湾Dave Trailer

Dave Trailer 洋服曾被《福布斯》评选为全球十大顶级定制店

图5-67　Dave Trailer店铺

（图5-67），使得位于北京朝阳区嘉里中心的Dave Trailer身价不凡。店主戴夫（Dave）早年曾师从上海老裁缝，推崇全定制西服，对任何有悖于全定制工艺和流程的半定制、成品都坚决抵制，正是这种苛刻态度造就了Dave Trailer在福布斯的传奇。戴夫认为使用非黏合衬的全衬方法制作西服才是顶级的定制，所以绝不屈就使用黏合衬，坚决抵制推板。使得传统高级定制技术得到传承，北京店内所有的裁剪工作都由驻店师傅完成，手扎驳头。Dave Trailer在北京有工厂，而上海店铺则在五原路一小洋楼内经营，采取前店后厂的经营方式，Dave Trailer目前只有北京和上海两家店铺。其面料多为进口的英式面料马佐尼（Marzoni）、Gaberdine、世家宝（Scabal）等，有牛角扣可供选择，手工工艺更注重细节，顾客以外国人占多数，包括诸多外企高管、商界高层、社会名流等。定制周期一般需2～3周，定制价位为4500～20000元。

小结

随着工匠精神、个性化需求等越来越被国家所重视，传统服装定制的市场前景更加广阔。目前，传统高级定制最大的问题是无法突破量体的痛点，传统的高级定制都是量体师为顾客量身定制，尽管当下各种3D设备、手机拍照、“魔幻大巴”等技术期望替代传统的量体师，但事实上都无法解决量体师后继乏人的问题。因此，传统高级定制需要继承匠心精神，在高级定制上更专注于工匠精神。在继承和发扬传统高级定制工匠精神过程中，需要注意以下几点：（1）扎实的量体功底。首先必须接受专业院校学习或培训，须有丰富实战经验，能独立完成客户的尺寸测量，尤其是对特殊体型的尺寸测量，需要量体师对人体各部位特点有很好的掌控；（2）了解顾客的习性。针对每一个客户去研究如何能更准确地测量尺寸，客户的外貌特点、体型姿态、性格气质、年龄大小、喜爱偏好等都会影响到服装制作，往往研究得越透彻测量尺寸就会越准确；（3）准确分析维度。测量维度的分析是体现一个量体师水平高低的重要指标。首先要看清楚客户真正的需求，然后确定测量维度，不同种类的服装必需测量多个部位；（4）归号对接。维度测量完成后，及时整理归档、归号，然后与制作人员交接数据，这里的归号也可以量体师与缝制工一起做，这样会降低交接的误差。

第六章

基于“互联网+”O2O定制的品牌增长逻辑

第一节　互联网定制爆发的背景

一、政府层面

（一）“工匠精神”打造“质量时代”

2016年“工匠精神”首次出现在政府工作报告中，报告强调“要全面提升质量水平。广泛开展质量提升行动，加强全面质量管理，健全优胜劣汰质量竞争机制。质量之魂，存于匠心。要大力弘扬工匠精神，厚植工匠文化，恪尽职业操守，崇尚精益求精，培育众多‘中国工匠’”。

“工匠精神”的提出给正在迈向中高端的“中国制造”提出新的启发。不仅是产品精心打造、精工制作的理念和追求，更是要不断吸收最前沿的技术，创造出新成果。定制服装是一个精工出细活的行业，需要追求极致的精神和独具匠心的创造。“互联网+”O2O定制传承了定制服装的工匠精神，结合新兴互联网技术的驱动以及全方位的服务体验，紧跟政府打造中国“质量时代”的步伐，具有良好的产业前景。

（二）供给侧改革催化发展

面对中国经济发展新常态下经济增速换挡，中央经济工作会议上提出“要更加注重供给侧结构性改革”，并将去产能、去库存、去杠杆、降成本、补短板作为供给侧结构性改革中主要抓好的五大任务。习近平总书记在中央财经领导小组第十二次会议上的讲话中强调，供给侧结构性改革要“从生产领域加强优质供给，减少无效供给，扩大有效供给”。这表明供给侧改革的重心在于改善产出结构、推动企业创新。结合服装行业，最迫切的问题无疑是去库存。高库存一直是服装业的一个噩梦。想要彻底实现“零库存”，必须从生产模式上对服装行业进行彻底改革，定制是去库存化较好的解决之道。

“互联网+”O2O定制除了生产模式发生根本性改变外，以平台大数据布局定制业务，在全渠道营销的基础上，实现各渠道之间、线上线下服务一体化，通过互联网平台实现供需两端的无缝对接，实现零库存的同时为消费者提供个性化高质量的选择。

（三）助力“中国制造2025”

德国制造业是世界上最具竞争力的制造业之一，制造业的发展是德国工业增长的重要因素，为推动制造业进一步的技术创新，德国政府提出了“工业4.0”战略，并在2013年4月的汉诺威工业博览会上正式推出，其目的是为了提高德国工业的竞争力，在新一轮工业革命中占领先机。美国版的工业4.0实际上就是“工业互联网”革命。“工业互联网”的概念最早由通用电气于2012年提出，随后美国5家行业龙头企业

联手组建了工业互联网联盟（IIC），将这一概念大力推广开来。软件和互联网经济发达的美国更侧重于在“软”服务方面推动新一轮工业革命，希望借助网络和数据的力量提升整个工业的价值创造能力。

以信息技术与制造业加速融合为主要特征的智能制造成为全球制造业发展的主要趋势。互联网与工业融合不仅为互联网产业开拓了新的领域，更为中国经济转型升级提供了新动力，是中国工业抢占全球产业变革的新机遇。2015 年，李克强总理提出了“中国制造2025”战略，重点之一就是要通过互联网技术，实现传统制造业各环节的移动互联，顺应“互联网+”发展趋势，促进信息化与工业化深度融合，实现产业的革新，提高效率，完成我国传统制造业的转型升级。通过“互联网+”，可以带来全国创新的高潮，成为经济增长新的引擎。服装行业作为制造业的主力，通过互联网大数据可以改变服装企业由于数据收集困难造成的供需不平衡，以及解决产品同质化、渠道不对称、服务不到位等问题。

二、技术层面

（一）新技术带来新契合点

随着移动互联网、云计算、大数据、物联网乃至智联等新兴技术的诞生与成熟运用，不断融入传统的制造工业，与服装定制又有了新的契合点。传统线下企业与线上企业各取所长、融合形成新的消费系统，以“消费者”为核心的全渠道服务模式，线上与线下数据打通，全方位还原用户画像以及消费行为，全面精准地满足消费需求。量体定制通过与互联网结合，提高了供需双方交流的便利性和直观性以及数据传输的快捷性；云计算技术帮助服装定制企业建立虚拟试衣模型，可以提高成衣的精准度和完美性；大数据技术，可根据客户具体要求提高数据调用的针对性和有效性；与物联网结合，可以帮助服装定制企业提升定制品质，提升企业信誉度。通过线上与线下相结合的运作手段，服装定制不再会仅仅局限于门店服务，互联网让客户在家中也能定制一件称心服装的愿望能够变为现实（表6-1）。

表6-1　互联网与服装定制的契合点

服装定制	契合点
量体环节	通过与互联网结合，进一步扩大服务地域，方便联系服务对象并提高供需双方交流的便利性和直观性，提高数据传输的快捷性
规格设计	通过与云计算技术结合，快速、准确地建立虚拟试衣模型。通过试验和调整，可以在正式加工前不断提高成衣的精准度和完美性
选材及款式设计	通过大数据技术，在网络海量信息的基础上进行筛选分析比较，从而减少选材及款式设计的盲目性，提高智能化选配的程度，并根据客户具体要求提高数据调用的针对性和有效性
定制品质	与物联网结合，通过上传成衣材料成分与质地、加工流程与方法、试验鉴定结果以及使用及维护要求等信息，可以进一步提高成品的可信度，提升定制品质，助推企业信誉度提升
定制渠道	“互联网+”O2O定制模式扩展了服装定制的渠道，通过线上与线下相结合的运作手段，服装定制不再仅仅局限于门店服务，互联网让客户在家中也能定制一件称心服装的愿望能够变为现实

（二）碎片化实现长尾理论

互联网带来的碎片化、海量信息的穿透性，打破了企业组织边界，使得商业资源可以在全社会共享。互联网利用数据能穿透所有工序、流程、产业，把所有的价值主体、商业资源都“连接”起来，形成互联网影响链，实现实时的协同，使得长尾理论的实现成为可能（图6-1）。

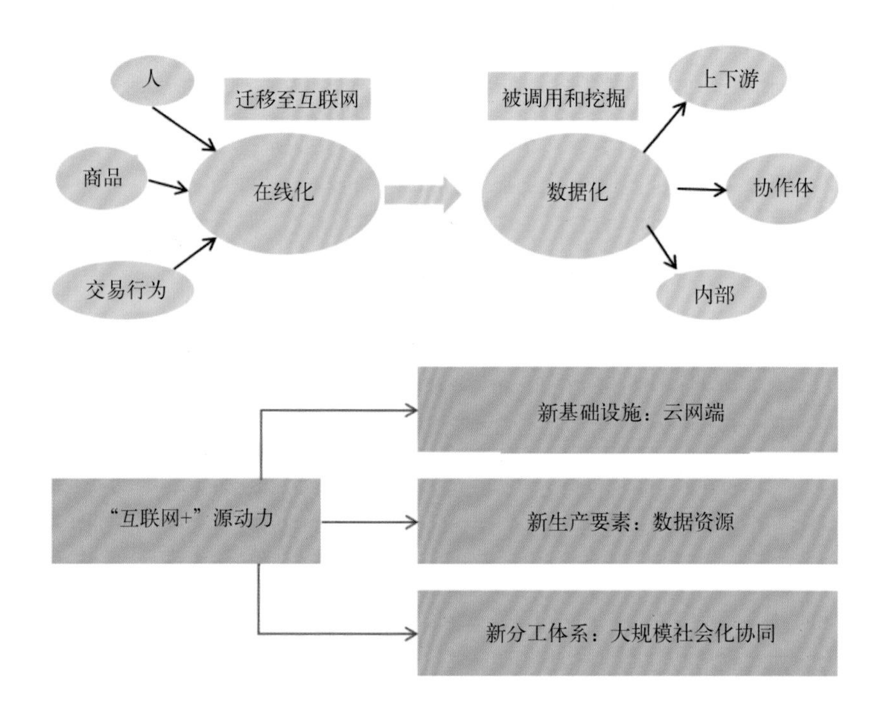

图6-1　互联网影响链接

长尾（Long Tail）这一概念是由《连线》杂志前任主编克里斯·安德森（Chris Anderson）最早提出。长尾理论认为，一定条件下长尾部分面积≥主要部分面积。虽然单从特定产品看需求量不大，但是当品种繁多的冷门产品加在一起时，它们所占的市场份额足以和主流市场的份额相匹敌，甚至超过主流市场的总体份额。长尾理论有个重点就是成本要足够低，包括管理成本、销售成本等。在“互联网+”背景下，一方面由于定制成本的大大降低，关注正态分布曲线的“尾部”成为可能；另一方面，互联网的平台聚集大量“尾部”，各类非大众产品的市场份额总和不断提高，使其产生的总体效益超过“头部”成为可能。

图中红色是主要部分，指热门产品，主要满足大众化的需求，在服装行业主要是一些成衣品牌，如快时尚品牌、互联网品牌、设计师品牌等（图6-2）。图的蓝色是长尾部分，指销售不佳的产品，但能满足用户的个性化需求，在服装行业主要是一些定制品牌，如传统高级定制品牌、设计师定制品牌、新兴互联网定制品牌、代加工转型定制品牌等。

互联网技术的发展使得曲线从实线的位置变到虚线所在位置，长尾的部分变得更长、更扁平，各类非大众产品的市场份额总和在不断提高，主体部分和长尾部分间的差距在不断减小，当到达一定程度，长尾部分众多销量不高的产品共同所占有的市场份额将与主体部分数量不多的热卖产品所占有的市场份额相同，甚至将超越主体部分的市场份额。

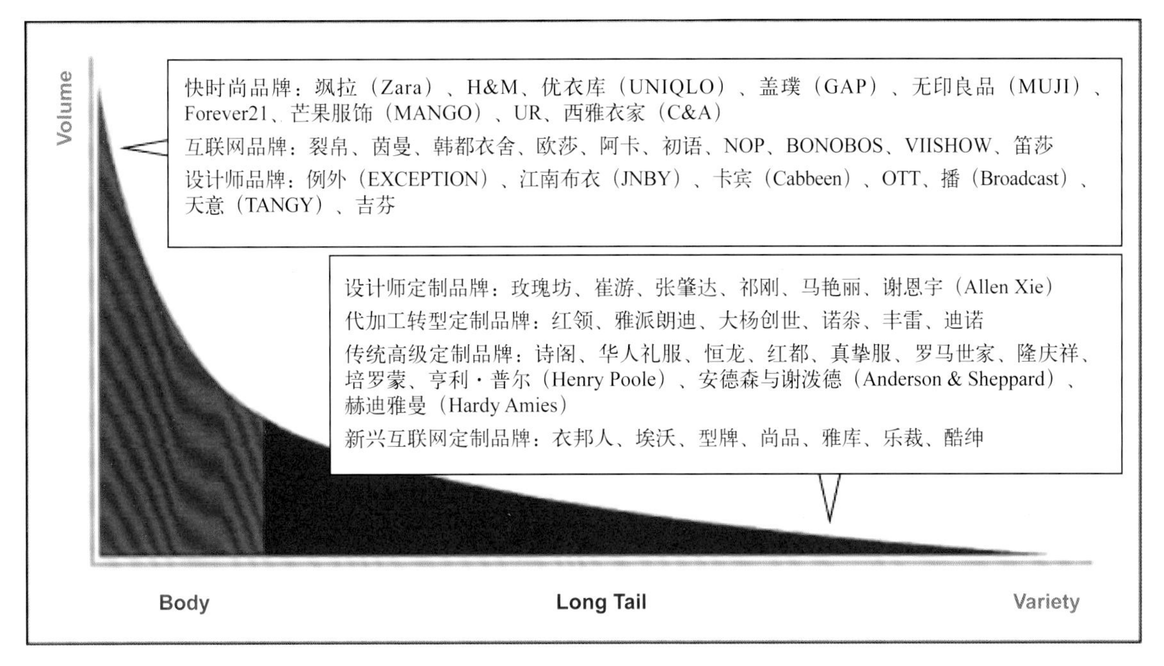

图6-2　基于长尾理论部分服装品牌格局

三、需求层面

（一）消费者赋能主权逆转

传统的商业模式是“先制造、后销售、再消费”，企业提供什么，消费者被动接受企业所提供的产品。企业所倡导的“以用户为中心”的思想本质上还是以企业为主导，消费者相对于企业依然是弱势群体，沟通仍然是单向。而基于“互联网+”智能制造的背景下，互联网、社交网络和大数据提供了与客户对话沟通的工具和平台。消费者被信息高度“赋能”，导致价值链上各环节权力发生转移，消费者第一次处于经济活动的中心，由消费者定义价值。产品和服务的价值只有满足特定消费者需求才有存在的意义，价值只能由最终消费者来确定。开启了从零售商霸权的时代进入到的一个新时代，这就是消费者主权的时代。

（二）个性化需求刺激发展

消费者的品质化消费需求再次升级，消费者的需求层次不断地从最基本的生理需求、安全需求向社会需求、尊重需求和自我实现需求的高层次需求过渡。消费者在选择产品时，已不单纯追求产品本身的功能和质量，而更在乎的是产品和服务能否体现自己的个性，符合自己个人的特殊需求。而产品是为满足人的某种需求而制造的物品，因此，消费者对于产品的需求也从刚需向个性化需求发展，愈发关注提升生活品质的小细节，使得垂直细分的小品类更受欢迎。随着消费者个性化需求日益提升，定制市场高速发展，进入个性化升级的新消费时代。

四、市场层面

（一）传统服装市场急剧变化

目前，传统的大规模生产方式正受到市场的巨大冲击。一方面，市场由统一走向多元化，企业要想继续在市场上立于不败之地，就必须不断地细分市场，从而使得大规模生产赖以生存的稳定市场受到破坏。另一方面，过去的卖方市场变为买方市场，市场需求不可预测。传统商业模式的一系列弊端显现，“以产定销”、单一化的销售平台以及冗长的反应机制等都使得服装业营收普遍出现下滑，在库存压力下，企业不得不降价出售回转资金，使得市场价格战频发，服装产业形势更加严峻。“互联网+”O2O定制除了为消费者提供满足个性化需求的产品和服务，同时也具有利润高、低库存、对市场反应快的优势，可以在市场层面上缓解产业难题。

（二）由B2C向C2B转换

互联网加速了商业领域的两大变化，在需求端，消费者首先被信息高度“赋能”；在供应端，互联网加速信息的流动性与穿透性，削减交易费用，极大地促进了大规模社会化分工协作。在工业经济时代，技术经济的范式是B2C，即以厂商为中心，以商业资源的供给来创造需求、驱动需求的模式。通用的技术是能源、机械动力相关的技术，以驱动大规模生产、大规模商业资源的模式得以持续。C2B模式发展于互联网为消费者“赋能”导致的C端变化，“以用户为中心”的逻辑并不是产能割裂时代企业的自发行为，而是技术可能性和市场力量倒逼下，消费者与企业的共同选择。企业与消费者将在研发、设计、生产、营销、客服等所有环节共同参与、共创价值，是一种产销合一的模式，市场角色的关系也从“链式”转向“网状”。

第二节　互联网服装定制的全球市场格局

一、国外互联网服装定制竞争格局

随着信息化与工业化的深度融合以及消费需求的升级，国内外服装定制企业纷纷涉足电子商务，自建官方网站或电商平台，使服装定制更加便捷化、趣味化、智能化，在很大程度上降低了消费者参与定制的门槛。国外互联网服装定制品牌起步较早，品牌发展模式已经逐渐成熟，如Indochino、J.希尔伯恩（J.Hilburn）、Proper Cloth等服装定制品牌（图6-3）。

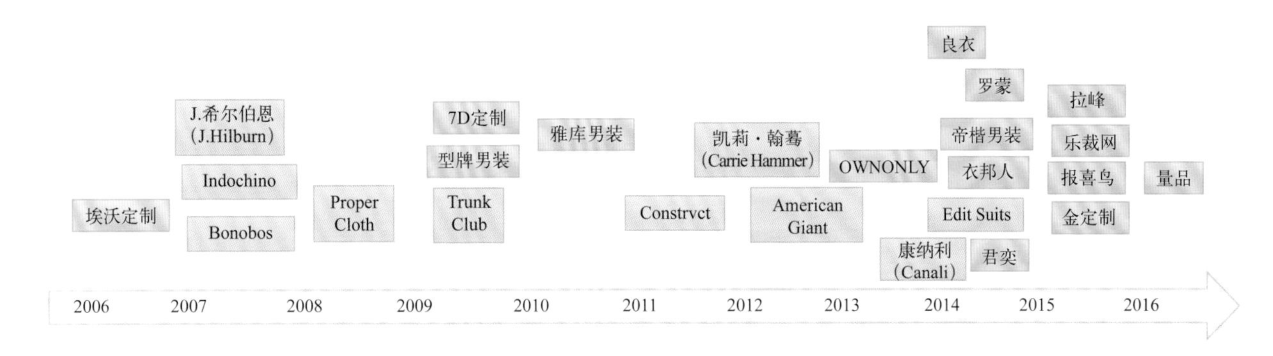

图6-3 国内外部分互联网服装定制品牌发展时间轴

国外各定制企业瞄准电子商务，通过建立服装定制互联网企业ICC（Internet Call Center），将设计师、面料商、服装工厂、线下实体店、物流及消费者等多个网络终端集于同一平台，构建全方位服装定制生态圈。随着快速发展的双线运作模式和O2O运营模式的快速推进，诸如Bonobos、J.希尔伯恩、American Giant 等服装定制品牌的发展模式已经成熟，国外互联网服装定制处于百花齐放的状态。

1.Bonobos——美国最大的服装品牌定制网站

（1）品牌起源

Bonobos是由毕业于斯坦福商学院的布赖恩·斯帕利（Brain Spaly）和安迪·邓恩（Andy Dunn）于2007年成立的服装定制品牌网站（图6-4），获得零售巨头诺德斯特姆（Nordstrom）和风险投资Accel合伙公司（Accel Partners）及光速创投（Lightspeed Venture Partners）等4000万美元融资，主要从事男性类服装在线销售。产品以男裤、西装、衬衫及鞋为主，现已成为美国最大的服装品牌定制网站。Bonobos不打折，回头率却高达50%，每个新客户第一次购买的平均金额高达200美元。

（2）商业模式

Bonobos采用“垂直整合，多渠道零

图6-4 Bonobos男装定制品牌官网界面

售”的线上线下、虚实合体经营的商业模式，除了给顾客更好的购买体验，还提供顾客三种渠道下单，包括网站（Online）、体验店（Guide Shop）、实体百货商店。目前，全美总共有17家Bonobos体验店，客户可以选择并试穿服装，但产品并不会在门店中直接进行销售，客户可以通过O2O模式下订单购买，产品以生产直接配送到顾客手中的订制化方式交易。Bonobos体验店虽为实体店，却与常规实体店有所不同，具有店铺面积小，避开繁华商业区；店员人数少，只接受预约，每次45分钟；库存低，试衣后网上下单，隔日送货等特点（图6-5）。从库存角度分析，店铺里所有服装的所有颜色、所有规格的样衣，但每款、每码、每个色只有1件，所以基本不存在库存。

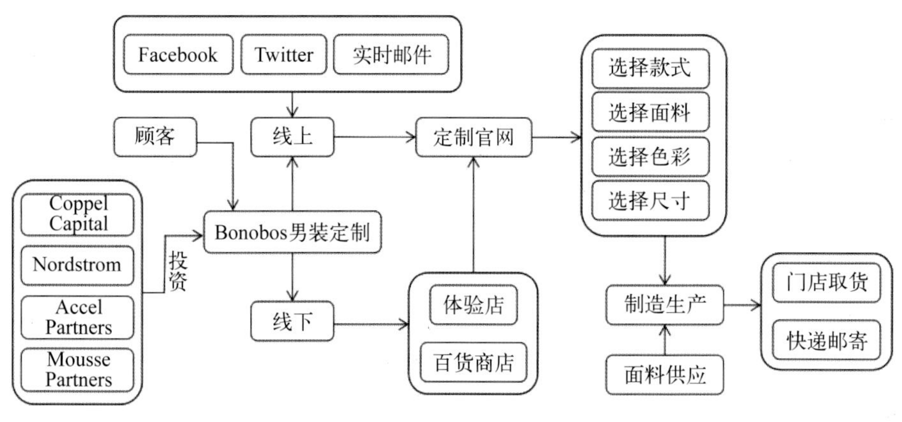

图6-5　Bonobos男装定制品牌运营模式图

2.Indochino——加拿大定制翘楚

（1）品牌起源

加拿大公司Indochino由两位学生凯尔·沃科（Kyle Vucko）和海卡尔·加尼（Heikal Gani）创建于2007年，每个创业总有一个背后的故事，缘起当时两个创始人找不到在价格上能承受而且质量款式相对较好的男士正装。Indochino提供线上的中高端个性化西服定制服务，顾客可以通过访问线上移动端（图6-6、图6-7）或在纽约、波士顿、旧金山、多伦多、比弗利山庄、费城、温哥华的门店，定制属于个人的服装。Indochino有过两轮重要风投，分别是四百多万美元和一千三百五十多万美元的B轮融资，B轮主要投资人是高原消费基金（Highland Consumer Fund），麦德罗纳风险投资集团（Madrona Venture Group），阿克顿资本合伙人（Acton Capital Partners）和杰夫·马利特（Jeff Mallett）。自成立以来，Indochino已经发展成为世界上最大的成衣定制品牌之一，年度增长率超过100%，客户分布超过130个国家。其长期的合作伙伴，大杨创世集团是成衣制作方面的领军企业，为拉夫·劳伦（Ralph Lauren）、BCBG、J-Crew、香蕉共和国（Banana Republic）等著名品牌进行服装生产。这种垂直整合的合作关系减少了Indochino的生产成本，增加了运营效率和利润率，并进一步强

化了Indochino的虚拟库存商业模式。

2016年3月，Indochino宣布获得来自中国大杨集团的3000万美金融资。此次融资更侧重于双方未来在资源和战略上的合作。Indochino CEO表示，此轮融资一部分用于引入新的服装款式，在西装和衬衫产品上为客户提供更多个性化选择的空间，另一部分将用于拓展Indochino销售渠道，如婚庆市场。

图6-6 Indochino官网定制

图6-7 Indochino定制品牌官网界面

（2）商业模式

Indochino采用虚拟库存商业模式（图6-8），主要通过线上销售，采用旅行裁缝（Travelling Tailor）的形式为顾客提供线下体验。其概念跟品牌快闪店类似，在美国的各大城市用简易材料搭建一个临时的实体店面，一般店面只开几天，店里有销售引导人员和裁缝，为到访的客户现场测量、选料并下单。同时，其还具有独特的退换货政策：第一，提供多达75美元的当地修改费用，客户收到货之后想进行小的修改可以在当地进行，费用商家出，避免退换货和退单率，也给客户提供方便；第二，免费重做，如果误差大到不是小修改能解决的，Indochino就会为客户免费再做一件新的，保证客户满意；第三，退款保证，如果客户对于产品或购物体验不是100%满意，Indochino还提供退款保证。

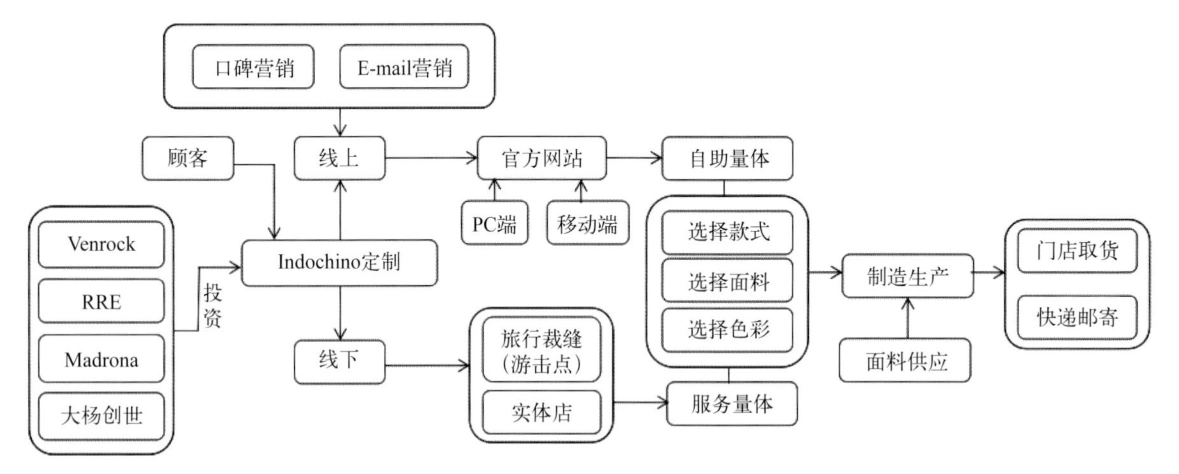

图6-8　Indochino定制品牌运营模式

3. J.希尔伯恩（J.Hilburn）——O2O男装定制

（1）品牌简介

J.希尔伯恩（J.Hilburn）是成立于2007年的O2O男装定制品牌，致力于提供一对一定制服务体验（图6-9）。它最大的优点就是能以更低的价格提供高端服装设计，被称为“高档男装市场颠覆者”。品牌将消费者定位为中上层消费人群，有一定的经济实力，但又不是特别有钱的顾客，平均工资20万～30万美元，想买到正式场合穿的正装。衣服不用花里胡哨过于时尚，也不用花太多时间来挑选。尽管美国高档男装市场发展缓慢，但J.希尔伯恩公司却显示出了其独特魅力，保持迅猛向前发展的步调。

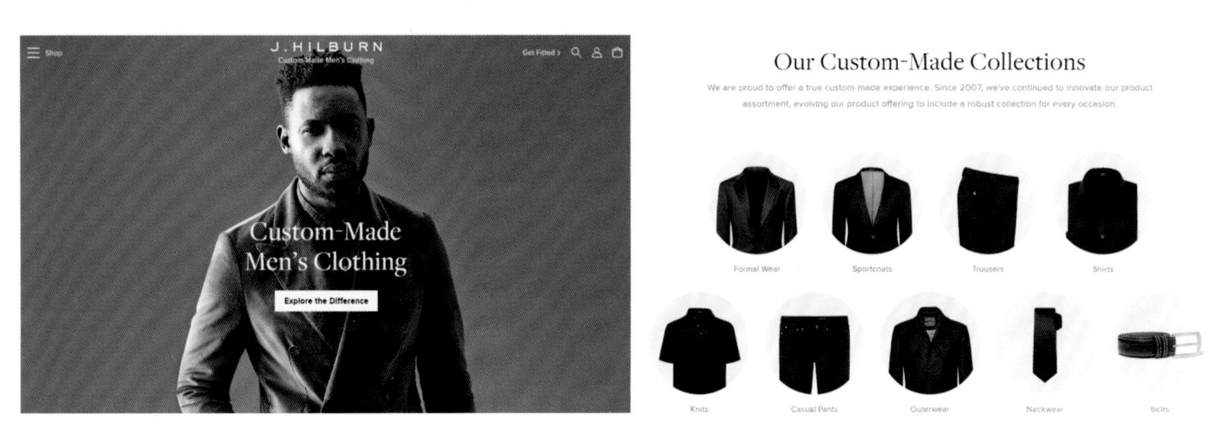

图6-9　J.希尔伯恩定制品牌官网界面

（2）商业模式

J.希尔伯恩采用O2O模式，没有固定的实体店，主要依靠其网站吸引顾客，同时有3100个左右的“时尚顾问”直销团队销售其定制男装，借用O2O模式促使客户在线上表达定制愿望并下单预约，然后等待造型师上门服务即可。同时，公司既扮演着生产商又扮演零售商，消除中间环节，降低成本。

4. Constrvct——时尚定制科技创新者

Constrvct是美国一家知名的网络在线服装定制公司，该公司推出世界上首个在线三维服装设计软件，通过3D设计界面呈现整个服装的三维图，定制者可以设计制作出完全属于自己独特的原创潮流服装。针对定制尺寸，Constrvct有一套规范的测量系统，定制者可以根据其测量程序与测量方法对照尺寸表选择确定服装参数代码。在材料方面，其采用的是在美国采购的双面针织有机棉汗布和工业纺织品数码油墨，订单交给纽约的专业设计人员来加工制作充满活力与高质量照片打印效果的服装，印刷漂洗后的衣物再经专业人员进行缝合，制作出独一无二的时尚服装（图6-10）。

图6-10　Constrvct官网在线编辑器效果图

定制者可将自己喜欢的高清照片、绘画等上传到Constrvct 网站，可定制的服装有T 恤、无袖衫、单肩长裙、经典服装、礼服、紧身裤等样式。为保证定制的服装能够合身，Constrvct 制定了一套规范的测量系统，定制者可以根据Constrvct 测量程序与测量方法，测量身体尺寸。利用在线编辑器设计自己的图片和样式，其上传图案的选择有中央图案与左右镜像图案。图案可采用360° 环绕印刷或前胸后背印刷，通过给定的尺寸和一组测量值参数的代码，凭借其精美的3D设计界面生成数据，并映射出整个服装的三维图像，同时移动鼠标可以让三维服装上下左右滚动，准确呈现衣服设计以及大小可视的预览结果（图6-11）。

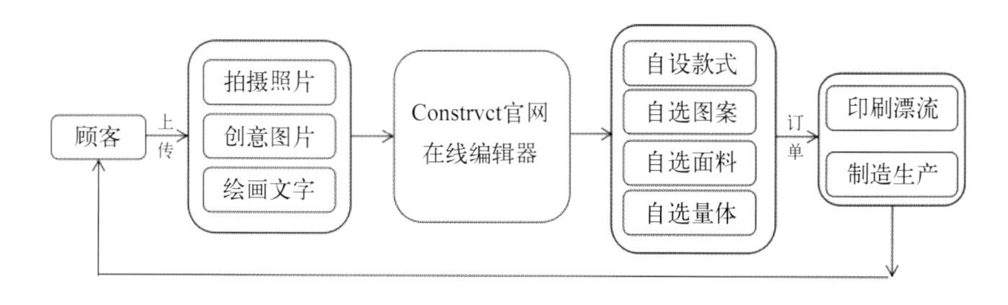

图6-11　Constrvct顾客定制流程

5. Proper Cloth——美国最大的衬衫定制网

Proper Cloth是斯凯里特（Seph Skerritt）于2008年创立的男士衬衫在线定制平台（图6-12）。其理念是让从来没有定制过衬衫的年轻人能够非常方便地在线定制衬衫，价格却要比高端服装裁缝便宜得多。针对尺寸测量的问题，斯凯里特创造了一套拥有专利的算法帮助客户确定尺寸，顾客只要回答一系列诸如体型之类的问题便可。斯凯里特利用技术降低了成本，让在线体验变得更好，并且缩短了交货时间。

6.American Giant——男性休闲服在线定制

American Giant是由现任CEO兼创始人贝亚德·温恩罗普（Bayard Winthrop）于2012年创立的在线服装销售品牌，主攻男性休闲服装，被誉为“有史以来最好的带帽衫”（图6-13）。其致力于改变“人们谈到运动衫就寓意低质量”这一固有观念。其在质量以及细节方面胜过其他同类产品，从原材料开始，采用美国本土棉花并送往当地工厂经人工处理，缝制过程中会有肘部布料加强等细节处理，让American Giant 的顾客穿上公司设计的服装有一种被关注的感觉，这便是公司的核心理念。American Giant采用网上接收订单、按需生产且直接从工厂向消费者发货的模式，节省了大量供应链成本。

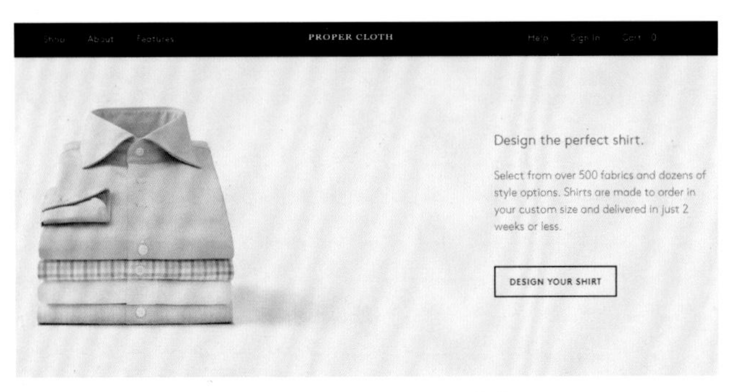

图6-12　Proper Cloth定制品牌官网界面

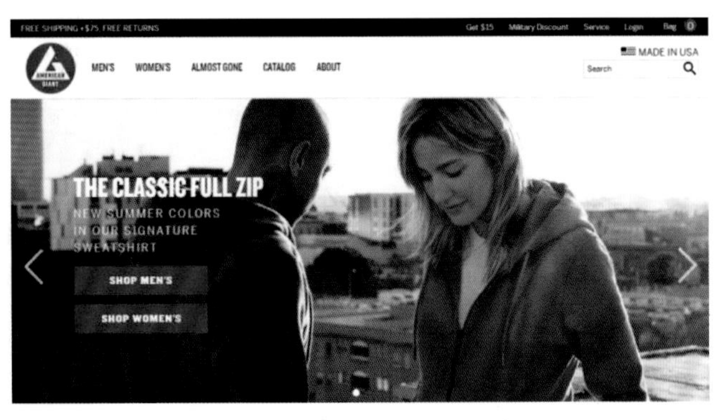

图6-13　American Giant定制品牌官网界面

American Giant官网提供男士运动衫、衬衫、短裤、运动裤、夹克，以及女士运动衫、衬衫、短裤、运动裤、夹克、连衣裙等定制服务。面料主要以纯棉为主，主张透气舒适。品牌提供终身保修、军事折扣、全额退款、礼物馈赠、分享返利、物流配送、量体等服务。军事折扣主要是针对美国预备役人员、国民警卫队、退伍军人、军人家庭成员等军事社区的成员，为其兑现20%的报价。顾客分享到社交工具朋友圈，产品被购买后还会得到15美元的奖励。

7. Trunk Club——男性高端服装O2O网站

Trunk Club由身为女性的服装设计师乔安娜·范·弗莱克（Joanna Van Vleck）2009年创立于芝加哥，她定义自己的目标顾客为“天性不喜欢购物，却想要穿得更得体一些”的男性，并通过350名造型顾问和旗下代理的上百个服饰品牌为这些顾客提供个性化的服饰搭配建议和定时送货上门试穿服务（图6-14）。2012年，Trunk Club开始为男性提供服装定制服务，让顾客有能力购买定制服装。2013年该公司推出了自己的移动应用，为客户提供另一款沟通工具，让他们可以与设计师进行沟通。2014年，Trunk Club销售额预计达到1亿美元，并以约3.5亿美元价格被出售给美国时尚百货巨头诺德斯特姆（Nordstrom）。

图6-14　Trunk Club定制品牌官网界面

8. Edit Suits——新加坡男性衬衫定制龙头

Edit Suits是新加坡一家以男性消费者为对象的衬衫定制网站（图6-15），于2014年由雷托·彼得（Reto Peter）和帕特里克·军戈（Patrick Jungo）两位创始人创立，其瞄准了男性虽然比较懒于购物但是对品牌的忠诚度却更高这一特点。网站的亮点就在于它会派裁缝到订购衬衫的人家里去量尺寸，提供良好的服务，让男性消费者产生认同，那么这些男性消费者很可能就会一直钟情于这个品牌。

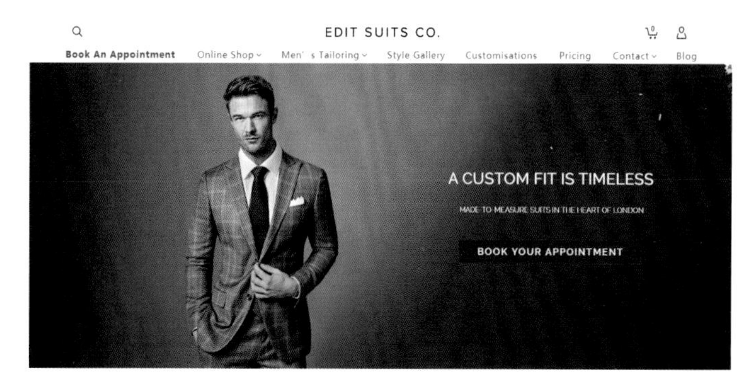

图6-15　Edit Suits男装定制品牌官网界面

Edit Suits会派裁缝到类似银行的金融机构去量尺寸，那里汇集了Edit Suits的大部分顾客。品牌得到了来自红色集市（RedMart）的天使轮融资，红色集市（RedMart）是新加坡最大的在线杂货零售商。Edit Suits通过增加高端的裤装和西装套装来提升自己的档次。除了新加坡，其市场还拓展到英国，在市场上定制西装的价格飙到240美元以上，使其获得了更多的利润。此外，Edit Suits的这种经营模式可以大大减少库存管理的支出，节省运输成本（图6-12）。Edit Suits还会选择那些库存能力强的厂家来进行生产，然后在发货之前会检查商品。

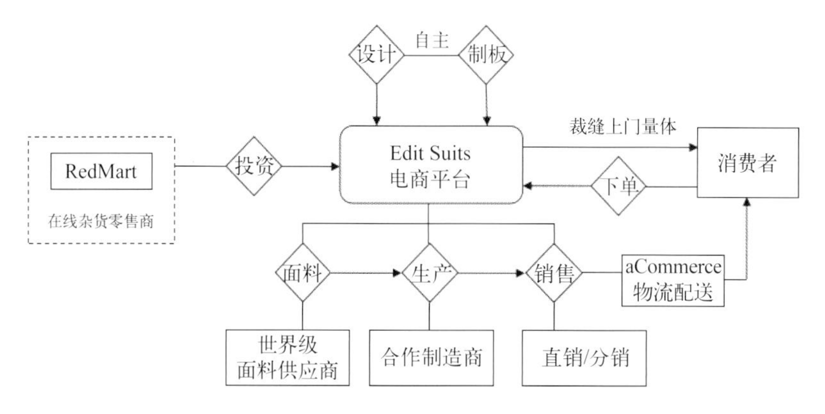

图6-16　Edit Suits男装定制品牌运营模式

二、国内互联网服装定制竞争格局

随着国内信息化与工业化深度融合，传统的高级定制已不适应互联网的高速发展，互联网定制因满足顾客个性化需求、供应链快速反应成为市场发展的转型方向，近期大量互联网定制服装品牌崛起即是明证。传统高级定制开始借助网络平台开展在线预约定制业务，如红都、罗马世家、永正裁缝等。同时，定制行业也出现了一些新兴互联网服装定制品牌，如埃沃、衣邦人、量品、型牌等。这两类互联网定制服装品牌构成了现今中国互联网服装定制竞争格局。

（一）国内互联网服装定制品牌比较（表6-2～表6-4）

表6-2　中国互联网定制品牌运营方式比较

品牌名称	埃沃定制	7D定制	雅库男装	帝楷男装	衣邦人	型牌男装
品牌Logo	IWODE TRENDY TAILOR	7D.COM.CN	雅库 YKSUIT	帝楷	衣邦人	iType
成立时间	2006年	2009年	2010年	2014年	2014年	2009年
网站类型	B2C在线销售及定制网站	D2C设计师品牌集成网站	B2C在线销售及定制网站	M2M“量身定制直通车”信息平台	C2M电商平台	B2C高级成衣定制网站
经营理念	任何身材、完美定制	全民皆时尚	提供全新E时代购物体验	职业正装，英伦风格	高端定制，触手可及	快定制、快时尚
运营特点	“网络+实体店”模式	“线上牵引，线下服务”	在线定制（B2C销售、电话定制、线下直销）	全渠道营销	无门店+上门量体+与工业4.0工厂合作	在线成衣密码定制

表6-3　中国互联网定制品牌定制方式比较

品牌名称	埃沃定制	7D定制	雅库男装	帝楷男装	衣邦人	型牌男装
定制类型	半定制、成衣	定制、半定制、成衣	成衣	半定制、成衣	半定制	半定制
定制内容	个人成衣定制、团体职业装定制					
定制品类	西服、西裤、衬衫、配件、夹克、毛衣、马甲	西服、西裤、衬衫、礼服、中装	西服、西裤、衬衫、婚庆礼服	西服、西裤、休闲裤、衬衫、马甲、中山装、大衣	套装、西服、西裤、休闲裤、衬衫、羊绒衫、大衣、马甲、牛仔裤	西服、西裤、夹克、衬衫、Polo衫
尺寸选择	上门量体 选择标准码 自助测量 在线输入	上门量体 在线输入	自选标准码	选择标准码 标准码微调 个人量体净体数据	上门量体	在线输入3个尺寸后显示标准码
面料选择	实体店选择 在线图片选择	上门服务选择	默认样衣面料	在线图片选择	上门服务选择	默认样衣面料 免费样料邮寄

续表

品牌名称	埃沃定制	7D定制	雅库男装	帝楷男装	衣邦人	型牌男装
细节选择	图片选择及信息填写	上门服务选择	在线图片选择	在线图片选择	上门服务选择	图片选择及信息填写
付款方式	网银支付 支付宝支付 店铺支付	在线支付 货到付款	在线支付 货到付款 银行转账 邮政网汇E业务	支付宝支付 银行卡支付	刷卡支付	银行转账 在线支付 邮局汇款
试衣方式	体验店试衣 无试衣	上门试衣 无试衣	无试衣	无试衣	无试衣	无试衣
送货方式	自费快递上门	免费快递	免费快递	免费快递	免费快递	免费快递
定制周期	7～15天	15～20天	15～20天	7～15天	7～10天	15天

表6-4 中国互联网定制品牌品牌服务比较

品牌名称	埃沃定制	7D定制	雅库男装	帝楷男装	衣邦人	型牌男装
售后保障	免费修改（1次）、退换货、终身免烫、终身保养	退换货、免费修改	免费修改（2次）	7天内因质量问题退货退款、30天内免费返修或重做	30天内无忧售后	退换货、2周免费修改、无条件退款
优惠政策	会员优惠、礼券优惠、团体优惠、淘宝不定期促销、APP优惠	会员优惠 礼券优惠	代金券优惠	会员优惠	会员优惠、代金券优惠、免费体验名额	积分打折、购物卡
服务内容	订单跟踪 上门量体 退换货 终身保养 终身免烫 免费修改 免费送货	订单跟踪 上门量体 上门试穿 送货上门 退换货 半年内免费修改	管家服务 上门量体 全场顺丰包邮 货到付款 20天内退换货	个人量体数据包 免费送货 免费修改	上门量体 送货上门 退货退款 30天无忧售后	免费配送 订单跟踪 退换货 保养指导 免费料样邮寄 体验品定做

（二）国内网络化的传统高级定制品牌比较（表6-5～表6-8）

表6-5 中国网络化的传统高级定制品牌运营方式比较

品牌名称	罗马世家	永正裁缝	上海真挚服	红都制衣
品牌Logo				
实体店	71家零售、28家定制（北方居多）	9家定制（北方居多）	3家店（位于上海）	25家定制、7家专卖店、7家店中店、6家加盟店，5个特许加盟商（北方居多）
网站类型	官网+在线预约	在线预约定制	官网+在线预约	B2C在线定制
运营特点	官网设立在线预约窗口 免费预约电话 上门服务	与在线定制网站尚品定制合作开设独立的永正预约定制窗口 上门服务	官网设立在线预约窗口 免费电话预约 上门服务	全流程在线定制 选款选色、自填数据

表6-6　中国网络化的传统高级定制品牌定制方式比较

品牌名称	罗马世家	永正裁缝	上海真挚服	红都制衣
定制类型	全定制	全定制	全定制	半定制
定制品类	西服、西裤、衬衫	西服、西裤	西服、西裤、衬衫	西服、西裤、衬衫、中山装
定制内容	个人定制	个人定制、团体定制	个人定制	个人定制、团体定制
定制价格（元）	7800～30000	2000～200000	3000～10000	2200～10000
定制流程	在线预约、上门沟通、完成订单、上门试衣、上门送货			在线注册、浏览款式 选择面料、细节、填写尺寸 填写信息、在线付款 制作、快递送货
款式选择 尺寸选择 面料选择 细节选择	上门服务，沟通选择			在线图片、文字说明 在线选择、自填数据
付款方式	货到付款			在线支付、货到付款、银行转账
试衣方式	上门服务			无试衣
送货方式	快递送货			快递上门、自取、送货上门
定制周期	20天	45～50天	20天	20天

表6-7　中国网络化的传统高级定制品牌品牌服务比较

品牌名称	罗马世家	永正裁缝	上海真挚服	红都制衣
售后保障	免费修改、可退换货			
优惠政策	无	会员卡优惠	无	满就送服务
服务内容	上门量体、上门选料、上门试衣、免费修改			在线定制、会员优惠政策、送货上门、订单跟踪、货到付款、免费修改

表6-8　中国网络化的传统高级定制品牌特色比较

品牌名称	罗马世家	永正裁缝	上海真挚服	红都制衣
店铺特色	黏合衬和全衬 手工驳头、少量机械 大量使用日式风格技术 为日本定制服装店提供服务	生产基地设在天津 80%的技师有20年以上裁剪经验 每套定制服装经过三百九十多道不同的手工制作工序	黏合衬与非黏合衬都做，全衬和半衬结合，手工纳驳头和机器制造的都有 裁剪板式含英式、欧式、意式、日式 独有人体数据库、人体美学和力学的专业定点分析	材料、手工分开收费 提供3种定制： 价位最便宜的推板，机器制作；由北京高师傅量体、剪裁，但机器制作；特级做法，由高师傅量体裁衣且手工完成
优势			人体力学理念	中式红色特色、B2C平台
不足	日式风格不受欢迎	半定制，无独立制板		面料少，网站运营差
网络推广	在商务网站投放小型广告	与其他网络定制品牌合作	在商务网站投放小型广告	建立专门的定制网站

三、互联网服装定制品牌融资情况

2016年，互联网行业融资总规模占全行业的20.98%，融资案例数量占全行业的35.35%，占据了整个市场的核心地位。互联网行业虽已进入发展增速放缓的寒冬期，但是发展前景依旧广阔，互联网行业依旧为推动资本市场发展的领军力量。尤其互联网定制类服务，受传统高级定制价格昂贵、流程复杂和周期漫长等因素制约，新兴的“互联网+”定制模式拥有移动、便捷、低价、高需求、重体验等多项优势，成为服装行业中的一片蓝海。近几年整个资本市场对互联网定制行业的巨额投资，预示了服装定制领域在消费者强劲的需求下，正等待着新的商业模式来统一市场（图6-17）。

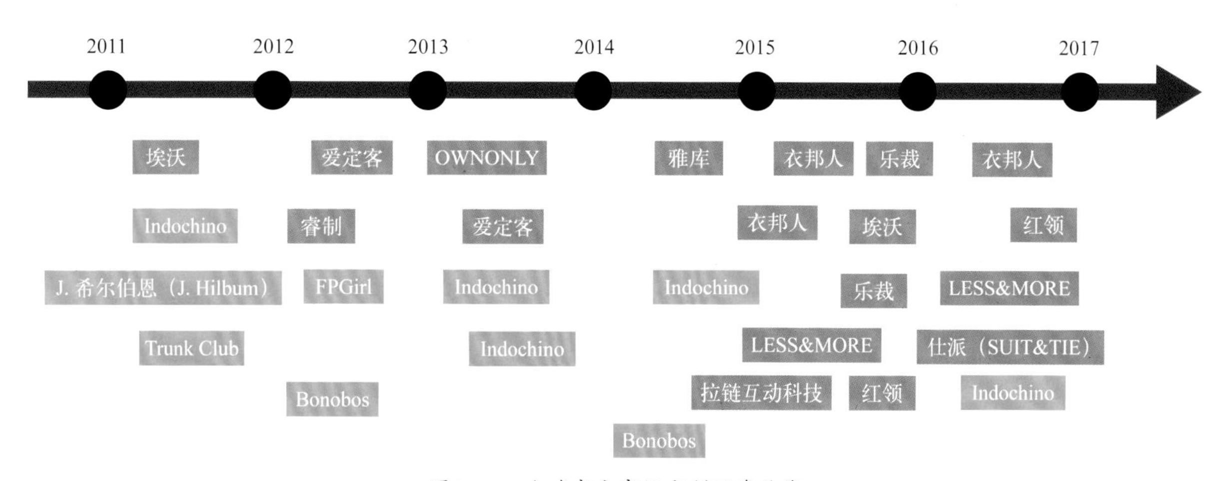

图6-17　全球部分高级定制融资路线

在服装定制领域，竞争者已涌现，定制模式也多种多样。而定制平台或易转型成定制平台的项目容易受到投资者的青睐，因为一体化的互联网定制平台整合了量体师、设计师、门店和工厂等完整的定制供应链，不再受制于时间、空间的制约，在市场容量上更易横向延伸，实现更优的资源配置，提高了效率，可见未来定制项目的市场容量和成长性是决定其是否会受到青睐的主要因素。投资商青睐在纵向和横向可以进行延伸的定制项目，即使在定制项目初期通过单个爆品，如男西装获得大量用户，但也希望后期能深挖客户价值，提高复购率和客单价。

（一）国外互联网服装定制品牌融资（表6-9）

表6-9　国外互联网服装定制融资情况

受资方	融资时间	融资轮次	投资方	投资金额	详情
加拿大 Indochino	2011			400万美元	
	2013	种子轮	Venrock, RRE, Velos Partners, Eniac Ventures等，天使投资人Alex Bard, David Tisch, Bonobos公司首席执行官Andy Dunn等	190万美元	将个性化的量身定制试穿引入到男士休闲衬衫领域
	2013.3	A轮	Highland Consumer Fund alongside Madrona Venture Group, Acton Capital Partners, Jeff Mallett	1350万美元	继续扩大市场推广［包括旅行裁缝（Traveling Tailor）］，开发一些新风格和设计，如Ultimate Spring Line 系列
	2014	B轮	Javelin Venture Partners, RRE Ventures联合投资	650万美元	提供上门量体服务，扩大定制服务服装店的覆盖
	2016.3	C轮	大杨集团	3000万美元	引入三个新的服装款式，拓展销售渠道，如婚庆渠道
美国 J.希尔伯恩（J.Hilburn）	2011			500万美元	进一步开拓产品种类和市场
美国 Trunk Club	2011		Venture Partners和Greycroft 领投，Partner, Apex Venture Partners, Anthos Capital参投	1100万美元	
新加坡 Edit Suits		天使轮	RedMart	840万美元	RedMart是新加坡最大的在线杂货零售商
美国 Bonobos	2012	天使轮	Nordstrom领投，Accel Partners, Lightspeed Venture Partners 等	7000万美元	美国最大的服装品牌定制网
	2014	D轮	Coppel Capital领投，Mousse Partners、Accel Partners、Lightspeed Venture Partners等参投	5500万美元	
美国 American Giant		天使轮	Donald Kendall领投	500万美元	主营男性休闲服装

（二）国内互联网服装定制品牌融资

互联网投资将成为未来趋势，根据中国互联网协会发布的报告预计，制造业方面数字化生产、个性化定制、网络化协同、服务化制造等“互联网+”协同制造新模式将取得明显进展。在互联网下服装行业天花板不断进行着瓦解与重构，发生了迅速变化，随着供给侧改革、个性化定制以及柔性供应链发展和国内的消费升级，服装类定制已成为大势所趋。据光大证券数据显示，我国2016年的私人定制服装市场规模在1022亿元，预计2020年将达到2000亿元。为了追逐未来和趋势，近年来风险投资对初创互联网公司的投资周期在缩短，因此，互联网创业企业

的成长周期也在缩短。在风投的助力下，高速增长的企业的融资速度也非常之快，从以前的几年融资一次缩短到现在的几个月融资一次，甚至很多创业公司在刚拿到新一轮融资时，便会准备下一轮的融资，这一方面是要给自己足够多的现金储备以备过冬，另一方面也是在快速融资的过程中做大企业的估值规模，便于尽快套现（表6-10）。

表6-10 中国互联网服装定制融资情况

受资方	融资时间	融资轮次	投资方	投资金额	详情
埃沃	2011.4	A轮	IDG	数千万元	
	2015.5	B轮	君联资本领投，IDG跟投	1.5亿元	信息技术投资、引进、培训时尚服饰顾问和拓展新城市
乐裁	2015.7	天使轮	报喜鸟投资、容银投资	360万元	形成业务协同，为乐裁网络提供研发、生产、物流管理服务
	2015.9	B轮	普思投资	数千万元	
衣邦人	2015.1	天使轮	浙大科发领投	两轮逾千万	APP和服务系统开发，服务网络扩大和品类拓展
	2015.3	Pre-A轮	吴炯		
	2016.8	A轮	竞技世界领投，吴炯跟投	数千万	供应链、技术、服务等方面
LESS&MORE	2015.12	Pre-A轮	联科创盈	800万元	互联网渠道推广，房车购置以及门店拓展
	2016.11	A轮	紫牛基金领投，紫金汇创投、林依轮跟投	1200万元	扩展线下门店，覆盖更多大型城市
仕派（SUIT&TIE）	2016	天使轮	合光资本领投	400万元	扩张公司业务和团队
睿制	2012.3	天使轮	创业接力	数百万元	
雅库	2014.7	A轮	国泰创投	数千万元	
OWNONLY	2013	天使轮		1000万元	
拉链互动科技	2015.12	天使轮	众筹数位上市公司高管天使投资	近千万元	线上线下结合，扩展全国门店数量
Y先生		种子轮	众筹	42万元	发展平台，增值服务盈利，整合产业链，沉淀平台资金
IDX爱定客	2012	天使轮	匹克体育许志华		个性化鞋类定制C2B网站
	2013.4	A轮	宽带资本	1千万美元	市场营销及扩充生产线等
凡 匠	2016	天使轮	内部	600万元	

四、如何构建“互联网+”定制平台

制造业未来的竞争是平台之争，根据凯鹏华盈（KPCB）的“互联网女皇”玛丽·米克尔（Mary Meeker）的研究，截至2015年5月，全球市值最高的15家互联网公司全部是平台型模式，其中美国11家，中国4家，总市值达到2.6万亿美元。平台崛起呈现为指数性增长的超级企业，在数字化的环境下，边际成本无限地趋于零，由于网络效应的存在，边际收益又不断地增加，边际收益和边际成本的无限不交叉使得平台规模又无限延展。在未来5～10年的时间里，在不同的领域、不同的环节、不同的角度还会批量出现市值过百亿美金的平台型公司。这些平台将集聚更多的要素，引领社会的协作分工，还会引发供应链的优化和变革。从价值链上下游的分工到平台价值网络上的交互和协同，一方面互联网定制商家各自分工分散获得订单进行集聚，另一方面通过订单的标准化协作获取价值链后端供应商的红利，也在更广泛的范围内分工协作、资源共享而获得了更大的价值。构建互联网定制平台的"独角兽"是大多数整合资源构建定制平台创业者的梦想和情怀。然而，互联网定制如何打造产业资源配置平台，又如何成为产业级的"独角兽"呢？

第一，"互联网+"定制平台的定位。定制平台需要聚合到合适的人群，既提供一二线城市的高端市场，强调品质寻求奢侈品代工厂的资源整合；又为三四线城市消费者提供设计感强而价格合理的产品，强调效率与时尚，如寻求快速反应的小型智能工厂、独立设计师工作室（Studio）和OEM/ODM工厂。定制平台初期应用爆品，如男西服、衬衫等单品测试迭代定制平台模式，后期整合更多品牌商、制造商和设计师入驻，或者建立O2O互动的个性化定制平台。

第二，"互联网+"全品类定制平台。产品一体化有利于增加顾客定制的连带率，通过纵向整合不同层次定位的定制品牌，横向拓展产品定制，扩大市场覆盖率，为顾客提供一站式服务。产品线更从原先的西装或衬衫等常规品扩展到皮鞋、腰带、领带、手包等个性化创意定制领域，最终成为领先的全品类个性化消费创意平台。更有可能泛化"定制"概念，定制生活，除了服饰品的定制，拓展到家居、家具、家装、鞋子与旅游定制等。因定制市场本身的小众性，甚至平台会出现"全定制+半定制+成衣"的模式。以打造中国第一品质、第一全屋定制家具的理念，极速服务每位顾客的"尚品宅配"，2017年3月7日登陆深交所创业板（300616），其独特的"C2B+O2O"商业模式，一定程度上代表了近几年智能家居定制领域的发展趋势。

第三，"互联网+"定制平台品牌兼容性。整合不同层次定制品牌包括传统高级定制、轻奢定制、互联网定制、团体定制、女装定制以及饰品定制，有效扩大定制市场。如果接单端是以工匠或师傅为主，那么整合更强调传统高级定制的工匠精神与历史感；如果接单端是以国内外加工生产企业为主，那么整合就充分利用了其柔性化生产、个性化定制的智能制造优势；如果接单端是以设计师主导的工作室（Showroom）为主，那么整合应强调私人形象设计；如果接单端以网红、模特或旅行达人等时尚超级IP驱动为主，那么在平台更应强调

互动、体验、娱乐和社交，并进行相关类商品的衍生。

第四，社交+互联网定制平台的跨界。全品类个性定制平台或个性化垂直定制平台或定制APP，产品的模型设想是社交+互联网定制跨界模式。社交功能开发的目的是方便用户使用分享功能，为给设计师与用户创造交互的机会，加强互动。定制平台初期需以浅定制切入积攒种子用户，慢慢深化定制，等到商业模式公测，种子用户得到确认，再进行横向扩大品类，纵向加深产品深度。

第五，互联网定制平台C2M+O2O模式。顾客能在线上平台参与创意设计实现用户端与接单工厂端的链接，也能在线下实体店接受量体服务，并进行体验，通过支付、交互、互动等反馈回到平台线上，解决了线上定制平台C2M模式无法体验的问题，缺点是O2O定制平台需要更多的资本投入到线下店铺的拓展与运营。

构建互联网垂直定制平台需要通过定位进行精准引流，依赖全品类定制和品牌兼容性实现用户转化，扩大用户规模，提高用户黏性，为用户提供体验，实现用户沉淀，最终实现互联网定制平台的生态系统。定制企业要么自构生态平台，要么融入生态平台将成为行业竞争的显规则。从市值角度讲，也只有平台生态型的企业才有望成为定制产业王者的“独角兽”，打造互联网定制平台型生态，将成为互联网定制产业平台创始人追求的经营境界。

第三节　服装O2O定制品牌领导者——埃沃

一、品牌起源

埃沃定制（IWODE）创于2007年10月，源自英伦，是国内领先的时尚定制品牌，由一群拥有非凡创意和执着追求的青年创想家打造而成。埃沃尊重差异、敢为人先、特立独行，用服饰敲开人类个性之门，成为对自然、创造充满激情的表率。埃沃代表的是定制服务的尊贵、个性以及超值体验，旨在给消费者带来合理价格享受高级定制的权利。

互联网技术的日趋成熟，消费升级和个性化消费需求增大，O2O定制服务正在逐渐成为服装行业的新趋势。在2011年专注于O2O男装定制的品牌商埃沃裁缝宣布获得千万级的融资，2015年，埃沃又获得1.5亿人民币B轮融资，由君联资本领投、IDG跟投。2016年3月1日，埃沃定制智能生产研发中心举办了开业庆典，以工业4.0标准去打造智能生产研发中心，扩大了生产基地，从产能上完全解决了瓶颈，有效缩短了交货周期，让埃沃在产能上跃上了新台阶（图6-18）。

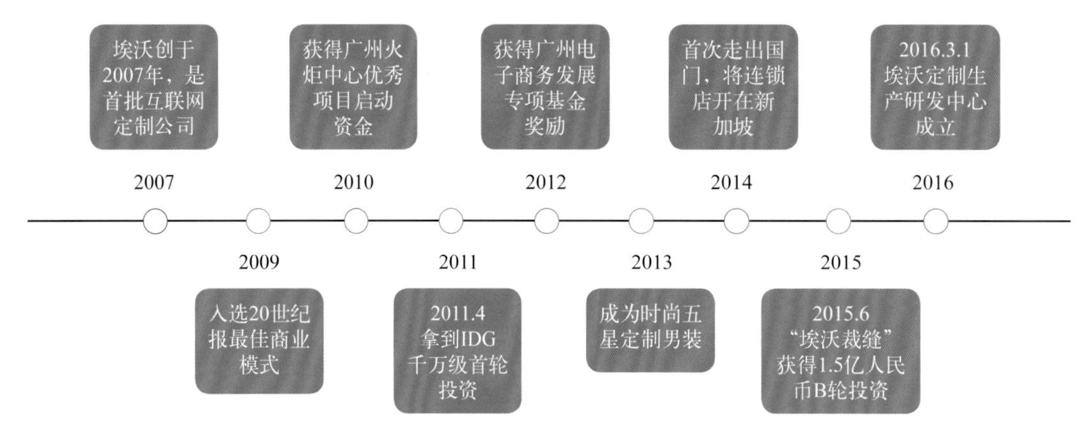

图6-18　埃沃发展时间轴

二、品牌运营模式

（一）商业模式

埃沃是国内第一家采用“网络+实体店”模式销售的定制服装公司，实现网络和实体店的无缝对接，线上线下有效联动。对于要建设高档服装品牌的埃沃定制（IWODE）来说，通过“网络+实体店”运营模式，让线上的客户线下体验和消费真正落地，形成O2O的闭环（图6-19）。埃沃采用“线上营销，线下体验”的一体化商业模式，让尽量多的人享受到与实体店一样的个性化服务。以线上做引导，辐射线

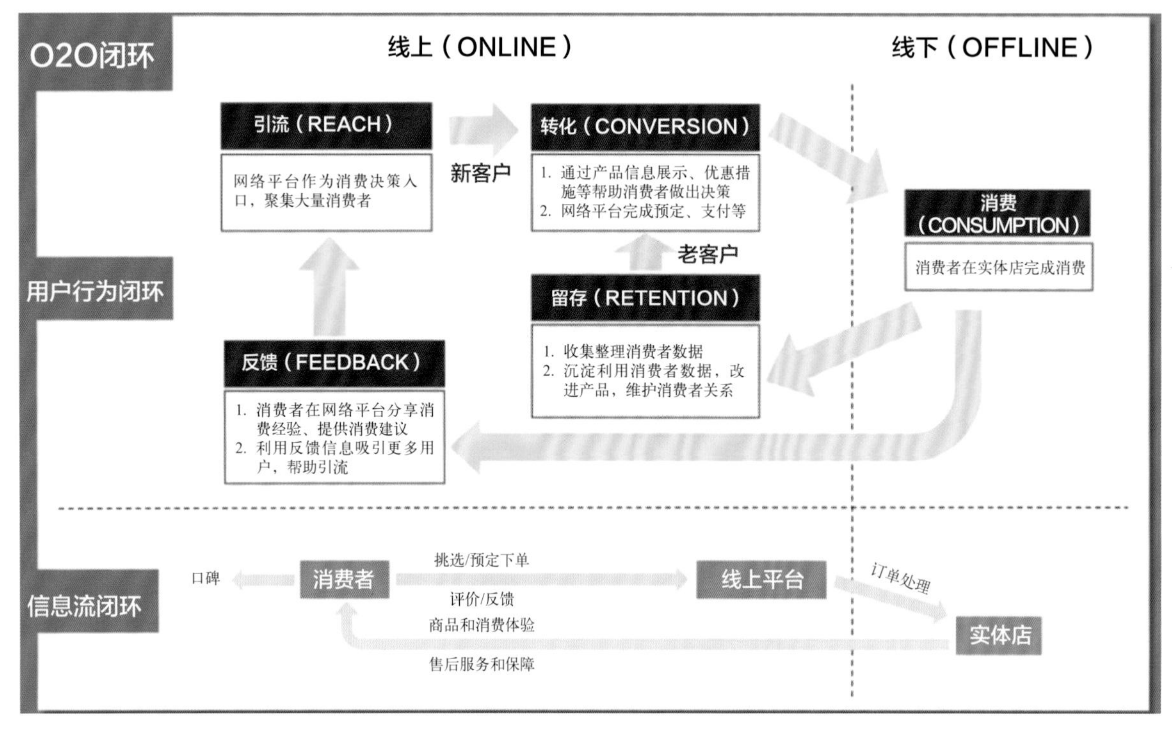

图6-19　埃沃O2O定制品牌闭环

下开更多的实体店，线上补充没有实体店的区域。

在网络销售中，由于消费者无法直接接触摸到实物，消费者自己很难把握服装质量。再加上销售习惯的影响，长期以来互联网销售成为“低价低质”的代名词，对公司的品牌形象的树立也十分不利。埃沃公司为了更好地让更多消费者与埃沃的“服装定制”有更直观的接触，也为了更好地树立埃沃良好的品牌形象，为了更加接近自己的核心消费群体，开设线下连锁店，与线上有机结合，将更多的实体店开设到顾客希望的场景（图6–20）。

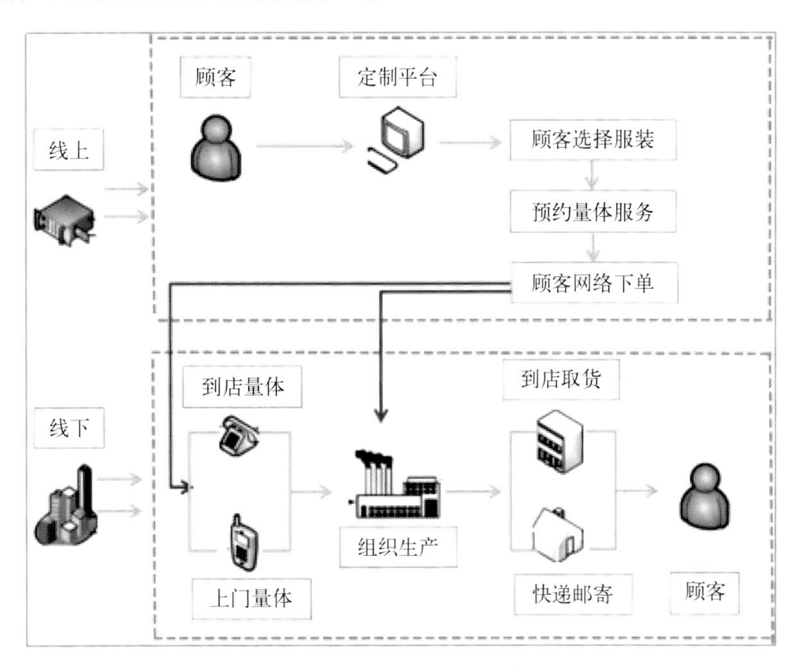

图6–20 埃沃线上线下一体化商业模式

1.线上多方导流

埃沃通过APP“埃沃定制”和天猫、京东旗舰店等在线定制平台吸引流量，用户通过手机就可以完成测量、下单以及上门服务，最后到店里取货。埃沃的线上运营主要分为预约推广、渠道建设、网站运营三个方面（图6–21）。

2.线下提升体验

据统计，超过90%的中国中高端消费者希望第一次购买新品牌服装产品时是可以先看到、摸到，甚至试穿。埃沃以线下门店布局为依托，很好地解决了消费者网购过程中的体验感缺失问题。同时通过提供量体以外的服饰搭配、修改等个性化增值服务提升顾客的店内体验。

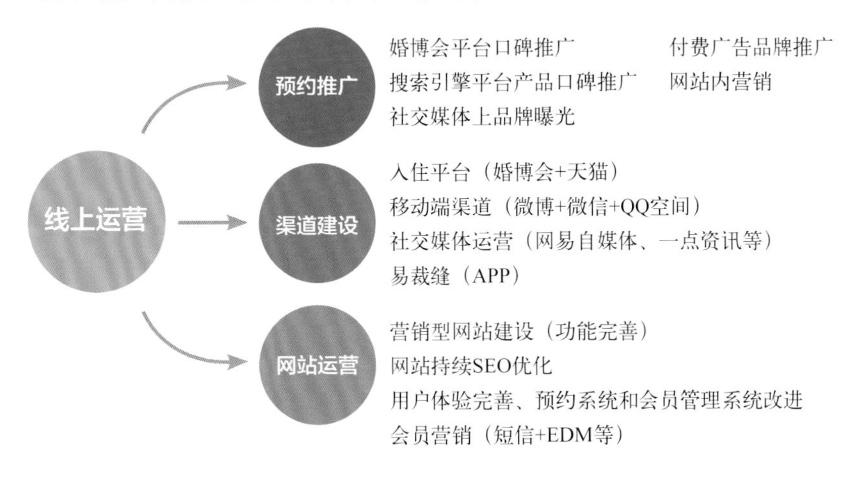

图6–21 埃沃线上运营

3.线上线下互通

一方面打通线上线下会员、款式数据的交互，并通过顾客在实体店的学习培养，让客户逐步忠诚于线上的使用。C端用户数据的积累也为埃沃裁缝日后与其他平台完成系统对接，以提供面向B端的定制化服务打下基础。另一方面有效利用了线下的时尚顾问资源，扩大了服务覆盖区域，提高了人效。

（二）定制模式

1.定制内容

埃沃主要从事半定制+成衣类定制，定制内容包括个人定制和团体定制。个人定制旨在满足消费者个性化需求，提供各种细节定制并且支持个人特体定制（表6–11）。为了便于规模化生产，埃沃首先开始尝试将男装进行模块化组合，如一件衬衫，埃沃将其分解成领口、袖子、衣身、后摆等几个部分，再按照流行的样式在每个部分中推出不同的样式来供消费者选择。这种模块化设计，不仅为埃沃实现大规模生产提供了可能，而且也为埃沃实现“标准化定制”提供了前提保证，也满足了目标消费者的需求。

表6–11 埃沃定制细节

服装板型	时尚、偏瘦或根据顾客需求
工艺	半定制，标准化生产，个性化元素模块组合搭配
手工含量	标准化生产，可以绣字母或者名字
面料	新疆12.5tex（80s）面料、英国高士缝纫线、德国科德宝衬
产地	广东（东莞、深圳）、上海
款式选择	图片、店铺选择款式、设计师推荐
尺寸选择	标准尺码、提供尺码，提供测量方法、上门测量尺码
面料选择	线下实体店选择、线上图片选择、设计师推荐
模块选择	顾客通过自己的喜好或者设计师推荐选择衣服的模块，如领口、袖子、衣身、后摆等几个部分
试衣方式	实体店试衣或无试衣
定制周期	1～2周

2.定制流程

传统的定制流程分为消费者量身、裁剪制作出纸样、缝制和整烫等环节。在设计层面，埃沃裁缝重新研究了25～35岁人群的核心定制元素需求，在不影响美观和使用的情况下，将传统定制简化成一个标准化体系。将量身部位从19个减少至10个，每个定制环节提供消费者

不超过5处的个性化设计。埃沃推出了多样化的量体方式，让不同年龄、不同生活方式的消费者都能找到适合自己的方式，从而更好地进行定制（表6-12）。

表6-12　埃沃多样化量体方式

量体方式	特点
预约裁缝，上门量体	平台招募了二百余名专业培训的时尚服饰顾问提供上门定制衬衫、上门衣物护理服务
到店量体	截至2016年6月，埃沃共在中国25个城市以及新加坡提供定制服务，线下门店共122家，顾客可以到任意门店进行量体
自行手工测量	埃沃的旗舰店里提供了针对不同定制商品的详细量体教程，顾客可以在教程指导下自行量体，包括体型说明、测量方法、板型说明三方面
移动设备量体	埃沃推出“埃沃定制”HD APP，是全球首家运用移动设备量体裁衣的服装品牌。消费者只需要用iPad拍几张正面、侧面照，系统即通过快速身形识别计算出三维等身材信息。选定面料、款式后，系统即可呈现顾客的整体三维立体效果，而再按一个发送键，即可完成量体定制，这一切在1分钟之内即可完成。而这套系统测量出的数值和人手工测量的数值的误差，几乎可以忽略不计

（三）营销模式

埃沃独创的“店神系统”是一个标准化管理系统，将ERP、实体连锁店和网上商城这三个系统整合（图6-22）。系统具有日常的管理功能包括订单处理；知识归类，将服装行业裁缝知识转化为标准化知识；智能化信息系统，以数据分析消费者的习惯偏好，代替以往需要通过市场调查得到的相关信息。同时系统会将服装拆分成模块，每个模块都有多种选择，顾客可以通过自己的喜好自己组合搭配这些模块，定制出独一无二的服装。而且系统可以及时将生产情况反馈给埃沃，并与顾客连接，顾客在系统只要输入尺寸等必要信息后就可以挑选款式来定制，并且保留顾客信息，传输到各个分店与网店，支持随时更新。

图6-22　埃沃“店神系统”

该系统应用互联网技术、移动互联网技术、物联网感知技术、大数据分析处理技术，通过自主研发的ERP系统将门店智能下单及用户管理系统（手机APP下单系统）、仓库原辅材料管理系统、生产订单排产系统、智能纸样合成系统、工艺自动匹配系统、生产工艺智能识别系统、生产订单进度跟进分析系统和仓储智能分拣系统这8大系统模块有效打通，有机串联形成拥有独立知识产权的用以实现大规模个性化定制的智能化驱动系统，并应用于柔性生产供应链上，实现工业4.0标准的服装大规模个性化快定制应用。

“店神系统”能智能化分析市场数据，根据消费者以往在埃沃定制服装的信息，预测未来服装流行趋势，并将这些流行趋势组合成不同的服装板型样式。由此推出新颖的样式提供给消费者，保证每个月都能推出新款。“店神系统”储存了大量的客户数据，客户无论到哪一家店进行定制，都可以及时获取准确的个人信息。从得到消费者数据开始，“店神系统”就进行集中化的管理和分配。一个消费者只要在一家埃沃裁缝的店里定制过一件衣服，尺寸信息就会保留在系统里，并传输给各个分店和网店。如果客户的数据发生了变化，还会及时更新。

第四节　互联网服装定制颠覆者——衣邦人

一、品牌创立

衣邦人隶属杭州贝嘟科技有限公司，是一个互联网服装定制平台（表6-13）。衣邦人以“互联网思维+工业4.0”切入高端服装定制行业，采用“互联网+上门量体+工业4.0”的C2M经营模式。衣邦人本身并不生产产品，而是通过打造优质的服务链及供应链，为中国精英人士提供高端服装定制的品质服务。

表6-13　衣邦人品牌概况

品牌商标	衣邦人
成立时间	2014年
品牌定位	25～50岁的白领阶层
经营模式	网络营销+美女着装顾问上门服务+工业4.0的服装工厂
品牌理念	高端定制，触手可及
产品与服务	主要为顾客提供男士正装
目标消费群	年龄位于25～50岁的白领阶层，他们的生活理念是独立、热爱工作、享受生活、追求细节的完美与生活的品质

（一）品牌发展历程

衣邦人创立于2014年12月，成立不到1个月即获得浙大科发的天使投资，不到2个月再获著名投资人吴炯的Pre-A轮投资。2015年8月，衣邦人推出内部ERP系统和企业端APP，极大地提升了信息化服务效率。客户端APP也在2015年12月正式上线，客户不仅可以在APP上随时查看身材数据，还可联络咨询专属的着装顾问。2016年9月，获得投资人吴炯跟投的数千万A轮融资，团队进一步扩大。2016年12月，母公司杭州贝嘟科技有限公司的全资子公司杭州骄娇服饰有限公司正式接管衣邦人平台的供应链管理。2017年9月，衣邦人完成5000万元B轮融资，北京茂榕投资有限公司领投、前投资人吴炯跟投。成立三年多的时间里，衣邦人目前已在国内拥有42个分公司，服务范围覆盖全国二百多个城市，累计服务客户43万人，微信粉丝数达260万人（图6-23）。在用户规模与营收两方面，都成为中国互联网服装定制行业遥遥领先的标杆企业。

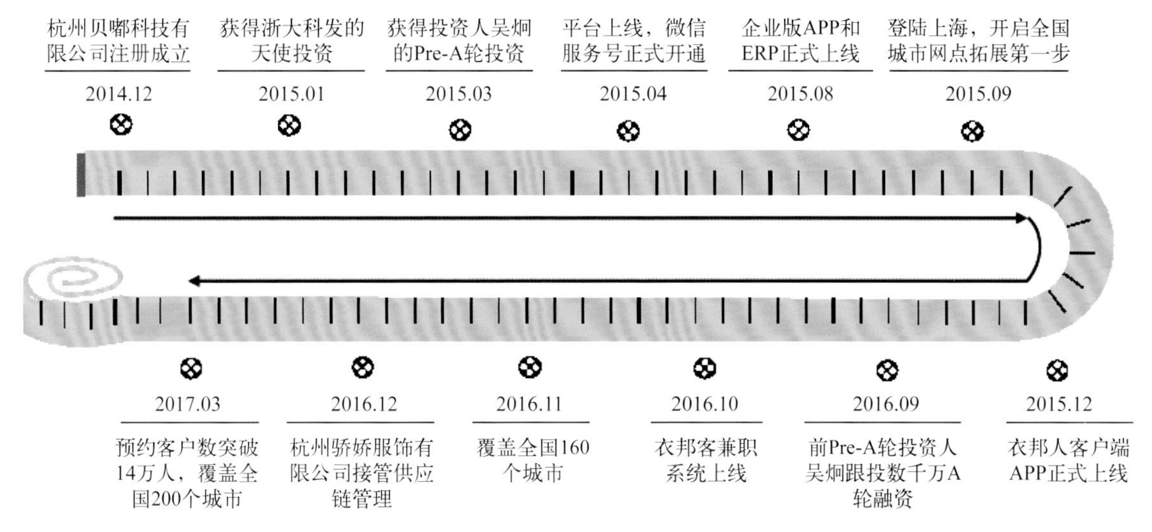

图6-23　衣邦人发展历程

（二）品牌创始人

创始人方琴于2003年取得浙江大学工学学士学位，主修计算机科学与应用；2005年游学德国，2006年获得浙江大学管理学硕士学位。作为一位连续创业者，方琴拥有三次成功创业的经历。首次创业，成功创办了杭州清朗翻译公司。2007年年底，方琴出任礼品定制平台卡当网CEO，并实现公司业绩连续5年翻三番。第三次创业，方琴瞄准“互联网+服装定制”的千亿蓝海市场，从商务装切入创办了“衣邦人”，并出任董事长及CEO（图6-24）。衣邦人平台于2015年4月正式上线，采用“互联网+上门量体+工业4.0”的C2M经营模式，颠覆了传统高级定制行业。连续6个月，衣邦人业绩月增长速度达到80%～120%。

衣邦人
业务：高级服装定制服务平台
理念：高级定制，触手可及
成就：不到2年完成3轮风险投资，领跑“互联网+”服装定制领域
截至2017年3月，预约客户超过14万，覆盖全国200个城市

卡当网
业务：个性礼品定制服务平台
理念：让生活因定制更多彩
成就：业绩连续5年以每年翻3倍的速度上涨
2013年成为个性礼品定制行业第一品牌

杭州清朗翻译有限公司
业务：笔译、口译、本地化服务
理念：沟通清清楚楚，世界明明朗朗
成就：杭州地区最大的专业翻译公司

图6-24　方琴创业历程

二、品牌运营模式

衣邦人将消费者的个性化定制需求，通过平台与国内各大现代工厂直接对接，并引入世家宝（Scabal）、杰尼亚（Zegna）、切瑞蒂 1881（Cerruti 1881）、维达莱（VBC）等全球高端面料，从源头上保证产品的质量和发货速度。衣邦人致力于打造全球领先的时尚C2M（Customer to Manufactory）平台，即消费者需求驱动工厂有效供给，“客户预约购买，工厂按需生产”。衣邦人C2M 商业模式实现了顾客到工厂的直接连接，以美女着装顾问免费上门量体的品质服务取代传统的门店坐商模式，摒弃高租金店铺，去掉了所有的中间流通加价环节，为顾客提供高性价比的个性化高端服装定制服务。衣邦人平台凭借其互联网基因的优势，采用网络营销策略，扩大了品牌知名度，抢占了市场先机。

（一）C2M模式

消费者C端的需求千变万化，而大多数M端制造商能提供的产品相对单一，无法充分满足消费者需求。衣邦人通过构建自身的供应链系统，整合优质的供应链资源，通过平台为顾客提供全品类的定制选择。目前，衣邦人可提供男装全品类定制及女装定制。衣邦人作为互联网高端定制平台，利用网络营销进行线上引流，并提供上门量体、服装信息及搭配建议，致力于为消费者提供高性价比的定制服装（图6-25）。衣邦人作为C2M平台，同样面临着订单的分散性、不连续性、差异性和分布不均等问题，而评价C2M第三方平台商业模式主要也就看它C端的引流能力、M端的资源整合能力和链接过程中的服务能力，衣邦人在快速扩张中同样面临着诸多挑战。

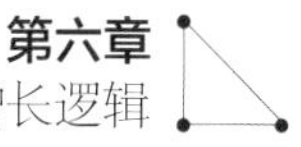

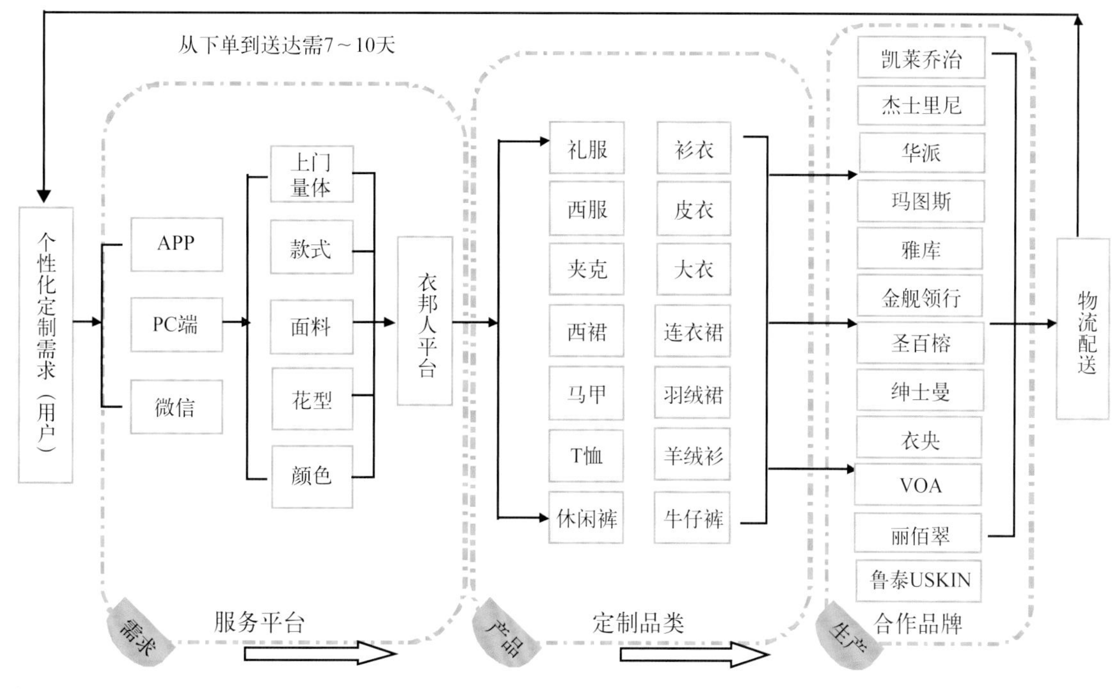

图6-25　衣邦人C2M运营模式

（二）定制模式

衣邦人作为一家以互联网思维和工业4.0切入服装定制行业的创业公司，具有较强的行业创新性。衣邦人平台主要提供服装信息以及售前、售后服务，美女着装顾问免费上门量体，方便快捷的定制体验。

衣邦人根据顾客身材数据及个性化定制需求，单人单板设计制作，10个工作日左右交货、365天无忧售后服务、尺码数据终身保留（图6-26）。

定制类型	新兴网络服装定制
特征	轻资产、投资小、无门店、无库存
板型	一人一板，依据顾客个性化需求
工艺	个性化、工业化半定制
服务特色	美女顾问免费上门量体、送货上门、30天无忧售后、尺码终身保留
试衣方式	无试衣
付款方式	扫码支付
送货方式	快递上门
交货期	10天

图6-26　衣邦人定制模式

（三）营销模式

衣邦人采用线上与线下相结合的多渠道营销模式，不断扩大影响力，提高市场占有率，并被更多消费者所认可（图6-27）。

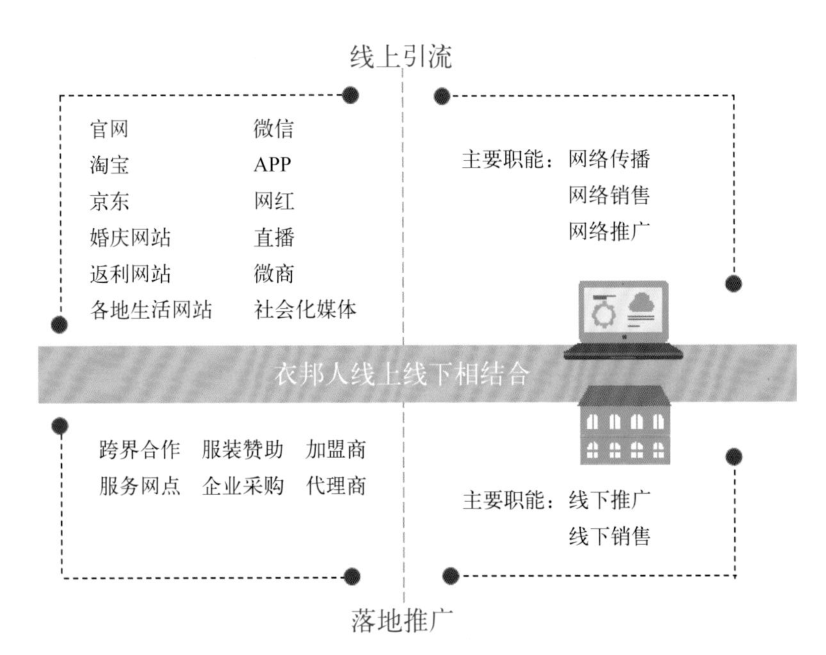

图6-27　衣邦人营销模式

1.PC端平台

衣邦人自建官方网站，并在淘宝、京东第三方电商平台开设衣邦人官方旗舰店。三个网站均提供了详细的服装信息与在线预约服务，供消费者预约下单购买。衣邦人官方网站除可预约下单以外，同时兼具品牌杂志功能，为顾客提供有关衣邦人的全方位咨询，如面料商信息、保养手册以及品牌合作、新闻动态等（图6-28）。

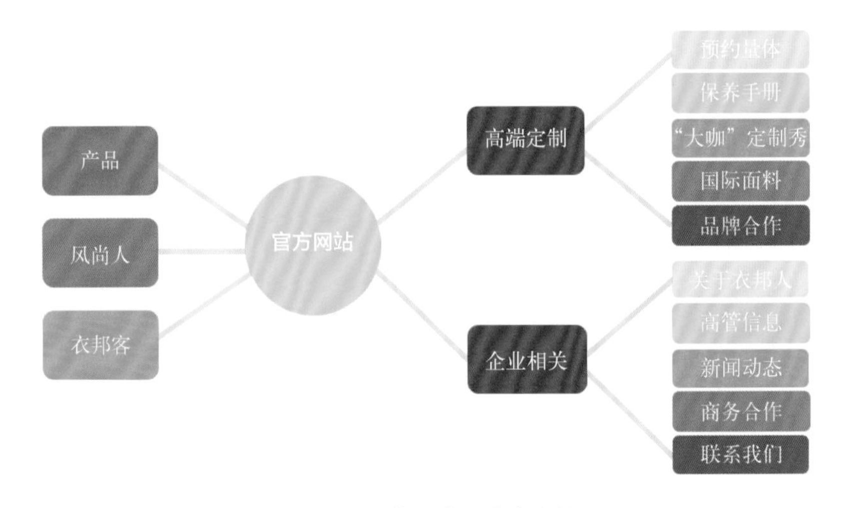

图6-28　衣邦人官网内容结构

2.社会化媒体平台

衣邦人自建官方微信、微博，通过微信、新浪、网易、腾讯网、今日头条等社会化媒体，持续对外传播相关资讯。衣邦人微信公众平台除了资讯服务以外，还可链接到在线商城，为顾客提供预约购买服

务（图6-29）。此外，衣邦人通过投放微信朋友圈信息流广告，借助微信平台的用户群及传播力，吸引了更多精准目标用户的关注。

3.客户端APP

APP作为一种新颖的营销工具，既提高了品牌核心竞争力，又优化了用户线上体验流程。2015年12月，衣邦人创立客户端APP，主要为顾客提供服装信息、在线选择款式和面料、上门量体、售后服务等全方面业务。APP中“今天穿什么”模块定期分享时尚穿搭信息，提供给客户潮流趋势，让客户及时获得新鲜资讯。客户还可以通过“定制精选”模块，查看着装顾问的动态信息，指定着装顾问预约量体。衣邦人以客户为中心，将新品、特价、优惠等活动放在APP界面的显著位置，不断升级APP的UI设计，以优化浏览视觉，方便客户参与。

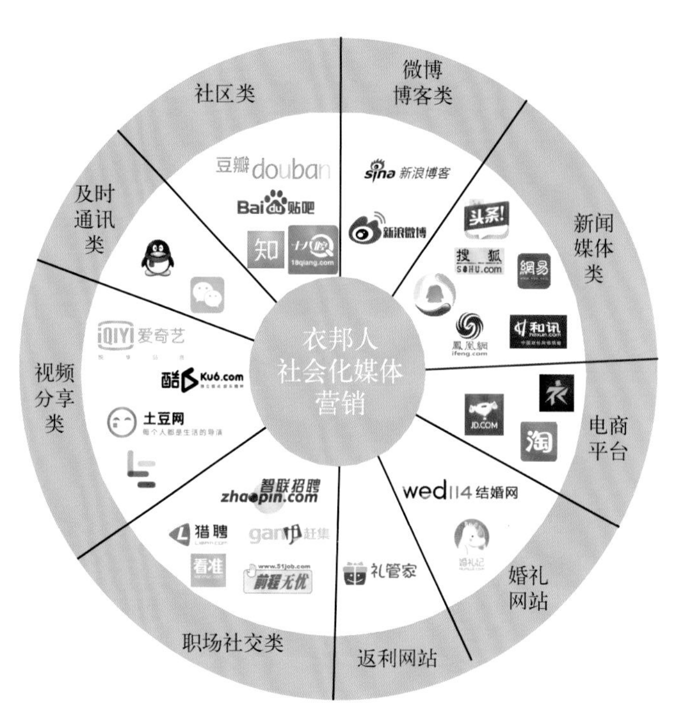

图6-29　衣邦人社会化媒体营销格局

4.品牌代言

衣邦人通过搭建公众平台，提供给会员与高端人士接触交流的机会，让会员资源共享，从而增加了消费黏度。2017年7月27日，衣邦人正式启用首位形象代言人，知名实力派演员朱亚文。衣邦人与朱亚文携手，将推动这种创新、高质的高端服装定制方式为更多人熟知，也将促进衣邦人的自我突破。

5.线下拓展

衣邦人线下渠道包括企业之间的跨界合作、服装赞助、拓展服务网点，提供企业采购等。衣邦人整合线下多渠道，落地推广营销。衣邦人与众多品牌达成合作就品牌体验、会员服务、资源共享等方面展开一场“互联网+服装定制+多领域”的跨界合作。合作双方开展多渠道的平台对接与整合，实现双方用户更多价值共享。

2015年9月8日，衣邦人进驻上海，开启全国城市网点拓展第一步。截至2018年5月，衣邦人在国内已拥有42个分公司，服务范围覆盖全国200多个城市。

（四）服务模式

1.专业着装顾问团队

目前衣邦人的着装顾问团队数量已经达到500位，大多数是来自艺

图6-30　衣邦人美女着装顾问服务流程

服装等专业的90后美女。衣邦人要求着装顾问必须掌握专业的量体方法，须经过3个月以上的专业培训，通过各项测验后，才能正式上岗为客户提供上门量体及服装搭配服务，确保为顾客测量数据的精准。衣邦人还对着装顾问的服务细节、语言沟通等进行培训，确保每一位顾客能拥有专业、愉悦的用户体验（图6-30、图6-31）。

2.售前服务

顾客可通过衣邦人平台进行网络或电话预约，平台会派专业着装顾问上门量体，并将顾客的量体数据录入系统，系统直接将订单连接至专业的服装定制现代工厂进行生产并发货，大概10个工作日左右完成交货。

3.售后服务

2017年2月6日，衣邦人在官网发布2.0版售后服务政策，将免费售后服务的期限从原来的30天，升级为比传统服装定制售后更严格的365天无忧售后。在高端服装定制行业内，这是衣邦人对消费者的又一次突破性承诺。

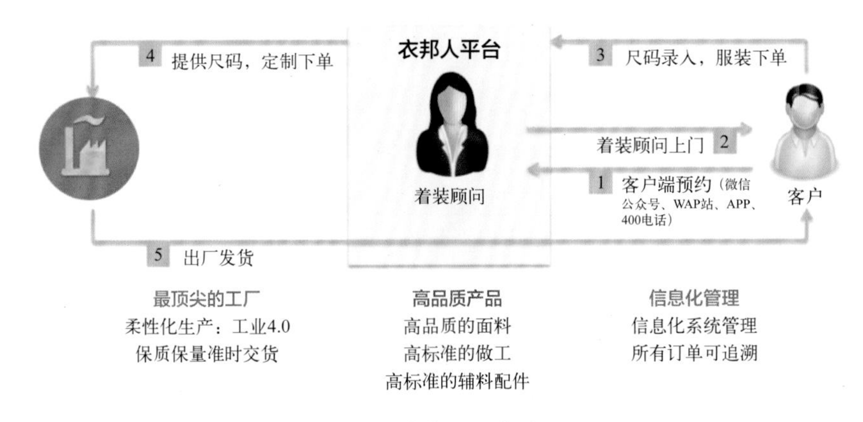

图6-31　衣邦人服务流程

第五节　互联网定制C2M模式创新者——量品

一、品牌发展历程

量品（iOrder Shirts）隶属广州众投科技有限公司，成立于2015

年，是一个提供上门量体定制服务的新型衬衫品牌，致力于为用户提供在线预约、上门量体、一人一板的衬衫量身定制服务。秉持“让人人尽享个性化定制的高品质生活”的使命，采用互联网+信息技术的经营方式，去除中间环节，将利润最大程度让给消费者。

消费升级创造新的需求，旧的天花板被解构，新的天花板正在形成。在传统行业制造成本越来越高、利润逐年降低、库存压力剧增的情况下，量品通过互联网、移动支付、大数据等现代基础设施，迎合消费升级的大趋势，将用户和工厂打通，重构服装供应链，实现新型的现代制造业转型。量品以C2M模式由工厂直接为消费者提供定制服务，让工业4.0智能化工厂与消费者直连，消灭成衣库存，大幅提升产品迭代和终端零售效率，使数以万计的消费者享受价格平实、品质精良的定制服务。优质平价的模式让量品在天使轮就融资600万元，估值达5000万元；在2017年的12月份融资5000万元，估值10亿。从规模上看，量品在2016年4月份上线后的两年之内，除了西藏之外，对全国所有的省份、80个主要城市已经实现全面覆盖，业绩增长10倍多，拥有了近10万的粉丝（图6-32）。

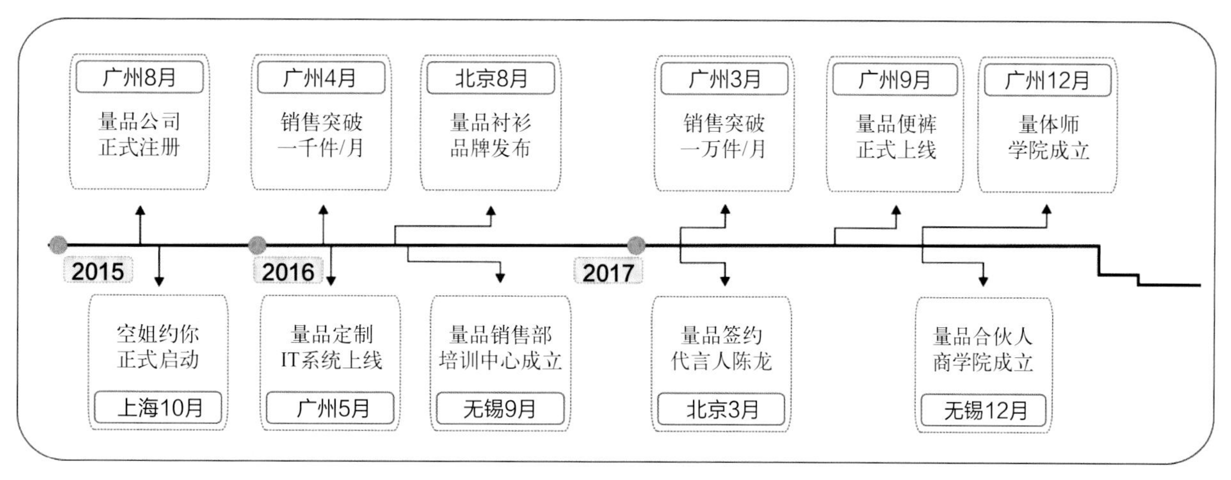

图6-32　量品发展历程

二、量品商业模式

（一）品牌核心产品

量品核心产品为1.0版本衬衫（399元）和2.0版本衬衫（499元）。量品的用户画像是符合当下消费升级趋势，针对中产阶级的男性消费群体。采用C2M的商业模式，砍掉传统模式下的中间成本，销售价格只有399元和499元，但品质却优于传统渠道1000～2000元的衬衫，具有非常高的性价比优势。

（二）C2M模式

量品采取的C2M模式，先要采集C端个性化的需求，由用户网上下单，量体师上门服务进行数据采集，然后订单通过数据化的信息传递给工厂M端，再通过柔性化生产线合并同类项进行规模性生产，15天之内送货上门，改变了传统先生产后销售的交易模式。首先，量品从PC端和微信端进行引流，通过定制产品信息的展示帮助消费者做出决策；其次，让专职量体师上门量体与消费者面对面的沟通，根据消费者脸型、身材，选择最好的搭配，然后通过数据化传到云端，通过物流送到消费者手里；最后，量品通过收集迭代消费者数据，改进产品，维护与消费者关系，留住老客户（图6-33）。

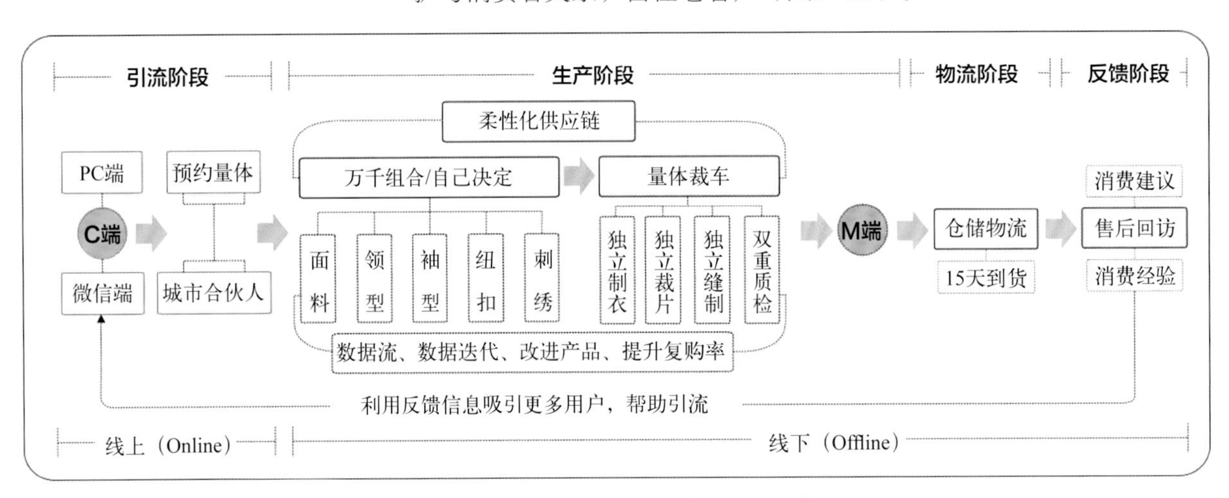

图6-33　C2M+个性化定制+柔性供应链管理

（三）采用预售款模式

量体师上门量体向客户收取100%预付款，15天后将衬衫交付给顾客，次月量品给量体师支付佣金，发放工人工资。量品公司月销售额700～800万元，保持有1000万元的预收款现金流，形成资金流良性循环。

（四）城市合伙人销售模式

量品舍去传统渠道，在全国拓展城市合伙人，由城市合伙人+量体师组成的团队拓展市场。总部负责对城市合伙人及量体师进行培训，合格后才能上岗，量体师为用户提供上门量体和售后服务，未来量体师将成为用户的穿衣顾问。

城市合伙人通过硬件终端以及量品独家开发的与制造端实时对接的IT系统，将用户量体数据传回工厂，工厂根据每个用户的身材数据打板、裁剪、制衣、发货。截至2018年5月，全国开通服务的有92个城市，158名左右城市合伙人和五百多名量体师。由于C2M模式的优

势，挤压传统流通成本，城市合伙人和量体师的收入远高于传统零售行业。

三、量品的特点

（一）解决品牌和消费者的双向痛点

量品真正能够打动消费者的在于产品的性价比。一件普通的贴牌商务衬衫，从生产成本到零售价，往往存在8～12倍的加价率。在传统销售过程中，库存管理、门店装修、经销商等均进行加价。传统模式生产一件衬衫，生产成本大约占到10%，库存成本可能达到15%～20%，再算上各类渠道成本，最后品牌商的净利润率可能不到10%。面对利润日益降低，成本高企不下，库存问题难以解决等传统制造业痛点，量品依托互联网、移动支付、大数据等现代基础设施，迎合中国消费升级的大趋势，将用户与工厂打通，供应链全新再造和重构，实现新型的现代制造业转型，解决了来自品牌和消费者的双向痛点。

（二）创业团队

量品的创始人兼董事长虞黎达毕业于上海交通大学。曾任职于溢达、盛泰等国际级的衬衫面料及成衣制造企业，曾是阿玛尼（Armani）、博柏利（Burberry）、布克兄弟（Brooks Brothers）、日本镰仓衬衫等国际知名品牌的重要供应商。拥有20年衬衫制造行业经验，累计为国内外一线品牌生产衬衫10亿件。

联合创始人兼总经理朱家勇长期从事衬衫面料、服装企业管理工作，曾任宁波雅戈尔日中纺织印染有限公司生产总监，16年来一直从事纺织面料与服装工作，为世界知名品牌提供高档纯棉衬衫的OEM制造。

（三）上门量体

区别于依赖实体门店、等待客人到店量体的传统定制，量品采用顾客在线预约、量体师上门量体的服务方式，让顾客体验更加方便快捷的服务。一对一量体服务模式，让每一个顾客都能参与到自己的衬衫设计中来，为自己量身定做一件符合自己需求的商品，这一服务模式符合未来新零售业的发展趋势。

（四）一人一板

真正的定制是一人一板，区别于市面上大量的套码定制，量品采用的就是一人一板。每个客人的量体数据录入系统后，会有电脑系统根据量品独有的放码规则，单独为客人制作样板，并用激光裁剪技术单件裁剪，确保衬衫的合体性（表6-14）。

表6-14　量品衬衫尺寸放码表

量体净尺寸		放码尺寸		标准成衣170/88A的尺寸	
领围	39cm	领围	39cm	领围	39cm
胸围	95cm	胸围	101.7cm	胸围	108cm
腰围	90cm	腰围	96.3cm	腰围	102cm
臀围	98cm	臀围	100.7cm	臀围	108cm
肩宽	45.5cm	肩宽	45.5cm	肩宽	47cm
衣长	73cm	衣长	73cm	衣长	74cm
袖长	63.5cm	袖长	63.5cm	袖长	60cm
臂围	32cm	臂围	38cm	臂围	38cm
腕围	18.5cm	腕围	23.5cm	腕围	25cm

（五）智能系统按需生产

工厂实现工业化大规模生产的流水线模式，以数据和IT系统为核心对制造端进行模块化改造，实现单件个性化服装规模化制造。量品的后端工厂与前端数据实时交互，消费者每个细节需求，都能在制造端迅速响应并实现，实现柔性化的按需生产。在量品的工厂，从打板师到工人，制造每一件衬衫都以用户为中心，使工厂从制造业变成了服务业。

（六）去中心化的获客方式、高复购率和低获客成本

随着消费者对广告的转化率越来越低，通过流量来获客的成本只会越来越高。而近年来，市场最大的变化是流量越来越贵，点击率越来越低，转化率越来越低，也就是获客成本在无限度地增大。量品则完全不用中心化流量思维，没有任何一个实体店铺，也不开任何网店销售产品。量品以客户为中心，线上预约量体师上门服务，在这里量体师就是一个输出点，自带流量。量品把销售的流量分散化，成为去中心化的模型。量品的客户体验了量品衬衫之后，通过用户口碑来帮其传播，虽然慢但是黏性高。因此，市场营销的成本就会相对较低。当下，通过量体师和客户这些去中心化的输出点，量品可以获得超过70%的新客。

小结

互联网定制品牌依托资本市场纵向挖掘产品深度、横向延伸产品服务，扩大市场占有率，更有互联网定制品牌通过O2O，打通构建既有互联网基因又有线下定制体验的定制平台。在未来几年内，与所有产业互联网项目一样，互联网定制将迎来新一轮洗牌期，上市、兼并、收购、清算、破产都会出现。引领者将越跑越快，在融资、市场占有率、货客、整合供应商资源上都积累了更大的优势；而弱势的平台，生存可能将变得更加困难，最终互联网定制市场会留下行业龙头领导者继续几家独大，市场将变得强者越强、弱者越弱。关注互联网产业和个性化定制布局的相关公司，若在定制需求拐点来临之际提前布局，将受益于未来行业快速增长。

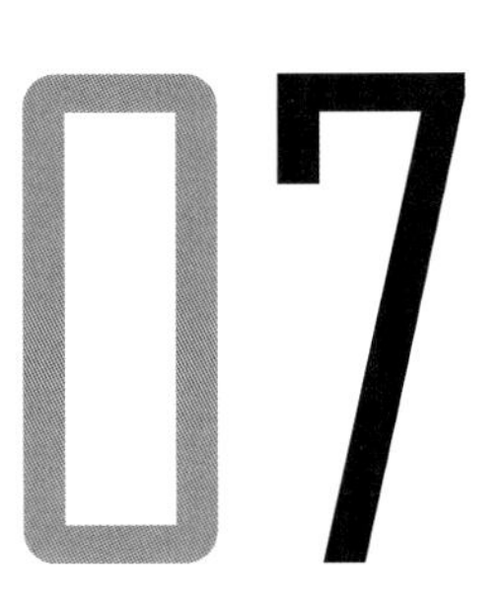

第七章

数字化智能化服装定制运营模式

第一节　基于工业4.0的“中国制造2025”

一、工业革命

根据克劳斯·施瓦布（Klaus Schwab）的《第四次工业革命》一书，蒸汽机的发明驱动了第一次工业革命，流水线作业和电力的使用引发了第二次工业革命，半导体、计算机、互联网的发明和应用催生了第三次工业革命。在社会和技术指数级进步的推动下，第四次工业革命的进程又开始了。这一轮工业革命的核心是智能化与信息化，进而形成一个高度灵活、人性化、数字化的产品生产与服务模式。第一次工业革命和第二次工业革命在体力上解放了人类社会，当下正在进行的工业革命浪潮，将从人脑智能上进一步解放人类的发展力。信息经济、智能制造、两化深度融合、C2B、产业互联网等概念的呈现，未来的世界将由数据决定，因为通过C2B模式，企业可以积累大量的数据，并依此生产出更加符合客户需求的个性化产品。未来成功的商业模式将不再只关注于规模实力和标准化，而将更多地强调灵活性、个性化及用户友好程度等。工业互联网，简言之就是将人、数据和机器连接起来，结合软件和大数据分析，重组工业结构，从而激发生产力，为制造商和客户带来前所未有的解决方案。工业互联网将大大提高传统行业的劳动效率，为诸多工业领域带来巨大的变革和机遇，它所带来的市场空间不可限量。工业时代以厂商为中心的B2C模式，正在逐步被信息时代以消费者为中心的C2B模式所取代。

工业1.0时代——机械化，以蒸汽机为标志，用蒸汽动力驱动机器取代人力，从此手工业从农业分离出来，正式进化为工业；工业2.0时代——电气化，以电力的广泛应用为标志，用电力驱动机器取代蒸汽动力，从此零部件生产与产品装配实现分工，工业进入大规模生产时代；工业3.0时代——自动化，以PC的应用为标志，从此机器不但接管了人的大部分体力劳动，同时也接管了一部分脑力劳动，工业生产能力也自此超越了人类的消费能力，人类进入了产能过剩时代；工业4.0时代——智能化，“互联网+制造”就是“工业4.0”。“工业4.0”是德国推出的概念，美国称为“工业互联网”，我国称为“中国制造2025”，因此“工业4.0”的核心是智能制造，精髓是智能工厂（图7-1）。其中精益生产是智能制造的基石，工业机器人是最佳助手，工业标准化是必要条件，软件和工业大数据是关键大脑。

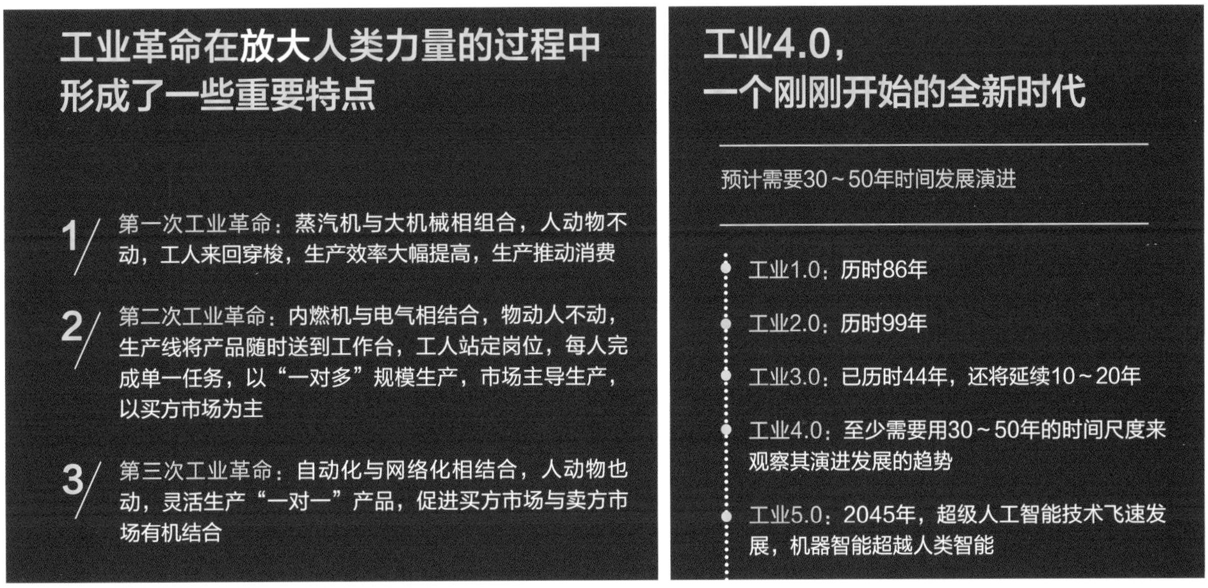

工业革命在放大人类力量的过程中形成了一些重要特点

1/ 第一次工业革命：蒸汽机与大机械相组合，人动物不动，工人来回穿梭，生产效率大幅提高，生产推动消费

2/ 第二次工业革命：内燃机与电气相结合，物动人不动，生产线将产品随时送到工作台，工人站定岗位，每人完成单一任务，以“一对多”规模生产，市场主导生产，以买方市场为主

3/ 第三次工业革命：自动化与网络化相结合，人动物也动，灵活生产“一对一”产品，促进买方市场与卖方市场有机结合

工业4.0，一个刚刚开始的全新时代

预计需要30~50年时间发展演进

- 工业1.0：历时86年
- 工业2.0：历时99年
- 工业3.0：已历时44年，还将延续10~20年
- 工业4.0：至少需要用30~50年的时间尺度来观察其演进发展的趋势
- 工业5.0：2045年，超级人工智能技术飞速发展，机器智能超越人类智能

图7-1 工业4.0时代

二、工业4.0与智能制造

（一）工业4.0智能制造的逻辑起点

德国政府提出“工业4.0”战略，是以智能制造为主导的第四次工业革命，通过充分利用信息通讯技术和网络空间虚拟系统——信息物理系统(Cyber Physical Systems，简称CPS)将生产中的供应、制造、销售信息数据化、智慧化，最后达到快速、有效、个人化的产品供应目的。通过围绕信息物理系统，在智能工厂和智能生产两大主题上实现进步，能够通过更好地满足个体用户需求、提高灵活性和优化决策来提升制造业竞争力。工业4.0涉及的关键技术为信息技术，包括协调联网设备间自动工作的物联网，基于网络的大数据的运用，以及企业资源计划（ERP）、产品生命周期管理（PLM）、供应链管理（SCM）等业务系统的联动。而带有“信息”功能的系统成为硬件产品新的核心，意味着个性化需求、批量定制制造将成为潮流。工业4.0核心概念就是高效定制化生产。

面对新一轮工业革命挑战和国内外制造业竞争新态势，各发达国家先后制定并实施加快高端制造业发展的国家战略计划以振兴实体经济，我国提出“中国制造2025”战略，以推动制造业转型升级来化解产能过剩问题，推动供给侧改革，以抢占制造业竞争制高点。中国经济步入新常态，规模经济让位于个性经济，市场迫切需要为顾客提供更个性化、便捷的购物体验，量身定制的置衣方式受到顾客的青睐。反观服装企业高库存、高成本、低周转效率的传统产销模式难以满足市场细分下顾客多样性需求，服装市场迫切需要向智能化、自动化、数字化、个性化、信息化方向转型。如何实现服装数字化个性定制，通过采取技术手段进行信息组织和管理、资源整合和共享的集成平台是服装定制发展的新出口。

全国云计算、物联网、大数据技术和相关产业迅速崛起，蓬勃发展的多种新型服务催生出新应用和新业态，推动了传统产业创新融合发展。国家提出供给侧结构性改革和"中国制造2025"战略，旨在用改革的办法推进产业结构调整，在全球化的背景下实现工厂智能化，注入人类工程学，通过灵活易变、高资源效率的特征，将企业与顾客、合作伙伴紧密地联系起来。数字化智能化定制是在互联网思维的发展下，利用移动互联网技术增加可用于远程控制的网络模块，利用集成数据分析的自动采集功能，用于加快生产制造实时数据信息的感知、传送与分析，从而进一步优化定制企业的工作流程，加快优化配置生产资源，可极大地改善定制服装制造的生产加工程序。基于生产工艺与技术融合、产品个性化和生产人性化的数字化智能化定制，将会是第四次工业革命下服装制造业的主要变革方向。

（二）工业4.0下C2B与C2M运行机制

C2M模式是在"工业互联网"背景下产生，它的提出源于德国政府在2011年汉诺威工业博览会上提出的工业4.0概念，是指现代工业的自动化、智能化、网络化、定制化和节能化。它的终极目标是通过互联网将不同的生产线连接在一起，运用庞大的计算机系统随时进行数据交换，按照客户的产品订单要求，设定供应商和生产工序，最终生产出个性化产品的工业化定制模式。这也被称为继蒸汽机、电气化、自动化之后人类的第四次科技革命。工业4.0等于"互联网+制造"，将有效推动管理革命。"互联网+制造"会重构原有的价值链，产生新的用户价值，原有的顾客价值链构成将被打破、重组、重塑与转型，从而带动整个制造业产业结构、竞争格局、需求驱动、生产模式等的变革。

美国辛辛那提大学李杰教授认为，工业4.0的革命性在于不再以制造端的生产力需求为起点，而是将用户端价值作为整个产业链的出发点，改变以往的工业价值链从生产端向消费端、上游向下游推动的模式，而是从客户端的价值需求出发提供客制化的产品和服务，并以此作为整个产业链的共同目标使整个产业链的各个环节实现协同优化。C2B的构件包括客户定义价值，SNS（Social Networking Services）营销，拉动式配送体系和柔性化生产。工业4.0主要在柔性化生产方面发挥价值，帮助C2B落地，并通过"智能制造"来实现柔性化生产。比如，设备通过读取物料、加工件上的二维码来识别加工指令，自动完成搬运、切割、抛光、打磨等不同的工序，并且通过敏捷的编程实现设备在单件定制、小批量、大批量生产之间的快速切换，以满足市场对不同SKU、不同需求水平的生产要求。C2B的实现基础是价值网络，是社会化的、开放的、基于互联网的实时在线协同网络，而不是单一的工厂或某条价值链。引起这一革命性改变的基础是以云计算作为基础设施、以大数据作为生产要素的实现。当商业活动的产生数据是海量的、非结构性的，并且是实时产生的时候，分工协助就越来越像互联网一样，要求是网状、并发、实时的协同了，这时候网状协同就应运而生。

第二节　新工业革命下服装数字化智能化

一、新工业革命下服装定制数字化趋势

中国服装行业面临严峻态势，各国推行“再工业化”战略以谋求技术领先、产业领先，其他发展中国家以更低劳动成本抢占劳动密集产业的制造业中低端，我国服装行业面临“前后夹击”双重挑战。成衣行业高库存、高成本致使产品难以溢价，各服装品牌纷纷转战定制市场，互联网的高科技术发展推动新兴网络定制品牌出现，目前网络定制已占据服装市场一定份额。但传统量身定制周期长，工艺技术要求高，追求快时尚的现今社会发展受到多方面限制，“互联网+”定制却无法满足特殊体型量身、顾客试衣等需求，因而也无法提供完全满足顾客需求的高品质服务。高科技互联网发展带来新一轮工业革命，服装传统定制紧抓机遇，通过对现有技术路线、生产组织方式和商业模式等变革，向技术高端化、生产智能化、产品个性化、发展可持续化迈进。

新一代的信息技术纵深拓展和应用致使新工业革命产生，各信息技术交叉融合、集成、相互作用影响，并从根本上改变服装定制行业的商业模式、品牌与顾客的互动模式及定制产品价值的增值模式。服装定制行业创新驱动、转型升级以智能化、数字化、网络化的核心技术为突破口和主攻方向，交叉融合各工程科学及信息技术，不断推动企业、制造系统、生产过程的数字化，实现数字化管理、智能化设计以及基于网络的体验式服务成为当下服装定制发展的必然趋势。“互联网+”高级定制实现人机连接，收集分析海量数据，通过软件技术和大数据分析、管理、应用，有效地帮助企业经营决策，重构定制产业链。3D测量、纳米技术、智能材料等技术创新为服装定制提供了更好的物质基础，以新原材料、新工艺、新服务方式，为顾客创造了更好的购物体验。

二、数字化服装定制研究综述

随着数字化智能技术的发展，三维人体扫描技术、智能制板、数字仿真技术、服装虚拟试穿等技术的发展和最新的数字化设备的连接集成，已经被应用于服装定制产业，服装数字化个性定制研究主要由数字化量体、智能制板、虚拟试穿等几大要素构成。服装定制技术大力发展，新的制造模式概念被提出，早在2002年辛西娅·L. 伊斯图克（Cynthia L. Istook）就指出MTM（Made to Measure）定制生产方式，是采用数字技术和设备将定制生产通过产品重组和过程重组转化或部分转化成批量生产，作为快速的单量单裁或小批量的定制生产，MTM的定制方式实现了人体测量、设计、加工、销售的全程价值链的数字化和网络化。

其中，三维人体测量技术及其系统的研发与推广运用，促使基于此项技术的数字化服装定制迅速发展，基于三维人体测量的服装应用技术研究主要围绕三维人体测量技术、三维人体数据库的建立与研究、人体体型分析与识别、三维人体建模、三维服装CAD等。服装定制的样板数字化设计技术主要有两种：一种是通过基于传统放码的个性化样板修改法、基于参数化设计的自动打板法和基于人工智能的样板设计法来实现的基于二维的CAD系统的样板定制技术；另一种是通过几何展开法、力学展开法和几何展开力学修正法来实现的三维服装模型的二维展平技术。此外，3D虚拟试衣技术的研究经历了从假三维全景图像实现试衣系统，到利用Flash技术展示的多角度甚至360°全方位旋转试穿效果，再到利用真3D模型技术实现真正意义上的3D试穿三个研究阶段。

因此，基于Web的eMTM定制系统是由人体测量系统、数据描述及应用系统、人体体型分析系统、虚拟试穿系统及网上服装定制系统等系统组合而成的集成平台，可以将服装定制过程中的款式设计、人体测量、体型分析、智能制板、虚拟试衣、网络定制等各个环节通过数字化技术集成，以高效的数字链满足群体和个体的合体性要求，又可以满足顾客的个性化需求。

第三节　数字化智能化定制服务

服装高级定制过程中数字化与智能化的功能实现，通过借助信息技术，在个性定制业务中搭建网络平台，归纳西装专家知识，开发高级服装定制数字化智能化管理系统，综合订单管理、生产加工、网络营销，最终实现终端店铺、工厂制造与顾客体验在订单传递、生产制作和终端销售的无缝对接。数字化网络技术应用于生产管理各个环节，通过射频识别（RFID，Radio Frequency Identification）和EPC（Engineering Procurement Construction）使企业获取综合信息，帮助商家快速反应，缩短生产周期，以构建个性化量身定制技术的网络平台，向顾客提供个性化虚拟购物和试衣体验，顾客从接受量体一直到最后拿到衣服，全程由数字化系统管理。

在数字化智能化定制服务中，其关键节点主要有模块设计、三维扫描、虚拟试衣、定制人台、智能制板的实现，MTM数字化制造系统及数字化个性定制集成平台等，每一个关键节点在数字化智能化定制服务运作时都协同作用，个性化服务是整个运营模式的基础，MTM智能制造是关键技术，个性定制集成服务平台是整个数字化智能化定制的体系，所有关键节点均是运营机制中不可缺少的环节。

一、个性化服务

数字化智能化定制采用“设计→销售→设计→制造”的模式，全程以顾客为中心，向顾客提供模块化设计、3D扫描人体尺寸、虚拟试衣、定制人体模型等个性化服务。定制系统的模块化设计遵循TPO着装规则，顾客通过定制平台直接登录客户端输入个人信息即可进行自主设计，系统默认的TPO款式模块将服装分为领型、袖口、衣身、口袋等多个模块，用户只需根据系统提示依次进行选择组合搭配即可。数字化智能化定制为顾客提供三维人体扫描，通过光学成像技术的非接触式全身扫描技术，系统可在12秒内自动获取捕捉发射到人体表面的光获取145种精确尺寸数据，并延伸出3D虚拟试衣系统，顾客在进行设计搭配后可自行查看服装各个角度着装效果，并可实现顾客尺寸1：1的人体模型定制。数字化智能化定制的个性化服务是以提高顾客感知价值为目标，旨在以智能数字化技术满足顾客量身定制消费体验，突破传统高级定制的低效能生产模式，实现适应时尚快节奏的高效运营。

二、MTM智能制造系统

数字化智能化管理系统应用MTM，实现了终端店铺、工厂制造与顾客体验在订单传递、生产制作和终端销售的无缝对接。顾客在门店接受量体开始，一直到最后成衣出厂，全程实现数字化、信息化、智能化系统管理。系统从网络云端获取数据、信息、指令，所有环节在互联网上链接，全程数据驱动。系统运用数据驱动生产，人机结合为辅助，发挥数字化智能化制造深层次融合，实现了个性化定制。整个流程包含了TPO着装规则、门店业务管理、客户管理、三维量体、全自动纸样系统、工厂生产加工管理、物流配送管理、面料采购系统、顾客售后系统、退赔维修管理等。该系统的推出，能高效解决从消费者量体开始一直到成衣出厂的各个环节中可能出现的问题，改变了服装定制行业以经验为王的传统。

通过数字化智能化产品重组，MTM量身定制将定制服装的生产形态转化为或部分转化为批量生产个性化定制和符合个体体型特征的服装。系统分三个主要模块：数据库管理模块、规则设定模块（体型识别规则、样板放缩规则、样板修改规则）、订单批量处理模块。MTM定制系统主要是依据三维人体扫描对消费者的尺寸信息进行体型识别，然后调用样板数据库中的标准号型样板，基于参数化和人工智能样板设计，通过专家知识制定生成放缩规则和样板点修改规则自动生成样板，利用Flash技术或真3D模型技术展示多角度甚至360° 全方位旋转试穿效果，三维假缝试衣系统预览效果并对样板进行进一步修改，最终使样板满足消费者个性化的体型数据。消费者在3D测量人体后被提取人体数据构建尺寸模型，通过三维试衣展示的款式设计和面料选择做出满意判断，查看三维展示效果，确认满意后生成订单进入服装CAD设计系统。首先智能制板自动生成纸样，通过3D假缝技术对样板进行标准判断，满意后进入自动裁剪系统，生成的所有数据均在VPN（Virtual Private Network）环境下的大数据库存储系统内交互。自动一体化的MTM服装定制系统将所有环节整合，从人体尺寸获取到产品生成、效果的展示，消费者定制服装的过程均可自动完成。因此人体尺寸数据的自动获取，在数字化智能化服装定制系统中具有非常关键的基础性地位。

三、一体化定制集成平台

数字化智能化定制利用人机一体化的定制集成平台，为用户提供强大的系统功能和智能化解决方案，将定制消费者、企业、设计师、供应商等紧密联系起来，通过借助对象技术、组件技术和模板技术来实现个性化定制各子模式功能的重用和扩展，以提高定制企业系统产品网络化的开发效率。定制平台集成了三维扫描系统、智能制板系统、虚拟试衣系统、MTM制造系统和数字化大容量数据库，依托网络技术和大数据打通服装设计、制造、物流等环节的数据壁垒，自动实现从顾客进店开始到订单完成的无缝连接。顾客可自主进行设计并提交个性化定制需求，所有信息数据会立刻转变为智能化生产，通过规模化生产下的全程数字化、自动化即可完成个性化定制。一体化定制集成平台整合了资源，打通了供应链，实现了数字化智能化定制的低成本、高效能、规模化，将服装生产、面料、设计、数据、各类品牌相结合，通过线上平台直接连接顾客或者通过中间商、中间人来实现定制，极大地改变了渠道的闭塞性，为服装企业带来了更多的资源与机会。

第四节　数字化智能化定制模式的转型——红领

青岛红领集团（现名为青岛酷特智能股份有限公司）成立于1995年，是一家以生产西装为主的服装生产企业，2003年之前红领集团一直为欧美市场做代加工生产，之后开始转型大规模定制，打造单件生产的柔性生产线。2003年以来，红领集团把ERP、CAD、CAM 等单项技术应用到各个环节并综合集成起来，进行工厂内部信息化改造及互联网融合创新，用数据驱动颠覆了原有以渠道驱动的商业模式，用工业化手段实现了个性化定制，满足了大规模定制的需求，有效解决了产品周期长、质量和产量难以有序控制的问题，打造了下单、生产、销售、物流与售后一体化的开放式互联网定制平台——RCMTM。为全球服装定制产业树立了新的里程碑，自主研发了在线定制C2M平台。红领模式是"消费者需求"直接驱动制造企业有效供给的电商平台新业态，以满足消费者需求为中心的"源点论管理思想"和组织形态，创建了一套大规模个性化定制的彻底解决方案，为服装产业转型提供了一个新的路径。红领服装定制供应商平台，使传统产业深层融入科技，将服装定制的数字化、全球化、平台化变成现实，把复杂的定制变成简单、快速、高质、高效的大规模定制，实现7个工作日即可交付成品，一次性满足客户的个性化需求，真正实现了服装全定制、全生命周期、全产业链个性化定制的全程彻底解决方案。红领定制平台使企业设计成本减少了90%以上，生产周期缩短了近50%，库存逐步减少为零，经济效益提升数倍。

一、红领集团发展

（一）红领集团转型升级

红领集团成立至今，从OEM生产到实现大规模个性化定制的成功转变，2015年红领集团获得复星集团30亿战略投资，并完成了由天鹰资本主导的新一轮2亿元人民币注资，营业额超过10亿元。2011年，红领集团正式将C2M商业生态作为酷特智能的核心战略，针对消费者在终端提出的个性化需求，省掉过去的所有中间环节，让消费者直接对接工厂，由工厂来满足每一个消费者的需求，专注于个性化定制。红领集团选择美国纽约作为实验市场，经历了十几年的不断尝试，红领集团的大规模个性化定制模式的产能从一天只生产一套服装提高到一天生产3000套款式各异的服装。直到2016年，红领最终实现大规模个性化生产，并致力于打造智能制造C2M商业生态圈，在这一过程中红领集团大致经历了三个阶段。

第一，传统生产时期。从1995～2002年红领一直从事欧美市场OEM代加工生产，并经营高档男西装销售，在1999年与德国休闲男装品牌普德（Trek&Travel）合作，获得特许经营。这一阶段主要以大规模生产和OEM代加工为主要经营模式。

第二，产业转型阶段。从2003年开始，经历了13年的时间，专注研究个性化定制，2003年公司启动ERP项目，并建立自己的物流中心。到2013 年红领借助信息科技，经过十年验证历程、数亿元资金的投入，成功推出全球互联网时代的个性化定制平台——全球服装定制供应商平台，成功建立了公司特有的面料数据库、板型数据库、尺寸数据库、人体数据库、款式数据库、工艺数据库，最后建成了以大数据驱动生产的大规模个性化生产系统。

第三，智能生产阶段。红领集团在2014年推出手机 APP——“魔幻工厂”，实现个性化流水线设计。运用互联网技术和云计算，借助于大数据构建 C2M 个性化定制平台，将顾客需求数据转变成生产数据，进行生产流程改造，实现大规模个性化生产，建立了客户订单提交、产品设计、生产制造、采购营销、物流配送、售后服务一体化的开放性互联网平台。世界各地的客户在平台上提出个性化需求，平台以数据驱动自主运营的智能制造工厂，生产出满足客户个性化需求的产品，产品在平台上实现设计、制造、直销与配送，形成一个消费者和生产者直接交互的智能系统，致力于打造工商一体化的C2M智能生态圈（图7-2）。

（二）红领——“互联网+”服装定制

红领（Red Collar）主要经营男士正装、马甲、西装定制，红领集团借助互联网搭建起消费者与制造商的直接交互平台，去除了商场等中间环节，从产品定制、设计、生产、物流到售后，全程依托数据库驱动和网络运作。以“互联网+私人定制”的模式，借助现代科技和不断创新的理念，在保证卓越品质的前提下，实现了对传统私人定制西服的颠覆。传统服装的生产模式是批量化生产，产品的同质化严重。红领定制则是根据个人不同的身体尺寸和个性化需求，通过PC端或移动端下单，利用“数据驱动的3D打印模式产业链”实现服装产品以产定销、利润高、无库存生产的目的（表7-1）。

2012年以来，中国服装制造业订单快速下滑，大批品牌服装企业遭遇高库存和零售疲软，企业经营跌入谷底。红领集团却通过大规模个性化定制模式，迎来高速发展时期，定制业务年均销售收入、利润增长均超过150%，年营收超过10亿元。在传统概念中，定制与工业化是相互冲突且矛盾的，传统西装高级定制意味着高级裁缝通过手工量体、手工打

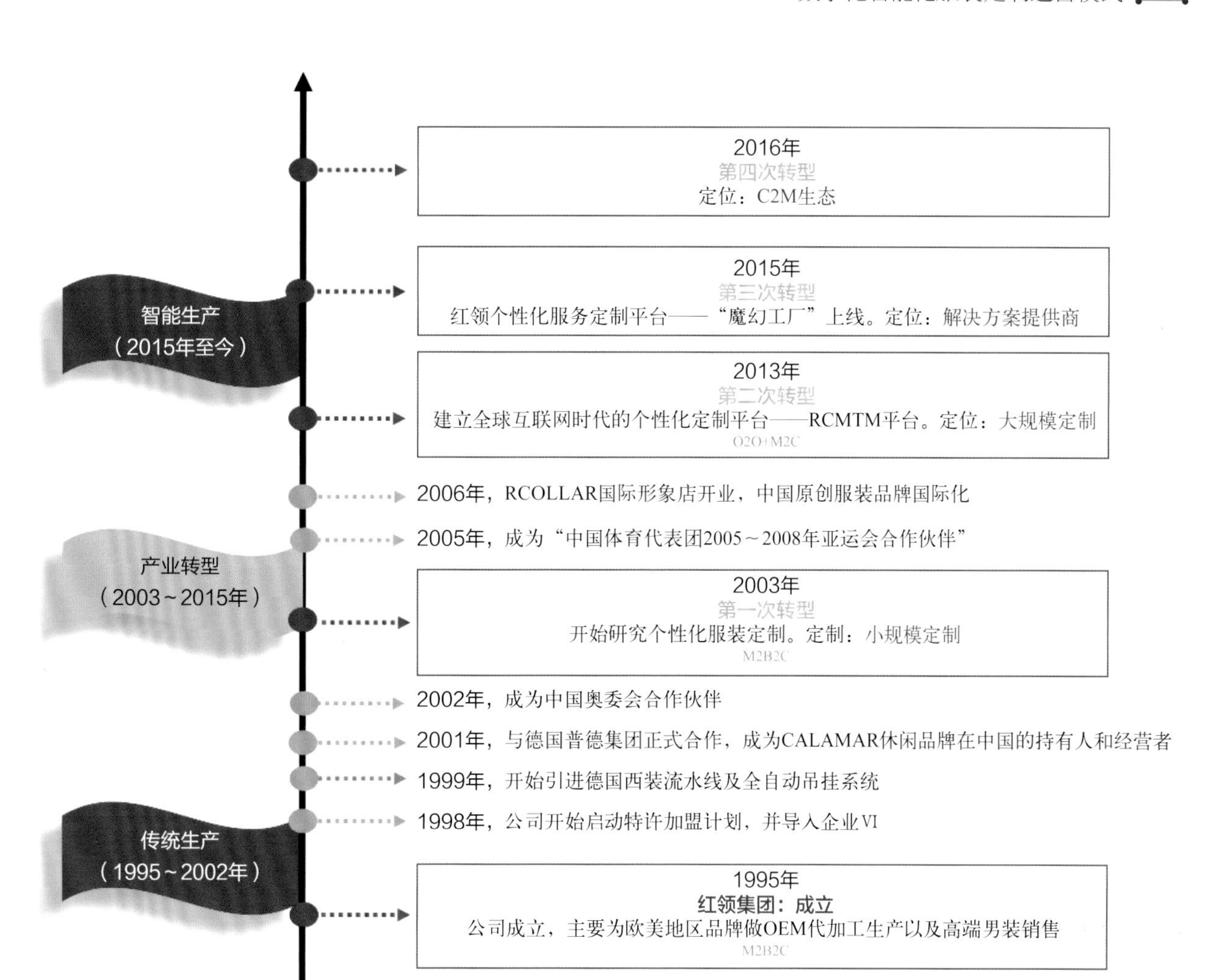

图7-2　红领集团发展历程

板、手工缝制，经过不断地修改、试样、再修改的漫长过程才能实现，且在国外很多高级西装定制都需要花费数月甚至一年的时间才能完成，这就意味着传统定制的门槛高、起点高、成本高，很难实现量产。

红领集团为了满足当下消费者个性化的需求，经历十多年的不断积累与尝试，实现了定制西装的大规模生产，建立了一个个性化定制平台RCMTM。红领研发了一套通过信息技术把工业生产和定制相结合的大规模定制服装生产系统，实现全程数据驱动。自动排单、自动裁剪、自动计算并整合板型等，将交货周期、专用设备产能、线号、线色、个性化工艺等编程组合，以流水线生产模式制造个性化产品。消费者可以采取网络下单，也可以使用传统的电话下单，在下单前顾客需要将基本信息和量体数据录入系统。为了实现量体的标准化，红领开发了“三点一线”坐标量体法，量体师只需要找到肩端点、肩颈点跟第七颈椎点，并在中腰部位画一条水平线，采集身体22个数据便可完成量体。提交订单

表7-1　红领定制

名称	内容	备注
产品线	西装、衬衫、工装、休闲装	
品牌线	RCOLLAR	主品牌
	瑞璞（R.PRINCE）	（高端）时尚商务定制
	凯妙（CAMEO）	（高端）礼服定制
公司主营结构	以服装定制为主，占比为70%；为国际品牌提供代工服务，也有部分自有品牌	主营欧美地区，以西装为主
外销	自有品牌	终端网上电子商务
	代工（进料加工为主）	欧美高端品牌
国内	自有品牌	电子商务定制
	瑞璞（R.PRINCE）	高端商务装定制
	凯妙（CAMEO）	商场（礼服定制）
销售渠道	MTM网上PC端	RCOLLAR、瑞璞
	“魔幻工厂”手机APP端	RCOLLAR、瑞璞
	商场店铺	瑞璞、凯妙
	会所	瑞璞、凯妙
服装板型	经典商务板型、时尚休闲板型	
工艺类型	全毛衬、半毛衬、全手工、半手工	高端定制工艺
试衣	无试衣	
面辅料供应商	世家宝、杰尼亚、多美、睿达、切瑞蒂1881、诺悠翩雅	国外供应商
	南山、阳光、如意、鲁泰	国内供应商
	科德宝、骏马、海莎、高士、东丽	辅料供应商
商业运作模式	C2M	顾客下单工厂直接生产

并付款后，顾客所选择的西装款式便自动通过互联网系统进入CAD自动生成板型纸样。这套系统，一秒钟时间内可以自动生成二十余套西装板型，在传统西装定制中，一名板型师一天最多只能打两个板。红领经过十多年发展，积累了全球三百多万顾客的数据和板型，建立了一个标准数据库。最终实现板型生成后系统进行自动裁剪，自动匹配流水线等智能化生产流程。形成C2M定制模式，是一个消除任何中间环节、工厂直销的概念，消费者的个性化需求通过信息技术实时传递给工厂，工厂迅速精准地满足消费者的需求（图7-3）。

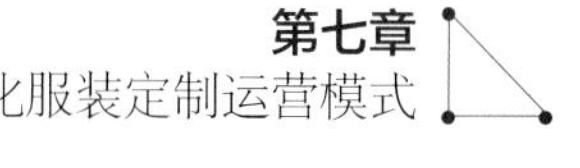

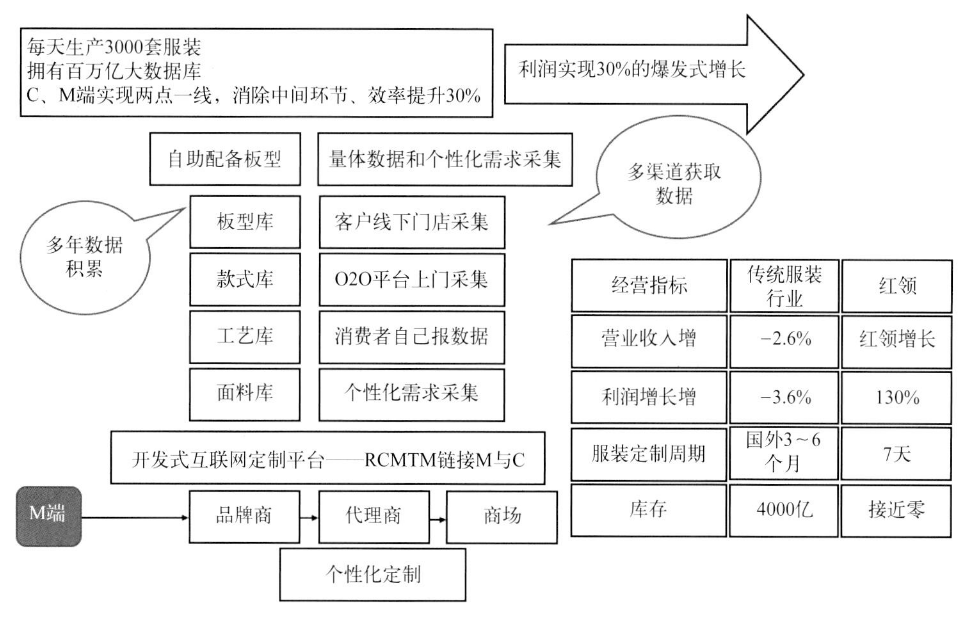

图 7-3　红领互联网定制模式

（三）红领模式——智能化数据驱动大规模个性化定制

红领的智能化改造实质上整合了美国3D打印的逻辑、德国“工业4.0”的智能概念、大数据驱动、信息化与工业化深度融合等，搭建了一个开放式互联网定制平台RCMTM，取代了传统的品牌商、代理商、商场，直接实现消费者与红领的连接。红领的这种定制化模式成功的原因在于，一是在22个数据之上就能实现板型的自动匹配，这主要依赖于强大的数据库系统，红领建立了自己的板型、款式、工艺等多个大数据库，可以用较短的时间实现精准的服装打板制作。二是多途径采集消费者的个性化数据，包括线下门店采集、上门采集、线上PC端采集或APP采集，红领还研发了属于自己的量体方法，即在18个部位测量22个数据，直接在平台上输入，便可自动配比板型（图7-4）。

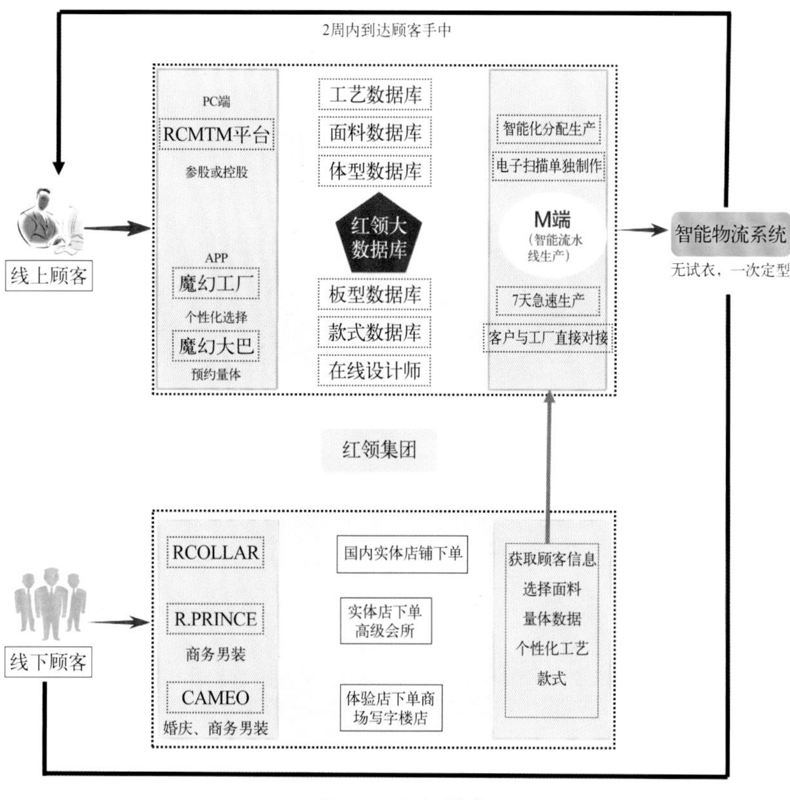

图7-4　红领模式

红领采用数字化智能工厂，以“两化融合”为基础，通过对业务流程和管理流程的全面改造，建立柔性化快速反应机制，实现产品多样化和大规模定制生产，实现个性化手工制作与现代化工业大生产协同的战略转变，既满足了客户的个性化需求，又保证了企业受益。红领生产模式的显著特点包括以下4个方面。

1.运用信息技术，实现跨境电子商务的无缝对接

红领通过对跨境电子商务贸易模式的积极探索，建立了成熟的具有完全自主知识产权的个性化服装定制全过程解决方案，从产品定制、交易、设计、制作工艺、生产流程、后处理、支付、物流配送、售后服务全过程达成数据化驱动跟踪和网络化运作。顾客对个性化定制产品的需求，直接通过平台提交、实时下单、制造、工厂通过平台接受订单、以客户需求为中心开展生产。

除线上电子商务与线下特约服务终端相结合的渠道模式，红领还建立了实体定制体验馆、特约服务点，对品牌进行目录式营销、体验式营销，将顾客引导至线上，实现线上线下双向互动，线下反哺线上功能。红领自主研发产品，实现全流程的信息化、智能化，把互联网、物联网等信息技术融入到大批量生产中，在一条流水线上制造出灵活多变的个性化产品，形成了将需求转变成生产数据、智能研发和设计、智能化计划排产、智能化自动排板、数据驱动的价值链协同、数据驱动的生产执行、数据驱动的质保体系、数据驱动的物流配送及完全数字化客服的运营体系。红领目前形成的千万服装板型数据、数万种设计元素点，能满足超过百万亿种设计组合。自主研发的专利——量体工具和量体方法，采集人体19 个部位的 22个尺寸，并采用 3D 激光量体仪，实现人体数据在 7 秒内自动采集完成，解决与生产系统自动智能化对接、转化的难题。用户体型数据的输入，驱动系统内近10000个数据的同步变化，能够满足驼背、凸肚、坠臀等113 种特殊体型特征的定制，全面覆盖用户个性化设计需求（图7–5）。

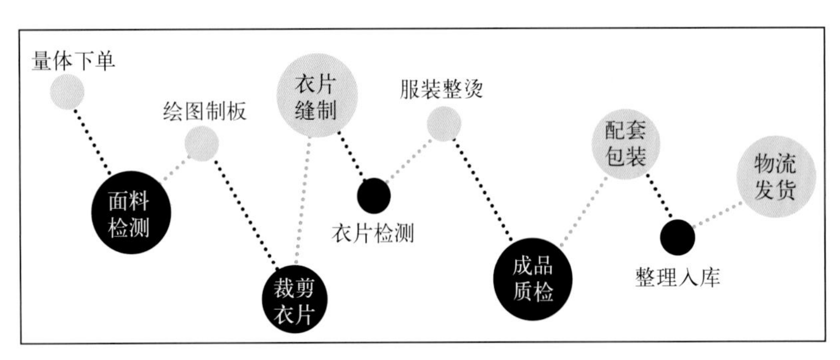

图7–5　红领全定制加工流程

2.运用数据库技术，实现了定制产品的规模生产

红领用13年时间，积累了海量的包含板型、款式、工艺的数据库，满足了消费者对个性化西装设计的需求。客户只需要登录平台，就可以根据自己的喜好进行DIY设计，利用数据库自由搭配组合，迅速定制出

适合自己的个性化产品。消费者定制需求通过 C2M 平台提交，系统自动生成订单信息，订单数据进入红领自主研发的板型数据库、工艺数据库、款式数据库、原料数据库进行数据建模，C2M 平台在生产节点进行任务分解，以指令推送的方式将订单信息转换成生产任务并分解推送给各个工位。生产过程中，每一件定制产品都有其专属的电子芯片，并伴随生产的全流程。每一个工位都有专用的终端设备，可以从互联网云端下载和读取电子芯片上的订单信息。通过智能传输系统等，完成整个制造流程的物料流转。通过智能取料系统、智能裁剪系统等，实现个性化产品的大流水线生产（图7-6）。

3.运用3D打印逻辑，实现数字化工厂柔性生产

“红领模式”本身涉及不到3D打印技术，而是运用3D打印的思维逻辑建设数字化工厂，将整个企业视为一台完全数据驱动的“3D打印模式工厂”。红领定制以3000人的工厂为实验室，利用国外 3D 打印的概念，将红领工厂与大数据、云计算技术相结合，从而实现服装大规模个性化定制。工厂的订单信息全程由数据驱动，在信息化处理过程中没有人员参与，无需人工转换与纸质传递，数据完全打通、实时共享传输。所有员工都是从互联网云端获取数据，在各自的岗位上接受指令，按客户需求操作，依照指令进行定制生产，利用互联网技术实现客户个性化需求与规模化生产制造的无缝对接，员工真正实现了“在线”而非“在岗”的工作，确保来自全球订单的数据库零时差、零误差的准确传递。与传统手工定制相比，红领定制的整个生产流程需要298道工序，由于实现数据系统和流水线的结合，红领的生产效率大大提升，生产成本下降了30%，设计成本下降了40%，原材料库存减少了60%，生产周期缩短了40%，产品储备周期缩短了30%（图7-7）。

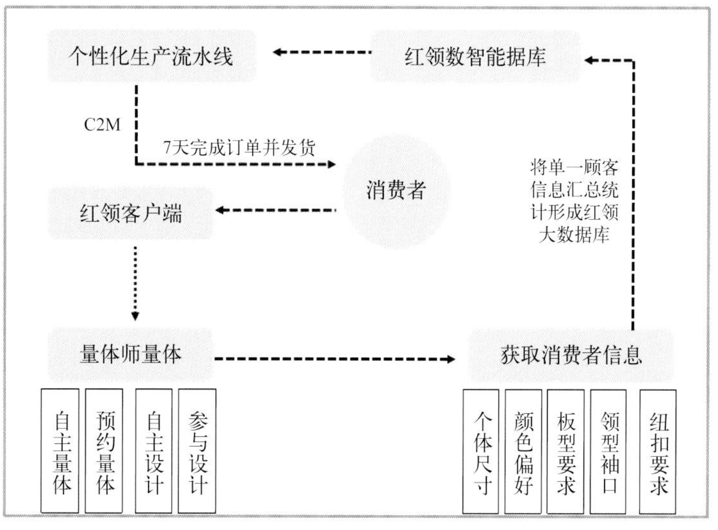

图7-6 数据驱动的智能工厂

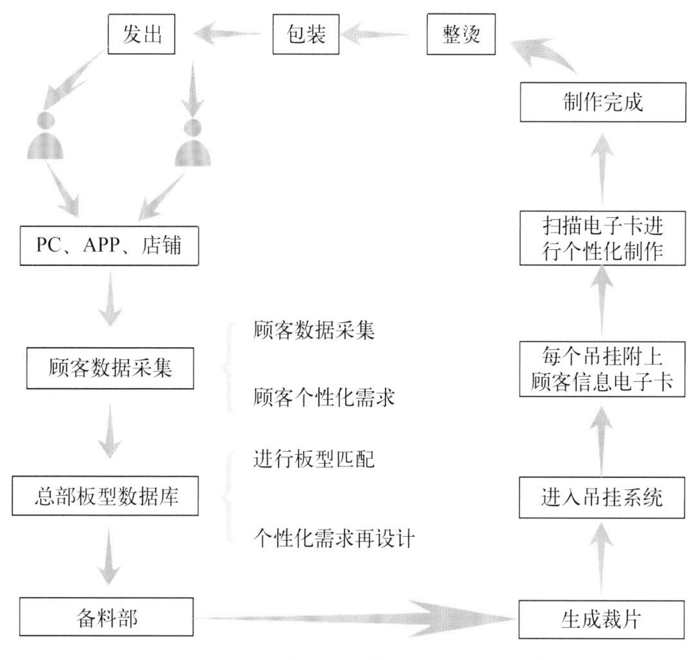

图7-7 红领“3D打印”工厂制作流程图

4.运用物联网技术，实现生产与管理集成

网络设计、下单、定制数据传输全部实现数字化，每一件定制产品都具有其专属芯片，该芯片伴随产品生产的全流程，每一个工位都有专用终端设备下载和读取芯片上的订单信息，利用信息手段，快速、精准传递个性化定制工艺，确保每一件定制产品高质量高效率制作完成。经过3个阶段的不断优化升级，红领将线上 MTM 平台、手机 APP 平台、“魔幻大巴”、3D 打印工厂、红领物流系统融会贯通，实现了现代化快速定制，顾客可以选择门店下单、 APP 下单、PC端下单。下单时还可以选择与设计师共同设计，选择款式、面料细节或者根据系统的现有款式、面料推荐自行设计，在设计完成后，进行预约量体，魔幻移动大巴会提供上门服务，顾客可以体验到“魔幻大巴”3D 测量服务，量体完成后系统会将顾客的量体信息以及个性化需求信息传输到生产后台，智能生产端会对顾客信息进行存储并有效匹配相应面料、板型及流水线，完成单件服装制作，7个工作日后，工作人员会将产品送达顾客手中，并完成此次订单（图7-8）。

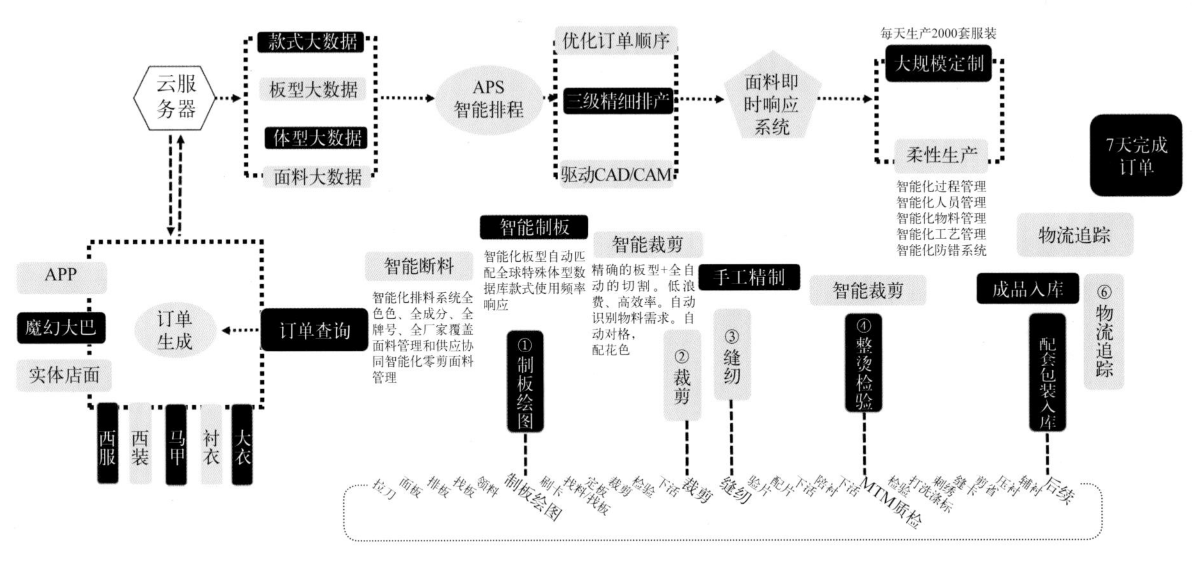

图7-8　定制下单流程

（四）红领运营模式与传统运营模式对比

红领集团的定制模式经过了两个阶段：第一阶段是企业早期的生产加工模式转为低级的量身定制模式。在这个过程中，红领集团开始承接服装定制服务，由裁缝师测量个体体型后，依据客户的要求进行单量单裁，这种手工作坊的生产模式存在生产周期长、产量较低、稳定性差、产品质量无法得到合理的掌控等问题。第二阶段则是企业由低级的量身定制模式转化为工业定制模式，在这个阶段，红领集团借助现代信息技术，搭建RCMTM、PLM、ERP等系统，建立了人体数据库、板型数据库、工艺数据库、面料数据库等，用数据驱动生产，实现顾客下单后系统自动匹配面料、板型、款式、工艺等，系统自动生成板型、自动裁剪、自动匹配流水线进行制作，大幅度提高了个性化产品的生产效率。与传统定制方式相比，红领定制的生产方式在生产、库存、投资、客户上都有很大的差别，同样是传统模式的优化，红领模式将设计、制造和销售整合在一起，消费者与制造企业直接沟通，消除中间所有环节，形成了一个完整的价值链再造，无论是研发、制造、物流还是服务都发生了根本性的转变，颠覆了传统服装企业的商业规则和经营模式（图7-9）。传统服装的业务流程大致可以归纳为产品设计、原材料采购、仓储运输、生产制造、订单处理、批发经营、终端零售七个环节。在工业化定制阶段，红领集团所有业务紧紧围绕客户订单开展，利用客户的需求数据组织资源，并制订相应的生产和配送计划。因此，在MTM模式下，红领集团的业务流程转变为订单处理、产品设计、原料处理、产品生产、终端零售五个环节，大大减少了服装生产周期，提高了服装的成交率。“红领模式”相较于传统服装生产模式，在生产上通过客户参与设计、先销售后生产的方式解决了传统模式下产品单一、高库存的问题；通过互联网实现客户直接对接工厂的方式去除中间商、代理商，使产品的零售价从成本的5～10倍降至2倍左右；通过生产前7天卖出的方式将企业的库存降为零，减少了资金占压。对直营店或加盟商而言，只需要少量样衣就能开店，投资门槛大大降低；对于客户而言可以设计自己的产品，且价格较低，客户的忠诚度会相对提高。

传统模式	VS	红领模式
高库存层层加价	生产	零库存 客户直接对接工厂，省去所有的中间渠道
渠道费用高。零售价是成本的5～10倍		零售价是成本的2倍左右
高库存，资金周转困难	库存	零库存，没有资金压力
少数人能开店（可复制性差）	投资	人人能创业（可无限复制）
被动购买，忠诚度低 （卖方市场，生产什么买什么）	客户	定制需求，忠诚度高 （买方市场，需要什么生产什么）

图7-9　红领运营模式与传统运营模式对比

二、酷特智能——源点需求驱动生产

酷特智能是一个集订单、物流交付于一体的互联网平台，客户既可以在平台上进行 DIY 自主设计，又可以利用板型数据库进行自由搭配组合，提交数据后数据会立刻传输红领生产车间，形成数字模型，完成单件自动制板、自动裁片、验片、规模化缝制与加工、网上成品检验与发货，实现规模化生产下的个性化定制，生产线上输出不同款式、型号、布料、颜色、标识的个性化服装。运用互联网技术，构建客户直接面对制造商的个性化定制平台，在快速收集顾客分散、个性化需求数据的同时，消除了传统中间流通环节导致的信息不对称和各种代理成本，降低了交易成本（图7-10）。源点论思想体系，即源点论数据工程（SDE），致力于实现C2M商业生态。SDE是去科层、去部门、强组织、自组织的全新运营体系，其核心是具备高效、低成本、高质量、低错误率等功能的彻底解决方案。

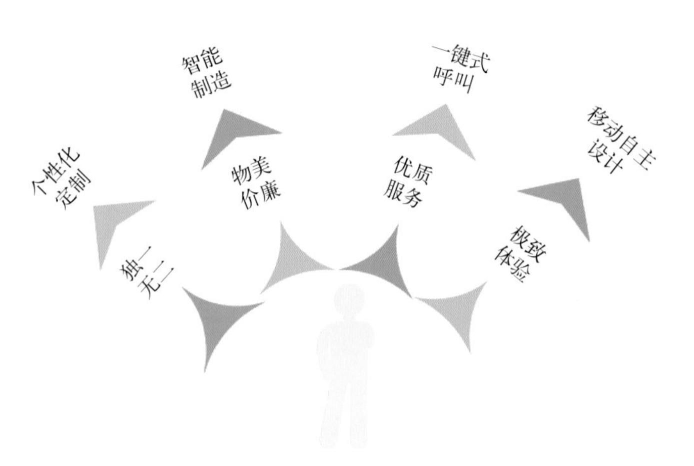

图7-10　C2M源点需求驱动制造

（一）酷特智能PC端——RCMTM

MTM是建立在基于信息技术应用为核心的弹性信息化架构的基础上，强调通过对网络技术所蕴含的创新驱动力的挖掘，捕捉信息化与工业化相融合的力量，设计出高效、低成本的MTM战略，从而实现创新性信息基础架构和自动化快速生产体系。红领 MTM 运营支撑平台是基于三维信息化模型，以订单信息流为核心线索，以专业技术数据库和管理指标体系为核心依据，在组织节点进行工艺分解和任务分解，以指令推送的方式将分解任务推向各部门（工位），并基于物联网技术的数据传感器，持续不断地收集任务完成状况，反馈至中央决策系统及电子商务系统，能够透明、高效地弹性化实现 MTM 商务流程和 MTM 生产流程的基础信息架构。其最终形成是基于弹性的信息架构，以客户价值和客户流程为核心的电子商务平台、业务、操作系统等组成的支持新型商业模式的企业商务管理系统；以订单信息流为核心的、由计算机网络控制的多个柔性加工单元组成的分布式自主制造系统；以统计指标体系为核心的、由多屏展示系统和数据分析中心组成的、支持目标管理决策的、支持系统全面实现 MTM 商务流程和 MTM 生产流程的整体信息化系统（表7-2）。

表7-2 RCMTM平台

RCMTM 释义	红领个性化定制（Red Collar Made To Measure）
RCMTM 定位	西装高级定制生命周期彻底解决方案供应商平台
RCMTM 愿景	为全球西装定制客户提供一站式个性化服务，打造全球最大的西装高级定制平台
服务机制	上门量体
	设计师专门设计
	定制特殊工艺
客户体验	3D量体
	顾客参与设计
定制品类	上衣、西装套装、西装三件套、西裤、大衣、马甲、衬衫
RCMTM 供应商平台加盟范围	厂商：自营产品品牌，以男士正装销售为主，没有自己的专属定制工厂或代工厂，不能满足个性化定制的业务需求
	经销商：代理经营产品品牌，授权品牌使用权利，但没有专门的定制工厂，没有市场所需的顶级面辅料资源及专业的产品设计资源
	裁缝店：有个人手工作坊，但受到手工定制的瓶颈及各种供应端资源的制约难以实现大规模定制的私家店铺
	自由择业者：有广泛的社会资源及人脉关系的人
	创业就业学生：有强烈的创业意愿，缺少创意和基金的学生
	中介人：有较好的社会资源及人脉关系的人

（二）RCMTM平台模式

在整个 MTM 运营支撑系统中有两个环节最为关键：一个是人体测量与大规模样板库，另外一个是电子商务门户平台。采集人体数据的型与号是 MTM 工作的关键一步，它的正确与否决定了结果如何。红领定制创造了一套标准化、规范化的数据采集方法，将复杂的问题简单化（图7-11）。红领大系统中包含着二十多个子系统，全部以数据来驱动经营。在红领的车间里，所有的员工都实现了面对互联网终端进行工作。RCMTM平台的关键是用大数据系统替代手工打板，RCMTM将消费者、供应商、设计师等相互联系，通过APP或线下量体，线上平台下单，系统将数据自动传输到M端，进行全自动化智能生产。系统会根据顾客的体型尺寸，自动生成板型，自动匹配款式、工艺、面料等进行自动裁剪。单一顾客裁片会分配到各个工位进行流水线生产，顾客的工艺细节要求在系统中便可查看，在红领车间的电脑系统中，一个工人一秒就能处理二十多个订单，每个订单中有着多达五十多个技术细节。工人们会根据不同顾客的不同工艺要求进行制作。整个车间就像一台“数字化的3D服装打印机”。

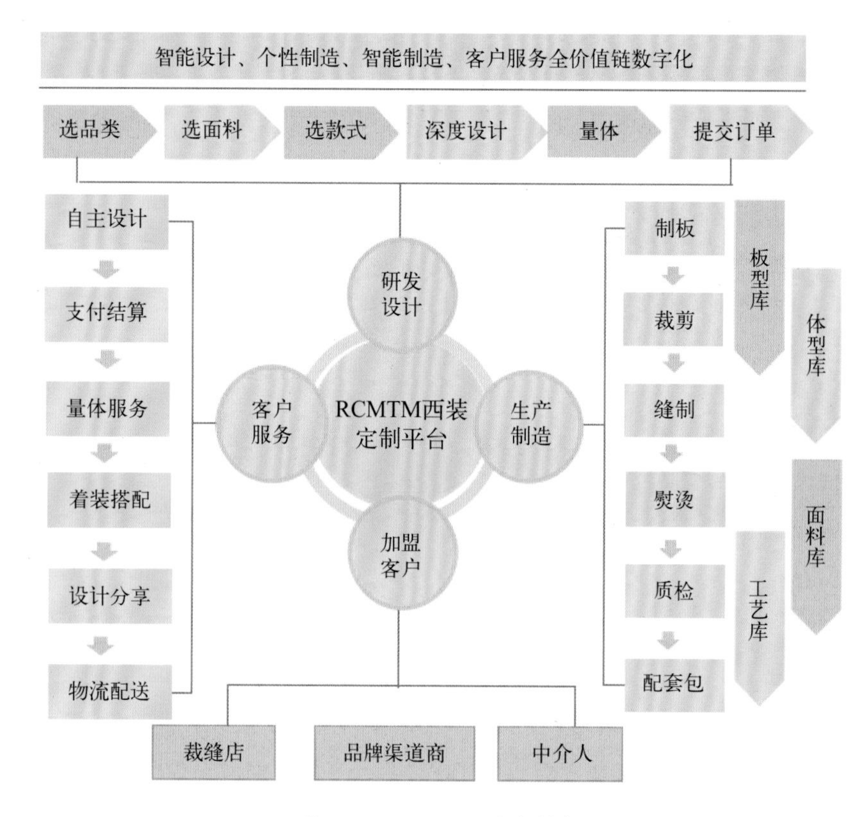

图7-11　RCMTM平台模式

（三）酷特智能手机 APP 平台——“魔幻工厂”

2015年开发的“魔幻工厂”APP，实现了定制渠道的多元化，顾客可以随时随地下单完成定制，让定制更加方便、快捷，实现了线上体验的效果。“魔幻工厂”是酷特智能的战略产品，也是最能代表工商一体化的 C2M 商业模式。从2003年起，酷特智能就以美国纽约为试验地，将信息化与工业化深度融合，实现了流程再造、组织再造、自动化改造，形成了完整的物联网体系，这套物联网体系成为酷特智能的运营基地。酷特智能的运用以及“魔幻工厂”线上个性化定制平台的推出，使个性化定制的设计成本下降了90%，生产成本个性化与大批量比降为1∶1.1，库存逐步减为零，生产周期缩短50%，一件成衣只需要 7 天时间即可制作完成。在“魔幻工厂”的个性化定制平台 APP 中，款式和工艺数据将近上千万种，集合了所有流行因素及款式，顾客可以在平台上进行自主个性化设计，如领型、口袋、面料、里料、拼接，还可以选择成衣板型添加个性化元素，如加个人刺绣、个性化名牌等，满足顾客的个性化需求。APP 中还可以选择参与设计、共同设计，可以在线与设计师交流个人想法，使顾客能够线上体验设计，增加产品的互动性与愉悦性（表 7-3）。

表7-3 手机APP“魔幻工厂”

平台名称	魔幻工厂
平台类型	C2M 电商平台
平台优势	3D 打印智能工厂——生产速度快
	O2O 线上线下模式——满足顾客个性化需求
	一键式呼叫上门量体——“魔幻大巴”移动量体
	顾客自己量体
	7 天完成订单
产品品类	西服、衬衫、西裤、大衣、马甲
平台特色	“魔幻大巴”移动上门量体；参与设计师共同设计
加盟支持	筹备、装修、产品、物流、系统、广告、巡店、培训

1.“魔幻工厂”手机APP定制流程

红领手机 APP 是顾客个性化定制的平台，顾客可以随时随地地定制服装产品，在“魔幻工厂”APP中有成衣及定制两种模式，顾客可以购买现有的服装款式，也可以邀请设计师一同在线设计，系统中的定制款式有男西装、西裤、衬衫、马甲、大衣等品类，顾客可以选择相应的定制品类，再根据个人穿着场合选择相应的款式，并在所选款式的基础上进行再设计，顾客还可以对服装的面料进行选择，APP中会显示相应的面料特性、适用场合、保养方式等。顾客还可以根据自己的穿着习惯选择里料的颜色或选择是全里西装还是1/4里西装。同时，对西装的细节部位也可以再设计，如手巾袋的形状、大兜的样式、领型等都可以自行选择。为了更加满足顾客个性化的需求，顾客还可以选择个性化的手工刺绣或个人名牌定制，设计出与众不同专属于自己的服装。服装款式选择完成后顾客提交订单即可，系统生成订单后会自动将信息发送到红领后台进行生产，顾客可以在线预约量体，完成最后的定制并随时追踪订单信息（图7-12）。

2.“魔幻大巴”——颠覆传统服装流程形态

魔幻工厂移动大巴以“一键呼叫轻松量体”的卓越服务透过互联网科技最前沿的技术，以人性化的互动定制方式，彻底颠覆传统服装定制流程形态。在线定制平台收集300万人的板型数据，1000万亿种设计组合，可满足消费者99.9%的个性需求，用户在家就能享受到专属定制量体裁衣的服务，体验互动性、个性化、舒适性的服务，让用户得到独一无二的设计和无可比拟的消费体验。顾客可以在大巴车上2秒钟完成人体数据的采集，并在与系统相链接之际将量体数据传输到后台生产车间，实现服装的个性化定制，7天完成订单（图7-13）。

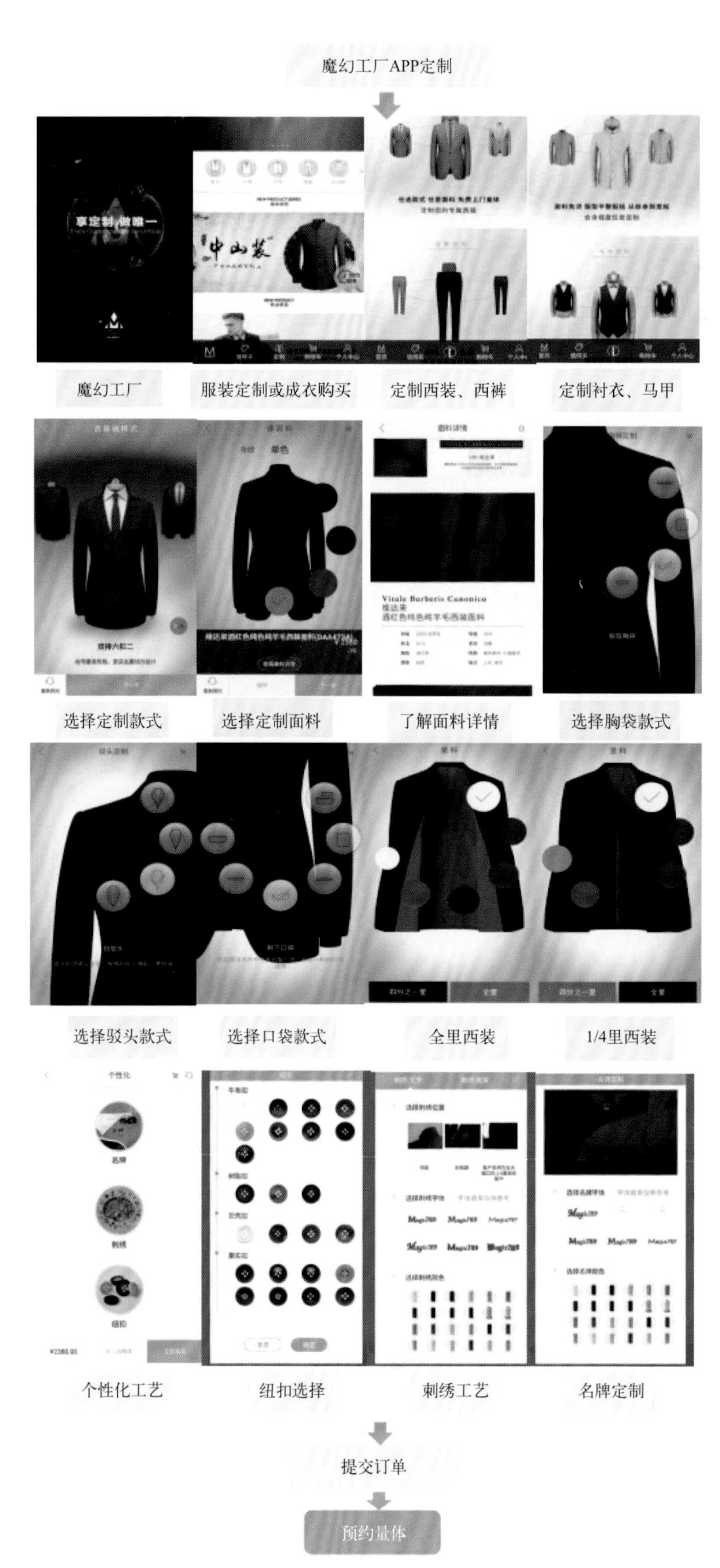

图7-12 “魔幻工厂”手机APP定制流程

（四）酷特智能 C2M 商业生态

区别于传统的 C2C、B2B模式等电子商务模式，“酷特智能商业生态”是新型的 C2M 商业模式，是红领定制商业生态的载体，即个性化产品定制直销平台。酷特智能以“定制”模式为核心，展开多领域跨界合作，去中间商、代理商，专注实现全球从C端到M端的一站式服务，将消费者和产品制造工厂直接连通，为C端和M端提供数字化、智能化、全球化的全产业链协同解决方案。客户在平台上提出定制的产品需求，平台将零散的消费需求进行分类整合，分别提供给平台上运作的各个工厂，完成个性化定制的大规模生产，并实现直销与配送，大幅度提高生产效率，加快资金周转，为客户和工厂带来效益，形成智能工厂模式输出 + 个性化定制产品直销平台，构建酷特智能生态圈。

图7-13 “魔幻大巴”外观图

发展酷特智能C2M商业生态，首先是输出红领工业化定制服装的生产模式，将客户需求变成数据模型技术、数据驱动的智能工厂解决方案，先在服装、鞋、帽、假发等产业进行复制推广。再推广到更广泛的行业领域，将大批传统企业改造成能够进行定制产品工业化的智能工厂，并利用酷特智能平台将其融合起来，凝聚出制造、服务一体化和跨行业、跨界的产业体系，引发爆炸式增长。同时，酷特智能也将在打造工商一体化的互联网工业模式及C2M商业模式的工程中，为合作伙伴提供全程技术与服务，关键是通过信息物联网络系统（CPS）串联起各个智能工厂，打造智能制造的生态体系（图7-14）。

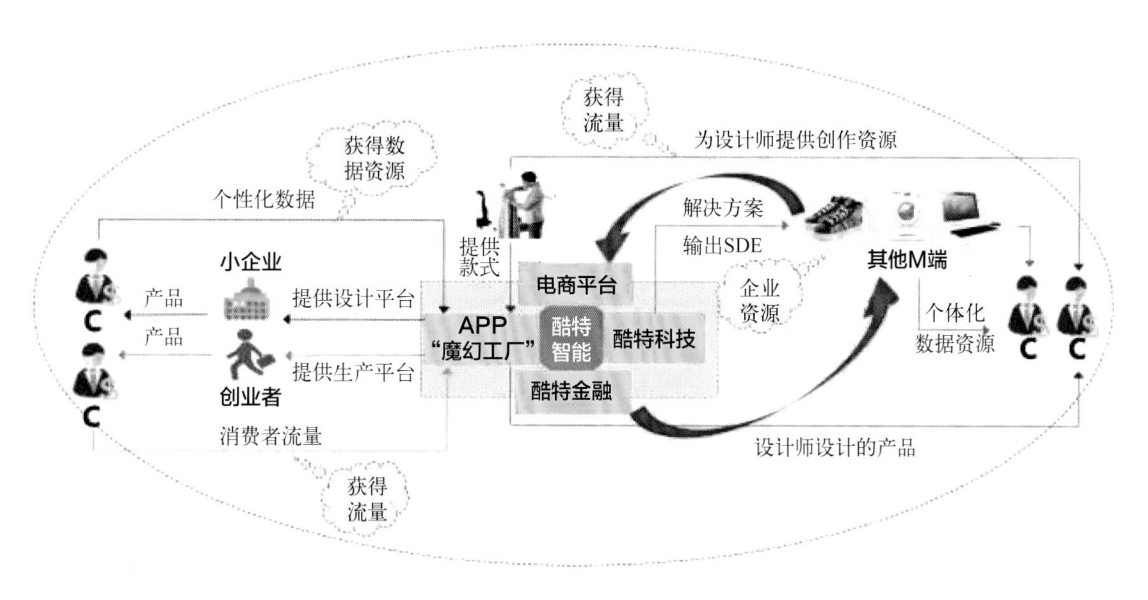

图 7-14 酷特智能C2M商业生态

第五节　数据驱动的个性化智能定制——报喜鸟

报喜鸟控股股份有限公司（原名：浙江报喜鸟服饰股份有限公司）成立于2001年6月，是一家以服装为主业，涉足投资领域的股份制企业。于2007年在深圳深交所上市，成为温州第一家服装上市企业。2017年，更名为报喜鸟控股股份有限公司，实现零售年收入五十多亿元。目前，公司拥有一千五百多家销售网点，温州、上海、合肥三大生产基地，是中国服装行业百强企业之一。报喜鸟控股下属有4个业务板块，凤凰国际本部、报喜鸟本部、宝鸟本部和报喜鸟创投。报喜鸟主要从事西服和衬衫等男士系列服饰产品的设计、生产和销售。报喜鸟服饰构成体系除报喜鸟品牌外，还包括5个自主延伸品牌、3个代理品牌，形成了包括高端商务装（巴达萨利、东博利尼、索洛赛理），中高端商务装（报喜鸟、法兰诗顿），年轻时尚商务装（恺米切、哈吉斯）和职业装（宝鸟）在内的几大板块定制格局组合（表7-4）。目前报喜鸟是一个以商务正装为核心，以职业装、高端定制、时尚休闲服饰为辅，涵盖不同年龄段消费群体的多品牌服饰公司。

表7-4　报喜鸟品牌构成体系

品牌名称	品牌风格	模式	品牌定位	消费人群	价位
报喜鸟	商务男装	自主	中、高端	中产阶级人士	2000元起
宝鸟	制服定制	自主	中、高端	大企业职业装需求者	2000元起
法兰诗顿	商务休闲	自主	中端	一般商务人士	3000元左右
巴达萨利	高级定制	代理	高端	高端商务人士	5000元起
索洛赛理	高级定制	代理	高端	商务精英	2000元起
东博利尼	高级定制	代理	顶端	高品位顶端人士	10000元起
哈吉斯	时尚休闲	代理	中、高端	年轻新锐	1000元起

报喜鸟实施多品牌发展战略，产品定位为中高档男士系列服饰，面临行业性调整压力，报喜鸟积极转变思路，于2015年正式转型C2B全品类个性化私人定制，同时实行“一主一副、一纵一横”发展战略，即以服装为主业，以互联网金融为副业；主张一纵一横，纵向做深品类个性化私人订制，横向做广引进趋势性的休闲品牌，以合资、合作、代理、收购等方式进行优秀品牌的引入和品牌版图的扩张。

目前，私人订制业务方面依托近20年积累的生产工艺技术，全国有近800家报喜鸟品牌网点，三百多名量体师储备以及多年来10万位消费者量体形成的数据库，已经实现72小时上门免费量体搭配，360小时交付成衣。而在生产端，报喜鸟投资建设全智能吊挂系统及生产信息化建设，实施工业4.0智能化生产，持续对温州、上海、安徽三大生产基地进行智能化改造，目前已经形成20万套/年的生产能力（2015年约10万套/年），未来有望通过改造继续提升定制产能占比。C2B私人定制业务的优势在于以销定产实现低库存以及减少中间环节，提升产品性价比。同时随着消费升级、80、90后个性化需求凸显以及国人身材走样比例提升，未来私人定制业务发展空间较大，通过智能化生产改造解决私人定制生产端难以量产的瓶颈，率先在此领域进行布局，有望提前抢占市场份额，确立先发优势。

一、报喜鸟云翼智能平台

在国家供给侧结构性改革、“中国制造2025”等政策影响下，报喜鸟围绕大规模、个性化定制的两大目标，推进“两化”深度融合，推动网络化、数字化、智能化等技术在制造和营销领域的开发利用，从企业战略、组织、研发、管理、生产、营销、品牌全方位融合互联网进行创新，打造更开放、更贴合用户需求的大规模个性化定制平台，创建报喜鸟云翼互联智能制造架构运行体系。首推服装行业云体系，作为产业互联网时代塑造服装行业新生态的创新之举，打造服装行业创业平台，加快从传统制造向智能制造转型。2015年报喜鸟积极打造智能化生产，实现智能化制造的转型升级战略。开始部署云翼互联智能体系，打造工业4.0智能化生产，将原有传统工厂升级改造为MTM智能工厂，率先引领服装产业探索大规模个性化定制之路，云翼智能平台包括一体两翼，以MTM智能制造透明云工厂为主体，以私享定制云平台和分享大数据云平台为两翼。这是中国服装行业首个部署工业4.0的项目，使报喜鸟实现从传统制造向智能制造的成功转型，为客户提供了更好的定制体验。

（一）MTM智能制造透明云工厂

通过PLM（Product Lifecycle Management）产品生命周期管理系统和智能CAD系统构建智能板型模型库，实现标准化、部件化自动装配及模型参数智能改板，并研发智能排产系统，执行工厂高级生产计划，并运用可视化技术智能排产，跟踪生产进度并实时调整生产计划。CAM自动裁床系统接收到排单、物料、板型、工艺等信息后，实现一衣一款的单件自动裁剪。即通过智能制造，实现产品的柔性化生产，特别是在生产过程中，用软件形成的数据来带动整体运转，通过数据的智能流动，打破时间与空间上的限制，优化资源分配，带动每个环节的高速运转，实现全程追踪。通过CAPP、RFID、智能吊挂、MES制造执行、智能ECAD、自动裁床以及EWMS等系统建设，全面打造EMTM数字化驱动工厂。

（二）私享定制云平台

基于SAP（System Applications and Products）的明星产品——Hybris全渠道电子商务平台的二次开发改造，与国内专业软件厂商合作开发以大数据的精准方式提供进一步的个性化服务，实现大数据精准化营销。实行工商一体，以MTM方式实现线上线下协同和一单一流、一人一板、一衣一款的全品类模块化客户自主设计。

图7-15 报喜鸟云翼互联流程

（三）分享大数据云平台

数据云平台通过CRM客户关系管理系统管理消费者资料、体型、穿着习惯等数据，以大数据的精准方式提供进一步的个性化服务，实现大数据精准化营销。实现对用户个性化需求特征的挖掘和分析，通过样本数据采集分析，让西装剪裁更加符合顾客的体型（图7-15）。

二、数字化部件化智能化定制系统

云翼智能制造项目，即对大流水生产线进行智能改造，通过工业智能化的手段，结合手工定制和大流水线生产的优势，做大规模的个性化定制。通过数据化、部件化、模块化进行智能定制生产，大大提升生产效率，同时也满足了消费者的个性化需求，可以做到每件衣服个性化。

（一）数据化

数据化就是把传统的客户需求转换为体型、板型、工艺、面辅料4大数据，存储在智能衣架的RFID芯片中，通过无线射频扫描，在智能吊挂流水线上流转，进行工序生产，并将生产过程中的动态数据实时收集反馈。客户信息录入后可直接下单，实现了成衣库存从50%到0的转变。

（二）部件化

部件化就是将一件衣服分为前身、后身、袖子、领子、挂面五大部分，再拆分成若干部件，通过智能排板和智能吊挂的个性化流水线以及手工制作，提升客户个性化定制服装的效率和品质。

（三）智能化

智能化就是整个生产制造过程智能化，通过6大系统集合的生产过程智能控制系统，以自动化传感技术整合吊挂系统和显示系统，智能、自动、精确、简单地对396道工序进行管控，作业有序、快捷和可跟踪，完成管理和制造的无缝对接。最终实现部件化生产和人机协同，成为数字化驱动工厂。

云翼智能制造项目，突破了服装行业高库存、低周转、高渠道成本的瓶颈，实现了C2B、C2M模式的转型升级，创造颠覆性的新商业模式，满足了消费者个性化、时尚化的需求。报喜鸟通过云翼智能制造项目，对原有的工业体系进行智能改造，通过数据化、部件化、智能化进行生产，生产过程仍然是批量化、规模化，但是通过智能协同做到了部件装配个性化，效率得到极大的提升，实现了大规模个性化定制。与传统手工定制相比，智能生产效率提升6倍；与大流水线生产相比，智能生产效率提高50%。

三、休闲男装品牌转型定制

（一）报喜鸟定制品牌群（图7-16）

索洛赛理（Solosali）高端礼服定制专家。承袭了纯正意式工艺的精细和纯粹，凭借其独树一帜的定制魅力，成为引领定制风尚的高端品牌。索洛赛理的婚庆礼服定制，以精致优雅的裁剪工艺和幸福甜蜜的色调向每对新人传递幸福祝愿。

宝鸟（Bono）传递职场价值。高端商务装品牌，服务于具有统一商务着装需求的企业团体及个人客户群，突出行业特征与商务风采，尤为注重产品的设计、工艺、质量和服务，已成功为金融、电力、通信、烟草、能源、行政、教育、工商等多家知名企事业单位提供定制服务。

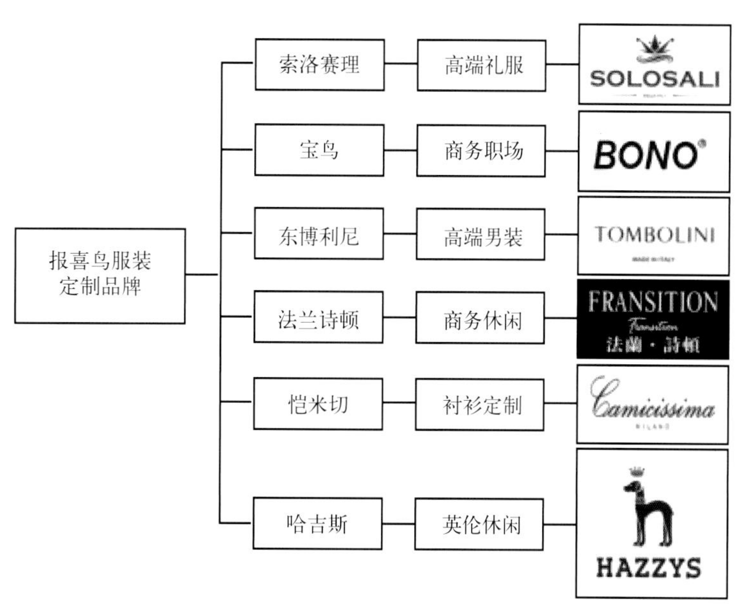

图7-16　报喜鸟定制品牌群

东博利尼（Tombolini）优雅舒适的意式经典。意大利高端男装品牌，秉承意大利优雅、简洁的服饰理念，以顶级的高端面料、精湛的裁剪工艺，为追求品质、专注细节的成功男士专供高雅尊贵的穿着体验。

法兰诗顿（Fransition）都会绅士新概念。报喜鸟旗下高端时尚商务休闲品牌，以精湛的工艺、上乘的面料著称于世，将传统材质与艺术表现无缝结合，以“时尚经典、都市休闲”两大系列为主轴，全面打造低调迷人的都会绅士。

恺米切（Camicissima）典雅精致的意式生活。意大利FENICIA S.P.A集团旗下衬衫定制品牌，凭借100%意大利纯棉衬衫和100%纯手工真丝领带享誉全球八十余年。2011年进入中国市场以来，以高性价比的优质产品、“三件更实惠”的销售模式为消费者带来时尚又舒适精良的纯正意式精品。

哈吉斯（Hazzys）别样英伦风。韩国LG时装集团旗下休闲品牌，综合了LG时装一贯的精心裁剪和当今国际流行色彩，以英国皇家贵族理念演绎现代时尚精髓，绽放出别样英伦风情，2007年进入中国。

图7-17　报喜鸟定制官网

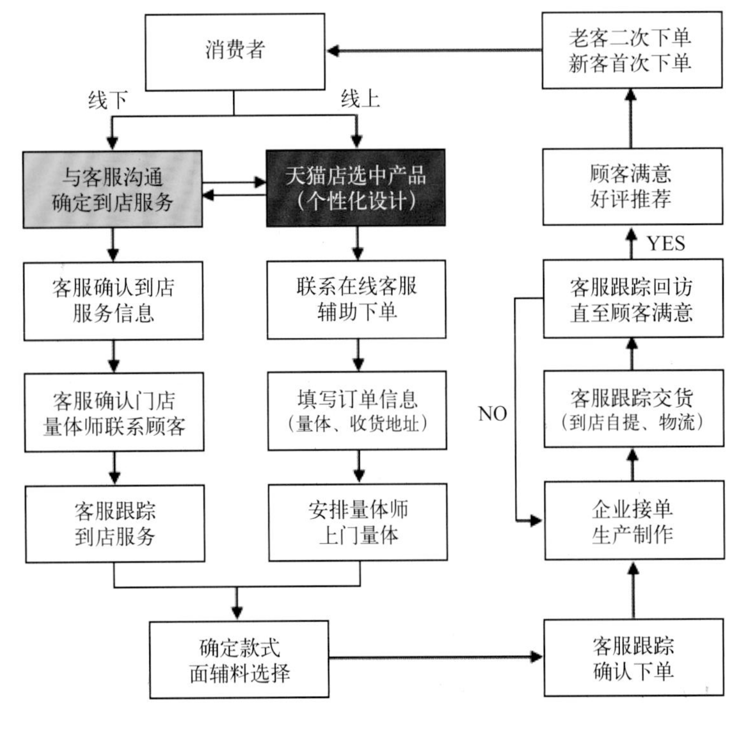

图7-18　报喜鸟定制品牌线上线下运营

（二）报喜鸟定制品牌运营

报喜鸟服饰自2003年推出量体定制业务，并逐步扩大量体定制的规模，从一开始的几个城市几家店铺到现有全国范围数百家店铺，不断丰富量体定制的品类，从西服、衬衫量体定制到现在的西服、夹克、衬衫、毛衫、大衣、皮鞋等全品类量体定制。后台工艺、技术、制作流程也在不断优化，已发展成为全国900家实体店铺均可定制、拥有专业量体师三百多名的商务休闲男装定制品牌，实现了专业的线上线下全定制（图7-17）。

报喜鸟于2014年在天猫商城，推出O2O+C2B个性化定制服装，用工业4.0思维建成现代智能化工厂，实现智能制造转型，手指一点即刻下单、72小时内上门服务、15天内收到专属定制服饰。移动互联网时代，传统品牌面临着“互联网+”带来的冲击，传统的企业生产、传播和流通已经无法适应当下服装制造行业，因此报喜鸟转向线上线下联动，增强制造业的服务意识（图7-18）。

（三）报喜鸟定制发展趋势

第一，顺应消费潮流，多品牌同步发展定制业务。全力发展个性化全品类私人定制业务，形成高级定制东博利尼、时尚定制法兰诗顿、大众定制报喜鸟、专业定制索洛赛里、职业服定制宝鸟的品牌定制业务组合，加快多品牌定制店、单品牌定制店、兼容定制店的多渠道建设。

第二，为传统渠道提供供应链服务。打造拥有1000家智能裁缝的创业平台，为1000家全球私人定制店提供供应链服务，发展1000家婚庆定制合作项目，通过上海宝鸟工厂对接1000家全球私人定制店，打造跨境电商平台，从而织造一张深入消费者购买场景的、多触点的、利益相关者多方参与的社会化营销网络，最终全面实现O2O+C2B布局。

图7-19 报喜鸟品牌微信定制

第三，改造生产线，提供快速反应基础设施。报喜鸟投资亿元改造智能流水线，接轨工业4.0，形成满足服饰个性化定制需求的、规模最大的生产供应链系统。报喜鸟云翼互联系统在多个方面处于国内领先水平，智能制造行业领先、定制规模行业领先、品质服务体验领先、品牌知名行业领先、信息管理行业领先及创业支持行业领先，完美实现“个性化缝制不降低品质、单件流不降低效率”这一服装定制的最高生产目标，真正达到个性化定制零库存。

第四，投资吉姆兄弟和乐裁网络，看重技术与思维。2015年6月，报喜鸟分两期共2000万元投资无锡吉姆兄弟，增资完成后，持有吉姆兄弟35%股权，此次融资吉姆兄弟将用于微店建设（图7–19）。此外，还将逐步进入跨境电商业务，为境外消费者提供成衣定制服务。同年7月，报喜鸟以360万元投资乐裁网络获得30%股权。

第五，深耕职业装多年，个人定制业务有优势。原职业装（宝鸟）品牌定制业务已有多年经验，销售规模达3～4个亿，发展定制业务具有先天优势，而2015年以来量体师驻店、线上线下多品牌同时推广个性化定制服务，加之生产线的智能化改造完成，使之具备良好的供应链快速反应基础，大力发展主品牌报喜鸟、副品牌高档男装的定制业务，面对零售消费者个性化定制业务的发展前景，定制业务呈现一片新蓝海。

拓展延伸： 互联网定制介绍——吉姆兄弟与乐裁网络

吉姆兄弟主要从事衬衫的互联网定制服务，以大众化量身定制为目标群体。旗下拥有吉姆兄弟和Net6543两个品牌，分别定位为中高端和中低端商务装定制，在分销领域构建了官方网站、客户端、微信、微店、微博等全方位在线传播与定制服务平台，同时开设了遍布全国二十余家的线下体验中心，并拟建高密度的线下社区合作店等实现全渠道营销。通过近4年积累获得超过20万的人体数据，基本完成基于人体数字建模制板、激光投影裁剪为核心技术的高度柔性与个性化定制生产的完整体系。一件完全量身单裁定制的衬衫可以在30分钟内完成生产，拍照量体的技术成果基本解决在线量身定制过程中如何量体的重要技术难题。

乐裁网络主要以“C2B+O2O”模式开展CITYSUIT品牌男士西服、衬衫、马甲、大衣定制服务，致力于品牌管理、终端拓展、互联网营销等核心环节，属于轻资产模式。消费者通过网上下单再到门店体验，目前CITYSUIT品牌月平均订单为500～600个，定制周期一般在7～12个工作日。线下门店覆盖北京、上海、广州、浙江、山东、山西、河南、河北、湖北、四川等主要省市，线上逾20家体验网点。报喜鸟360万元增资完成后，乐裁网络可与报喜鸟实现战略合作，形成业务协同，为乐裁网络提供研发、生产、物流管理等服务。

第六节　基于MTM的男西服数字化智能化定制系统

一、男西装数字化个性化定制

运用数字化个性化定制，快捷、精准、成本低。首先使用移动端注册专属账号进入系统设计界面进行款式设计。设计过程根据典型款式与国际社会公认的着装原则TPO设定，服装的分类形式按照礼仪等级划分为礼服系统、常服系统、外套系统、户外服系统等建立系统模块，即符合特定时间、地点、场合的着装规则，设计基本框架以男装为载体（图7-20）。

图7-20　款式模块

顾客可根据系统模块自行选取西装款式设计方案，各款式模块下分别设有领型、门襟、口袋、手巾袋、袖扣和开衩等几大子模块（图7–21），依次选择模块组合设计后确认即可。系统在输入关键部位量体数据基础上，通过专家知识自动生成个性化定制纸样，并通过高级纸样数据库的综合评价参数确认，以确保纸样在技术上的正确性。整个系列工作均由计算机自动完成，当初始样板生成并展示三维试衣效果，给消费者确认，满意后即可制作样衣。消费者也可对款式设计问题进行重新描述，再经过工作流程自动生成（图7–22）。

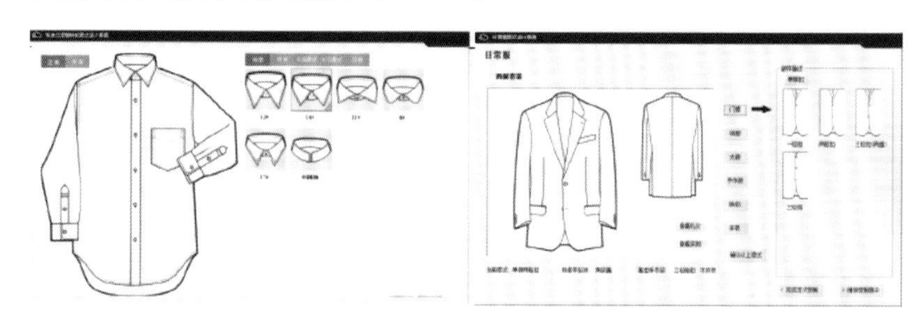

图7–21　款式设计子模块

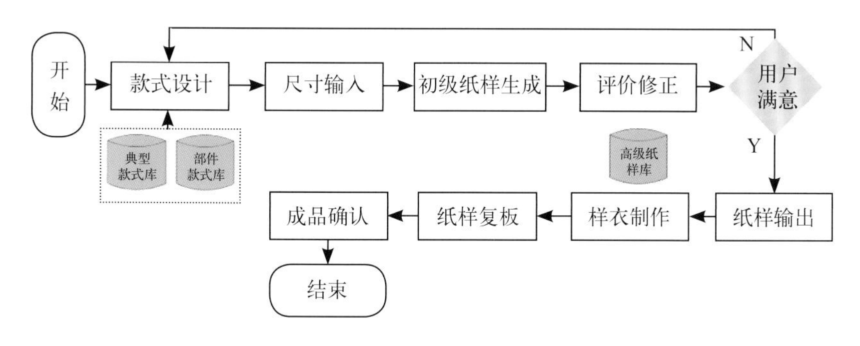

图7–22　系统工作流程

二、3D测量技术

3D测量技术是实现男西装数字化个性化定制制作的第一个环节，男西装定制合体性为第一要素，人体尺寸和形态的信息是基础。利用三维人体扫描技术，通过非接触式的全身扫描（图7–23），利用光学成像技术（采用的光包括激光、普通光以及红外光等），捕捉发射到人体表面的光所形成的图像，并捕获人体相关数据点，扫描系统对人体的特征点和结构线进行标记，利用计算机算法对这些标记点进行识别以获得人体特征点，生成人体三维轮廓（图7–24）。

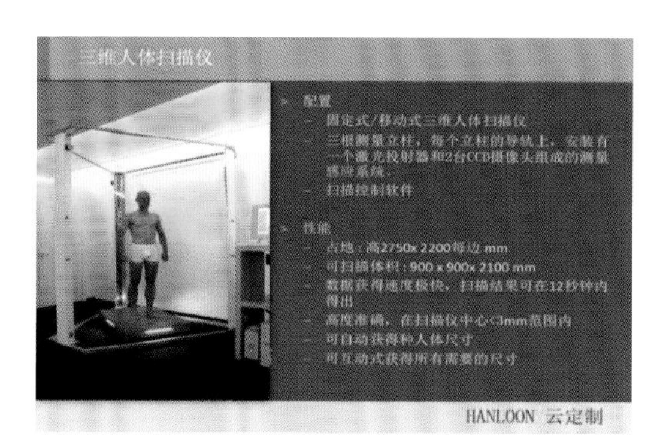

图7–23　3D测量仪扫描人体

运用现代三维人体扫描技术对人体进行非接触性的测

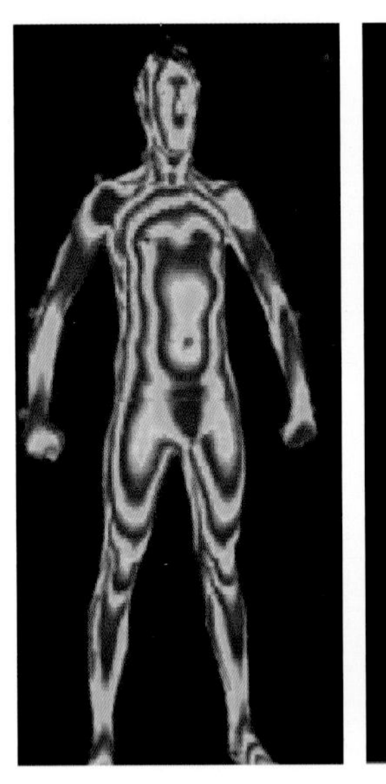
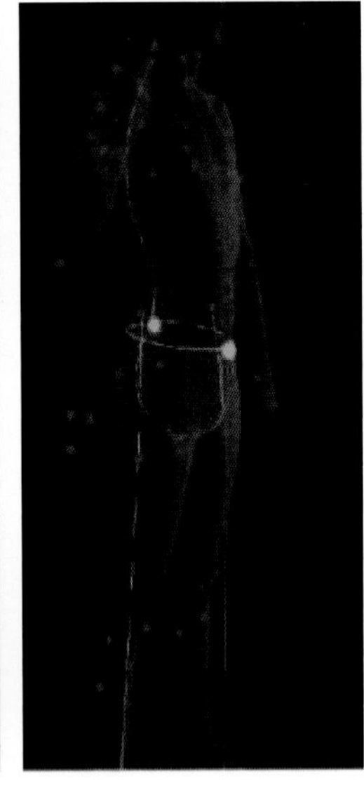

图7-24　3D测量技术

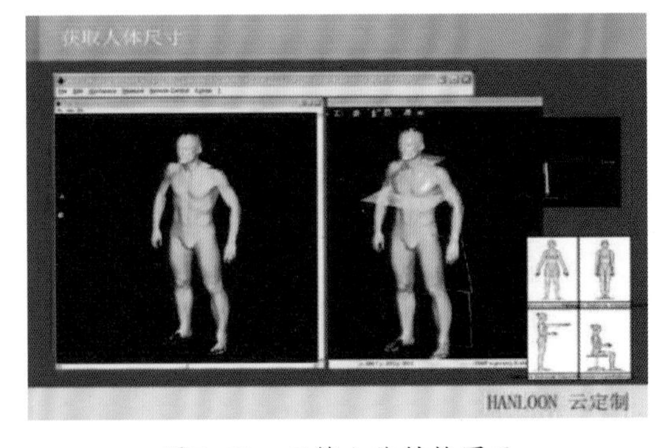

图7-25　三维人体转换图示

量，可以快速准确地获取人体表面的精确三维数据，并能够根据客户需求进行快速调整。三维人体扫描技术改善了服装和体型之间的匹配问题，同时延伸出来的试衣系统、大容量数据存储检索系统等智能数字一体化系统，使得服装个性化量身定制、智能数字一体化生产成为现实，从而突破传统手工量身定制局限性，适应当前服装产业流行时尚、快节奏、高效运营的市场要求。

三、定制人体模型

数字化个性定制时代，专为需要快速、准确以及纹理扫描的客户量身定做人体模型。通过最先进的3D测量仪，迅速地用高分辨率捕获物体外形，扫描出画质极高的图像，真实还原物体鲜艳的色彩，最高的捕获精确度可达16帧每秒，并且这些图像每帧可以自动校准对齐。不仅能将消费者的身体数据更加精确、迅速、无接触地测量出来，还能将测量后的三维人体体型通过雕刻机1∶1地复原出来。

高级私人定制人体模型分为三步，扫描人体、数据建模和制作人体模型。图7-25是将三围人体数据转变为三围人体模型和雕刻机1∶1复原制作人体模型的过程。人体模型拟合为裁缝师傅提供准确无误的消费者体型依据，减少了消费者亲身试衣次数，降低了定制衣服制作难度，保证了衣服合身度。顾客避免了繁琐的试衣过程，必然会提高对服务的满意度。

四、男西装定制纸样智能生成系统

从三维人体扫描仪可获得人体数据，但要从三维人体数据生成二维板型仍存在挑战。男西服定制纸样智能生成系统实现了消费者对西服个性化定制和规模化工业生成要求的通用环境，消费者通过在男士着装国际惯例指导下的款式设计系统，对西装部件6大模块（门襟、领型、大袋、手巾袋、袖扣和开衩)进行自主排列组合。系统根据确定的西装款式方案实现智能化生成纸样操作功能，通过三维测量人体，或在大数据支撑下输入人体几个关键数据（胸围、腰围、臀围、衣长、袖长、背长和肩宽）实现西装纸样设计及自动生成。生成的纸样可以保存为AutoCAD标准DXF格式，该接口为行业内其他品牌的服装CAD软件读取提供了方便。系统智能生成纸样可以实现自动分片及放缝功能，在制作成品样衣或工业化批量生产中极大地缩短了产品的开发周期，提高了服装企业生产效率。

服装智能化纸样设计系统有着显著的优势和特点，第一，它能够以计算机快速、简捷的运作替代打板技术人员繁重的劳动，实现样板的自动生成；第二，操作人员不需要掌握复杂的纸样专业知识，就能轻松地解决款式设计与纸样设计之间的衔接问题；第三，以“专家知识”作为主要技术平台，不需要操作人员掌握复杂的纸样专业知识，就能轻松地解决在服装生产中款式设计师与板师的协调沟通问题；第四，改变了传统的纸样设计系统过多地对绘图工具的依赖，操作过程只需简单的尺寸输入和部分参数化的输入即可，这在现有的服装 CAD 系统中具有重大突破。

五、男西装数字化MTM定制系统设计

西装高级定制过程中的数字化与智能化的功能实现，通过借助于信息技术，归纳西装专家知识，使用MTM男西装数字化智能化定制一开始就正确地保持高度的工作效率。在开发西装高级定制数字化智能化管理系统后，可以实现终端店铺、工厂制造与顾客体验在订单传递、生产制作和终端销售的无缝对接。从客人在门店接受量体开始，一直到最后成衣出厂，全程实现电子化、信息化、智能化系统管理。整个流程包含了TPO系统、门店业务管理、客户管理、三维量体、全自动纸样系统、工厂生产加工管理、物流配送管理、面料采购系统、顾客售后系统、退赔维修管理等，该系统的推出，能高效解决从消费者量体开始一直到成衣出厂的各个环节中的问题，改变了服装定制行业以经验为王的传统。因此，以服装行业特色需求为基础，运用智能互联网的先进技术，是将这一传统的行业与最新的信息化技术相结合，较大程度地改变了传统纯手工制作的低效工作模式。

（一）数字化智能化MTM服装定制

MTM是未来服装企业的主流生产方式，MTM 技术又与互联网完美的结合，是企业满足顾客个性化要求的必然选择，而人体测量技术、样板定制又是MTM的关键技术，运用三维人体测量技术精确而便捷地解决了“单量”问题，而运用MTM系统则很好地解决了“单裁”的问题。这是一种完全以顾客为中心的服装生产制作系统，一种高度自动化的工业化生产方式，是不同于以抽象群体为目标成衣生产的新型生产方式，是基于三维人体测量系统、服装CAD成衣系统、服装CAM系统等一系列硬软件设施的MTM生产方式。

系统分三个主要模块：数据库管理模块、规则设定模块（体型识别规则、样板放缩规则、样板修改规则）、订单批量处理模块。消费者在

3D测量时被提取人体数据，构建人体尺寸模型，并通过三维试衣展示对款式设计和面料选择做出自己的满意判断，确认满意后生成订单进入服装CAD设计系统。首先智能制板自动生成纸样，通过3D假缝技术对样板进行标准判断，确认无误后进入自动裁剪系统，生成的所有数据均在VPN（Virtual Private Network）环境下的大数据库存储系统内交互。将所有环节整合成一个自动化一体化的系统，使服装从尺寸获取到成品产出、展示都自动完成（图7-26），在数字化服装定制系统中，人体尺寸数据的自动获取占有非常关键的基础性地位。

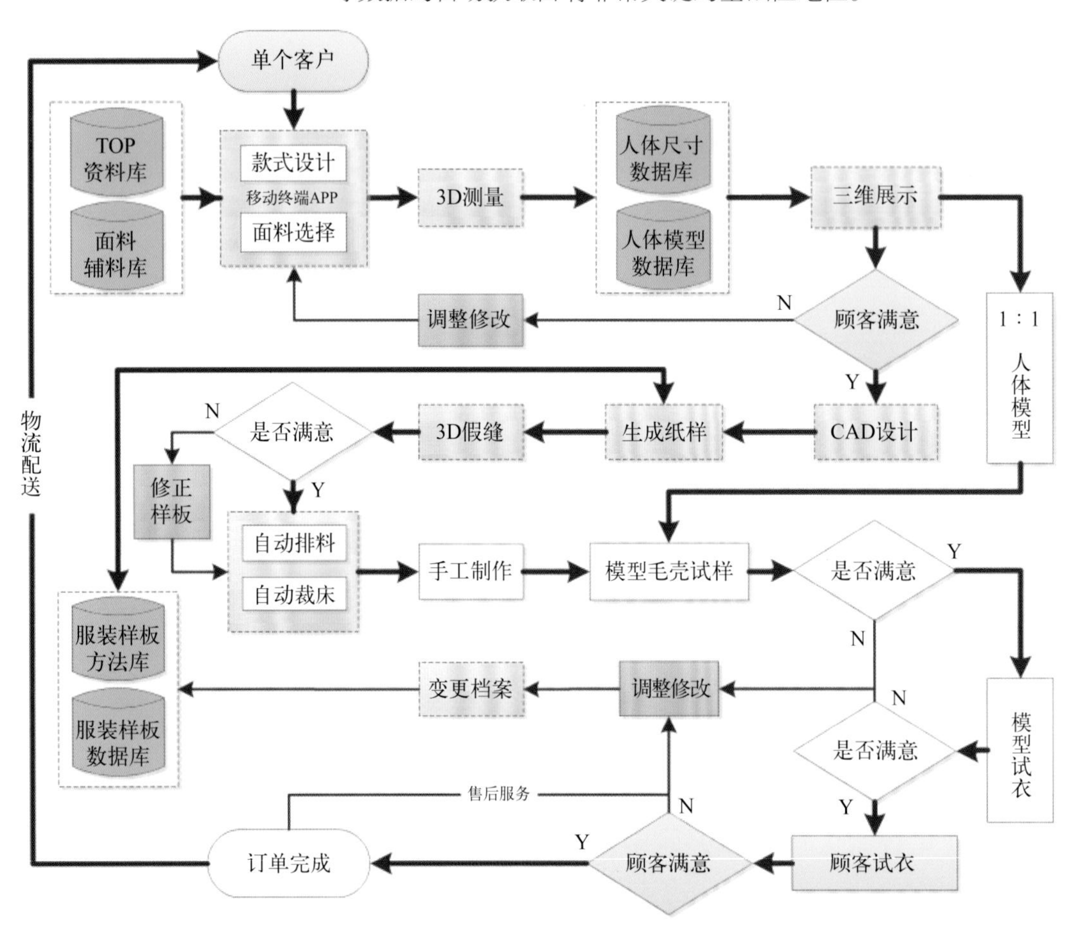

图7-26　男西装数字化智能化MTM服装定制系统

（二）特殊体型数字化智能化MTM服装定制

MTM系统旨在为消费者提供满足其不同体型的定制化服装，特别是特殊体型消费者的服装定制，是MTM系统的重要组成部分。特殊体型顾客进行三维扫描后，系统进行修补，并基于自动生成的特殊体型服装纸样进行二次设计或直接修改参数化设计模型生成原型设计。

（三）男西服智能数字一体化安全系统

基于互联网的信息系统安全是当前计算机及互联网技术的关键课题

之一，安全稳定也是其标准配置，系统使用主体的多样性和功能需求使得安全管理是整个体系的重中之重。为此，系统以“数据中心”节点为中心，分布在各地的终端需在VPN环境下才能访问并使用，第三方数据接口建立在相互信任的密钥环境下方可互相交换数据（图7-27）。现代服装产业中，数字模块化与智能一体化生产带来的市场快速反应是竞争的焦点，因此，如何在短时间内，根据终端客户的特征生产和销售合体舒适性高、令客户满意的服装是提高行业竞争力，为企业创收盈利的重要途径。

为使传统的服装产业，特别是具有代表性的男西服设计制作，全方位实现数字化运行，需运用“互联网+”技术，建立MTM男西装数字化智能化定制系统，并通过其庞大的标准件库、常用零部件库、面料数据库、TPO数据库等进行产品设计和数字化量身定制服务。具体将运用3D测量仪和IT技术打印顾客人体模型，自动裁剪出符合人体模型的服装，再根据3D假缝技术观察三维试衣及其设计效果，然后进一步试穿修改样板，满足消费者的个性化需求。同时数字化智能化定制系统也满足了消费者不断变化的个性化需求，缩短了服务周期，有效地提高了企业数字化智能化制造水平，降低了生产成本，真正实现了消费者对男西服的个性化需求。

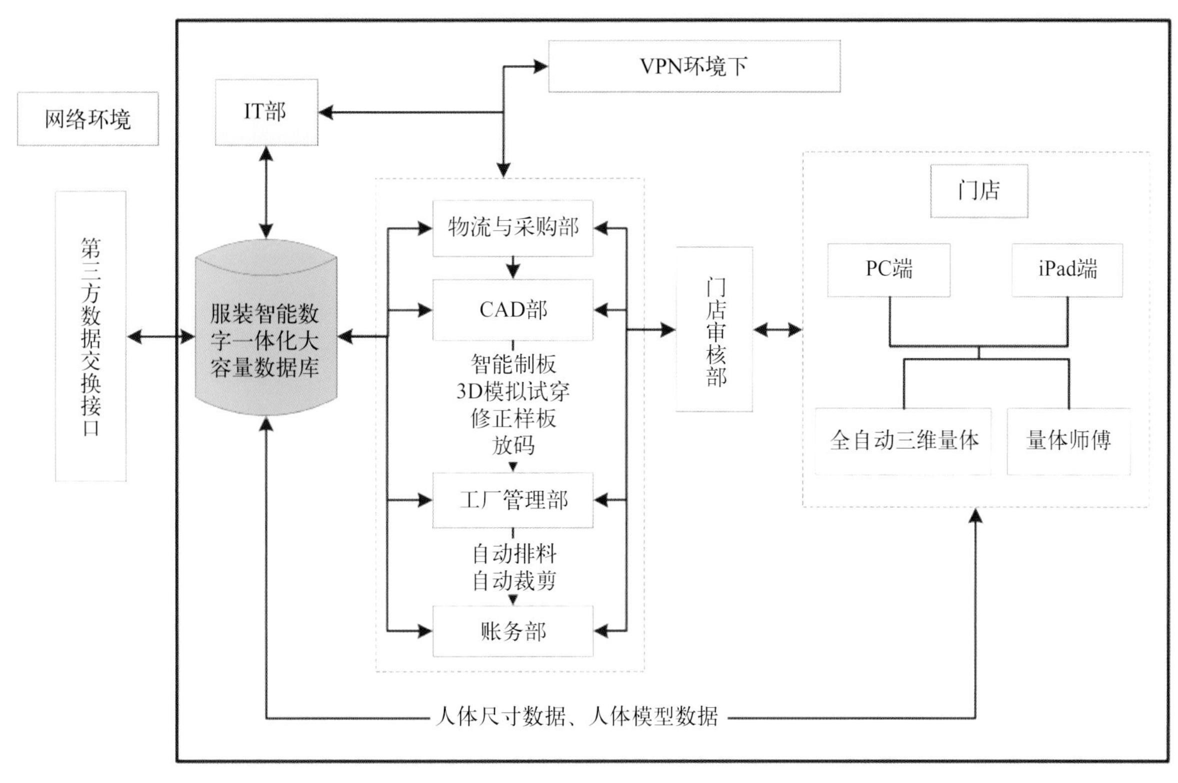

图7-27　系统数据流

小结

数字化智能化定制的不断发展是伴随着互联网信息技术和智能化生产技术的不断成熟，消费者渴望提升不同的购物体验以增强感知价值，数字化智能化定制的日臻成熟对传统高级定制行业势必会产生一定的冲击。与传统高级定制相比，数字化智能化定制的运营模式以智能数字一体化系统为中心，全程数据指控驱动，运用数据驱动生产，人机结合为辅助，能高效解决从消费者量体开始一直到成衣出厂的各个环节中的问题，改变了传统高级定制服装行业以经验为王的传统。顾客在数字化智能化定制过程中，不仅能主动地参与到产品的设计和生产过程中来，而且能体验和消费到不同于以往传统高级定制的定制流程和定制服务。

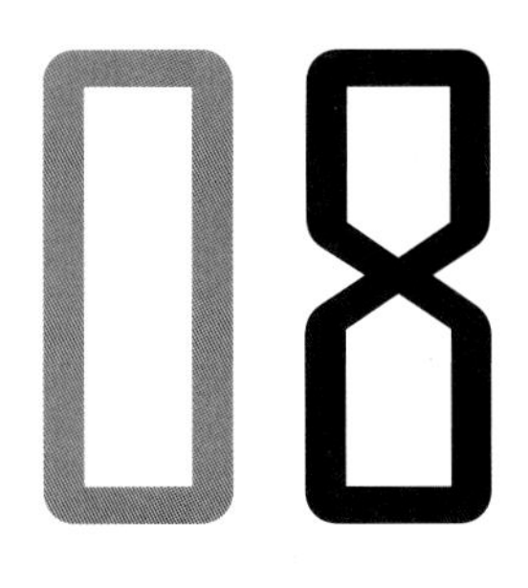

第八章

基于价值链衍生的中国男装定制品牌分析

第一节　全球价值链下代工企业转型升级

一、代工服装企业转型背景

随着欧美代工企业劳动力成本上升与人民币升值，致使国内服装产业向成本更低的东南亚国家转移，“人口红利”正在逐渐消亡，服装代工企业外销承压，国内品牌建设成为转型必然之路。从2003～2009年，工人工资上调超过100%，廉价劳动力优势正在慢慢丧失。代加工企业大多处于整个产业链的最底端，在价值链中代工企业只能获得1%～3%的加工费，而品牌公司却可以赚取数倍的利润，使得国内服装代工企业经营艰难，转型升级已成为传统代工企业走向现代化的必经之路。另外，国内经济改革正在积极进行结构调整，呈现经济增长动力以低端制造、投资拉动转变到国民消费的清晰路径，服装企业从代加工转向国内内需市场成为必然。随着互联网技术、自动化控制技术、智能制造生产、数字信息化技术的发展，制造业生产方式开始转变，从人口密集型到技术驱动型转变。移动互联网的普及使用户与商家更近，通过网络与软件技术，将按需定制与智能制造相结合，大规模个性化定制生产成为可能。

（一）成本上升促使服装代工企业转型

受人口老龄化以及生育率下降的影响，我国劳动力供给增长速度不断放缓，成本加速上升。前期劳动力成本上升对企业利润、税收、出口及吸引外商投资等，不会产生显著的负面影响，主要由于劳动力成本上升的同时劳动生产率也在大幅提高。但随着我国劳动力成本上升速度已经超过劳动生产率的提升速度，相对于竞争对手的劳动力成本优势正在日渐缩小，主要表现在以下两方面。

第一，代工企业利润下降，濒临倒闭。改革开放以来，我国加工贸易带动了沿海地区经济的快速发展，许多以劳动密集型产品生产为主的中小型加工商在沿海地区蓬勃发展，主要依赖国内廉价的劳动力大力发展加工业，赚取中间加工费用。但随着劳动力供给的不足，各地不断出现“用工荒”的现象，经济的发展和生活水平的提高使劳动力成本在不断上升，造成加工企业的生产成本逐年上升，导致许多企业经营利润下降，濒临倒闭，阻碍了我国加工贸易进一步发展。

第二，跨国公司投资减少，不断转移。我国加工贸易发展之初承接的是新型工业国家或地区转移的劳动密集型产业，很多发达国家纷纷来华设厂，建立加工基地，利用劳动力资源优势获得利润。外商的投资进

一步促进了我国加工贸易的发展，促进沿海地区经济的繁荣。但随着劳动力成本的日益上涨，其他发展中国家的不断崛起，比我国劳动力成本低廉的国家竞争优势逐步提升，使得我国劳动力成本优势同周边国家相比逐步弱化。

（二）中国社会结构变化促进企业转型

我国中产阶级的稳步增长带来了经济变革和消费转型，这一改变仍在继续，新型中产阶级即将成为今后10年带动消费支出上涨的重要引擎之一。中产阶级迅速成为主体消费力量，更愿意为产品品质支付溢价，并且非生活必需品的消费占比越来越大。中国的新中产阶级划分为几类，其中最主要的一代被称为中产二代。中产二代出生于1980年以后，中国经济开始迅速腾飞的时代，这类人群相较于其父母更加自信、思想独立，认为“贵的”就是好的，并且更愿意尝试新的事物，追求品位和身份地位，忠诚于所信赖的品牌，更加青睐于小众品牌。他们的购买力以及接受国内外新品牌的态度和敢于尝鲜的性格，对于全球企业意味着无穷的新商机。为充分把握该新兴消费群体，需要深入了解其需求，并细致观察其消费行为如何演变。但是，许多企业过去成功的战略是建立在为大众消费者生产标准化产品并进行大规模分销的基础上，这在今天需要进行调整。企业需要对消费者进行更深入地洞察，不仅要知道他们在做什么，还要知道他们需求是如何变化的，以及产生这些变化的根本原因。掌握这些更深入的信息，可以为日益成熟的消费者定制产品和服务组合，优化品牌架构，为其提供差异化产品，并为年轻消费者提供其渴望的新鲜购物体验。

（三）消费需求升级促进企业转型

消费市场正在发生巨变，品质消费的趋势日益显著，消费需求的快速更迭和差异细分又不断催生新的需求。消费升级的大环境下，以80、90后为代表的新中产阶级消费主力人群，正作为新一代消费群体进入市场，这类人群成为我国消费经济的中坚力量，更加注重品牌、品质、服务、享受、追求个性化并且注重精神体验，在一定程度上，带动并促进了消费结构从生存型消费向享受型、发展型消费升级。相对于中产阶级，新中产的定义除经济实力外，更加强调品质生活。消费者购买动机由价格敏感型转为时尚敏感型，追求高性价比和高品质。另外，对时尚和健康方面的重视与日俱增，追求精神和思想上的意识比以前更强，典型表现是愿意为内容付费。

新经济时代，消费需求更加复杂，消费行为也更加理想化、多样化。其中一部分消费者越来越讲究消费的品位和时尚化，注重自身的独特性，希望购买到标新立异、与众不同并充分满足个性化需要的产品，他们高度自主、消息灵通、主动搜寻信息并希望参与定制过程。注重自我的价值观念和对高生活品位的追求，不再满足于基本的、标准化、大众化需求的实现，而将注意力更多地投向那些新颖、独特的产品和服务上，期望厂商能满足其特殊的个性化需求。因此，在经历了追求数量的“量”的消费时代和注重质量的“质”的消费时代之后，新消费者正在引领个性化需求的新消费潮流。

二、服装代工企业转型定制路径

红领集团有限公司成立于1995年，创立初期主要生产并销售高端男士西服，后转型为集生产、销售、配送及售后服务于一体的“个性化定制平台”。2003年以来，红领集团将ERP、CAD、CAM等单项技术应用到各环节综合集成，进行工厂内部信息化改造及互联网融合创新，打造下单、设计、生产、销售、物流与售后一体化的开放式互联网定制平台——RCMTM，形成大规模个性化定制的红领定制模式，创建了中国互联网工业雏形。

雅楚成立于2006年，是一家由中外合资经营生产加工的中小型企业，主要产品为羊绒、羊毛男士风衣、大衣等。公司前身是纺织厂，创办于1980年，2005年公司为了适应市场需求成立了成衣车间，经过20多年，已经形成一定的规模。截至2011年，公司已形成了年产羊绒大衣15万件的规模。NIKKY 男装2010年创立于纽约，是雅楚旗下高级定制品牌，利用雅楚原有生产线拓展了高端男装定制品牌，开拓了企业新的渠道，提高了企业的市场占有率。

大杨创世从1980年成立，成立之初主要为欧美品牌代加工服装，且主要拓展欧美市场，到1992 年成立自有品牌“大杨创世”成功转型国内定制市场，以及“凯门”商务休闲定制品牌与 “优搜酷”网上定制品牌。

雅派朗迪成立于1997年，主要为日本成衣代加工服装，2008年开拓国内定制市场至今（图8-1）。

三、服装定制的未来发展趋势

随着消费者对个性化的需求越来越高，服装定制市场的巨大潜力有待释放，“工匠精神、个性化需求、高品质”等越来越被行业所重视，个性化、便捷化、多品种、短交期成为服装企业大势所趋。但由于国内传统的服装定制多数为“小作坊式”经营，流程繁琐、生产周期长、裁缝门槛高，未能实现标准化和规模化生产。因此，定制服装市场需要获得进一步发展，引入行业标准势在必行，服装定制未来发展道路将

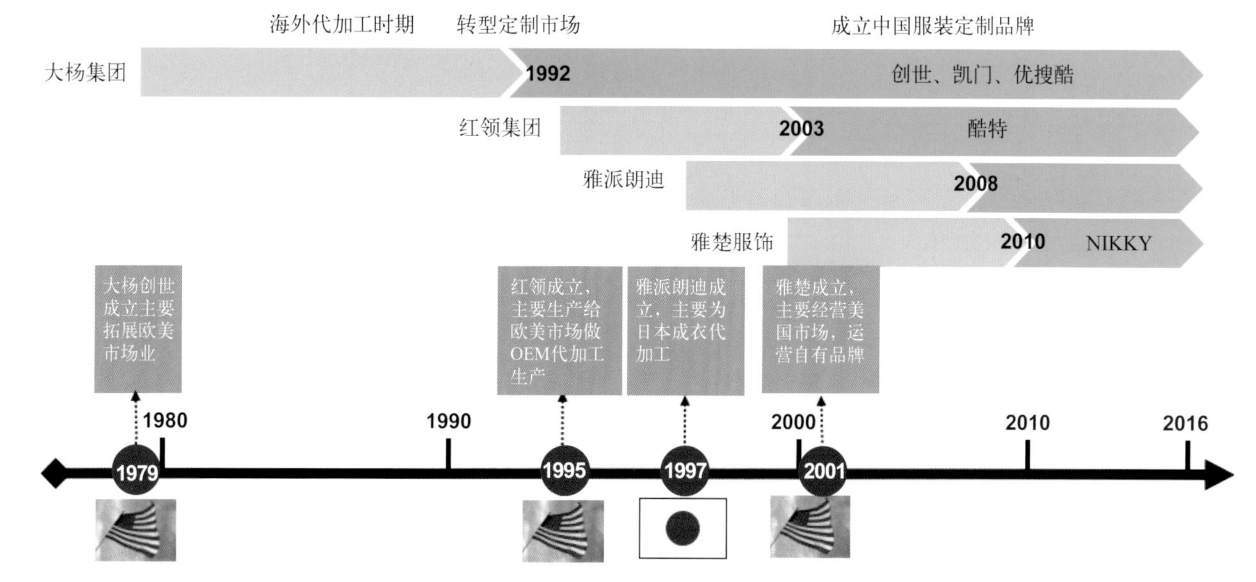

图8-1　服装代工企业转型定制路径

会越来越广阔。不论是高品质的高级定制还是大规模个性化定制，都极大地满足了现代消费者的需求，迎合了消费者的生活方式。因此，发挥企业原有资源优势，服装定制品牌将向O2O定制模式、原创定制、定制平台、智能制造等方向发展。

（一）O2O线上线下经营模式

国内的服装私人定制市场并不成熟，存在很多亟待解决的问题，比如让消费者接受并且享受线上定制需要时间。尽管O2O线上定制存在规格不准、颜色不符、供需不匹配等众多的问题，但是O2O模式打破定制在地域上的局限性，具有线上下单、线下服务的优点，而且营销效果可跟踪，从而使线上定制优势逐渐凸显出来。而且线上定制相对容易聚集客户、提供服务，且不受到时空的局限，减少中间环节并降低了运营成本，价格相较于实体店铺更加优惠，也更能满足顾客的个性化需求。目前很多定制品牌已经打通线上线下渠道，如大杨创世为客户提供量身定制服务，推出“C 定制服务”；红领为客户提供一站式定制计划，启动“魔幻工厂”和“魔幻大巴”服务；报喜鸟 C2B 个性化定制业务在天猫上线，消费者可以在线上进行量体预约；耐克推出“Nike+”平台，帮助设计师设计出更加贴合消费者需求的产品。O2O定制模式帮助企业完成定制业务拓展，打通了区域时空限制。

（二）服装定制的原创性

对于消费者而言，原创性的定制产品具有独特性，能够更好地展现个人风格，满足顾客个性化需求，在顾客心目中属于独一无二代表个人的产品。对于企业而言，先了解顾客需求再进行生产，极大地解决了库存的风险，更好地突出品牌自身的独特风格，从而获得稳定的消费群体。随着模仿型消费基本结束，多元化、个性化消费需求渐渐成为服装产业发展的主流，原创服装是满足顾客个性化需求的必然要求。当前服装产业链上消费者、生产者和市场的关系正在重构，消费者占主导地位的特点日趋明显。服装产业只有顺应消费者变革趋势，抓住消费者的核心需求，不断提升消费者的体验感受，才能走得更好更远。

（三）服装定制平台

服装定制平台具有交互式、个性化、整合性、超前性、高效性等特点，极大地满足了现代人的生活状态。对于消费者而言，定制平台满足了顾客个性化需求，顾客可以自主选择下单，或者与设计师沟通共同设计，从面料、板型、工艺等细节上自主选择，加强购物的体验。对企业而言，平台使得企业面向更广的人群，不受空间、地域的限制，可以有效整合不同类产品，满足顾客个性化需求，更好地与顾客交流获得顾客意见。现阶段很多企业已经纷纷建立起自己的定制平台，如红领的 RCMTM 平台、埃沃的易裁缝、南山的NSMTM 平台等，实现了顾客、商家、企业、供应商等相互之间的融合。

（四）智能制造

智能化是制造自动化的发展方向，在制造过程的各个环节几乎都广泛应用人工智能技术。智能制造具有智能化、柔性、敏捷性等特点。对于消费者而言，智能化系统反映更加灵活、精准，能够满足个性化需求，生产时间短，方便快捷。对于企业来说，智能制造能够帮助企业实现大规模生产，完成人机一体化柔性智能生产，极大地节省了企业的生产运营成本，并具有自动维护、自动检验的功能。未来制造业的最终目标是信息数据的智能配置（图8-2），将物流、数据、设计、设备进行整合，采用智能化配置，极大地满足定制需求，大大缩短生产工期，降低生产中的一系列成本，减少劳动力、原材料资源的过度消耗，合理地配置资源，从而强化企业的核心竞争力。

图8-2　智能制造

第二节　代加工企业转型定制品牌

一、代工转型定制——大杨集团

（一）大杨创世发展历程

大杨创世经历了从专为欧美国家贴牌到创建品牌、从出口到内销、从批量生产到单量单裁的调整，实现了生产加工向品牌发展的战略转型（图8-3）。大杨创世1979年成立于大连市普兰店，是国内最早一批从事服装生产的企业，其主营业务为生产和销售中高档服装。大杨创世创立之初至1992年，主要依托OEM模式（品牌代工）在行业内站稳脚跟，并成为国内西服最大的出口型服装企业。鉴于单纯代工的毛利率成长空间有限，大杨创世意识到这种商业模式的瓶颈，开始培育自主品牌。1995年，大杨集团创办主攻中高端人群的“创世（TRANDS）”男装品牌，是国内最早一批探索自主品牌的OEM企业，核心竞争力以量身定制为主。为实现对顾客的个性化服务，积极调整现有生产模式，从规模化的批量生产向小批量、多品种、快速反应的高效益、高附加值的

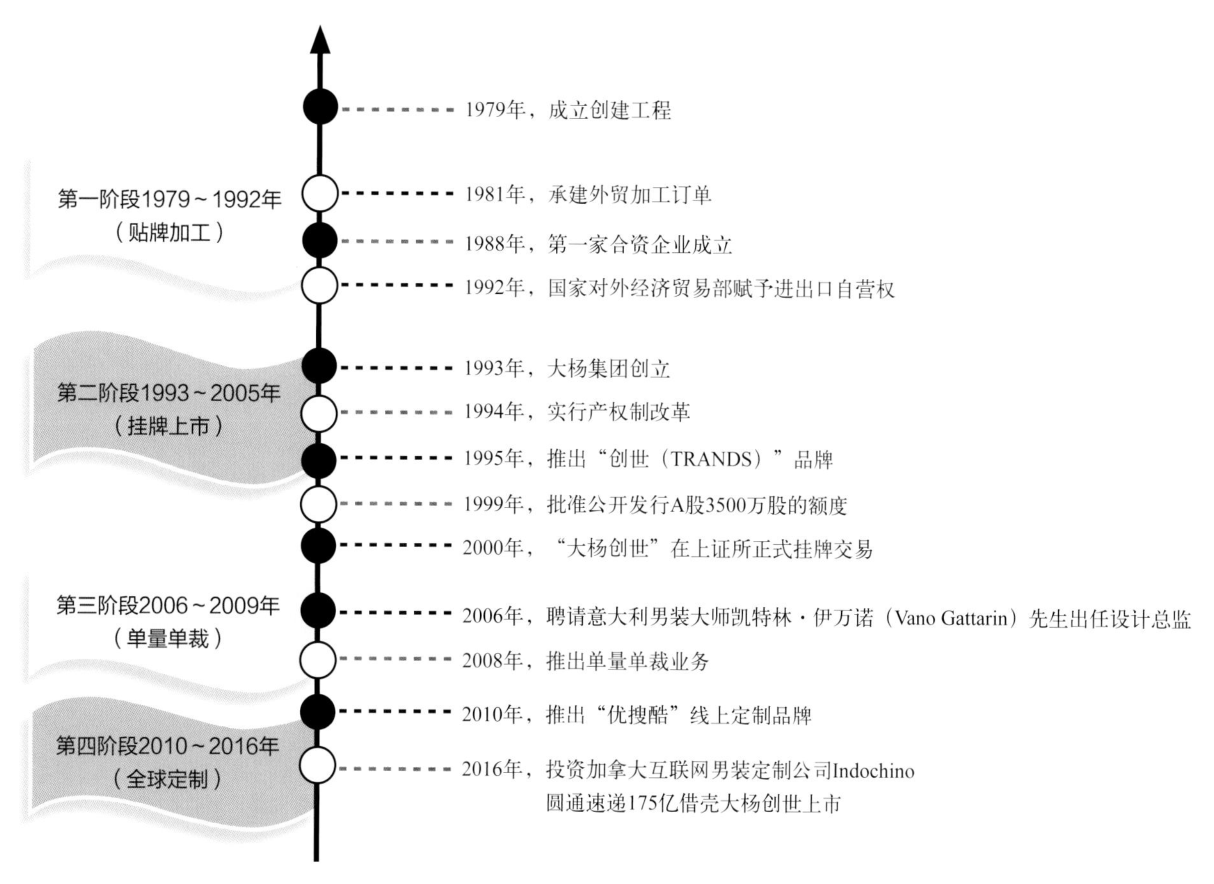

图8-3　“创世”品牌发展历程

生产模式进行转型。凭借着30多年的生产加工和管理经验，生产线已经基本完成转变，并达到了全年订单无差错的高效生产。在服装行业掀起个性定制浪潮的大背景下，大杨创世先后推出主攻线上渠道的互联网定制品牌“优搜酷”和职业装定制品牌“凯门”，同时推出“单量单裁”业务，用柔性生产线迎合当前服装消费日益个性化、时尚化的消费趋势。美国股神巴菲特就是“创世”品牌的忠实客户，至今已定制26套创世西装。大杨创世被多位政客所青睐的本质是高品质的生产制造。大杨创世花费了37年时间打磨，只专注在做服装这一件事上，创始人李桂莲对生产制造要求严苛，显得尤为与众不同，更具有工匠精神。2016年大杨集团投资加拿大互联网男装定制公司Indochino，成为其在国内的唯一生产商，以此进军全球定制业务。

（二）大杨创世商业模式

大杨创世通过产业转型升级以适应不断变化的时代，但商业模式转变无法一蹴而就。2008年金融危机之后，国际经济环境的转变，让国内服装企业遭遇频频的关店潮，相比之下，大杨创世所受到的影响相对较小，但高速增长局面也开始消退。在这种局面下，大杨创世启动多品牌运作战略，市场规划从单一的海外市场，向国内市场转移（表8-1），被称作是“三三三”战略转型工程的调整开始。大杨创世利用3～5年时间，在三个品牌基础上做好三大调整，即高级男装品牌“创世”（承接高级定制）、高级职业装品牌“凯门”、网上直销品牌“优搜酷（YOUSOKU）”，三大自主品牌收入从10%提高到50%，意味着出口加工部分比例降低，国内市场的比重提高到与出口比重相当，大批量生产比例降低，小批量、多品种单量定制比例增加。同时，通过实施创新战略转型，不断升级生产制造水平，同全球顶级高端客户进行合作，充分强化“大杨缝制”的产品品质，西装工艺和缝制技术享誉全球，真正做到大杨出品必是精品。

表8-1 公司主要品牌

形式	性质	品牌	定制
外销	自有品牌	美国子公司“T-BY-TRANDS”	单裁定制
	代工（来料加工为主）	古驰，博柏利，拉夫·劳伦	国际顶级品牌
	代工（进料加工为主）	青木（Aoki）、三阳、三井	日本高档品牌
国内	自有品牌	创世	顶级品牌专卖
	自有品牌	凯门	高端职业装团体定制
	自有品牌	优搜酷	中端网上电子商务

大杨创世服装产业在海外重点开发美国子公司T-BY-TRANDS单量定制系统平台，已面向美国、加拿大市场投入使用，取得了良好的效益。目前T-BY-TRANDS公司的单裁项目增长迅速，积极参加各类国

际高端展会、高端论坛，进行市场推广，先后在纽约、芝加哥、华盛顿等美国主要大中城市，开设合作店铺300多家，业务范围覆盖美国东南、西南、东北、中西、西海岸五大区域。

至于国内市场，除“创世”品牌外，2010年前后大杨创世又增设“凯门”和“优搜酷”品牌。“凯门”作为职业装定制品牌，主攻国内的商务职业装定制市场，以公开招标等方式承接订单，重点开拓了公安、电力、部队、银行等职业装市场，被授予“十大职业装品牌”称号，市场份额不断扩大。“优搜酷”品牌则定位年轻时尚群体，将高端品牌“创世”向中低端市场延伸，形成对男装市场的全面覆盖。作为网上直销的正装品牌，“优搜酷”以天猫、京东、大杨官网为主要线上销售渠道，以超高的产品性价比，赢得了网购消费者的青睐。“创世”品牌定位高端，代工多为国际一线品牌，销售主要面向国际服装零售巨头，包括马莎百货（M&S），梅西百货（Macy’s），皮克与克洛彭堡（P&C），青木（Aoki）等。大杨以“做全球最大单量单裁公司”为战略目标之一，在稳定原有业务的同时不断开发高端客户，承接单裁业务订单，加速推进“大杨定制”全球化战略，自有品牌覆盖顶级、高端、中端三个层次消费群体（表8-2）。

表8-2　大杨创世转型前后对比

	转型前	转型后
商业模式	OEM模式（品牌代工）	自主品牌：创世、凯门、优搜酷
人群定位	生产和销售中高档服装 （国内西服出口最大的出口型服装企业）	男性中高端客户群，全面覆盖男装市场
品牌运作战略	品牌运作战略单一	多品牌运作战略
市场规划	单一的海外市场（美国市场）	国内市场（欧美市场）
发展模式	靠债务驱动投资和大规模工业制造的经济模式	以消费服务为主导的经济模式

大杨集团在2016年3月向加拿大男装电商Indochino投资两亿人民币，与Indochino的合作主要集中在供应方面，为大杨拓展北美业务奠定良好基础。大杨创世的投资帮助创建9年之久的Indochino公司拓展自己的生产线以及零售版图。与Bonobos、沃比帕克（Warby Parker）以及其他直接面对消费者的品牌商一样，Indochino已从仅有在线运营向陈列室形式转变。目前，Indochino在北美已经创建了7家店铺，并计划到2018年底再开10家店。到2020年，Indochino希望在全球各地拥有150家店。2016年10月，圆通速递以175亿借壳大杨创世上市成功。A股壳公司大杨创世通过重大资产出售、发行股份购买资产及募集配套资金的一系列交易，置出现有全部资产及负债，实现圆通速递借壳上市。就大杨商业模

式来讲，作为C2M的运营模式，在实体店接受顾客信息直接智能化传输到工厂生产，2010年创立的优搜酷作为O2O模式下的C2M和M2C，顾客可以通过官网或天猫旗舰店直接进行选款、量体和定制（图8-4）。

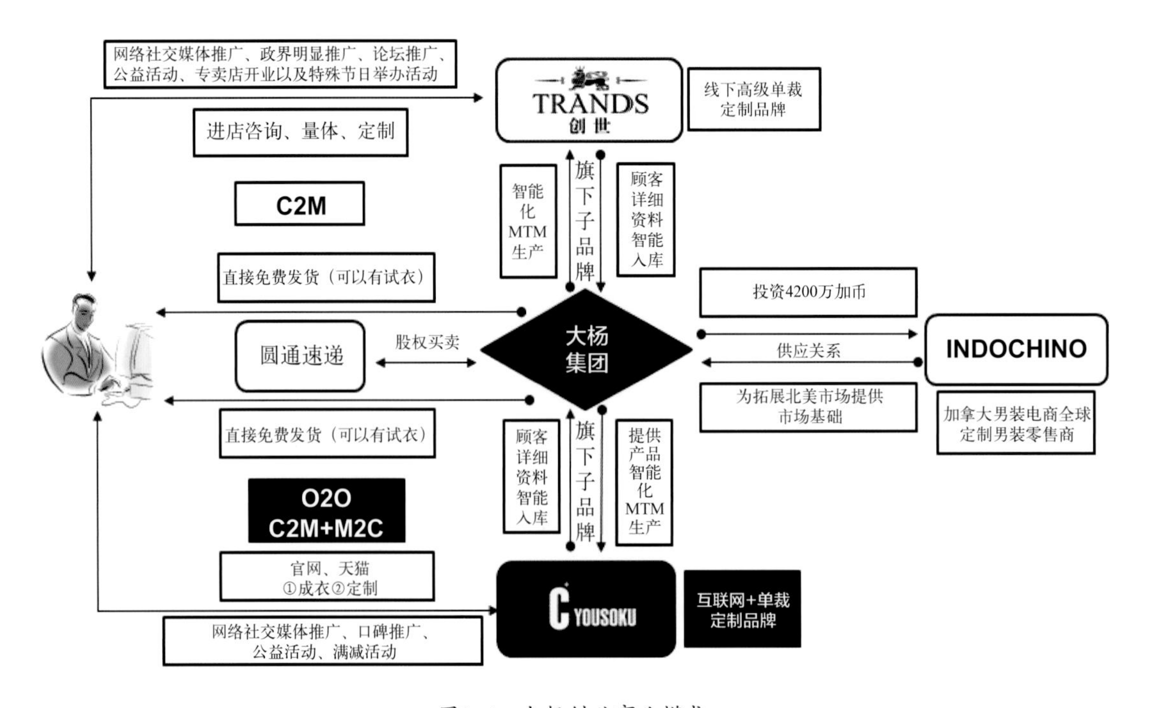

图8-4　大杨创世商业模式

拓展延伸：在线男装定制网站——Indochino

Indochino由两位学生创建于2007年，是一家总部设在加拿大温哥华的初创企业。作为时尚男装界的创新者，以出售定制男装为主要业务，大部分销售通过互联网来完成。客户按照网页的指示，自己用软尺量尺寸，然后输入数据。Indochino通过将高档面料、合体的剪裁和定制的款式结合在一起，并根据客户的需求制作出各类独特的男装。作为全球首家提供线上男装定制服务的企业，Indochino已经发展成了世界上最大的定制男装品牌之一。顾客可以通过移动端或是线上渠道，或是访问Indochino位于纽约、比弗利山庄、旧金山、波士顿、费城、多伦多、温哥华的门店，定制属于自己的服装。

2015年12月，在新任CEO德鲁·格林（Drew Green）的带领下，Indochino成功完成新一轮共计3000万美元的大规模战略融资，投资方为中国服装生产商大杨创世（Dayang Group）。大杨创世不仅仅提供资金方面的支持，还与Indochino公司签订了长期的战略合作计划，以帮助其在整体运营过程中进行改进和提升。这份协议让Indochino可以同时在线上和线下零售渠道推出3种新的西装款式，并将西装和衬衫的面料种类增加两倍，将西装的定制选项数量增加三倍。这种垂直整合的合作关系将会减少Indochino的生产成本，提高运营效率和利润率，并进一步强化Indochino的虚拟库存商业模式。在这轮融资之前，Indochino已经筹集了1700多万美元的资金，投资方包括高原资本（Highland Capital Partners）和麦德罗纳风险投资集团（Madrona Venture Group）。

（三）商务定制：创世（TRANDS）

大杨创世凭借积累多年的海外销售经验，1995年创立自有品牌，生产和经营各类中高档服装产品，从贴牌加工升级定制品牌，并成为高级定制的领军品牌。为全球客户提供包括产品开发、面辅料采购、订单管理、品质检验、物流运输在内的一站式服务，西装出口量全国第一。随着国内劳动力成本的增长，商场等流通环节占用费用的增大，OEM利润不断减少，企业的盈利空间被挤压，大杨创世通过开发不同方向的定制平台，建立个性化全定制品牌，利用工业生产实现“互联网+定制”，将工厂打造成智能化制造工厂，并采用全球性智能单裁定制网络，在提高科技含量的同时降低成本支出。目前大杨创世采用高级定制C2M模式（图8-5），根据顾客需求为其提供设计建议，实现顾客与工厂之间的直接连接。

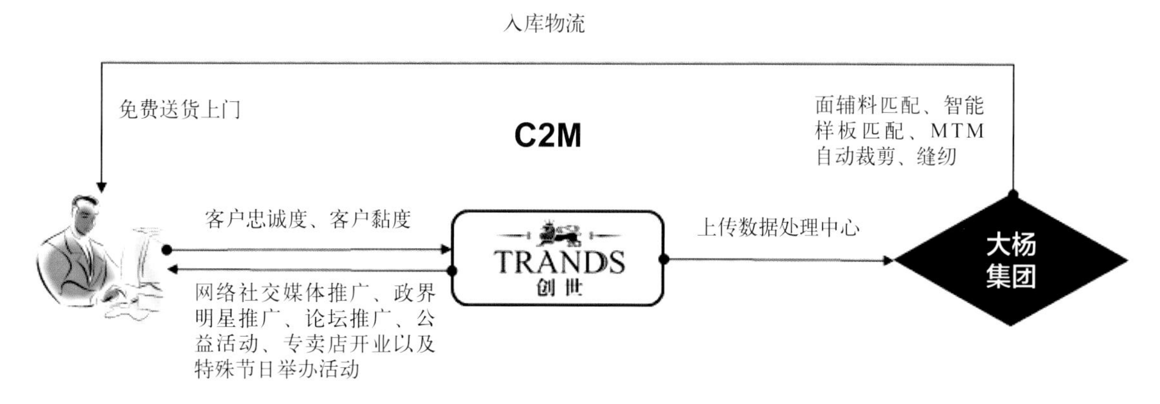

图8-5 大杨创世商业模式

（四）线上定制：优搜酷（YOUSOKU）

1.品牌定位

“优搜酷”也称“C定制服务”，业务全部在线上展开，采用系统化的操作模式，依赖“大杨缝制”的技术优势，通过网上销售的渠道优势，实现了快速发展。优搜酷作为大杨创世旗下的一个针对年轻消费群体的品牌，主要消费人群是25～35岁的年轻白领，采用网络营销的方式，体现了方便快捷、性价比高的特点。其致力于打造高品位、酷时尚的正装新体验，专为都市白领设计时尚正装，使年轻群体也能穿得起定制。优搜酷借鉴日韩的设计理念，时尚年轻，提供定制与成衣服务，定制类服务主要包括西服套装、风衣、衬衫、配饰、毛衣等，成衣类提供的面料主要是国产面料，定制类的面料包括国产面料与意大利进口的维达莱（VBC）面料（表8-3）。

表8-3　优搜酷品牌定制的产品特色

品类	定制类：西服套装（西装、西裤、马甲）、风衣
	成衣类：西服套装、衬衫、配饰、毛衣、单西裤、短裤、单上衣、休闲裤、牛仔裤、T恤、棉服、大衣、风衣、马甲
面料选择	定制类：国产面料含桑蚕丝、纯羊毛、羊毛混纺 意大利维达莱面料、高博乐面料
	成衣类：国产面料含桑蚕丝、纯羊毛、羊毛混纺
板型选择	定制类：针对消费者的喜好根据图片文字选择，商家寄送试号样衣供顾客试穿，并将量体方法指明在网页上
	成衣类：上装提供35个全网最全号型；下装提供18个号型
细节选择	定制类：顾客可根据网页上的图片文字选择
	成衣类：无细节选择
试衣方式	免费送货上门试号样衣或无试衣
付款方式	网银支付、支付宝支付、货到付款
送货方式	免费送货上门

在制作工艺方面，优搜酷一直保持精益求进的态度。胸衬使用捏省处理，使胸衬贴合人体曲线，穿着更舒适附体；纳驳头工艺是将驳头经过无数道纳驳头机器环缝而成，依托于弧形台面机器，驳头自然形成弧状，使驳领更自然立体，再经特种定型机定型，经久不变形；兜口手缝装饰线迹，固定兜口，保持衣服立体效果，穿着时可以拆除；胸衬拉花线迹，可调节西装胸部松紧度，活动时不感紧绷；特种机缝胸衬，缝制过程中通过缝线使面料与胸衬固定在一起，服帖挺括，成品时裁线需要拆除，利落整洁（图8-6）。

图8-6　优搜酷局部工艺细节展示

2.品牌商业模式

优搜酷作为大杨创世旗下线上定制品牌，定位在年轻时尚群体，将“创世”品牌的高端化向中低端市场延伸，其商业模式属于线上销售线下体验（O2O）的M2C+C2M模式（图8-7）。成衣类销售属于M2C模式，品牌从工厂直接提取款式，上装可以从35个全号型中挑选自己的尺寸，下装从9个型号中挑选，只需录入身高、胸围、腰围，就可确认适合的号型，可达到堪比定制的精细合体度，满足中国南北方的体型差异。优搜酷融入互联网思维，研发号型系统进而推出服务定制产品。定制类销售属于C2M，顾客通过网上图片和文字设计自己的款式，顾客需要自行量体。优搜酷“C定制服务”项目配备详尽的量体手册，简单易学，系统培训一周即可上手，订单实现信息系统化管理，终端录入即可完成下单。

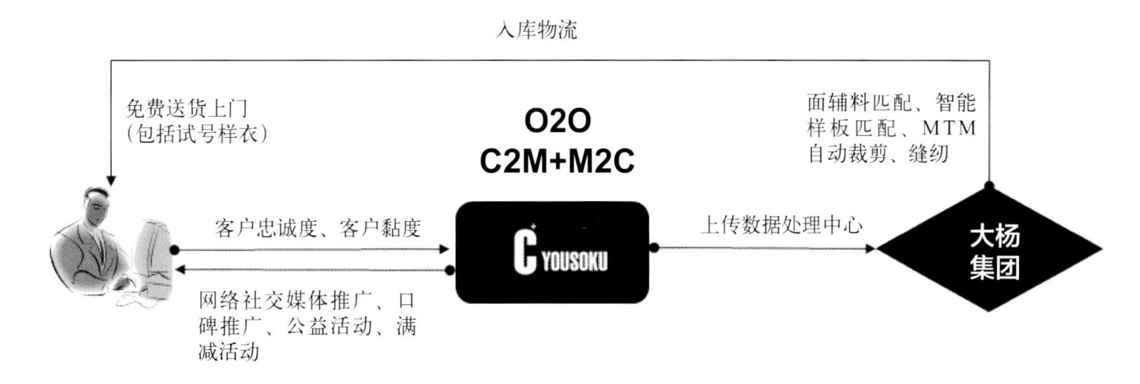

图8-7　优搜酷商业模式

二、代工企业升级定制品牌——雅派朗迪

（一）雅派朗迪品牌发展历程

北京朗迪服装有限公司开始于2000年，2012年更名为北京雅派朗迪服装有限公司。目前北京朗迪集团旗下三个大型制衣公司——北京朗迪、朗坤、朗希服装公司，致力于高档男式西服的设计与加工。其中，北京朗坤服装有限公司主要做内销产品，北京朗希服装有限公司则以量体裁衣生产为主。朗迪2008年之前一直以外贸加工为主，为世界各地的品牌进行贴牌加工，先后为国内外的知名品牌皮尔·卡丹（Pierre Cardin）、拉夫·劳伦（Ralph Lauren）、卡文克莱（Calvin Clein）、唐可娜儿（DKNY）等品牌加工（图8-8）。2008年国家提倡发展内需，朗迪凭借自身多年生产量体裁衣西服的经验，建立了自主品牌“雅派朗迪（UPPER）”，以高级定制及高级成衣生产销售为主。雅派朗迪主要面向30～55岁成功男士、高端商务人士、演艺明星与社会名流，

这类客群关注时尚、注重品质、追求个性与品位。公司汇集了意大利、韩国、日本和内地先锋设计师，以吸纳经典的西方文化元素来体现尊贵、奢华、绅士品位的主题风格，设计灵感来自于意大利的优雅绅士，时尚而自然（图8-8）。作为一家香港与内地合资设立的现代化专业制衣集团，朗迪集团具有国际化的生产线和管理模式，精湛的技术和工艺水准，精英专业的员工队伍，让每一件“朗迪制造”都充满科学精神和艺术激情。目前，集团业务范围涵盖了各式男女西服套装、羊绒大衣、西裤等的批量生产，面向国外企业的职业装定制服务，以及彰显尊贵与时尚的高档全手工定制服务等。

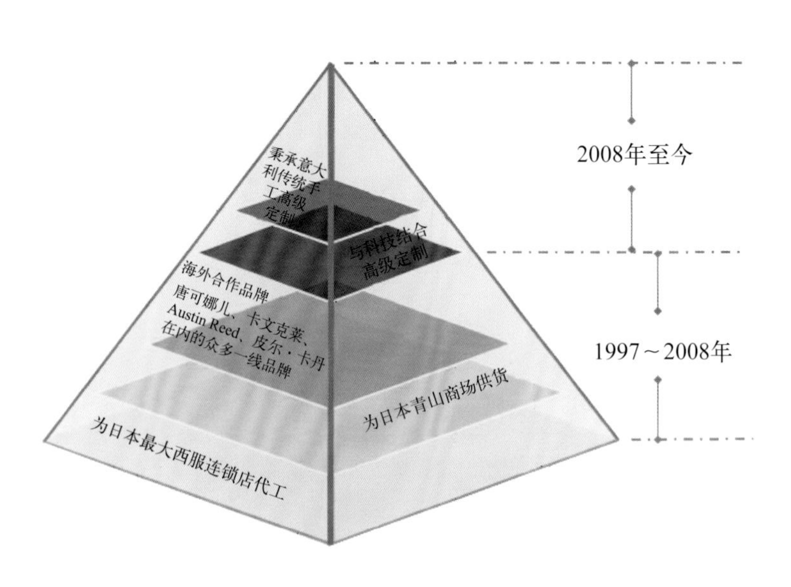

图8-8　雅派朗迪发展历程

公司具有年产西服70万件套、休闲装30万件、裤子60万条的生产能力，产品远销美国、日本、韩国、欧洲等国家和地区。

（二）品牌商业模式

随着消费者市场个性化需求高涨，产业多品种、小批量的发展趋势使然，近年来定制成为许多男装品牌选择的发展方向。雅派朗迪运用C2M模式（图8-9），顾客通过APP或热线电话预约量体，公司会根据顾客的汇集量就近选择量体点，为其提供试穿等服务，客户也可以到实体店铺中与设计师沟通，根据自己的喜好与习惯进行个性化设计，所有数据都直接智能化传输到工厂终端，制成后所有商品都直接从工厂发货。

（三）品牌技术优势

企业利用多年外贸加工的优势，依靠科技创新，致力于发展3D人体扫描和个性化量体裁衣体系，将信息化有效融入先进的工业平台，对服装高级定制行业的标准化、智能化起到革命性的技术突破。3D智能扫描运用最新激光技术将顾客的围度尺寸、人体特征进行精确测量并实现数字化建模、存储，可复原、可通过互联网传送到后台设计中心和CAD中心进行数据处理，改变了传统作业模式，工作效率提高60%。CAD中心还研发有纸板自动修正系统，系统会根据客人的体型特征和测量数据对纸板进行自动修正，时间效率提高了30倍，也是国内量体裁衣技术上的重大突破。集团先后引进了世界先进的技术设备，包括美国格柏全自动制板机、日本高岛自动裁剪系统、日本高岛精密自动裁床、美国格柏全套CAD系统、意大利迈埤（MACPI）、德国杜克普（DURKOPP）、百福（PFAFF）、士多宝（STROBEL）、日本三菱（MITSUBISHI）、兄弟（BROTHER）及日本重机（JUKI）等一流设备，使加工水平有了根本性的提高。实现定制与成品相融合，保留传统量体裁衣所提供的尊贵感受、个性化需求，同时保证都市人群要求的标准化和产品稳定度。同时集团常年高薪聘请法国、意大利、日本专家为产品技术、质量把关，培养技术力量。作为一家优秀的高端制衣集团公司，从选料、款式设计、制板到成衣加工、整烫、包装的全套流程，每一个环节都倾注了其专业的工艺和创新意识。

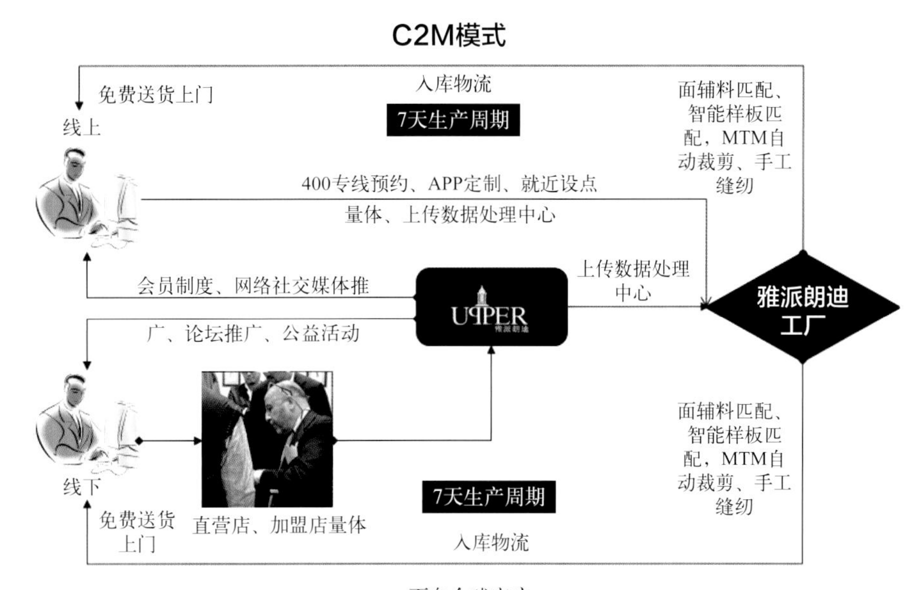

图8-9　雅派朗迪商业模式

（四）品牌特色

高级定制本身的优势是既减少库存，又张扬产品个性。雅派朗迪在定制之外，又加上现代科技手段、工业化运作，使定制产品的交货期大大缩短。多年的外贸贴牌加工经验，使雅派朗迪品牌在快速交货方面形成了灵活的快速反应机制，并应用国际上成熟的电子信息系统，独家开发设计专用软件。客户可以选择不同色彩、领型等要素，满足客户手写签名、绣上宠物符号等个性化要求，在整个定制过程中，最大程度地张扬和呈现多样化、个性化。任何一个国家的客户数据都可以通过软件系统传输，同步进行电脑裁剪，在最短的时间里出厂交货，雅派朗迪可以在7天之内将量身定制、拥有自主品牌的西装采用真空包装的方式送到顾客所在的机场。真空包装能让服装面料与空气绝对隔绝，从而保证了面料优质的质感不会因为运输环境而受到影响，使成品在运输中不易皱折、变形，确保货品完整并及时送至顾客手中。

雅派朗迪西服结合中国男士的体型进行立体裁剪，其特点是注重线条，收腰明显，完全贴合身体线条，适合多种场合穿着。雅派朗迪的一件西装部件，从看得到的纽扣到看不到的胸衬都来自世界各地。比如垫肩来自德国海纱；黏合衬来自向来是高档西服衬布首选的德国骏马；胸衬则来自法国LANIRE的环保胸衬；里布来自日本进口的宾霸高档里布；袖里来自英国WEYERMANN的高档里布；缝纫线来自德国古特曼；纽扣有天然牛角扣、天然琥珀扣、天然果壳扣等供顾客选择，其中天然果壳扣采用南美果壳精心打磨而成（图8-10）。

图8-10　雅派朗迪选材特点

雅派朗迪利用其多年日本市场发展经验，将工业化和信息化深度融合，把传统工业和互联网相结合，形成了互联网工业，用工业化的手段来制造个性化产品（独特的单量单裁工艺结合批量的生产模式），实现全球产品一体化（各个专卖店及国内外客户的网络自动下单系统）。建立O2O电子商务的运营模式，即将线下商务的机会与互联网结合在了一起，让互联网成为线下交易的前台。雅派迪朗利用智能O2O定制系统让消费者线上自主设计下单，借助互联网大数据思维，推出“P2C+O2O”商业模式，将定制智能生产系统直接对接消费者，实现消费者能在PC端、移动端自主设计下单，链接线下体验店，真正实现服装定制O2O。互联网与制造端相结合，利用互联网贯穿制造整个流程，建立起个性化和数字化的生产模式，推动制造链条的分工和重组。

三、传统制造商转型高级定制——雅楚

（一）雅楚服饰转型高级定制

宁波雅楚服饰有限公司是一家专业生产男女羊绒大衣和呢绒纺织品的公司，成立于2001年。主要生产中高档羊绒、兔绒和羊毛等原料的大衣、夹克和休闲西装等，服装及面料产品主要出口北美及欧洲。雅楚所有羊绒大衣及羊绒衫等都在国外设计研发，在国内工厂生产。从设计到生产加工、原辅料采购、订单处理、仓储运输、批发、经营到零售，打造了一条完整产业链，目前已成为北美男士羊绒大衣的主要供应商之一。2009年，面对东南亚低成本的加工压力，企业开始从OEM向OBM转型发展自主品牌。雅楚共经历了三次转型，第一次从机械化生产转型为手工制作；第二次是从加工制造到创建品牌的转型；第三次从单一服

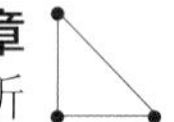

装品类转型到全品类定制，从美国市场转向国内定制市场，雅楚在转向国内市场之前已经打通了美国、欧洲、东亚等国际市场，推动了品牌的国际化发展战略。品牌主要以直营、联营、与国际大牌跨界合作、打造专属生活馆等方式来拓展市场（图8-11）。

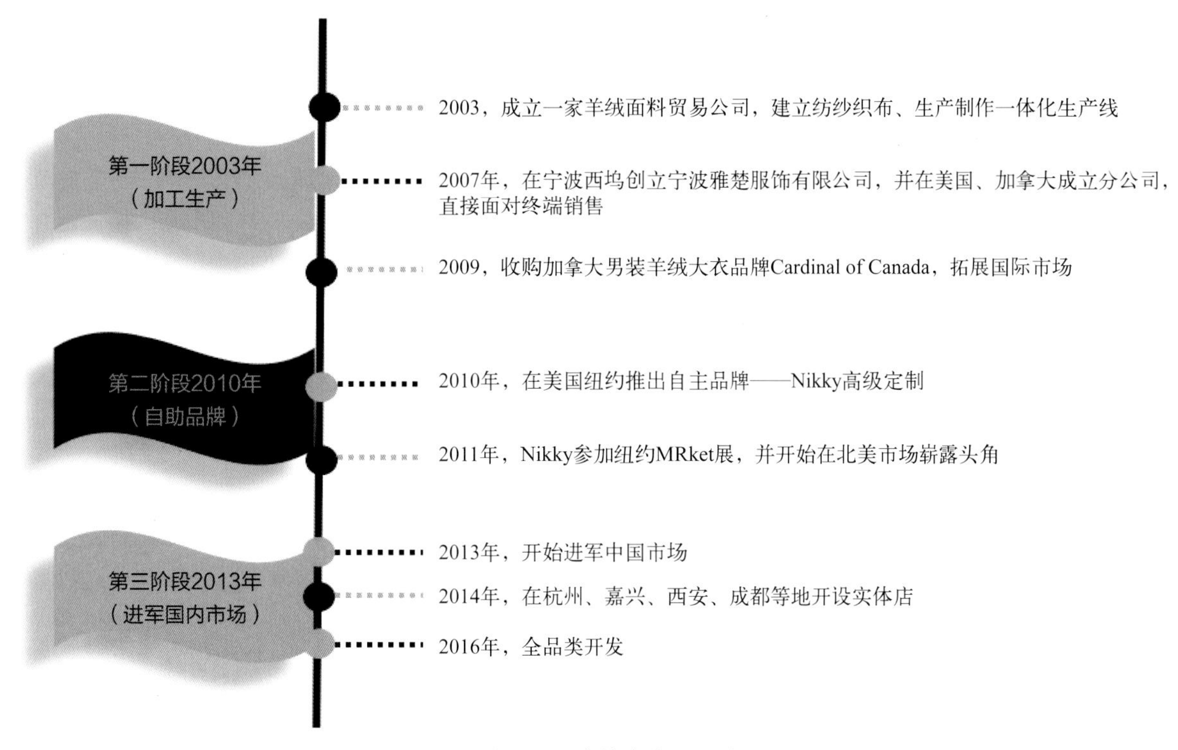

图8-11 雅楚发展历程图

（二）雅楚高级定制自主品牌——Nikky

Nikky于2010年创立于纽约，是宁波雅楚服饰有限公司旗下的一个专门从事男西装高级定制的高端品牌，融入“红帮”内敛与折中的手工精髓，诠释纽约新贵的生活方式（图8-12）。自参加纽约的MRket男装展开始便在北美市场崭露头角，短短几年时间 ，Nikky在北美已经拥有稳定的客户群，并保持较快的发展势头（图8-12）。同时Nikky还与国外著名设计师与工艺师合作，采用手工工艺定制，主要面向30～50岁的成功男士，品牌最大的特色是致力于打造色彩男人的理念，相较于一般男西装色彩更加丰富、鲜艳，除了色彩外，Nikky也将工艺要求作为品牌的特色。Nikky 的定制技术让西服外形线条流畅，修身且立体感强，融合意式软薄垫肩（垫肩厚度仅为 0.5cm），让整件服装更精致。其服装整体风格为休闲男装，采用全麻衬、手工工艺定制，延续“红帮”的传统工艺，主要经营手工西装、衬衫、针织衫、POLO 衫、皮鞋、香水等全品类产品，核心特点是性感、色彩艳丽等区别于传统男士的风格，

图8-12 Nikky高级定制展会

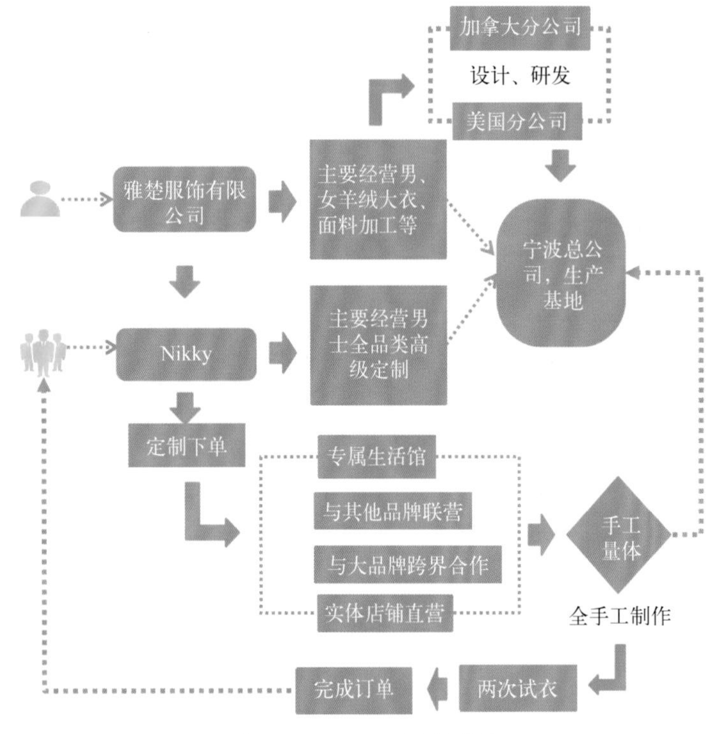

图 8-13 Nikky商业模式图

为男士打造个性时尚的着装，为顾客提供一站式定制服务，从量体裁衣到完成定制全程提供服务。

公司利用红帮裁缝工艺师傅的资源在宁波奉化开设定制工厂，Nikky品牌则在纽约当地招募纽约本土化精英，运营推广品牌，链接消费者。雅楚实现了空间地理转移，一边是纽约接单，另一边是宁波奉化的高级定制加工；一边是来自纽约的顾客，另一边是宁波奉化的工匠师傅；一边是在纽约负责Nikky运营的周辉明（Rocky Zhou），另一边则是负责工厂生产的王耀坚（Jason Wang）。2014年Nikky转向国内市场，品牌运营机制还不完善，但Nikky秉承红帮传统手工制作工艺，采用全麻衬工艺制作，在面料上选择国际高端面料，服装色彩较其他品牌更鲜艳，以展现男性的性感美丽为特色，将目标人群定位在成功的商业男士，打造奢侈品品牌，经营男士全品类产品，并与著名设计师、制板师合作。在国内一线城市黄金地段开设旗舰店，与国际大牌进行跨界合作，拓展品牌的市场领域，并与其他品牌联营，增加品牌的附加值，满足顾客的潜在需求，让顾客成为品牌的忠实消费者（图8-13）。

第三节　高端商务男装定制竞争格局

在国际顶级男装通过品牌势能大举布局中国高级定制业务后，国内高端商务男装企业也纷纷介入该市场，推出自身的定制品牌。目前初具规模的定制品牌主要有凯文·凯利、博斯绅威、卡尔丹顿和威可多等。与国内相比，国外男装定制服务已经较为成熟，有很多著名的定制品牌，一些以历史悠久的伦敦萨维尔街高级定制为源头，另一些以杰尼亚（Zegna）、阿玛尼（Armani）、奇敦（Kiton）、布里奥尼（Brioni）、克莱利亚尼（Corneliani）等品牌为代表的服装成衣定制品牌市场也已形成一定规模和气候。而中国高档男装定制还属起步阶段，多以品牌工作室为主，有些甚至还处于传统裁缝店向高级定制店的转型阶段。从品牌运营上看，国际著名高级定制品牌背后都有大的财团支持，而国内的高级定制比起国际品牌还有较大的差距。以高级定制为代表的高端商务男装，其特点是一对一的私人管家式服务，其唯一性使服装承载了独特的文化和内涵，其不可替代性使其区别于机器生产的纯手工制作，体现了精致与舒适，且每件定制服装都是独一无二、不可复制、力求完美和精益求精的。

目前国内定制服装品牌多来源于品牌上延，高端商务男装品牌纷纷推出不同深度和广度的定制业务，也是产业升级和消费需求细化下品牌面对新的市场机遇与挑战所采用的应对策略之一，以满足近年以来的消费升级趋势。定制市场需求逐渐上升，高端商务男装品牌顺应市场需求推出其定制子品牌，如沙驰、威可多、卡尔丹顿、博斯绅威等品牌，借由品牌衍生定制实现品牌价值提升，用适度的价格享受接近高定的服务、拥有轻奢侈品式的定制服装（图8-14）。相对于高端男装品牌原先的产品系列，定制化能令顾客满意度最大化，实现物超所值，企业也拥有更高的收益。高端商务男装业务衍生定制无疑是品牌营销的一种新选择，也正成为越来越多的企业寻求可持续发展的一个新途径。

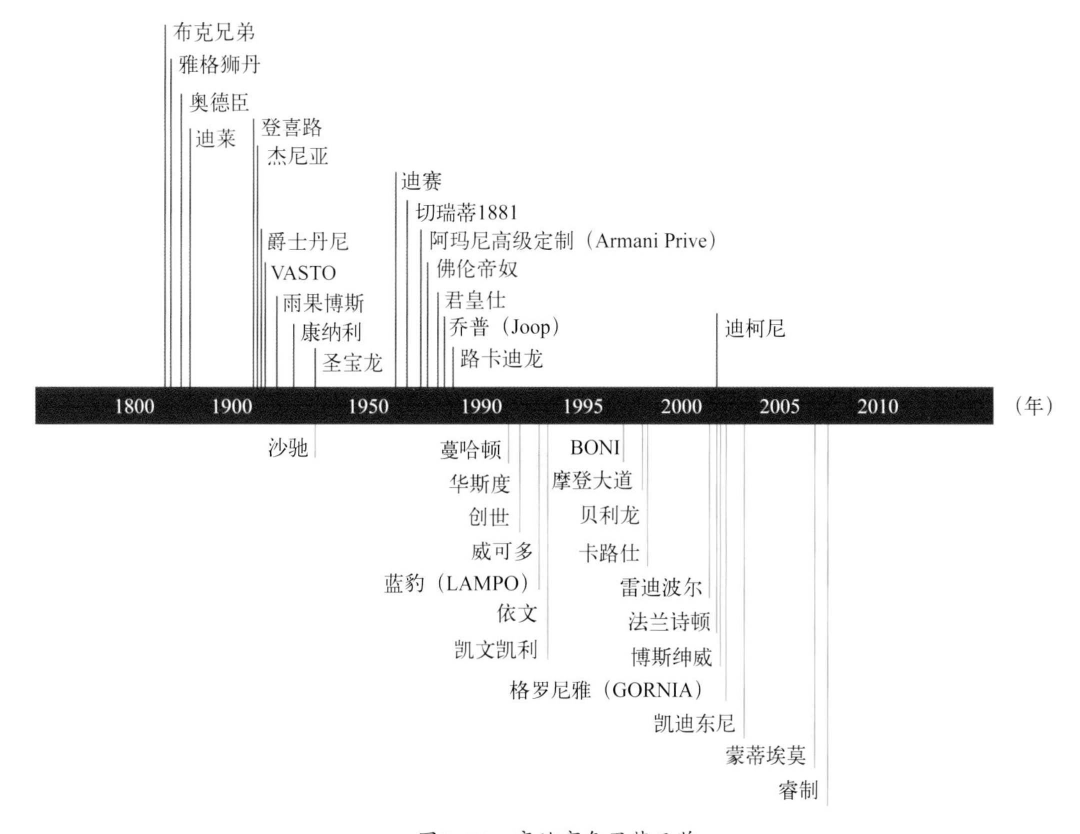

图8-14 高端商务男装品牌

一、卡尔丹顿衍生定制

（一）品牌起源

卡尔丹顿定位于高级商务男装，在国内高级男装市场上拥有一定知名度和影响力，旗下拥有卡尔丹顿正装、卡尔丹顿休闲、卡尔丹顿皮具、爵度、克莱利亚尼五个品牌（图8-15）。卡尔丹顿手工定制西服，源自意大利著名的西服手工传统制作圣地——那不勒斯，“那不勒斯风格”吸收了西班牙、法国、德国甚至英国服装的所有优点。澳大利亚的阳光、草地、羊群，苏格兰的水、织染工艺，然后是意大利的裁缝，一件工艺品的造就，贴上了众多的地域标签。每一个过程都要最完美，每一件定制西装都是精致的艺术品，每一件手工缝制的衣服都是有生命的。卡尔丹顿男装选用上等天然纤维面料，柔软舒适，无皱贴身，纯正手工制作，历经600多个小时的传统工艺缝制，优雅挺拔。

图8-15　卡尔丹顿品牌家族图

（二）品牌模式

卡尔丹顿创立于1993年，是一家连锁运营企业，集品牌建设、研发设计、生产制造和零售管理于一体，专注于在中高端男装市场上的发展壮大，采用连锁化零售经营模式（表8-4），并在2011年正式推出高级定制业务。在过去25年的创业发展历程中，卡尔丹顿公司以国际化品牌运作为核心，不断加大在面料科技研发、设计创新、精细化渠道管理、消费者研究等领域的投入力度，成功地创建了高档商务男正装品牌——卡尔丹顿，并通过国际级政商展会平台的事件营销，成功地打造出国际化品质和气质兼具的一流服装品牌。一直以来，卡尔丹顿都致力于为各界领袖们提供具有国际一流设计与品质的服饰，打造领袖风范，做成功人士的形象顾问。其无可挑剔的品质、经典优雅的服饰品位受到了国内外政界、商界、学界领袖们的青睐。

表8-4 卡尔丹顿的品牌构建模式

品牌名称	卡尔丹顿
品牌定位	25～45岁高级商务男士，如政府官员、工商领袖、学术领域专家等
旗下品牌	卡尔丹顿正装、卡尔丹顿休闲、卡尔丹顿皮具、爵度、克莱利亚尼
产品系列	商务系列、时尚系列、休闲系列
产品风格	正装、休闲、礼服、燕尾服、大衣
商业模式	C2B、实体店+互联网模式
销售渠道	实体店经营、官网下单、网上商城、直营连锁运营、加盟
推广方式	微博、互联网、微信公众平台、明星代言、商业合作
运营模式	实体店下单量体、官网在线下单、免费预约量体、电子商务零售和团购
定制思维	个性化定制、一人一板
定制类型	个性化、轻定制、高级定制
工艺类型	全手工、半手工
细节选择	名牌、贴花、绣花、手工、全球代购
试衣	没有试衣
面辅料供应商	世家宝、杰尼亚、切瑞蒂1881、美国棉花协会、伊藤忠、多美
优惠政策	会员优惠、团体优惠、活动优惠体验券
服务内容	订单跟踪、售后服务、免费送货、数据终身保留

（三）定制特点

卡尔丹顿定制不只是让人在外表上卓尔不群，更多体现在气质、思想以及人文情怀层面。产品层面，卡尔丹顿高级定制提供的是具有人文关怀的整体服饰解决方案；服务层面，卡尔丹顿高级定制是包括服饰搭配在内的整体形象解决方案的服务商。目前市场上私人定制品类相对单一，基本定位在传统商务装方面如西服、衬衫、风衣三大类，产品跨度小、选择空间有限、面料更新慢。卡尔丹顿推出的私定产品，一方面是把产品线纵向拉长，上至传统英风格皇室晚装系列到经典商务正装系列，下延至当前流行日韩时尚系列；另一方面产品与时尚同步，与同期专柜上架的新品同

图8-16 卡尔丹顿高级定制服务

步，与世界知名品牌的新款面料同步，与客户不断变化的需求同步。产品延伸到休闲单西服、休闲裤、休闲衬衫、夹克、风衣等多品类，甚至可以是客户DIY形式的个性化设计，不仅在产品上传递价值，更在文化和服务上给予客户前所未有的体验。卡尔丹顿高级定制的理念围绕“一切唯心造”来展开，用心制造产品和为顾客的心而制造（图8-16）。

高端商务男装业务衍生定制如何兼具小型裁缝店的个性化和成衣工厂的规模化，如何制订并实施采购计划，以便对价格昂贵的进口面料实现最优化使用。不同于机器的精准执行，如何对手工生产进行质量监控和品质保证，卡尔丹顿的探索能为此提供一个可能的答案（图8-17）。卡尔丹顿着力打造“快速反应系统”，一方面是与面料供应商形成长期的战略合作伙伴关系，保证面料可以优先供应；另一方面，卡尔丹顿会分阶段生成采购订单，并且借助于IT系统保证库存情况与供应商共享，并且定时更新反馈，每隔三天或者一周的时间，欧洲、中国香港和中国内地的库存信息就会全部更新，不仅给供应商的面料零剪计划提供了参考，同时也确保了工厂师傅和客户接触到最新的商品信息，避免因消息滞后影响客户的选择判断。

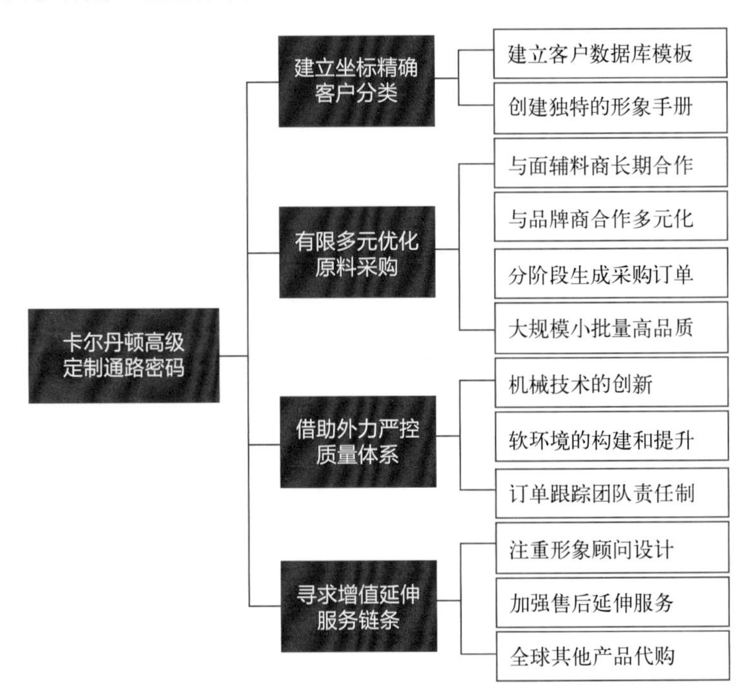

图8-17　卡尔丹顿高级定制的通路密码

（四）定制流程

卡尔丹顿高级定制服装的制作周期一般是35天，特别需要时可能延长至45～60天。卡尔丹顿定制流程分为以下几步，首先，根据定制客户的身份进行客户分类，分为专业人士、商业领袖、行政官员三大类；

第二步进行客户数据采集并抽象成形象手册；第三步是原料采购，联系供应商或者通过预判进行供应；最后制定代工厂柔性化管理。特别是卡尔丹顿的定制还包括全球代购，根据客户需求代购国际服饰品牌的产品（图8-18）。如果想要完全合身，无疑量身定制便成了最能满足客户需要的选择。

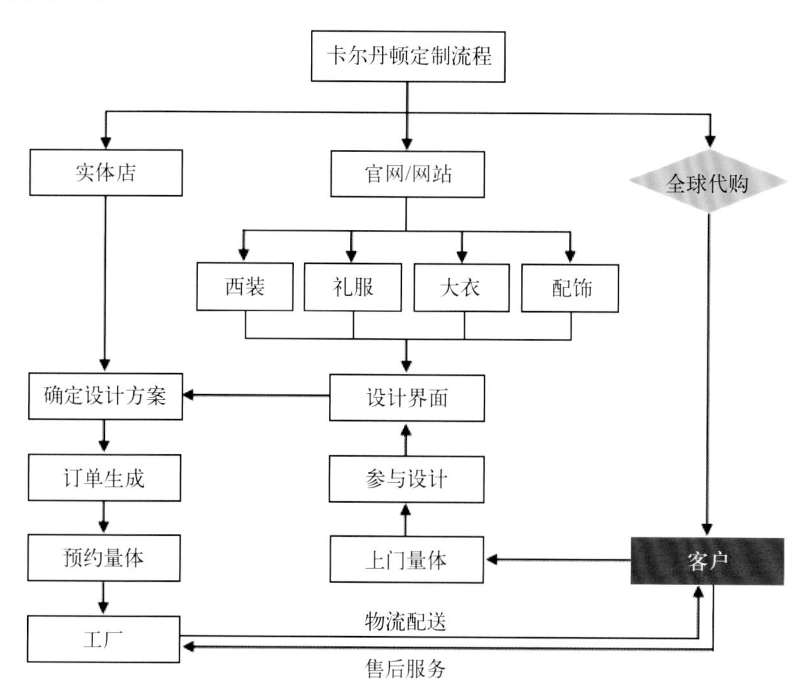

图8-18　卡尔丹顿定制流程图

二、博斯绅威衍生定制

（一）品牌起源

广东博斯服饰实业有限公司是国内高端商务男装行业率先走向国际化的企业之一。公司与世界顶尖水平的设计师、设计机构长期保持有效沟通和密切的合作关系，拥有丰富的全球化采购及供应链系统整合经验，确保品牌有效传递“典雅、时尚、商务”的文化特征，使品牌设计更为贴近流行潮流、更具国际水准。博斯绅威品牌设计灵感来源于英国埃文郡地区深厚而丰富的文化积淀，是一个体现英国典雅时尚风格的男士服饰品牌，主要产品包括西装、夹克、大衣、皮衣、衬衣、T恤、休闲裤、皮鞋、皮具等全品类，分为经典商务、商务旅行和假日休闲三大系列。每季都有新的主题推出，通过新的元素、新的概念糅合在面料设计中，并配合店面与陈列展示来达到统一的视觉效果（图8-19）。

博斯绅威高级成衣定制以其低调、含蓄、舒适诠释着高级定制的崭新理念，除成衣定制、成衣修改，更提供个性化量身定制服务，以非凡

图8-19 博斯绅威杭州大厦店

的工艺和著称于世的卓越品质，带给消费者享受独有产品的乐趣。博斯绅威成衣定制主要分为成衣定制团购服务和团购个性服务两类。团购服务主要根据顾客自身集团的企业文化，从现有的服装样式中挑选，配以精选面料进行量体裁制；团购个性服务则是根据顾客自身企业文化和对服装样式的描述及细节的设想，进行整体设计，与顾客一起修订制作方案，量身定制，将顾客的设想变为现实。个性化量身定制，带来的不只是定制服装的独一无二的尊贵，更是展现全新的企业形象、提升企业凝聚力和影响力的重要载体。

（二）品牌模式

博斯绅威坚持多品牌架构，稳定现有商务男装多个系列的核心业务，除了延伸拓展箱包和鞋业两大子品牌外，同时定位上延，打造时尚高端女装品牌。拓展与让·路易·雪莱（Jean-Louis Scherrer）合作的高级定制业务，实现多元化多层次的定制服务。在设计开发流程上，拓展高品质面料供应渠道，与高端定制女装合作（图8-20）。博斯绅威服

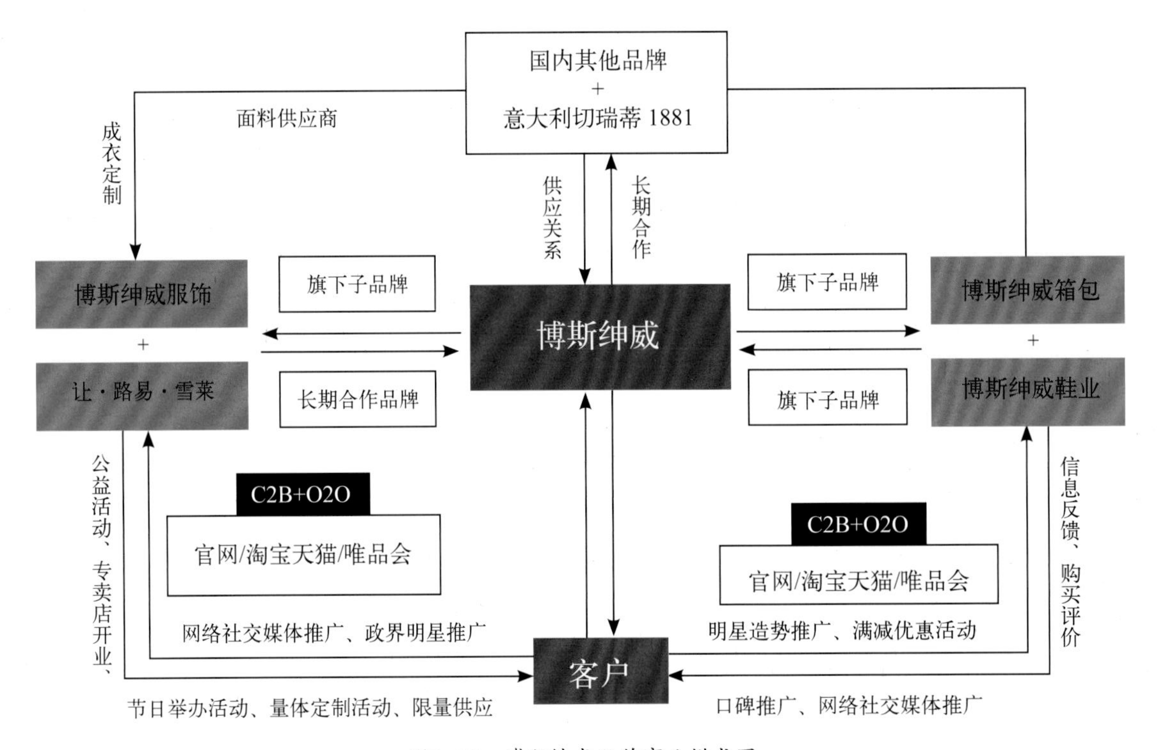

图8-20 博斯绅威品牌商业模式图

饰主营中国高端商务服饰品牌，包括男士服饰、高级定制、精品配饰研发与销售服务，是中国高端商务男装领军品牌之一。博斯绅威鞋业成立于2006年，主业为高端商务男士皮鞋系列产品研发与销售服务。广州路易雪莱商贸发展有限公司成立于2010年，2011年引入法国高级时装品牌让·路易·雪莱（Jean-Louis Scherrer），为中国区高端消费者提供符合其生活方式的时尚产品，主营男士服装、皮具、皮鞋、配饰全系列产品销售与服务。博斯绅威充分利用各种传播机制进行品牌推广，形成多种手段整合传播，包括事件性传播、时尚跨界、明星造势、网络推广、举办展览、赞助赛事等。品牌销售渠道以直营为主，代理和加盟为辅助手段。业态模式以百货、大型购物中心为主，开设形象店并设立时尚会所。

（三）定制流程

在博斯绅威整个定制环节中，需提前预约量体师、设计师或者私人顾问，与顾客进行双向沟通，了解顾客内心的真正需求。设计师会根据顾客的需求，推荐一些合适的款式与面料让其做参考，再通过精确的量体，打造第二层肌肤。博斯绅威定制一般有专门号型的样衣来套号，然后根据个人体型、个人舒适度来增减长度、肥瘦，以达到最满意的效果。根据定制的需求不同，博斯绅威的定制流程可分为以下几个步骤：预约量体、甄选材料、试穿样衣、制板裁剪、成衣压烫、质量检验和物流配送（图8-21）。

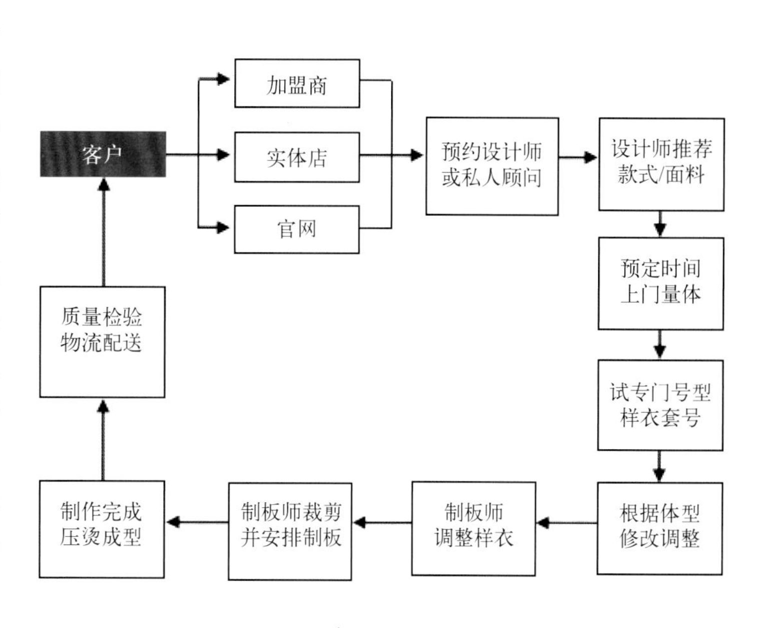

图8-21　博斯绅威定制流程图

三、威克多衍生定制

（一）品牌简介

北京威克多制衣中心成立于1994年，是一家集高级成衣设计、生产及销售于一体的大型现代化服装企业，旗下有威可多（VICUTU）、格罗尼雅（GORNIA）和微高（VGO）三大男装品牌。威可多是别具欧陆风格的中高档男装品牌，产品风格时尚干练，深受国内一线城市白领阶层喜爱（图8-22）。作为第二代西服板型

图8-22　威可多商务男装

的技术引领者，威克多制衣中心扎根时代变幻中都市精英的锐意精神创立品牌，不断围绕品牌360°诠释都市精英的锐意人生，精心打造威可多成功与品味的专属风尚。

威可多坚持自主研发生产，始终只在一、二线核心城市销售的经营模式是威可多的独特之处。除了威可多，第二个更高端的男装品牌格罗尼雅同样采用了差异化定位方式。格罗尼雅材质、质量可以跟国际一线品牌相媲美，虽说价位比威可多高出30%，但与国际一线品牌的价格相比较低，确保了品牌竞争力。生产外包是全球盛行的经营模式，但威可多对此却比较“保守”。威克多制衣中心位于北京大兴工业开发区，其生产基地于2000年投资兴建，其在一线城市只开设直营店，好处是有利于品牌的长远发展，便于品牌维护，使品牌更有竞争力，缺点是扩张速度没有加盟快。

（二）威可多定制

通过考究的西服定制工艺，威可多推出的高级定制服务为客户打造专属于个人的精品，利用全球化的原料采购系统和高效的信息化交流，从世界各地的供应商中精选出品质上乘、风格时尚的面料。威可多西服应用澳洲超细羊毛、埃及棉丝绒、纯桑蚕丝、手工采摘的比马棉（Pima棉）等顶级面料，确保每套西服都呈现出卓尔不凡的质感和舒适的穿着体验，以折射出客户尊贵的品位与成功（表8-5）。

表8-5　威可多定制流程

定制步骤	解释
择优取材	提供上百种全球最优质面辅料，包括杰尼亚、维达莱、切瑞蒂1881、伊托马斯（Ethomas）等顶级面辅料，德国海莎、高士、YKK、伟星等面辅料
静心测量	从三围、衣长、袖长、肩宽、裤口等基本尺寸，到静立尺寸、动作尺寸、步履宽度等衍生尺寸，静心采集80～100个身体数据
制板打样	系统订单生成后，经验丰富的制板师与专业技师依据全方位数据位进行精致的制板和精细打样
成衣制作	使用国际顶尖设备，配合精湛工艺，通过500多道制衣工序完成制作，周期为10～15天
试穿修改	1～2次的试穿服务，量体师会依据身型和个体需求的变化给出合理建议，并作出适当修改，修改完成后的西服将寄存于相关店铺，由店员通知顾客验货、取货
档案管理	从享受定制开始，顾客基本信息将被妥善管理，永久保存尺码和纸样为下次的定制提供参照

2016年4月，威可多天猫店正式推出线上定制西装，通过天猫线上下单、引流到附近门店量体或裁缝上门量体进行运营。未来西装电商方

向是垂直电商+在线定制+线下体验店，天猫将利用自身优势帮助西服品牌发展O2O项目，为消费者提供更个性化的商品、更周到的服务。本质上来讲，威可多主要还是借助天猫的流量，将线上定制顾客引入到线下店。同年8月秋冬新风尚期间，天猫倾力打造了一次“TMALL MAN定制周——风范生活由我定”的活动，主要通过全程直播的方式直观呈现匠人设计、匠心工艺、匠品体验，带消费者一起走进定制的世界，了解定制的文化故事（图8-23）。活动重点合作品牌包括报喜鸟、九牧王、威可多、红邦创衣、法派、Mebywo、衣邦人、红蜻蜓、金利来、ITO、初弎等。

图8-23　TMALL MAN定制周

第四节　休闲男装品牌转型定制

一、休闲男装品牌发展现状

目前整个服装行业最大的问题在于供需失衡，库存仍处于高峰期。从子行业看，男装品牌衍生定制解决了消费升级背后的人口结构变化及城镇化问题，迎合了消费升级的大趋势，将用户和工厂打通，重构服装供应链，实现新型的现代制造业转型，既解决了服装生产利润日益降低的问题，也克服了成本高企不下的库存难题。女装定制更要求个性化、时尚化，特别是女士胸衣的测量和制作难度极高。相反休闲男装衍生定制的量体裁衣巧妙地解决了男士关键的细节处与身材和动作之间的贴合问题，更易形成产业化（图8-24），如较早推出定制的服饰品牌报喜鸟、雅戈尔、法派等，均把定制区设在专卖店内，且定制区有专业的量体师，除了帮顾客量体之外，还会与客户沟通穿着习惯，给出搭配建议。国内休闲男装品牌呈现出一个寻求品牌上延、日趋国际化和多元化的新态势，以满足当下休闲男装市场的个性化消费。

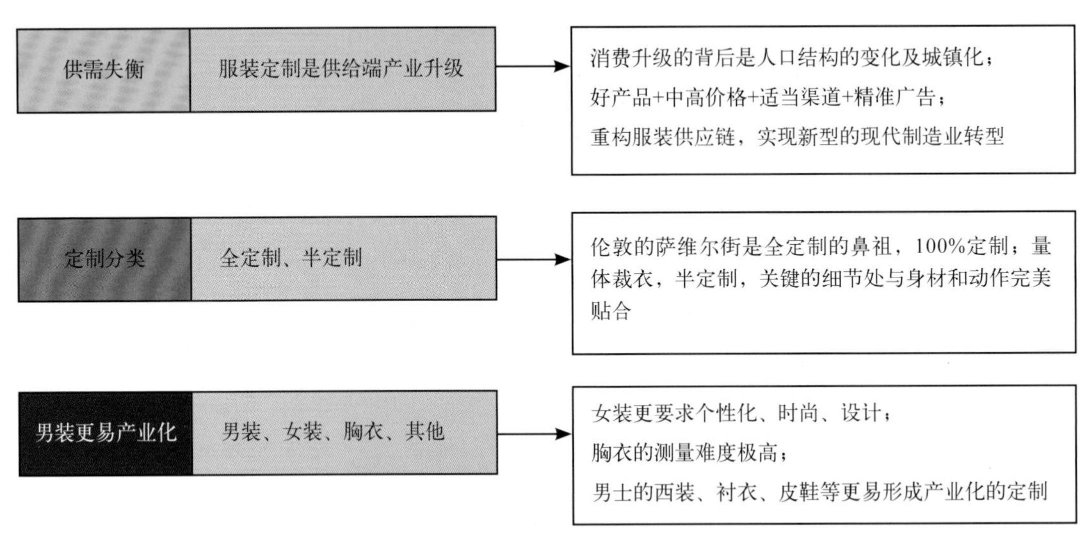

图8-24　男装品牌转型定制更易产业化

二、休闲男装品牌竞争格局

休闲男装作为男装的一个细分行业，与整个男装产业同属于完全市场化竞争行业，该行业内企业和品牌数量众多、竞争激烈。休闲男装的消费者在选择服装消费时，对价格的敏感程度相对较低，对品牌和品质的敏感程度较高，因此休闲男装内企业的主要竞争形式为“品牌竞争”。“互联网+”时代以消费者为中心的服装产业供给体系正在形成，消费者对面料、款式、工艺、细节等个性化需求的不断提高，催生服装品牌推出定制服务，满足了客户对时尚和品质的追求，规避了高库存、高成本的风险，成为品牌衍生个性化定制服务或休闲男装转型的新契机。

在男装定制市场上，国际顶级男装品牌将定制服务带进中国大陆，引领男装定制潮流趋势，形成了成衣为主、定制为辅的品牌发展态势。自2011年以来国际顶级男装企业如爱马仕、博柏利等布局中国定制业务后，国内休闲男装企业开始涉足布局服装定制，推出自己的定制业务。首先，主流的休闲男装品牌衍生定制业务如温州报喜鸟、宁波雅戈尔、江苏波司登、晋江七匹狼、石狮虎都等（表8-6）；其次，阿里巴巴开始软硬兼施进军定制这个利基市场（Niche Market），通过天猫+服装定制帮助报喜鸟、九牧王、威可多、法派等休闲品牌实现个性化定制；最后，互联网定制品牌强势崛起，如埃沃、衣邦人、量品、吉姆兄弟（Jim Brother）、乐裁等，充分利用自带的互联网基因，不断挖掘潜在顾客群，形成了大量的用户群，在休闲男装个性化市场上占得先机。

随着众多休闲男装品牌企业转型定制，竞争大战随处即发，硝烟味越来越浓，呈现一片红海。竞争主要是针对终端消费者的竞争、流量的

竞争和定制技术的竞争，具体表现在以下几个方面：成衣市场与衍生定制市场对消费者的竞争；线上定制与线下定制的竞争；各定制类别之间的内部竞争。中国休闲男装衍生定制市场处于发展成长阶段，离成熟阶段尚有一段漫长的路要走，定制市场群雄逐鹿，鹿死谁手尚待市场进一步观察。

表8-6 休闲男装衍生定制品牌产业集群特征比较

	浙派男装	苏派男装	闽派男装	粤派男装	京派男装
市场格局	一、二级市场	一、二级市场	二、三级市场	一级市场	一、二级市场
格局特征	品牌美誉度高，价格适中，规模一般，设计一般	品牌美誉度高，价格适中，规模一般，设计一般	规模大，价格低，品牌知名度高，设计弱	设计能力强，价格高，规模小，品牌知名度低	品牌美誉度高，价格适中，规模一般，设计一般
覆盖区域	宁波、温州等	张家港、江阴等	晋江、石狮等	广东地区	北京地区
风格定位	中高档商务休闲装	中档商务休闲装	中高档商务休闲装	个性男装、中高档商务休闲装	商务正装、休闲装
渠道特征	贴牌加工、团体定制、一线城市零售、国际品牌输入、加盟直营销售	贴牌加工、商场零售、品牌授权、加盟直营销售	贴牌加工、二三线市场零售、加盟直营销售	贴牌加工、高端商场零售、设计师全国输出、国际品牌输入、加盟直营销售	贴牌加工、一二线城市零售、设计师全国输出、国际品牌输入、加盟直营销售
主要品牌	雅戈尔、杉杉、罗蒙、培罗成、报喜鸟、庄吉、法派、夏梦、步森、乔治白、奥奔尼	蓝豹、波司登、雪中飞、红豆、海澜之家、迪诺兰顿	七匹狼、劲霸、柒牌、九牧王、利郎、虎都、才子	卡尔丹顿、卡奴迪路、博斯绅威、雷迪波尔、富绅、梵思诺、圣宝龙	萨巴蒂尼、威可多、沙驰、依文、格罗尼雅、凯文凯利（Kevin Kelly）、诺丁山（NOTTING HILL）

三、休闲男装转型定制品牌

（一）雅戈尔多元化品牌战略

雅戈尔集团创建于1979年，39年来已经成长为以品牌发展为核心，纺织服装、地产开发、金融投资三大产业多元并进、专业化发展的综合性国际化企业集团。

截至2017年底，集团总资产831亿元，净资产273亿元；2017年度实现销售收入665亿元，利润总额45亿元，实缴税收24亿元，位于中国民营企业500强前列。

39年来雅戈尔始终把打造民族品牌作为企业发展的根基，围绕转型升级、科技创新，砥砺前行，确立了高档品牌服饰的行业龙头地位，品牌价值近200亿元。主品牌雅戈尔（YOUNGOR）持续保持国内男装领域主导品牌地位，形成了以雅戈尔品牌为主体，MAYOR、Hart Schaffner Marx（HSM）、汉麻世家（HANP）、GY为延伸的立体化品牌体系（表8-7）。公司已经与杰尼亚、诺悠翩雅、切瑞蒂1881、阿鲁姆、阿尔比尼五大国际顶级面料商建立战略合作联盟，共同发布建设全球时尚生态圈倡议，以“全球顶级面料、顶级工艺、高性价比”打造中国自主高端男装品牌“MAYOR”。

表8-7 雅戈尔多元化品牌构成

时间	品牌名	模式	产品类型	品牌风格	目标消费者	品牌分类
2007	Hart Schaffner Marx	代理	成衣	商务休闲	商务人士	主力品牌
2008	GY	自有	成衣	休闲男装	年轻时尚人群	时尚品牌
2009	MAYOR	自有	定制成衣	商务正装、休闲	行政公务人员	高端品牌
2009	汉麻世家（HANP）	自有	家居	绿色环保	崇尚绿色环保的消费者	主力品牌

雅戈尔正以“四化合一（标准化、自动化、信息化、智能化）”的建设理念，全面打造拥有花园式生产环境、人性化管理、智能化流水线、信息透明化的中国智能制造精品工厂，并通过有品牌力的产品、有竞争力的成本、体验舒适的营销平台、快速反应的物流体系、高科技的营销手段，助力雅戈尔智慧营销的建设，实现“五年再造一个雅戈尔”的中期战略目标。即围绕“4 个1000”战略目标，全面推进智慧营销体系建设，培育1000万名年消费额在1000元以上的活跃会员，建设1000家年销售额在1000 万元以上的营销平台。

（1）加快从工业向商业转型

党的十九大报告指出，当前的主要矛盾已经转化为人民日益增长的美好生活需要和发展不平衡不充分之间的矛盾。雅戈尔将以此为契机，打破原有工业化思维，告别“以大规模生产、大规模传播、大规模销售来满足消费者需求”的历史时代，从关注消费端需求到推动供给侧改革，从关注商业模式创新到完善战略布局调整，积极向商业企业转型。

（2）加快从商业向连锁转型

雅戈尔计划在第5个五年规划（2015~2020年）之内投入80亿元实施“平台战略”，2018年继续增加投入，以自营专卖店为核心，加快购物中心布局，同时加快已购置店铺的装修和培育工作，加快改革步伐，实现连锁经营。

（3）加快从卖场向服务转型

雅戈尔将通过实施“会员战略”和推行“包干问责制”，双管齐下，营造以人为本的服务文化，打造VIP的服务中心，继续通过门店体验和招募活动扩大会员基数，增强会员黏性。

（4）加快从传统向科技转型

雅戈尔将坚持“四化合一（标准化、自动化、信息化、智能化）”的建设理念，完成智能化工厂及精品车间的硬件建设工作；同时在云南瑞丽投资建设新的生产基地，以合理布局产能，充分发挥成本竞

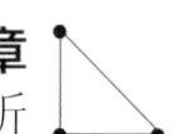

争优势。

截至2017年底，雅戈尔服饰有限公司净增集合店118家，各类网点合计2356家，较年初减少198家(若以细分到品牌的口径，各类网点合计3025家，较年初减少200家)，营业面积合计39.45 万平方米，较年初增加1.30 万平方米（表8-8）。截至2017年底，品牌会员增长迅速，雅戈尔全品牌会员人数达到371.65 万人，较年初增加85.82 万人，会员消费金额323596.33 万元，较上年同期增长11.60%。

表8-8 雅戈尔实体门店数量

品牌	门店类型	2016年末数量（家）	2017年末数量（家）	2017年新开（家）	2017年关闭（家）
雅戈尔（YOUNGOR）	自营网点	588	537	43	94
	购物中心	91	155	67	3
	商场网点	1 444	1 333	81	192
	特许网点	352	289	14	77
Hart Schaffner Marx	自营网点	169	180	56	45
	购物中心	24	58	43	9
	商场网点	227	222	94	99
	特许网点	7	6		1
GY	自营网点	41	18	3	26
	购物中心	20	16	2	6
	商场网点	171	59	7	119
	特许网点	8	3		5
汉麻世家（HANP）	自营网点	31	36	13	8
	购物中心	5	4		1
	商场网点	5	8	3	0
	特许网点	1			1
MAYOR	自营网点	35	78	46	3
	购物中心	1	5	4	0
	商场网点	5	18	13	0
	特许网点				0
合计	–	3 225	3 025	489	689

资料来源：雅戈尔集团股份有限公司2017年度报告摘要

（二）男装品牌转型定制：MAYOR

1. MAYOR定制品牌运营

MAYOR是雅戈尔旗下的高端品牌，意为“市长服饰”，以公务及商务领袖为服务对象。MAYOR品牌致力于成为高端人士的私人时尚顾问，提供一对一的管家式服务。MAYOR作为雅戈尔的高端商务男装定制品牌已有10多年的历史，不断努力构建成为高端需求人士信赖和认同品牌，成为雅戈尔品牌家族的制高点。MAYOR旗下包括高端成衣与高端定制两块核心业务。2017年7月13日，在海上丝绸之路终点——意大利米兰科莫湖畔，中国雅戈尔分别与全球5大顶级品牌诺悠翩雅、杰尼亚、切瑞蒂1881、阿鲁姆、阿尔比尼签署了建设全球“共建、共赢、共享”时尚生态圈倡议书，承继昔日中国红帮裁缝“一卷皮尺闯天下”的精神，在新丝绸之路的版图上，携手全球时尚产业巨头，以崭新的全球视野，共建世界时尚产业链，共同打造MAYOR品牌。

MAYOR定制模式通过大数据的集成平台，实现了从量体数据采集到生产、CAD、销售、物流一体化的量身定制综合软件系统，顾客可通过专享时尚热线或线上预约，享受一对一制板及专属设计师服务，确保成衣的独一无二性。

2. MAYOR定制流程

无论是线下门店定制还是线上预约上门定制，在MAYOR整个定制环节，私人时尚顾问都将与顾客进行双向沟通，了解顾客内心的真正需求。首先，MAYOR专业量体师观察和记录消费者的体型特征，逐一测量胸围、腰围、臀围等20多个部位的尺寸。量体师为顾客完成量体后将量体数据传送至总部平台，总部电脑集成系统将其与数万份人体板型库存进行精密地数据对接，自动生成符合顾客体型的样板，然后板型师将根据定制消费者的体型体征对纸样进行进一步的调整与精修，绘制出顾客专享的板型，并将顾客选择的面料经过特别蒸泡处理以及24小时以上的冷却，由裁剪师进行单独裁剪。

其次，西服的内部结构是其精髓所在，毛衬是西装布与里布之间至为关键的部分。MAYOR定制西服首选纯羊毛纤维、马尾丝和德国宝马工艺制作而成的黑炭衬、马尾衬，替代了常规西服的混纺材料，并对各种衬进行了预缩水、蒸汽熏蒸、压烫等处理，使面料、衬料缩率一致，提高胸衬的韧性和平整度，使得西服胸部更显平服，驳头线条更加流畅生动，外形线条更流畅，胸部肩部饱满挺括，具有立体感。

再次，试衣环节让顾客直接感受假缝毛壳的尺寸及细节是否存在问题，以便在二次精裁时予以修正。工艺师会直接在顾客身上对服装进行精细调整，从而确保顾客对定制服装每一细节的满意。经过试身的半成品返回公司后会被完全拆开，根据试身结果调整样板，并进行二次精裁。进入细致的精缝工艺，以传统方式缝制西装最重要的三个部分（面料、里布、毛衬），精妙的结构设计与高超的制作水准尽显服装的卓越品质。

最后，进入成衣压烫环节。在整个精缝过程中布料会经过多次压烫以保持外形，服装的每个部分都有专用的烫板和熨斗，以确保机器与每个部位的弧形线条完美贴合（由一名压烫人员专门负责压烫西服

的一个特定部分）。精修处理工序通常需要耗费几个小时，之后专业缝制人员会以手工方式逐个缝上纽扣。MAYOR量体定制在每个制作环节均有极为严格的质量监控，只有通过一丝不苟的检验并确认合格，才能够缝上MAYOR商标并交至顾客手中（图8-25）。

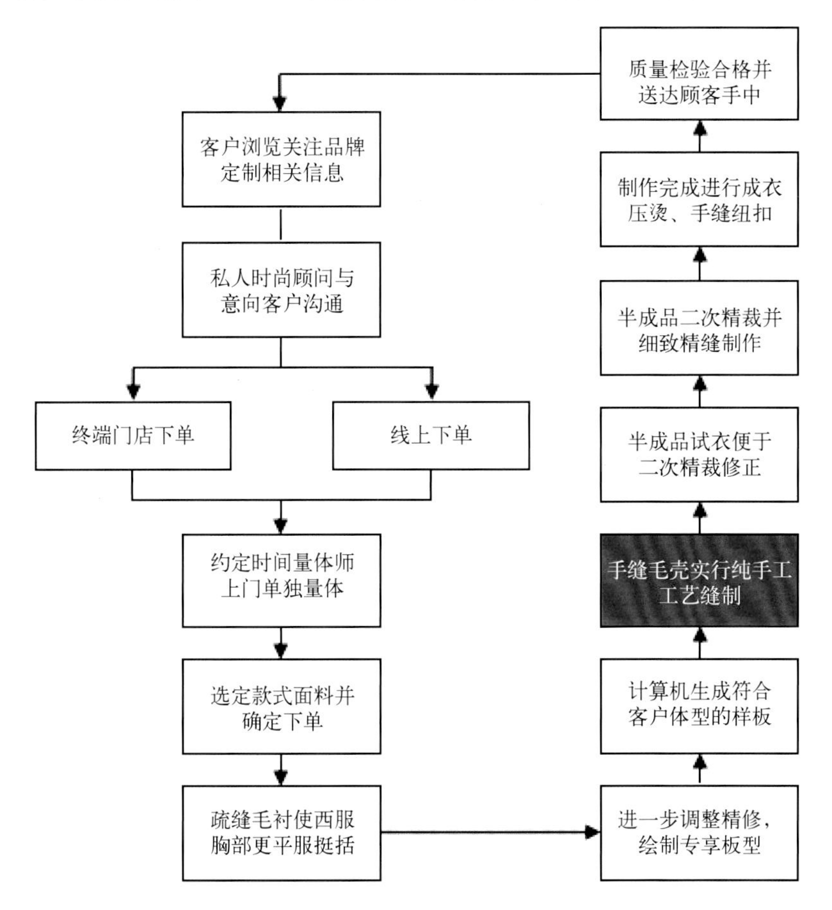

图8-25　MAYOR品牌定制流程

小结

在传统服装产业发展受阻的背景下，终端零售行业整体情况堪忧，休闲男装品牌开始转战定制业务，通过将高档面料、合体剪裁和定制款式结合在一起，根据客户的需求定制个性男装。顾客可以通过移动端、线上渠道定制或是访问各地的门店定制专属于自身的服装。目前，瞄准定制市场的并不止报喜鸟、雅戈尔等品牌，威可多、杉杉、希努尔等知名休闲男装品牌均开启了定制业务，纷纷推出O2O体验式定制服务，将原先线下一站式体验模式逐步向线上筛选服务、线下进行消费验证和体验的O2O模式过渡，压缩中间环节，更加贴近服务客户。该服务可实现在线上门预约、自主量体下单、门店三维测量等服务，客户可在线自主选择面料、款式和辅料，进行个性化的组合，实现品牌与消费者的交互，为消费者提供更个性化的产品和更优质的消费，推动品牌向服务型制造转变。高端定制已经成为服装企业深度调整中转型突围的方向，未来休闲男装品牌衍生定制业务发展不可小觑。中国海外代工企业的发展面临被代替的危险，一方面代工企业所承接的产业发展在国际产业分工由产业外分工向产品内分工深化的过程出现了不同；另一方面在全球价值链下代工模式固有的内在缺陷导致代工企业面临巨大的困境，企业唯有转型。代加工服装企业转型定制的有红领、大杨创世、雅派朗迪、雅楚等欧美品牌代工企业，它们充分利用现有的男装研发技术和生产优势，特别是借助于“互联网+”、3D技术、智能制造，比较成功地从国际市场转向了国内市场。大杨创世面对行业困境，以代工加外销结合，建立了中、高、低不同层次的定制，占领了国际市场，通过巩固欧美单量单裁业务，推出优搜酷纯线上销售品牌，采用O2O的网上销售模式，实现了产业转型。而雅派朗迪、雅楚等品牌已拓展定制业务，跨入定制行业。这些品牌在转型中充分利用了企业原有的生产与市场优势，通过产业升级实现了品牌的精准转型。

高端商务男装品牌延伸不同于传统的成衣品牌，定制的目标消费群、销售模式、面料特点和量体方式均有较大差异。高端商务男装衍生定制是让顾客获得一种体验服务，真正感觉到“自我”和“个性”，亦面临服务方面的挑战。客户甚至可以参与到服装设计和缝制的过程中，感知更多的体验价值，因此品牌衍生定制应在原有的渠道之外建立独立的服务体系，例如，建立定制体验中心、专业团队上门服务等。在售后服务中，针对需求量比较大、商务活动比较频繁的客户，推出定时专送的业务，按照客户需求把服装在指定的时间送到指定的地点。在渠道方面，除通过现有专卖店增值高级定制服务外，还可以开设专门的高级定制店铺，以全国不同的网点、分公司和经销商来衍生高级定制服务网络，让客户能够在最近的店铺接受高级定制服务。高端商务男装衍生定制与成衣最大的区别就在于服务体系，定制并不是一个高精尖的技术，而是一种高附加值的产品，这种附加值就体现在服务体系上。

09

第九章

全球高级定制发展格局

第一节　法国高级定制

一、高级定制时装界定

高级服装定制最早起源于法国，是地道的法国国粹，在法语中是指“Haute Couture”，Haute 表示顶级，Couture 指女装缝制、刺绣等手工艺。而英语直接将法语借过来用，“高级定制”简称“高定”。高级定制从字面上可理解为“高级缝纫”（即高级时装）。法国高级定制服装已经有150多年的历史，其精髓灵魂来自于独有的设计、精确的立体裁剪和精细的手工艺，所有工艺均由手工完成。

高级定制服装是时尚的最高境界，意味着奢华的制高点。每一件高级定制时装都是由设计师设计出来之后，再由技艺精湛的工人经过一个月或数月的时间手工打造而成，每件衣服都是世界上独一无二的精品。高级定制时装这个概念是相对于成衣而言的。高级时装强调奢侈与独创性，其服务对象是一个特定的国际化的富有的客户群。在时装界中，是指由专属的时装设计师为穿戴者量身定制时装的服务。进行高级服装定制的奢侈品牌通常设有专门的工作室，被称为“maisons de haute couture”。这些工作室大都拥有悠久的历史，并由合作多年的设计师组成。工作室的作品往往能成为左右一季风潮的时尚风向标。

图9-1　电影中玛丽·安托瓦内特王后的服装

二、高级定制（Haute Couture）演变历程

（一）路易十六时期

18世纪，奢靡无度的法国路易十六的王后玛丽·安托瓦内特（Marie Antoinette）对化妆和打扮之事的热衷众所周知，她拥有自己的御用匠人（Fournisseur）也就是裁缝，名叫罗萨·贝尔坦（Rose Bertin）。这个女裁缝被后世确认为将时尚一词变为法国文化的一个标签的第一人，她为玛丽王后定做衣服这件事也就被认作高级定制服装业最早的原型（图9-1）。

这个时期服装的样式基本一致，都称为裙衫（Crinoline），最主要的包括紧身胸衣（Corset），宽大夸张的裙子，强调胸部和臀部以及繁复和奢华的配饰，是那个时代女性美丽高贵身份的标准。由索菲亚·科波拉（Sofia Coppola）导演的传记类电影《绝代艳后》（Marie Antoinette），完美地呈现了那个时期的服饰。影片由邓斯特（Kirsten Dunst）主演讲述了法国传奇王后玛丽·安托瓦内特嫁入凡尔赛宫后一生的故事。米兰拉·坎农诺（Milena Canonero）为其设计戏服，并为她赢得了人生中第三座奥斯卡金像奖——最佳服装设计奖，成为本剧一大亮点（图9-2）。

图9-2 《绝代艳后》剧照

（二）19世纪

高级定制（Haute Couture）是服装设计的最高境界，源于巴黎著名的设计师查尔斯·弗莱德里克·沃斯（Charles Frederic Worth），他于1858年在巴黎开创了高级定制的先河，最终成为法国人崇尚奢华古老传统的代表，并被命名为“Haute Couture”。1858年沃斯和一位瑞典衣料商奥托·博贝夫合伙，在巴黎的和平大街7号开设了历史上首个由设计师以自己的设计进行营业的“沃斯与博贝夫”时装店，这是世界上第一家高级定制时装概念店（图9-3）。

这家时装屋的开设，标志着服装设计摆脱了宫廷沙龙，跨出乡间裁缝手工艺的局限，成为一门反映世界变幻的独特艺术。他创立自己的服装品牌，用自己的名字作为品牌名，每年推送当年的流行式样，促进流行风格的建立，这些都足以使得他在时装发展的历史上占有一席地位。沃斯第一次在服装界开设时装沙龙，首先使用时装模特儿，由静止的展览，变成试穿并走动展示，成为后来时装模特表演的开端。1885年他的儿子当选法国服装协会理事长，首创了高级时装发布会制度，并被命名为“Haute Couture”。孙子杰克继任为第二届理事长后，更致力于高级时装展示会的推展。协会后来扩大为高级时装展示和成衣展示两大系统，每年在巴黎举办两次发布会。

图9-3 查尔斯·弗莱德里克·沃斯与“沃斯与博贝夫”时装店

查尔斯·沃斯是“公主线”时装的发明者，也是西式套装的创始人。他喜欢在衣身装饰精细的褶边、蝴蝶结和花边，在肩上垂挂皇家金饰及可折叠的钢架裙撑。其作品深受西班牙维拉斯贵兹及比利时范戴克等艺术大师的影响。起初他的顾客是以当时演艺界明星为主，一次为奥地利麦泰尔尼黑公爵夫人定制礼服的机会，让他一举挤进了上流社会，成为引领王室、贵族等巴黎上流社会时尚走向的重要人物，法国拿破仑三世的妻子——欧仁妮皇后也成为他的支持者。18世纪欧洲上层社会的女性在穿着上刻意模仿，希望能够与之类同，而不是追求个性化，所以沃斯的设计其实是在18世纪女装上加了些典雅的装饰，并不是真正意义上对于服装带来的变革（图9-4）。

图9-4　查尔斯·弗莱德里克·沃斯设计的宫廷晚装

（三）20世纪初

20世纪初保罗·波列（Paul Poiret）发动了一场高级时装革命。24岁的波列在欧伯街5号开设了自己的时装店，当时巴黎著名的女演员列珍（Rejane）成了他的第一个顾客（图9-5）。

图9-5　保罗·波列时装屋

在开店两年后，他逐渐发现，摆脱紧身胸衣、打破S型的总体形式，创造出能够自由表达自己身体、容许女性自由活动的服装才是当时真正所需要的。波列的设计开始从矫揉造作的S形中摆脱出来，趋于简洁、轻松。这时期波列的造型线特点是提高腰节线、衣裙狭长、较少装饰，这些设计使得女性从可怕的束腰中解放出来（图9-6和图9-7）。

将戏剧、艺术等元素引入时尚界，在设计中采用许多东方元素是保罗·波列的一个重大创造，包括长袖衣衫、日式和服、东方宽大长裤、阿拉伯束腰外套等，在当时的巴黎，这些设计典雅、色彩艳丽的服装使得人人都沉醉其中。在自家花园开办的时装秀，成为当时时尚圈的潮流。保罗·波列是世界上第一个推出自己香水品牌的服装设计师，并开始开发高级定制的延伸产品（图9-8）。

图9-6　保罗·波列的蹒跚裙（Hobble Skirt）

图9-7　保罗·波列设计制作的裙装

图9-8　保罗·波列的东方元素风格服装和香水品牌La Rose de Rosine

（四）20世纪20年代

1918年第一次世界大战结束，使得世界发生了巨大的变化，科技的进步改变了人们的生活习惯，妇女们开始独立和解放，这时候女性流行的装扮是像男孩子一样。

20世纪20年代，香奈儿的独特剪裁以及她与艺术家的关系，使得高级定制迅速靠近艺术领域。同时，香奈儿希望女性的服装不是为取悦男人而设计的，而是因自己的存在而发展。此时香奈儿设计了不少创新的款式，如针织水手裙（Tricot Sailor Dress）、黑色迷你裙（Little Black Dress）、樽领套头衣等（图9-9）。香奈儿对服装界最大的贡献是从男装上取得灵感，为女装添上一点男儿味道。她一改当年女装过分艳丽的绮靡风尚，将西装褛（Blazer）加入女装系列中，并推出女装裤子（图9-10）。她在色彩运用方面也一改从前的五光十色，将黑色推向了宝座。香奈儿成为当时真正的偶像，她的形象和穿着在整个20年代都是一代妇女的崇拜和模仿对象。

（五）20世纪30年代

1928年以经济危机为开端，由于经济萧条使得巴黎高级定制失去

图9-9　香奈儿设计的针织水手裙与运动针织衫

图9-10 早期香奈儿女装

图9-11 艾尔萨·夏帕瑞丽代表作

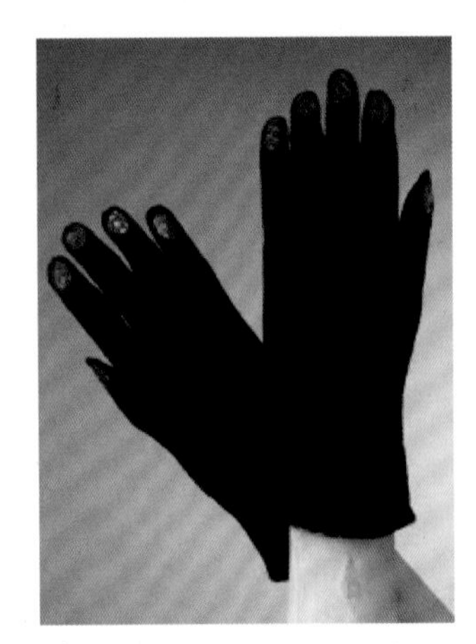
图9-12 艾尔萨·夏帕瑞丽艺术服饰与创意服饰配件

了许多顾客来源，导致许多时装店不得不关闭。1939年第二次世界大战全面爆发，生产锐减。当时的设计多趋向于尚武精神，但是总的来说，30年代还是在追求完美的。20世纪30年代，巴黎时装界崛起了一位新人——意大利人艾尔萨·夏帕瑞丽（Elsa Schiaparelli），她给法国时装带来了古罗马和古希腊式的超现实奢华气息（图9-11），使自负的“时装女王”香奈儿也不得不刮目相看。

在她眼里，时尚就是玩新奇，如在裙子上有脊椎骨的设计，把达利的作品通过印染或刺绣搬到裙子上。她发明了鞋子帽、骨架裙、长指甲的手套等（图9-12），甚至还戏谑地将报刊上有关自己的文章剪贴成图案，印在围巾和衬衫上。她改变了20世纪30年代顾客的形象，也满足了人们重新对奢华的渴望以及求变的心理。惊人的艺术造诣让艾尔萨·夏帕瑞丽和香奈儿并驾齐驱成为第二次世界大战前巴黎最具影响力的时装屋。

（六）20世纪40～50年代

1940年纳粹封锁巴黎期间，高级定制的主要顾客变为纳粹高管，希特勒想让维也纳代替巴黎成为高级时尚之都，但时任高级定制主席的吕希安·勒隆成功说服纳粹部长，保住了法国的时尚地位。勒隆先生在第二次世界大战中组织一系列的高级时装喜剧舞台秀在欧美巡演，为巴黎找回了全世界的目光，挽救了巴黎高级时装业的地位，吸引了大批顾客，巴黎高级定制时装业由此复兴。

1947年，克里斯汀·迪奥（Christian Dior）推出了他的第一个时装系列：急速收起的腰身凸显出与胸部曲线的对比，长及小腿的裙子采用黑色毛料缀以细致的褶皱，再加上修饰精巧的肩线，吸引了所有人的目光，被称为“新风貌（New Look）”，意指迪奥（Dior）带给女性一种全新的面貌（图9-13）。克里斯汀·迪奥重建了战后女性的美感，树立了整个20世纪50年代的高尚优雅品位，亦把克里斯汀·迪奥的名字，深深地烙印在女性的心中及20世纪的时尚史上。

50年代是高级定制发展的黄金时期，源于法国文化的优雅传统得到了最充分的发挥和发展，也是其发展的最后一个10年，出现了高跟鞋、鸡尾酒礼服等（图9-14）。最大的变化是高级定制界为拓宽新的销售市场，引入成衣概念使得所谓的高级定制变成大众消费的对象，以及后来以迪奥为首的设计师在服装基础上加入配饰、香水等的设计与开发。当这些天才的设计师逐渐老去死去的同时也宣告了高级定制黄金时代的结束。60年代开始，代表着反文化、反主流、反权威的那些离经叛道、惊世骇俗的古怪服装和代表通俗文化的街头便装充斥着市场，这是生意的年代，而追求高级定制高贵和优雅的时代一去不复返了。

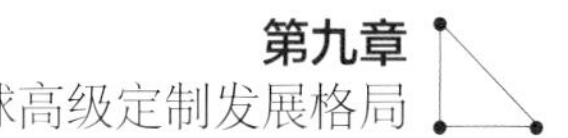

图9-13　1947年迪奥"新风貌（New Look）"

图9-14　20世纪50年代迪奥设计的鸡尾酒礼服

（七）20世纪60年代

60年代是反文化的年代，是20世纪中最大的变动。这个时代的社会动荡给世界各地的文化带来了不小的冲击，婴儿潮的出现使得年轻人成为推动社会的重要动力，也成了社会动荡的主要因素，这些青年崇尚享乐，急于表达自己的选择权利。香奈儿、迪奥的设计都被青年人抛弃，高品位的典雅时装已不再受到推崇，标新立异、与众不同的新设计才是时下年轻人所追求的。伊夫·圣·洛朗（Yves Saint Laurent）、皮尔·卡丹（Pierre Cardin）、安德烈·库雷热（Andre Courreges）、玛丽·奎恩特（Mary Quant）成为20世纪60年代最典型的高级定制女装设计师。一直以来，高级时装一直是针对个别顾客量身定制的，但在60年代，成衣店的纷纷出现，使高级成衣（Ready-to-wear）成为新潮。

1958年，迪奥21岁的助手伊夫·圣·洛朗成功推出了第一个时装系列"梯形线条（Ligne Trapeze）"，小女孩一般天真的梯形轮廓让迪奥先生举世闻名的"新风貌（New Look）"完全消失，相反地，它以一种前瞻性的突破，带给人们明亮、灵巧、年轻的新气象（图9-15）。

图9-15　伊夫·圣·洛朗设计的梯形轮廓女裙

图9-16 伊夫·圣·洛朗设计的鳄鱼皮夹克

1960年，伊夫·圣·洛朗推出的以法国歌手朱丽特·格蕾科（Juliette Greco）和垮掉的一代为灵感的“Beat”系列是他事业前进的超强音，但鳄鱼皮夹克、运动剪裁的迷你袖子、黑色大外套这些出格的设计并不讨迪奥老客户的喜欢（图9-16）。

1965年，伊夫·圣·洛朗设计出一系列经典的蒙德里安风格女装，将平面色块重新剪裁来塑造身体线条，被誉为是当代艺术与时装的完美结合（图9-17）。

图9-17 伊夫·圣·洛朗设计的蒙德里安裙

在1966年女权尚未启蒙的年代，大胆地开创中性风格，伊夫·圣·洛朗设计了第一件女性吸烟装（Le Smoking）（图9-18）。吸烟装的经典元素有：领结、马甲、铅笔裤、粗根高跟鞋、金属质感配饰、英伦绅士礼帽、修长收身皮草西服、皮手套、褶皱的长丝巾、长筒马靴等。其代表的是一种由男士礼服经典的设计和细节与女性高雅、柔美等元素完美结合的中性风格。裤装系列是品牌圣罗兰（YSL）为时尚界所做的最重要的贡献之一，线条简约却刚烈，简单几笔就勾勒出现代女人的形象，并将女性的脆弱与敏感包裹进时装中。圣罗兰时装是法国高级时装传统精神的延续。

图9-18 伊夫·圣·洛朗设计的吸烟装

迷你裙（Mini Skirts）是这10年中被谈论最多的（图9-19），由英国时装设计师玛丽·奎恩特（Mary Quant）设计，安德烈·库雷热（Andre Courreges）又把它与连裤袜（Pantyhose）、靴子一同使用，这一创举在于把高级时装和日常街头服装的界线混淆了，造成高低不明的设计指向（图9-20）。1965年，迷你裙和宇宙时代的青年女装风靡全球，玛丽进一步把裙下摆提高到膝盖上4英寸，英国少女的装扮已成为令人羡慕和仿效的对象。

1964年安德烈·库雷热推出未来风格时装，摒弃传统设计手法，将服装几何化。推出休闲而非潮流的款式，衣长及膝、单色彩的外衣和套装，剪裁明快简练，款式是简单的方形。其中A型短裙适于较大范围运动，体现了库雷热的自由裁剪技巧。1965 年月亮女孩（Moon Girl）迷你裙是安德烈·库雷热（Andre Courreges）将街头元素与高级女装技巧的完美结合，并引发了“迷你风貌”（Mini Look）。

图9-19　迷你裙设计

图9-20　安德烈·库雷热设计的20世纪60年代服装风格

从20世纪初的新古典主义，到10年代的表现主义，20年代的装饰主义，40～50年代的“新风貌（New Look）”，60年代的色彩与线条，70年代的民族嬉皮，80年代的波普风，90年代的中性简约，再到21世纪初的前卫个性（图9-21）。时装的百年变迁受着历史、人文等因素的影响，如此令人着迷。1940～1950年作为高级定制的全盛之期，从20世纪30年代末到50年代初，巴黎约有100间高级定制时装屋，而在经历了工业化大生产的高级成衣洗礼之后，60年代这个数字降低到了20家左右。而且就现在的高级定制来说，随着欧洲经济与政治环境的影响，成员的数量也在不断地减少，但是仍有品牌在坚守、新品牌在涌现。高定作为时尚最顶尖的高峰，依然有人渴望征服，并将其作为一种艺术、文化和历史的精髓传承下去。

图9-21　20世纪女装典型风格变迁图

三、法国高级时装公会

（一）法国高级时装公会历史与发展

成立于1973年的法国高级时装公会，迄今为止一直是具有象征性和代表性的国际时尚业的核心权威机构。其历史可追溯至1868年创办的高级时装协会，拥有一百多名成员，涵盖了世界各地所有的时尚奢侈品牌以及众多服装设计大师，是世界时尚业界的权威组织和国际标志。法国高级时装公会由以下三个联合会组成。

高级时装协会（Le Chambre Syndicale de la Haute Couture），拉尔夫·托莱达诺（Ralph Toledanoz）2014年接替迪迪埃·格伦巴赫（Didier Grumbach）成为现任名誉主席，该组织会员为所有拥有“高级定制（Haute Couture）”称号的企业。“高级定制（Haute Couture）”是一个受法律保护的称誉，每年法国工业部下属的一个专门委员会都要为此专门作出审批，并将评审结果上报工业部，只有通过审批的企业才有资格享有“高级定制（Haute Couture）”的称号。

高级成衣设计师协会（Le Chambre Syndicale du Pr ê t- à -Porter des Couturiers et des Cr é ateurs de Mode）成立于1973年，由高级成衣品牌和设计师品牌组成，现由布鲁诺·帕罗斯基（Bruno Pavlovsky）主持。

高级男装协会（Le Chambre Syndicale de la Mode Masculine）成立于1973年，现由西德尼·托莱达诺（Sidney Toledano）主持，包括高级男装品牌和设计师。法国高级时装公会是每年国际最富盛誉的巴黎时装周的唯一主办方，负责制定时装周日程及注册媒体单，为记者和买家提供服务。其旗下1928年创立的巴黎高级时装工会学院，作为国际时尚界知名学府，为各国时尚从业者提供相关培训与课程，培养了如伊夫·圣·罗朗、三宅一生等众多时尚大师。除此之外，公会还涉及推动国际时尚新兴品牌发展，利用高新技术在时尚产业各个环节间建立协作优势，维护产业内知识产权等众多工作。

（二）法国高级时装公会的认证标准

法国高级时装公会的认证标准，在1992年进行修订后，一直沿用至今。主要有以下几个准则。

（1）在巴黎设有工作室，参加高级时装联合会举办的每年1月和7月的两次女装展示；

（2）每次展示至少要有75件以上的设计，并由首席设计师完成；

（3）常年雇用3个以上的专职模特；

（4）每个款式的服装件数极少并且基本由手工完成。

四、高级定制（Haute Couture）与高级成衣（Ready-to-wear）

只有被列入高级时装周官方日程表的品牌才可被称为“高级定

制（Haute Couture）”。通常人们说的量体裁衣是MTM（Made to Measure），而在现成样板基础上修改的叫半定制MTO（Made to Order）。中等定制（Moyenne Couture）在法语里是指不参加发布会只接待顾客量身定制的时装店；小规模的量身定制时装屋称为小定制（Petite Couture）；高级成衣品牌推出部分采用奢华手工艺，依据原有板型修改的叫半定制（Semi Couture）（表9-1）。

表9-1　高级定制服装与普通定制服装、成衣的比较

	高级定制服装	普通定制服装	成衣
目标消费人群	政府要员、电影明星、社会名流、商业精英等有名望、地位、财富的权贵	普通定制多是为了追求个性、乐趣，想要表达自己的、收入较高的人群	针对某一市场、某一群体的顾客，范围相对宽泛和模糊
设计	由顶尖团队、设计师设计，代表着最高级别的设计水平，能够完美符合顾客需求，体现顾客特质	由设计师主导，结合顾客需求进行设计	品牌根据市场调查和流行趋势，针对目标市场进行预判设计，以统一的设计、有限的号型、相对模糊的板型去适合更多的顾客
制作	完全由经验丰富的匠人手工制作，完美的廓型、繁复的细节制作向来是高定为人惊叹的地方	不完全是由手工制作，但也会根据需求进行手工加工	工艺相对简单，简化程序以降低加工成本和难度，便于合理安排流水线，获得更大的利润空间
价格	根据其奢华程度、品牌形象、手工程度等一系列要求进行定价	大部分根据市场行情，外加设计用料等其他费用而定	以市场为主要导向

第二节　意大利高级定制

一、那不勒斯（Naples）高级定制起源

那不勒斯是意大利南部的第一大城市，坎帕尼亚大区以及那不勒斯省的首府，是仅次于米兰和罗马的意大利第三大都会区和欧洲第15大都会区。那不勒斯历史悠久，风光美丽，文物众多，颇具魅力，是地中海最著名的风景区之一。它被人们称颂为“阳光和快乐之城”，这里一年四季阳光普照，那不勒斯人生性开朗，充满活力，善于歌唱，其民歌传遍世界。被视作是意大利的一颗明珠。在当地，有一句广为流传的俗语，翻译过来的意思大概是“朝至那不勒斯，夕死足矣”（图9-22）。

图9-22　那不勒斯

位于意大利亚平宁半岛西南海岸那不勒斯湾的顶端，濒临第勒尼安海的东侧，又名拿坡里（Napoli）港，是意大利的主要海港之一。那不勒斯的艺术不仅拥有丰富的过去，同样也是现代艺术重要的实验室和国际橱窗，该市的两个现代艺术博物馆——那不勒斯艺术宫和唐纳雷吉纳当代艺术博物馆，相当活跃。前者于2005年开设在一座18世纪建筑罗切拉宫内，举办各种流派艺术作品的展出活动。后者位于母皇（唐纳雷吉纳）圣母玛利亚修女院，由阿尔巴多·西萨加以改建，收藏永久藏品。

（一）意大利那不勒斯高级定制发展格局

那不勒斯裁缝工艺有着久远的历史，很多著名的奢侈品牌都在这里生产，包括伯尔鲁帝（Berluti）、布莱奥尼（Brioni）。那不勒斯派西服定制相对而言比较罕见，其最鲜明的特征是著名的那不勒斯肩（Neapolitan Shoulder）。那不勒斯肩线条非常圆润，一般不用垫肩或者用极薄的垫肩。驳头位置非常高，宽度略超过胸部的一半，腹部略留空间，收腰且腰部位置上提，一般开双衩而且开衩位置很高。裤子一般有省和裤脚卷边，且卷边留得非常宽。

那不勒斯派西服又称作拿坡里式西服，究其根源是英国垫肩式（The Drape）西服的改良版本。200年前，英国占领了这座城市，也为其带来了西服的文化与发展。那不勒斯与英国萨维尔街一起被认为是男装高级定制的圣殿。

奇敦（Kiton）定制服装于2011年获得世界顶级奢侈品研究机构“罗博报告（Robb Report）”评选的“世界极品定制服装品牌”五强之一。当鉴赏家们谈起裁剪艺术的时候，都会提及奇敦，这个那不勒斯的服装品牌，以其华贵的面料受到尊重、精致的裁剪受到敬仰。因为管理者的信条就是精选中的精选再加上一分（The best of the best plus one）。奇敦与塞萨雷·阿托里尼（Cesare Attolini）一样都是来自意大利南部那不勒斯的顶级男装品牌。奇敦是世界上唯一国际化并按照最正宗的那不勒斯传统手工制造工艺制作西装的品牌。它在男装业界的地位有如法拉利在轿车业的地位：集意大利迷人与高雅的风情和精湛高超的技艺于一体。

塞萨雷·阿托里尼，20世纪30年代创立于意大利那不勒斯。2011年获得世界顶级奢侈品研究机构“罗德报告”评选的“世界极品定制服装品牌”第4名。其定制西服通杀好莱坞男星和政商名流，客户包括好莱坞巨星哈里森·福特（Harrison Ford）、肖恩·康纳利（Sean Connery）、俄罗斯总统普京（Vladimir Putin）、印度钢铁大王拉米什克·米塔尔（Lakshmi Mittal）等。其主要消费者不仅包括知名演艺娱乐圈人士，还包括成功人士以及各国王室贵族和领导人（图9-23）。

英国查尔斯王子

图9-23　王室贵族穿着那不勒斯派西服

（二）那不勒斯裁缝街

早在英国裁缝街还没形成气候前，那不勒斯的裁缝街就早已形成了规模。走在这条18世纪的老街上，小巷交错，空气里混合着热咖啡香，橱窗里挂的是手工制造的一切。整条街除了男装裁缝店之外，还分布着帽子店、皮鞋店、手套店和雨伞店，提供的是纯手工打造的服饰配件。那不勒斯街上的手工制品讲究慢工出细活，即工匠精神（图9–24）。

图9–24　那不勒斯裁缝街

1.雨伞

图9–25中所示为马里奥・塔拉里克特别设计的雨伞，是为了向索菲亚・罗兰、托托等那不勒斯具代表性的演艺明星致敬。挂在抽屉上镶嵌宝石的金属雕花伞柄属于高级定制。

图9–25　那不勒斯街上的手工雨伞

马里奥・塔拉里克是手工制伞专家，特点是选用上等的板栗木或樱桃木为伞芯，将木头的下端用高温蒸汽进行熏蒸，弯成雨伞的手柄；伞尖使用不锈钢材料或上等的牛角；把伞骨安装到伞芯上时要将整个伞面分割成完美的八瓣，最后再缝上雨伞的面料（图9–26）。马里奥・塔拉里克从少年时代起就每天工作15小时，每天只做4把伞，如今他把制伞的秘诀传给了侄子（图9–27）。顶级的伞以手工制作，讲究细节。一般以板栗木、樱桃木、甘蔗、榛木、山核桃木、金雀花枝等作为伞柄材料，有时也会用到象牙和兽脚。

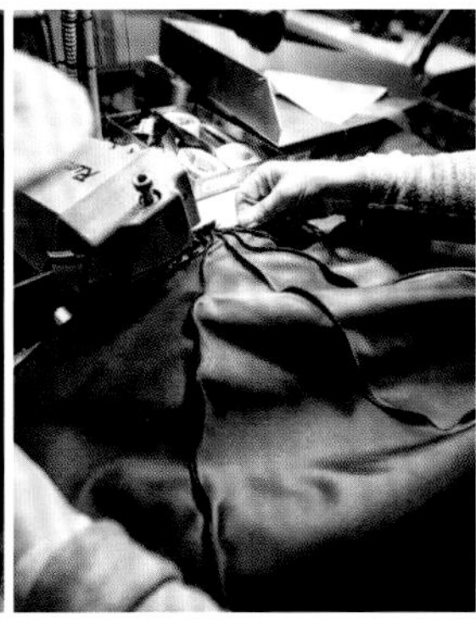

图9–26　手工伞制作细节

2.手套

手套制作专家马里奥・波尔托拉诺说：好手套必须用上等的、没有瑕疵的真皮作为材料；手套剪裁和缝制的线条必须做到完美无缺；手套边上的缝线和手背上的立体花必须手工完成；手套缝好后，还要经过熨烫和上光这两道工序，以保证皮革的光亮度和持久度（图9–28）。

图9–27　马里奥和侄子

3.皮鞋

斯卡佛拉（Pado SCafora）是一家历史超过50年的制鞋老店。每双鞋都要经过30多道传统制鞋工序：皮鞋的鞋底采用双层缝合式固

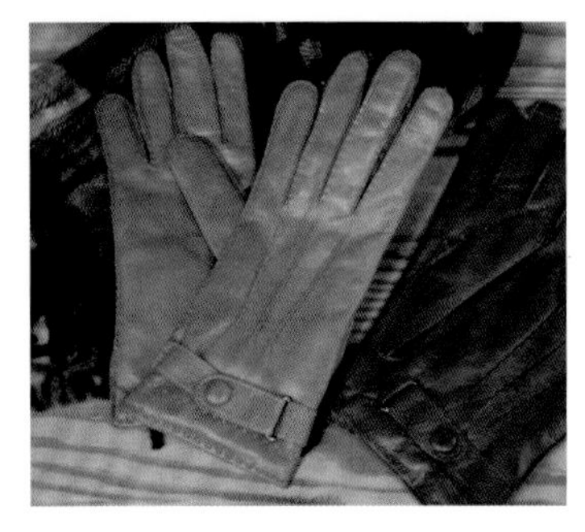

图9-28　手套

特异橡胶制成；交货前，要对皮鞋进行上色、上光处理；用一种特殊的膏状材料轻轻揉擦皮鞋鞋面，三天后，鞋面会呈现出渐变色的效果（图9-29）。

图9-29　皮鞋制作细节

4.领带

哪怕是条小小的领带，领带专家也可以在上面大做文章，从简单的三折式、七折式到复杂的十折式，甚至是十二折式，领带的制作方法花样繁多。首先看领带边上的针脚是否均匀、整齐，因为这样才能保证在打领带的时候它能保持规则的形状；其次看领带背面上的领带襻是否是使用手工绣花而成的，这是一条重要标准（图9-30）。

图9-30　领带

意大利人在手工领带上的制作颇费心思，不仅分为多种折叠方法，在领带内侧有时还会配上小的饰物，如当地的红珊瑚，虽然佩戴时外人无法看见，但佩戴者依旧热衷此道（图9-31）。

（三）坚持“匠心”的裁缝们

图9-31　领带工艺细节

77岁的雷纳托·齐亚尔迪说：“那不勒斯地区的高级男装裁缝，既细心又体贴。”他将自己的手艺传给了儿子，其他裁缝店却面临着行业断层的危机，因为越来越多的年轻人投身到设计业，导致裁缝业中的年轻人越来越少。为了将传统的意大利裁缝手艺继续传承下去，品牌奇敦开设了一间裁缝培训学校，为有兴趣想在高级裁缝行业发展的年轻人提供相关培训课程。还有凭借精湛手艺闻名于那不勒斯和罗马两地的大裁缝——安东尼奥·帕尼克（Antonio Panico）（图9-32）。帕尼克先生以前曾经在顶级定制品牌Rubinacci做过22年首席技术指导，被认为是那不勒斯男装定制之光。关于他的传奇故事很多，如他能只是上下打量了一下客人身形，不动皮尺就能在10分钟内裁剪、粗缝一件西装。以及某奢侈品品牌总裁曾经在机场拦过一个旅客，详细询问他的外套是否出自安东尼奥·帕尼克之手，因为他认出了只有帕尼克才会使用的后腰带缝制法。在问到那不勒斯式西服的关键词是什么时，帕尼克先生说："柔软。那不勒斯西服很柔软，不是说面料柔软衣服没有廓型，而是说那不勒斯西服精致的做工使得西服上身后柔软贴合，就像你的第二层肌肤。"

图9-32　意大利"匠心"裁缝师

那不勒斯裁缝是一门艺术，而非一个工作。一名出色的裁缝，既要懂得如何裁衣，如何缝纫，还要会熨烫，只有这样，才能称得上是名副其实的"剪刀艺术家"。路易·达尔库尔（Luigi Dalcuore）是一位70岁的大师级裁缝，接近一万公里的飞行行程对任何一位70岁的老人来说都是极大的挑战，然而对于达尔库尔先生来说却是习以为常，他说他从来没觉得自己有70岁，因为长久以来，他都始终保持着每天10～12小时的工作强度（图9-33）。

老裁缝每天依旧工作在第一线，每一件夹克都由他本人亲自裁剪。在那不勒斯无数的裁缝中，达尔库尔是为数不多的经验丰富又愿意与时俱进的大师。他还创造了多种肩膀和腰省的处理方式，例如对于胸围较宽或者大腹便便的客人，他会采用"一省到底"的剪裁强调肩宽腰窄的弧线；而对于四肢较长的顾客，他会悄悄在口袋内侧藏一道横向的省，保证下摆线条流畅。

弗朗西斯科·阿维诺（Francesco Avino）是那不勒斯名誉最好的衬衫匠人，他的工作室曾经为许多著名的大裁缝代工衬衫（图9-34）。有趣的是年轻时候的他曾给达尔库尔和帕尼克当过学徒学习制作夹克，之后发现衬衣才是自己的热忱所在，于是便在2005年开设了自己的工作室。弗朗西斯科所设计、剪裁的衬衫的独到之处在于他的衬衫能够最大程度地展现客人的俊朗体态，优雅的领口、合体的袖口都是一件符合绅士衬衫的元素，更重要的是，他的衬衫不会束缚人，让你在活动的时候

图9-33　路易·达尔库尔

图9-34　弗朗西斯科·阿维诺

也能够潇洒自如。如果说每个人的脸是一幅画作，那么衬衣的领子便重要如画框。一件衬衣，大多数时候只有领子会被看见，所以领型的选择尤为重要。

萨尔瓦托·安布罗西（Salvatore Ambrosi）是那不勒斯最著名的西裤裁缝，他的朋友都会亲切叫他“萨尔瓦（Salva）”，而有些可爱的中国客人更将其翻译成“三娃”。问道萨尔瓦最喜欢那不勒斯哪些方面，他面带笑容地说：“首先这里的天气非常非常的棒，抬头就可以见到蓝天，城市有很多绿树和鲜花，还有那不勒斯的美食也非常美味，有机会一定要来尝试一下，再就是漂亮的建筑，每当看到这些建筑都能有很多的灵感，也可以想到这其中承载的丰富历史。”在多数那不勒斯年轻人还在享受慵懒闲散的地中海生活方式的时候，萨尔瓦就跟着父亲不断练习缝纫技术，将四代传下来的技术加以革新。与此同时，成家之后的萨尔瓦很早就开始拥有国际视野，将近10年前就开始飞到各国熟悉不同客人的体型与偏好，英语能力也有飞速的提升。每次看到各地不同的客人，拿到裤子时满意开心的样子，就让他觉得付出和牺牲是值得的。

二、意大利那不勒斯派定制西服特点

肩：这种风格最大的特点就是“拿坡里”肩，而且只有手工能做，机器做不出来，那不勒斯裁缝精湛的工艺没人能够模仿。袖头跟肩幅接缝处，留下一个大开口，用手工缝制连接线，袖子像是用线挂在肩头上，功能是让穿着的人行动方便不受限制。在休闲外套上，这种“褂袖”更夸张，打细褶的袖子在肩处呈波浪形，有人用瀑布形容这种袖子的外观，更圆、更轻松、更舒适，看起来也很美观。肩幅紧贴人身体而自然下垂（图9-35）。

图9-35　肩部

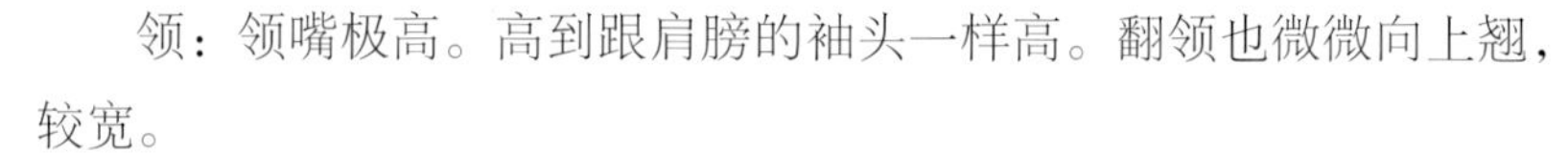

领：领嘴极高。高到跟肩膀的袖头一样高。翻领也微微向上翘，较宽。

胸：极度的软垂，非常柔软的前胸。

腰：英国垫肩式（The Drape）将腰线从自然腰部往下拉约1.3cm，拿坡里式则稍微向上提高了一点点，因此也更贴身。也就是说意大利男士比英国男士更喜欢穿贴身的西服。

下摆：靠近身体，但开口比英国垫肩式要大一些。

其他：西装上衣胸袋（手帕袋）像两端翘起的渔船。

三、那不勒斯高级定制的代表——奇敦

在飞速运转的工业机器面前，在快速消费赢得巨大商业利润的时代，把速度放慢，让品位回归，工匠手工的每一针、每一线，都是对顶

级高贵品质的最坚定的恪守。作为源于那不勒斯的顶级手工定制品牌，奇敦一直坚持着自己独特的“匠心精神”。

“Kiton”来源于“Chitone”，古希腊人在奥林匹斯仪式上做祷告时所穿的正式的束腰长袍，它是经典、优雅、淳朴的象征。西罗·派恩（Ciro Paone），一个著名的那不勒斯羊毛商世家的后代，1933年出生于那不勒斯，自幼师从叔叔唐·萨尔瓦托（Don Salvatore）学习面料研制工艺。成年后的他，开始游走欧洲各地推销自己的面料。时值欧洲大繁荣时期，面对巨大的市场需求，越来越多的品牌转向批量化大生产；而派恩却始终恪守对于精湛工艺与完美品质的不懈追求，从而成为男装制衣的典范，也为日后奇敦辉煌的传奇奠定了坚实的基础。

秉承那不勒斯传统精湛的手工工艺，并融入英国资产阶级的精致优雅格调，派恩一直坚持使用自己精心研制的面料进行西服套装定制，从而成就了独一无二的品牌风格。1968年，奇敦品牌正式创立。自成立之初，奇敦便怀揣着雄心壮志，将市场逐步从欧洲拓展至美洲再到亚洲；而其位于那不勒斯附近的阿尔扎诺（Arzano）的制作工坊作为品牌核心始终运转不息，将奇敦无与伦比的顶级手工工艺延续至今，也为品牌注入了源源不断的激情与活力，创造出一流手工缝制的成衣套装。

奇敦特色是在面料品质和手工缝制上均追求最完美，优中选优，并将那不勒斯最优秀的裁缝师们集中到一起让他们发挥各自的高超本领。不同于英式西装的硬挺、料厚，奇敦的西装带着意式优雅，更多的是追求轻薄、柔软，夹带着地中海的气息和浪漫的阳光，无不展现出独具意大利风格的经典与时髦（图9-36）。

图9-36　奇敦品牌定制

奇敦代表的那不勒斯派西装的特点是裤子和外套更短、领子更尖，最重要的是独有的那不勒斯肩袖，让型格更出众，每一件都像是绅士的“第二层皮肤”，在身上毫无拘束，呈现出极佳的“流淌感”。奇敦的肩袖完全没有肩衬，靠轻薄柔软的衣料塑型，内部四层以上的圆形布料，通过复杂的手工形成自然有型的肩线。同时，肩部的袖筒也更宽，保证了穿着时臂膀的自由活动，灵活性堪比运动服。那不勒斯西装的袖口更窄也更短，在保证肩部运动性的前提下，让穿着的男士看起来精英感十足。

（一）顶级裁缝

奇敦拥有380位世界一流的当地缝纫大师，他们全部拥有那不勒斯传统的手工艺，用奇敦特有的手工缝制艺术为顾客创造独享的身份标

图9-37　奇敦的金牌裁缝西罗·帕莱斯特拉

图9-38　奇敦顶级面料

图9-39　奇敦顶级工艺

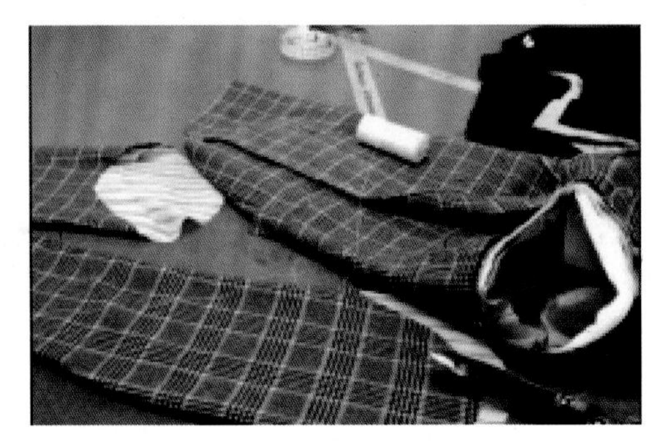
图9-40　特殊的袖子制作

志。为了确保完美的质量，奇敦每天只缝制约100件西装和80件衬衣。主裁剪师仍然像一个世纪前那样用粉笔勾画出每一处裁剪部位，用大剪刀进行裁剪，一件服装需要花费20多个小时。只有每一个细节都做到位，方能达到奇敦服装完美的风格和品质（图9-37）。

（二）顶级材质

奇敦以其面料的超级品质而闻名于世，以纯羊毛、羊绒为主，其自己研制的100% 超细小羊驼绒（Vicuna）的高贵面料非常轻，柔软程度和弹性程度远远超过羊绒，抗皱性能非常好。奇敦所有的面料都是天然的，这是高品质的保证。其90%的面料均为买断，都是由世界上最好的面料生产商独家提供。某些面料是世界上稀有的、甚至仅存的，如一种直径为12.9μm的织物，是世界上仅存的最后一匹，仅够做10 套服装（图9-38）。

（三）顶级工艺

奇敦的制作遵循传统的独立剪裁原则。由主裁剪师用粉笔在面料上标注记号，一件一件用剪刀进行裁剪，剪裁的好坏取决于每位裁缝“计算机”般的头脑。奇敦在对胸兜的剪裁和设计的工艺把握上是最独特的。胸兜开口部分总是与胸部形状匹配得完美无缺。精确的测量、配比、松紧度、针脚的柔软度等因素，都将决定着衣服的整体效果（图9-39）。

1. 特殊的袖子制作

由裁缝师在袖子的上部打褶，然后把这个袖窿做得出奇的宽，比袖口大3倍，这种缝制方法使得每一位男士穿上奇敦服装后肩部都能伸展自如。只有大师级的裁缝才擅长扦针缝制奇敦的袖口，“那不勒斯式的衣袖”和“轻柔的后摆”都给予了衣服极大的舒适感和样式的丰富性（图9-40）。

奇敦独有的“那不勒斯式肩袖”的特殊定位和缝制肩垫使得奇敦西装的肩袖接合部相当的舒适（图9-41）。至少有超过20年经验的大师级裁缝才有资格为奇敦缝制肩部、袖子和领子。为了压平布料，奇敦只用很重的、老式的熨斗和当地的泉水，每件衣服的制作过程要经过50次熨烫，并且最后由大师级裁缝花费约2个小时的时间，分11个步骤对服装进行手工整形熨烫，确保服装的持久美型。

图9-41　那不勒斯式的肩袖

2. 手工凿扣眼和上纽

奇敦的高贵品质就是不放过任何一个小细节，每一个扣眼都是用凿子手工切割，最后再用小线缝制与西装拼接，这也是奇敦的独特之处（图9-42）。

3. 刺绣艺术般的纽扣孔

奇敦的纽扣需要很紧密一致的针脚。每一边的纽扣孔都以手工刺绣而成，如此细小的部分依然能够体现出奇敦的精湛技艺（图9-43）。

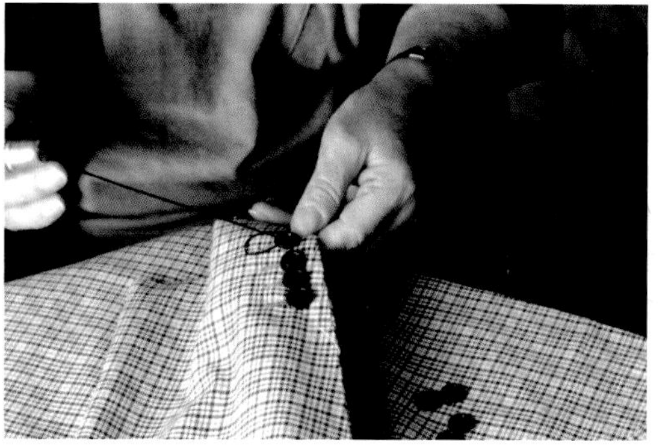

图9-42　手工凿扣眼和上纽

图9-43　奇敦纽扣孔

4. 独一无二的手工缝制

奇敦最终成型的每一套服装至少要花费25小时，经过45位缝纫师傅的手。每一件成品都是独一无二的手工杰作（图9-44）。由于精湛的手工艺和顶级的面料，奇敦的西装一般起步价至少都是3万元人民币，这是成衣的价格。如果是全定制的话就更贵，接近10万元人民币，根据面料等级的不同定价也不同，最高达30万元人民币。一套定制西服最后制成大概需要3个月的时间。每一位客户都能享受到4～5人的团队服务。设计师会根据顾客的各种喜好及需求，竭尽全力设计出一款令顾客满意的且独一无二专属于他的西装。在奇敦裁缝师的眼里，只有完美贴合了客人身体曲线的西装才算得上真正地完成定制（图9-45、图9-46）。

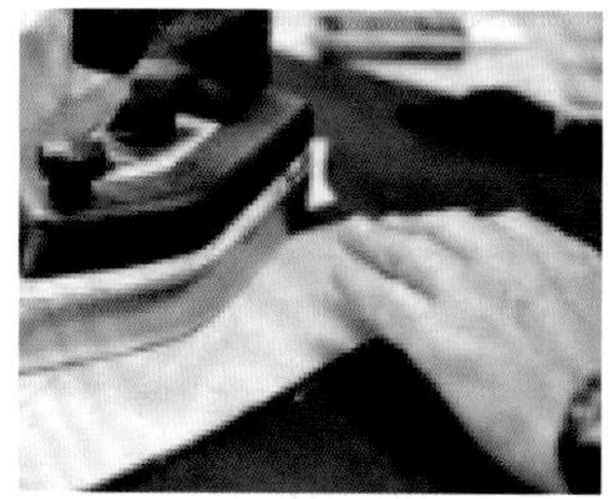

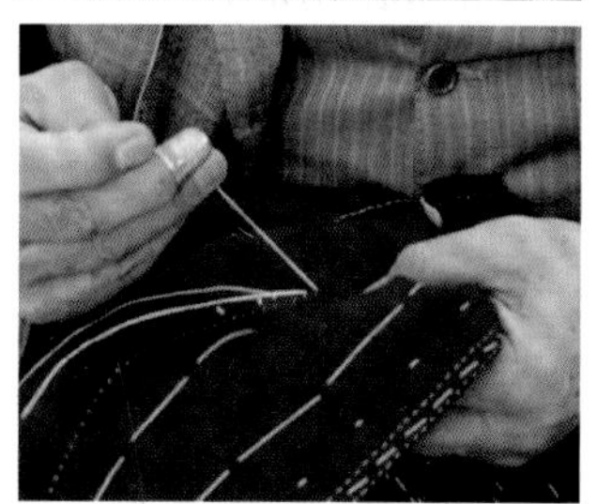

图9-44 西装麻衬缝合定位

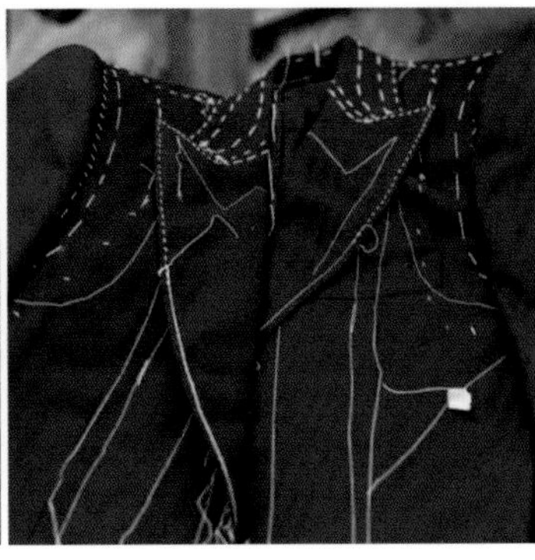

图9-45 缝制领子和袖子

图9-46 手工订标和量体裁衣

奇敦西装的领子是由5片布料组成的。奇敦的每一个纽扣都充满了意大利式的奢华，龟甲、兽角、贝壳甚至宝石的扣子，都带有“Kiton”的骄傲签名。每一个扣眼都用铁锤和刻刀细细裁出，再以真丝线用刺绣的手法锁眼。这样复杂的工艺，使得西装在系扣和打开时，都非常平整（图9-47）。

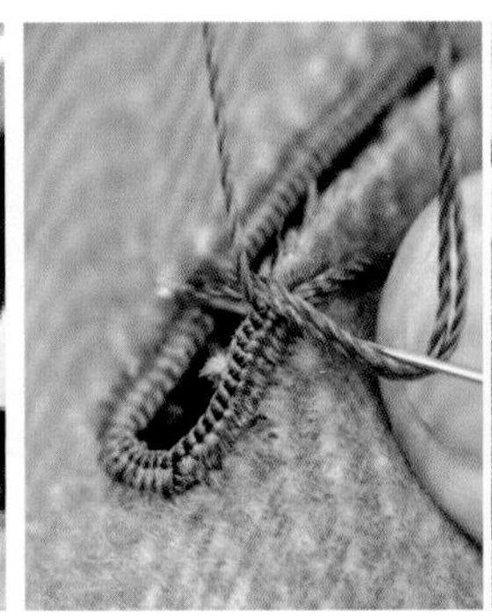

图9-47 奇敦西装特殊工艺

第三节　英国高级定制

一、英国绅士服饰文化

“绅士”一词最早出现在英国，一般说来早期的英国绅士通常会头戴大礼帽，身着笔挺的西装，足登亮皮鞋，手提一把雨伞（当然这一点源于气候原因）。“绅士”的英语“Gentleman”一词，“Gentle”在字典中解释为优雅、上品、可爱、宽大、稳健、亲切、有礼等，“Man”则为男士。“绅士”源于17世纪中叶，由充满侠气与英雄气概的“骑士”发展而来，后在英国盛行并发展到极致，绅士风度既是英国民族文化的外化，又是英国社会掺杂了各阶层某些价值观念融和而成的一种全新的社会文化。

绅士风度是西方国家公众，特别是英国男性公众所崇尚的基本礼仪规范。要求在公众交往中注意自己的仪容举止，风姿优雅，能给人留下彬彬有礼和富有教养的印象。第一，服装穿着上应合适得体。既要符合自己的身份，又要适合所在的场合（图9-48）；第二，拥有风趣、幽默的谈吐；第三，遵循女士优先的礼仪原则。在英国，女性接受男性的尊重和保护，是天经地义的礼仪传统。为此，英国内政部曾向男子发出“十诫公告”。

图9-48 英国绅士服装

二、全球男装高级定制的殿堂：萨维尔街（Savile Row）

（一）地理区位及演变历程

1.地理区位

萨维尔街平行于摄政街，南起肯迪街，北到维格里街道，连接伯灵顿广场、伯灵顿克利福德街及花园。2015年2月，英国推出它的最新中文译名“高富帅街”，希望以此吸引中国游客。萨维尔街200年来号称全球男装定制的圣地，世界各国的高官显贵、富商巨贾、演艺明星都以有一套萨维尔顶级裁缝店手工制作的西装为身份象征。萨维尔街出品的西装又分为三种类型：成衣（Off-the-peg、Ready-to-wear），半定制（Made-to-measure），全定制（Bespoke）。

萨维尔街（Savile Row），建于18世纪30年代，建立之初位于伯灵顿上流社区，在当时，萨维尔街的作用纯粹是为了贵族们的消遣。由于18世纪初期，日不落帝国已经坐拥了大量的世界财富，上流社会的绅士们无事便研究其穿衣打扮来消遣，并且越来越喜欢笔挺西服带来的玉树临风之感。于是英国当时手工精细、缝制工艺高超的裁缝店就开始慢慢聚集在上流社区伯灵顿一带（图9-49）。

图9-49 萨维尔街今昔对比照

如今的萨维尔街已成为最高级裁缝的代表，它不仅仅是一条街而是泛指一个区域，一种限量手工定制的最高标准。只有地处在附近街道的54家店中之一的店或企业，才可以称自己为英国萨维尔街的裁缝店。丘吉尔、纳尔逊勋爵还有拿破仑三世都曾经在这条街上定制过西服。

2.演变历程

萨维尔街建于1731年和1735年，位于伦敦梅费尔（Mayfair），是伯灵顿房地产开发的一部分，并以伯灵顿第三伯爵的妻子多萝西·萨维尔命名。它最初由伯灵顿花园（当时的维格里街）一直延伸到波义耳街，原来只在东面一侧有房屋，在19世纪时建造了西侧的房屋，1937～1938年萨维尔街延长至干德街。最初的建筑设计方案是由科伦·坎贝尔出具的，后来在丹尼尔·加勒特监理下，由亨利·弗利克洛弗特完成大部分的主体设计。

在19世纪，绅士们开始关注整齐笔挺的衣服和衣冠楚楚的着装。人们开始光顾积聚在伯灵顿周边的裁缝店。

1846年，威廉威秀被誉为“萨维尔街的创始人”，在他已故的父亲的32号店铺之后又开张了第二个门店。在当时，萨维尔街上已经有许多这样的裁缝店。

1969年，萨维尔街上流行起现代风格，并延续了传统剪裁的风格。伴随着像理查德·詹姆斯和奥兹瓦尔德·博阿滕这样的设计师的到来，现代风格一直延续到20世纪90年代。

随着高涨的租金和对没落的乔治·阿玛尼的批评之声，萨维尔街的裁缝店数量下降到了2006年的19家。随着2005年商业街区的发展，有些地下工作室成衣的价格打乱了本地的市场价格，使得本地的传统工艺濒临死亡的威胁。为了解决这些问题，英国专门成立了萨维尔街定制协会（Savile Row Bespoke Association），鼓励发展并培训传统的高级定制，筹办各种活动和其他首创方案等。尽管有诸多问题，萨维尔街仍然是全世界最好的男装剪裁的圣地之一，也继续吸引着新进入者。其中也有些老的品牌，他们在萨维尔街开创了自己的事业，并获取了长期的经验，同时也有带着新的优雅与工艺的新进入者。

（二）传统的萨维尔定制店

传统的萨维尔定制店，与中国几十年前的老裁缝店其实并没有区别，一般不是子承父业的传承，就是两个裁缝一起开一家店。这在英国，不仅是定制服装行业，在其他很多行业都是如此。如果你看到某家店的名字是“XX & Sons”，一般是子承父业的店，“XX”是父亲的名字，“Son”就是儿子的意思；如果是父子店，自然该店是一代一代地传下去的（图9-50）。

如果某家店名叫“XX & YY”（图9-51），一般是两个人合伙共同经营此店的意思，XX与YY分别是这两个人的名字。如果是两个人共同经营的，则一般其中年纪大的那人占有比较多的股份，比如说80%，等到他六七十岁准备退休了，就把这80%的股份卖给另一个合伙人，另

亨茨曼父子　　诺顿父子　　戴维斯父子

图9-50　传统的萨维尔定制店

威尔士与杰夫里　　安德森与谢泼德　　吉夫斯与霍克斯

图9-51　传统的萨维尔定制店

一个合伙人再去找一个年轻几十岁的人给他少量的股份继续合伙经营此店。

1.安德森与谢泼德（Anderson & Sheppard）(1873年建店)

这是萨维尔街上最负盛名的一家裁缝店，客户包括各国名人。查尔斯王子近年来一直穿着该品牌的双排扣西装。全定制价格是两件套1960英镑起，三件套2250英镑起。8～12个星期的制衣时间。

2. H. 亨茨曼父子（H. Huntsman & Sons）（1849年建店）

这是萨维尔街上最昂贵的一家裁缝店，持有英国王室颁发的多种皇室供货许可证。在服装上有上千种款式可供选择，并且有自己专有的面料款式。每年3次去往美国、法国巡回。全定制价格是两件套近3000英镑。10～12个星期的制衣时间。

3.亨利·普尔（Henry Poole）（1806年建店）

亨利·普尔是萨维尔街上的第一家裁缝店，拥有英国王室颁发的多种供货许可证。客户包括爱德华七世、各国王室等。亨利·普尔定期访问欧洲、美国、日本、中国等地，是第一个进入中国的萨维尔定制品牌。全定制价格是两件套2500英镑起，三件套3000英镑起。9～12个星期的制衣时间。

4.德格&斯金纳（Dege & Skinner）（1865年建店）

德格&斯金纳不仅受到英国女王的喜爱，也是阿拉伯国家王室的最爱。德格&斯金纳每年访问美国、阿拉伯国家3～4次，提供几百种服装款式和几千种面料供选择。全定制价格是两件套1969英镑起。9～12星期的制衣时间。

5.基尔戈（Kilgour's）（1870年建店）

基尔戈是坚持传统裁剪的代表。全定制价格是两件套2200英镑起。6～8星期的制衣时间。

6.埃德&拉芬斯克洛夫（Ede & Ravenscroft）（1689年建店）

埃德&拉芬斯克洛夫位于萨维尔街最南端，是伦敦最古老的裁缝店。300多年来，获得过几乎所有皇室成员的皇室供货许可证，有上千种不同面料供选择。半定制价格是两件套750英镑起，三件套1000英镑起；全定制价格是两件套1800英镑起，三件套2200英镑起。6～8星期的制衣时间。

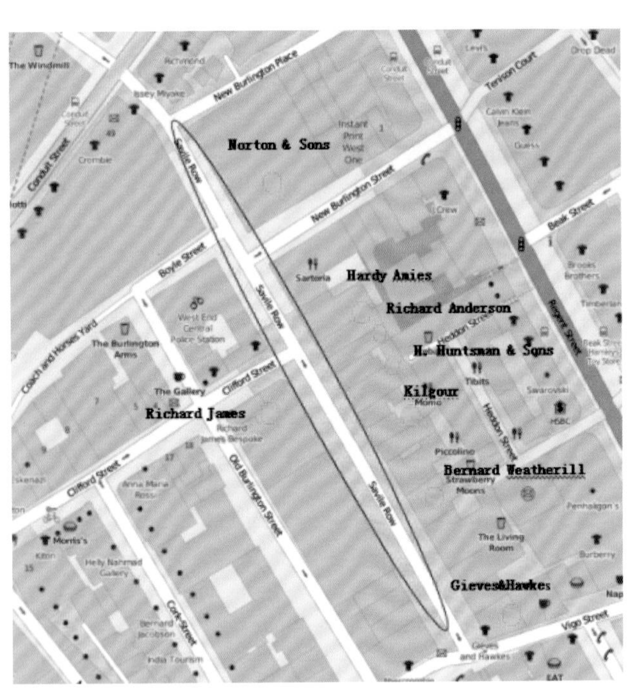

图9-52　伦敦萨维尔街裁缝店铺布局

7.君皇仕（Gieves & Hawkes）（1785年建店）

君皇仕有悠久的历史，持有多种皇室服装供货许可证，是英国军队军装的供货商。该品牌的成衣现在在国内已有专柜，全部香港制造。全定制价格是两件套2250英镑起，三件套2700英镑起。约8星期的制衣时间。

8.赫迪雅曼（Hardy Amies）（1946年建店）

赫迪雅曼是伊丽莎白女王御用的女装定制品牌，也是英国唯一能和巴黎高级定制女装较量的品牌。它是萨维尔街上少有的、给男装注入流行元素的裁缝店。全定制价格是两件套3000英镑起，三件套3500英镑起。6～12星期的制衣时间。

9.莫里斯·塞德威尔（Maurice Sedwell）（1938年建店）

莫里斯·塞德威尔有无数种顶级面料，曾巡回20多个国家的首席裁缝，造就出的“不带任何标签，一穿上自然表明身价”的西装。全定制价格是两件套1800英镑起，三件套2275英镑起。6～12星期的制衣时间。

10.诺顿父子（Norton & Sons）（1821年建店）

诺顿父子最擅长制作猎装，常定期到美国、欧洲大陆和亚洲巡回。全定制价格是两件套2300英镑起，三件套2700英镑起。4～8星期的制衣时间。

表9-2 传统的萨维尔定制店比较

名称	特色	定制周期	定价	工坊	名流客户
诺顿父子（Norton & Sons）	双组，单排扣	新顾客通常接受定制10～12周，常客6～8周	起价3000英镑（约合30000元人民币）两件套西装	全部由萨维尔街手工定制	各国时尚界名人及王室：已故英国国王爱德华七世（Edward VII）、英国前首相丘吉尔、演员加里·格兰特（Cary Grant）
君皇仕（Gieves & Hawkes）	双组，单排扣，方形兜，略高的腰际线，以英国皇家海军制服为灵感来源	新顾客8～12周不等，至少2～3次试装	起价3800英镑（约38000元人民币）两件套西装	店铺地下室	威廉王子；奥斯卡最佳男演员朱科林·费斯 (Colin Firth)、罗比·威廉姆斯（Robbie Williams）、迈克尔·杰克逊、大卫·尼文（David Niven）、彼得·塞勒斯（Peter Sellers）
基尔戈（Kilgour）	全剪裁，紧密的腰线和胸前设计，传统肩部剪裁，裤装可调试松紧	80个工时～8周不等	起价3750英镑（约合37500元人民币）西服两件套	坐落于店内	雷克斯·哈里森（Rex Harrison）、加里·格兰特（Cary Grant）、弗雷德·阿斯泰尔（Fred Astaire）、詹姆斯·普尔弗伊（James Purefoy）、吉米·卡尔（Jimmy Carr）、著名喜剧演员大卫·威廉姆斯（David Walliams）
赫迪雅曼（Hardy Amies）	低腰的时髦设计	5～8周不等，根据客户需求可加急	起价3500英镑（约合35000元人民币）	店内	英国艺术大师大卫·霍克尼（David Hockney）、肯特公爵王子（Prince Michael of Kent）、球员德莫特·欧莱瑞（Dermot O'Leary）
H. 亨茨曼父子（H. Huntsman & Sons）	单组燕尾服与骑马外套，清晰腰线，较高袖口设计	80工时以上，3～4次试装，可加急	起价4400英镑（约合44000元人民币）	店内	滚石乐队鼓手查理·沃茨(Charlie Watts)、平·克劳斯贝(Bing Crosby)、德克·博加德（Dirk Bogarde）、格里高利·派克（Gregory Peck）、雷克斯·哈里森（Rex Harrison）

（三）萨维尔街第一家裁缝店

萨维尔街的历史最早可以追溯到1806年亨利·普尔公司的成立。从此，它开启了英国裁缝业的光荣传统。事实上，裁缝业的金色大道是由一些安静的小道纵横交错构成，把瑞准街、邦德街和包括老伯林顿街、科克街和萨维尔街分成两大购物区。这些街道曾经是医生的居住地，后来他们迁到北部。与此同时，19世纪期间，裁缝师们搬了进来。这个地区很快就获得了世界男士风尚之地的称号，而且至今仍被人传唱。1806年，詹姆士·普尔是从萨洛普地区来到伦敦，在布鲁士维克地区的艾弗雷特街，开了第一家亚麻面料店。一个偶然的机会，由于拿破仑从厄尔巴岛逃出来，詹姆士·普尔加入克劳伯志愿军，成为军队设备供应师。虽然没有经验，然而滑铁卢时期，詹姆士和他的妻子负责裁剪和缝制束腰上衣，技术精湛，因此获得了大量的订单，并开了一家为军队服务的裁缝店。到1822年，他已经在瑞准街开了一个大商店。一年后，将总部开设到了毗邻萨维尔街的老伯林顿街4号。

1846年，詹姆士的儿子亨利就在这里继承了他的事业，并获得了更高的声誉，在英国定制业历史上留下了不可磨灭的印记，开启了英国萨维尔街西服定制的悠久传统。在父亲的工作间里，亨利从学徒做起，也获得了与顾客接触的机会。在继承普尔的同时，他很快开始扩大规模，在正对着萨维尔街的地方，建造了富丽堂皇的展厅。亨利对新店满怀热情，把它打造成高雅的意大利风格会馆，提供给年轻人和新兴贵族见面用。很快这家新店人气很旺，人们蜂拥而至，定做酒瓶绿猎装和深紫红色的宫廷服（普尔家族设计的）（图9-53）。

图9-53 亨利·普尔定制

普尔不仅得到了时尚男士的认可，而且还为其他行业人士服务，包括银行家罗斯西德、莱委、拜荣、蒙特菲洛。他的顾客中后来成为法国君主的拿破仑亲王。亨利和他的朋友罗斯西德、拜荣提供给拿破仑1万英镑（相当于现在的几百万欧元）。当拿破仑最后成为皇帝时，亨利·普尔成为地位显赫的皇家裁缝，并获得许多皇室证书。后来，维多利亚皇后颁发给亨利·普尔皇室制服授权书。这个荣誉的授予一直延续到伊丽莎白二世（图9-54）。

图9-54 皇家裁缝亨利·普尔

在1860年，亨利·普尔为在桑德灵厄姆参加非正式宴会的威尔士亲王设计了一套无尾晚礼服（或称为男子晚间在家穿的便服）。1886年，纽约塔克西多俱乐部的詹姆士·波特来伦敦游览，随后他受到了王子的接见并在桑德灵厄姆度过了一周的时间。詹姆士·波特被建议应该有一件由王子的裁缝师亨利·普尔制作的无尾晚礼服。当波特一行人回到纽约，波特先生很自豪地穿上他新的无尾晚礼服出现在塔克西多俱乐部。不久，其他成员也开始纷纷效仿，并穿着无尾晚礼服来参加俱乐部的“男性社交晚会”（图9-55）。

不久，当亨利·普尔成为威尔士亲王的裁缝师后，更多的皇室成员开始青睐亨利·普尔。此后，普尔成为皇室服装的主要供应者。到1870年中期，亨利·普尔给他的顾客留下印象最深的是“老普尔”这个伦敦协会。它更像可以品尝法国红葡萄酒和德国霍克酒、吞吐波利雪茄的俱乐部，而不是一个用价格昂贵的短绒装饰的商店。亨利·普尔成为一个活的传奇，一个男装的仲裁者。

（四）萨维尔街全定制特征

图9-55　男士无尾半正式晚礼服

萨维尔街裁缝意味着英国裁缝街的手艺，被认为是在伦敦裁缝街指定的一种限量手工定制。萨维尔街的定制男装被称为“男装之王”。萨维尔街的时尚态度是保持经典，永远年轻。萨维尔街维持了跨世纪的声誉，重要的原因是在几代人的经营中，许多店铺的基本结构能够保持不变。尤其是这些店里没有专门的销售人员，当客人打电话来的时候，接起电话的都是裁剪师或裁缝本人。

1.市场特征

萨维尔街聚集了世界最顶尖的裁缝，这里也成为高级定制男装的圣地。“高贵的现代感”是萨维尔裁缝街的规则。“全定制”一词就起源于萨维尔街，虽然英国今时不同往日，但曾经的日不落帝国引领了整个欧洲的定制风潮，瘦死的骆驼比马大，在萨维尔街的54家裁缝店里仍能找到最地道的全定制服务。

萨维尔街对传统工艺和服饰文化的尊崇及秉承是极高的。经典是需要时间和耐心才能打磨出来的。在萨维尔街做学徒，制衣最少学5年，做裤子需要3年，而要成为大师级人物，则需要一生的时间。

机器生产一件成衣只需不到一个小时，而萨维尔街的定制服装平均需要52个小时的手工，中间还要经过3次试穿，从下单到交货起码3个月。

萨维尔街的裁剪大师们对于制衣细节的要求更是精益求精，除了普遍的制衣规则之外，他们制定了21条萨维尔街独有的技术指标。很多传统的制衣工艺在萨维尔街以外的其他地方早已失传，因而在那里你会听到许多外人完全不懂的“萨维尔街方言”，这正是萨维尔街的神秘和骄傲的来源。

除了精湛的手工，萨维尔街的衣服材质绝对堪称上乘，某些衣料在其他地方也是看不到的。萨维尔街对客户提供的服务如同“英式管家”般细致和贴心。他们愿意乘飞机到世界上的任何一个角落为客户提供试衣服务，只要你方便，他们甚至乐意在你中转的机场等你。客户只要在萨维尔街做过一次衣服，他的板型便会被终生保存。某些店家和顾客是几代人的交情，这其中的情感都在一针一线里了。

2.手工工艺的特殊性

手工绱肩、手工绱袖可以在板型非常修身的情况下给肩部和胳膊活动的空间，这是机器制作的西服难以达到的。特殊手针针法缝制的每片里布的接缝处都可以根据人的活动而有少量的伸缩，这是缝纫机万万做不到的。而且有经验的老师傅手工锁的扣眼远比机器锁的扣眼立体、美观，更重要的是可以让穿着者单手系扣子、解扣子更加轻松，这些细节如果你没有穿过是难以体会的。毕竟让扣子容易解开或者扣上不是把扣眼做大一点那么简单（图9-56、图5-57）。

图9-56　萨维尔街定制西服的手工工艺

图9-57　萨维尔街定制西服的缝制特殊手法

一人一板，即裁缝会根据客人的体型专门裁剪出一个板型（图9-58），而不是像国内定制裁缝店根据现有板型进行修改调整（套码或推板）。

图9-58　一人一板

萨维尔街定制西服会用牛角扣，不像大多数成品西装用树脂扣，萨维尔西装的扣子必须是某种动物的角磨制成的，这是品质的象征（图9-59）。

图9-59　采用牛角扣

所有的扣眼都是手工锁的，袖口纽扣的下面要开真扣眼（图9-60）。

图9-60 手工锁扣眼

条纹或者格子面料的西装非常注意对条、对格，比如上衣兜盖上的条纹和兜盖上方的条纹都要对好，身上的格子和袖子上的格子要一致（图9-61）。

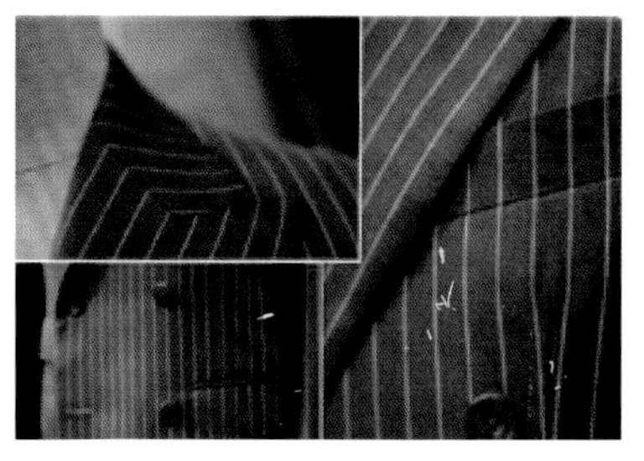

图9-61 对条对格西装

萨维尔街西装秉承英国传统，强调合体、修身和线条感。往往肩部稍宽，腰部收紧，上身呈沙漏型。装较薄的垫肩使肩部线条自然，且袖窿上提为手臂提供足够活动空间。

萨维尔街的西装款式之多是其他各国西装所不能比的。比如裤子就有上千种款式变化供选择；上衣常常在口袋上有变化，比如把两个口袋做成斜的或者在右侧加一个票袋。裤子则喜欢设计成无省或两个省。

（五）萨维尔街的工匠精神：裁缝师

工匠精神是指工匠对自己的产品精雕细琢、精益求精的精神理念（图9-62）。萨维尔街上的高级定制是如何体现工匠精神的？一人一板，用牛角扣，秉承英国传统的裁剪；萨维尔的成衣也都是手工制作的；全定制一套西装，一般要4～12周的时间，中间经历3次试穿和调整；每件萨维尔出品的全定制西装，制作工时需40个小时，95%用手工完成（图9-63）。

图9-62 萨维尔街的西装款式

图9-63 上百年的传统工艺

1.从顶针用法学起的裁缝

成为萨维尔街的裁缝，首先要做3～5年学徒，成为高级裁缝则需整整10年。每个学徒都会被分配一个导师，从顶针和剪刀的用法开始，如何使用顶针、针脚怎么缝、布料怎么裁（图9-64）。学完缝领子，接着学安装袖子、缝制袖子、精确地剪裁出能缝制一件外套的布料、缝制衬里、缝表袋（而不毁掉整件衣服的轮廓）、钉扣子、做扣眼、缝制不同面料（天鹅绒、粗花呢、马毛和帆布）的技巧、缝制不同类型的西服（燕尾服、晨礼服和夹克）等。

图9-64 萨维尔街裁缝

2.首位获英国金剪刀奖的亚洲人：全英梅

全英梅是唯一获得“定制界的奥斯卡”金剪刀奖的亚洲人，也是萨维尔街上12家高级定制服装店中的一家——威尔士与杰夫里（Welsh & Jefferies）的高级裁剪师和公司董事。2011年，全英梅凭借一道工序都不差的出色功力，成功获得了有“裁缝界奥斯卡”之称的金剪刀奖。由于这个奖项从创立以来就从来没有任何亚洲人得过第一名，当时英国几乎所有知名媒体都对这位“中国女裁缝”进行了报道。全英梅认为：“全定制西装最基本的标准是不能在衣服外部看到车线，扣眼周围的线均为手工缝制。”完成一套全定制西装至少需要50个小时。2000年，18岁的全英梅刚刚高中毕业，她离开家乡到英国留学。在朋友的推荐下，进入萨维尔街的一家名叫基尔戈（Kilgour）的服装店做学徒（裁缝）。

全英梅现在工作的服装店威尔士与杰夫里以帮威尔士亲王做军装著称，丘吉尔年轻时也在这里做过军装。老板克莱尔把全英梅招进来，原因是她是真正从裁缝学起的人。完成一套全定制西装需至少50个小时，经7人之手，客人往往需要等待两三个月。为了量体裁衣，裁缝们需要测量50多处地方，记录顾客的身高、肌肉形状、体型等细节。2011年，全英梅以一件完美剪裁的女式大衣捧得“金剪刀奖”。她用一匹老羊毛料子做了一件女式大衣。看上去其貌不扬，但难度在于这件衣服是8片剪裁，在考虑腰线、胸线等剪裁的基础上，还必须考虑如何让布料上的复杂图案完全有序地衔接。只有一块料子，一刀剪错了，就再也没法找到第二块出现在相同位置上的相同花纹了（图9-65）。

图9-65　全英梅及其作品

（六）英国时装协会（British Fashion Council）

英国时装协会（BFC）是一个非营利组织，旨在通过利用和分享该行业的集体知识、经验和资源，进一步提高英国时装业及其设计师和企业的利益。协会总部设在伦敦，成立于1983年，BFC由工业赞助人、商业赞助商、伦敦市长和欧洲区域发展基金在内的政府资助。它通过创造性的影响力引领行业，并在战略上重新定位英国时尚在全球时尚经济中的地位。

英国时装协会向包括新闻界和买家在内的国际观众展示了英国最好的时尚设计。它让设计师们有机会在海外宣传自己，还将设计师带到国际主要市场；组织英国时尚奖，每年在行业内举行卓越庆典和伦敦时装周；通过支持计划帮助设计师在各个业务阶段发展；经营和拥有慈善机构，包括BFC/Vogue设计师时尚基金、BFC时尚信托基金、时尚艺术基金会和BFC威尔士公主慈善信托基金。其主要事件包括：伦敦时装周、伦敦男装时装周、时尚大奖、伦敦陈列室、伦敦时装秀、时尚论坛等。

第四节　英国、意大利西装的风格特征及差异

一、英式和意式的全定制风格（表9-3）

英式风格包括典型的萨维尔街式（Savile Row）、英国骑士式

（The English Equestrian）、英国垫肩式（The Drape）。典型的传统英式西装，整个肩部形状很窄，内含垫肩线条却柔和不死板，稍向下的肩部线条也取代了常见的生硬感。英式西裤有修饰臀型的作用，无论是否翻边，宽度适中的腿部裁剪让坐下或者步行时能很好地贴合腿型。意式风格包括罗马式（The Classic Roman）、柔罗马式（Soft Roman）、拿坡里式（The Neapolitan）。意大利西装腰部的线条比较宽松，肩垫更厚，前襟缝扣位置和驳头位置比萨维尔街式高，后背一般没有开衩，用色方面更加大胆鲜艳。

表9-3　英、意高级定制西服比较

全定制风格	风格分类	细节特征	图片
英式	萨维尔街式	肩宽腰紧，垫肩较薄，身后双开衩，胸衬部分加厚	 高领嘴 自然肩 驳头略呈弧形 饱满的胸 高腰，针状收腰 下摆较开
	英国骑士式	裁剪简洁、贴身，整体造型宽大	 较宽肩幅 硬挺的衬布 单扣 斜插口袋 下摆开而长
	英国垫肩式	整体裁剪比较柔和，在前胸、肩幅加上一片额外的布料，前胸有着显著的波浪起伏感	 微微下落的肩线 肩宽比实际肩大1/4～1/2英寸 1.3厘米，低腰 前胸加多大约2.5厘米的布料 下摆靠近身体，比较收敛

续表

全定制风格	风格分类	细节特征	图片
意式	罗马式	风格硬朗，垫肩极厚、胸衬坚挺，线条简洁干净，完全合身	 驳头位置较低较 袖头略高 单排3粒扣 口袋小巧
	柔罗马式	是罗马式的改良，肩部的处理上更加柔和	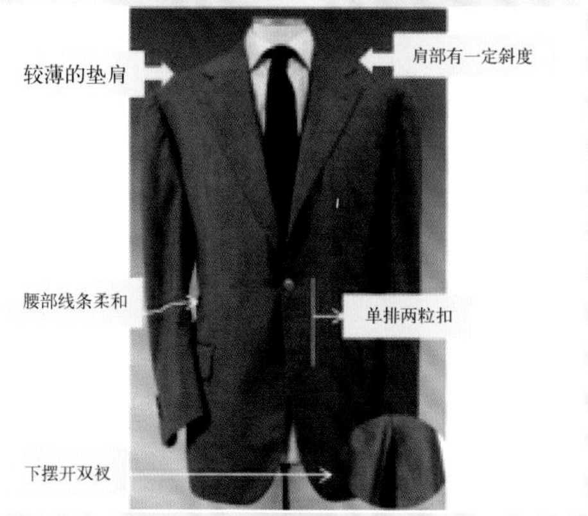 较薄的垫肩 肩部有一定斜度 腰部线条柔和 单排两粒扣 下摆开双衩
	拿坡里式	肩头更圆、更轻松，略有褶皱	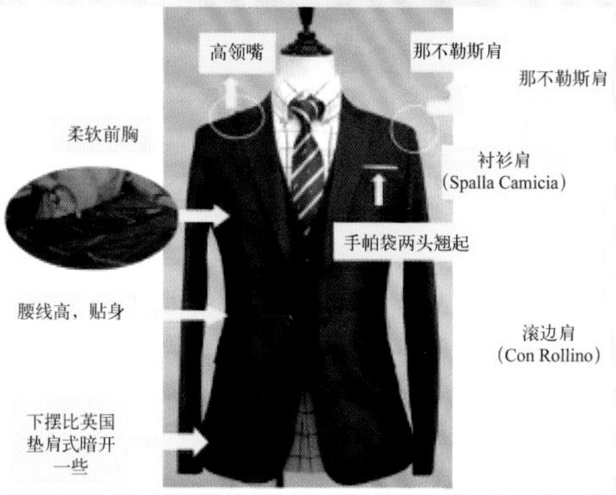 高领嘴 那不勒斯肩 那不勒斯肩 柔软前胸 衬衫肩(Spalla Camicia) 手帕袋两头翘起 腰线高，贴身 滚边肩(Con Rollino) 下摆比英国垫肩式暗开一些

二、以萨维尔街式和意式为例进行比较（表9-4）

表9-4　萨维尔街式与意式风格比较

	萨维尔街式	拿坡里式
剪裁	贴身，收腰，轻微垫肩	腰部的线条比较宽松，肩垫更厚
领圈	较低	较高
开衩	两边开衩	无开衩
驳头	较低	整体上更高
胸垫	较薄	较厚
口袋	多为斜口袋	多为直口袋

图9-66 萨维尔街男西装

1.萨维尔街男西装剪裁

萨街男装剪裁比较贴身，收腰，轻微垫肩很明显。比如布鲁克斯兄弟（Brooks Brother）家的躯干部分更加宽松一些，而亨茨曼（Huntsman）腰部的线条比较修身（图9-66）。

2.萨维尔街男西装——胸垫较厚

萨维尔街男装胸垫都比较厚，这与英国的气候有着很大的关系。由于气候湿冷，为了保暖，英国人所采用的面料一般克重都比较大，而且加厚胸垫也可以让人显得更加魁梧（图6-67）。

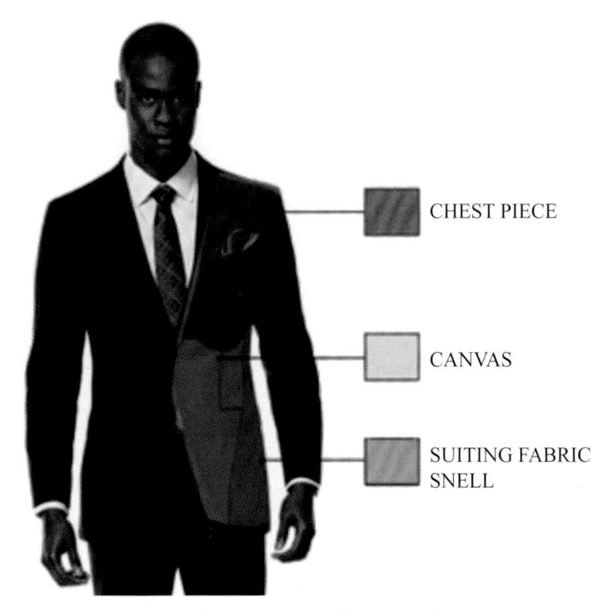

图9-67 萨维尔街男西装胸垫示意图

3.萨维尔街男西装——两边开衩（图6-68）

4.萨维尔街男西装增设票兜（图6-69）

图9-68 萨维尔街开衩男西装

图9-69 萨维尔街男西装票兜细节

5.萨维尔街男西裤高腰多省，有很多的双省裤（图6-70、图6-71）

意大利的情况与英国有着很大的不同，谈及英国的男装，一般只会想到萨维尔街这一个地方。但是在意大利，罗马、米兰、那不勒斯和西西里有着不同风格的剪裁。

图9-70　男西裤对比

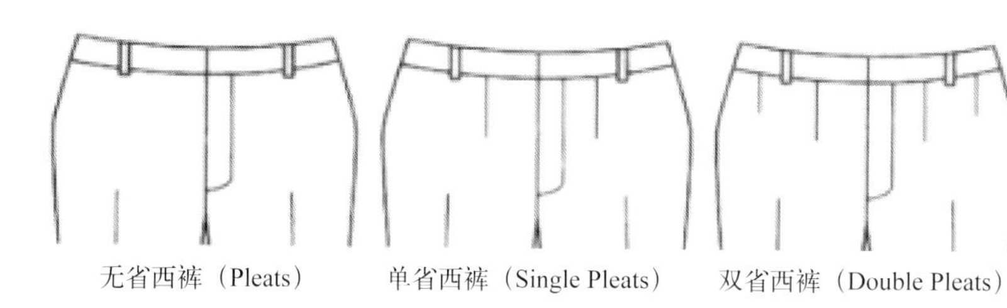

图9-71　男西裤省道示意图

1.在板型上，比起萨维尔街男装，意大利男装腰部的线条比较宽松，肩垫更厚（图9-72）。

2.意大利西装的领圈线更高一些，通俗地说就是萨维尔街西装的第一颗扣子在意大利西装两颗或者三颗扣子的中间（图9-73）。

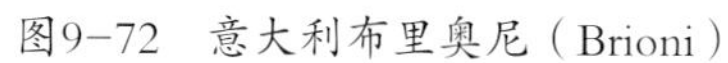

图9-72　意大利布里奥尼（Brioni）

图9-73　男西装领圈对比

3.意大利西装后背一般没有开衩（图9-74）。

4.意大利西装的驳头整体上更高一些（图9-75）。

图9-74　布里奥尼（Brioni）与亨利·普尔（Henry&Poole）不开衩男西装

图9-75　意大利与萨维尔街西服驳头对比

意大利式西装口袋

萨维尔街式西装口袋

图9-76　意大利与萨维街西装口袋对比

5.意大利西装多是直口袋而非斜口袋，而萨维尔街式西装多为斜的口袋样式（图9-76）。

6.意大利西装下摆收的比较紧（图9-77）。

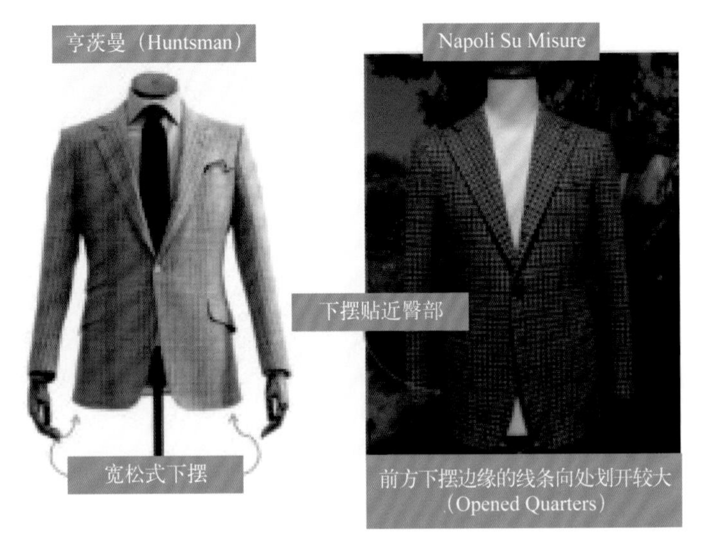

图9-77　西装下摆对比图

7.意大利西装有着独特的衬衫袖（Spalla Camicia）（图9-78）。

垫肩在那不勒斯和西西里地区的西装中也经常出现，是萨维尔街常见技法，如美国常见的“袋型常服”（Sack Suit）的肩部。但衬衫袖可以使得肩部的线条更为自然，多见于拿坡里西装中。

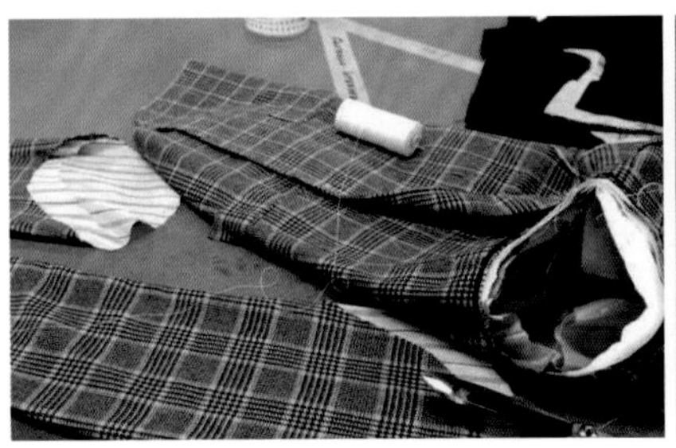

图9-78　独特的衬衫袖

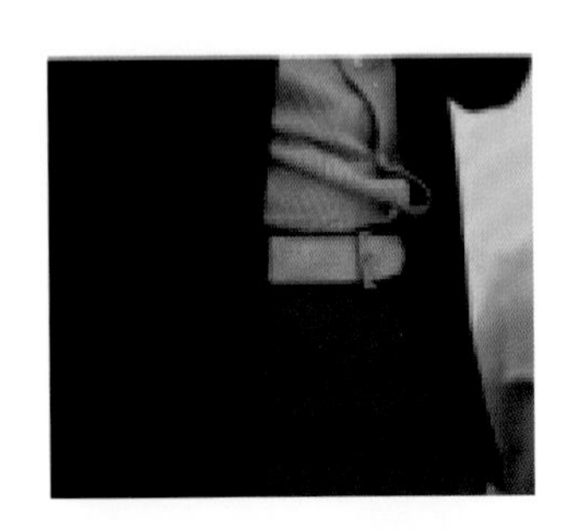

Hopsack Blazer红西裤

意大利式红西裤

图9-79　意大利亮色西装

8.较之于萨维尔街西装，意大利西装在配色上更为鲜艳而明亮（图9-79）。

三、英国与意大利西服差别化原因

1.自然原因

为什么英国人用克重大的面料？因为冬天的伦敦很冷。厚实一些的西装可以让英国人春秋穿三件套出门而不用大衣。为什么意大利南部西装把衬里做得尽可能薄？因为夏天地中海地区真的很热。

2.历史原因

萨维尔街男装的垫肩事实上是军装留下来的传统。号称萨维尔街第一家的君皇仕（Gieves&Hawkes）以前就是做军装的。而萨维尔街男装中常见的票兜（Ticket Pocket），是两个世纪以前设计用来装剧院票的。

3.文化原因

意大利人似乎是非常注意线条的。在他们的西装中，领圈线被拉得更高来塑造躯干的线条。因为意大利的人们更加崇尚自由，这与英国一直推崇的“绅士文化”“骑士精神”截然不同，所以这也造就了两者西服在款式、色彩细节上的差异（图9-80）。

图9-80　英国绅士文化与意大利式文化区别

小结

在传统社会向现代社会转型的过程中，工业化极大地节约了人力与时间，使得传统手工赖以生存的物质基础和文化基础受到了极大的动摇，手工定制逐步地被机器所替代。然而，手工是蕴含人类文明之始的工艺文化，本质上讲，手工是一种满足人的物质及精神生活需要的造物艺术。从时装的起源到现代商业的发展，随着时代变迁，由起源到鼎盛、由衰落到重生，高级定制历史随着社会变化而变化。高级定制曾经是一种高贵血统的象征，如今它已经被转化为财富地位的消费品。其定制文化源于意大利、法国、英国等发达国家，迄今高级定制依旧可以存在于现代社会中，有它相应的价值，因为它不仅仅是一件华丽的衣服，更是蕴含着整个时装历程的演变与发展。在全球高级定制的发展历程中，法国高级时装、英国高级定制的绅士文化和意大利那不勒斯等风格的留存都为本国文化的传承做出了巨大的贡献。

参考文献

[1] 亚力克·福奇 (Alec Foege). 工匠精神：缔造伟大传奇的重要力量[M]. 罗永浩译. 杭州：浙江人民出版社，2014.

[2] Mo J，Sigit A，Myers K. Development of a product model for manufacturing planing and coutrol in a made-to-order business[J]. Journal of Manufacturing Technology Management，2009(20):97–112.

[3] 秋山利辉. 匠人精神[M]. 陈晓刚译. 北京：中信出版社，2015.

[4] 根岸康雄. 精益制造028：工匠精神[M]. 北京：东方出版社，2015.

[5] 亚历山大·奥斯特瓦德，伊夫·皮尼厄. 商业模式新生代[M]. 毛帅，等译. 北京：机械工业出版社，2011.

[6] 刘丽娴，郭建南，任力. 中国高级定制服装的发展趋势[J]. 艺术与设计，2008(8):206–208.

[7] 赵方方. 定制产品制造过程质量控制与诊断方法研究[D]. 天津：天津大学，2010.

[8] 朱伟明，彭卉. 中国定制服装品牌格局与运营模式研究[J]. 丝绸，2016，53(12):36–42.

[9] 张祥. 顾客化定制中的顾客参与研究[D]. 武汉：华中科技大学，2007.

[10] 刘智博. 定制服装设计研究[D]. 上海：东华大学出版社，2006.

[11] 沈铖, 刘晓锋. 品牌管理[M]. 北京：机械工业出版社，2009.

[12] 陈荣富，胡蓓. 即时顾客化定制[M]. 北京：科学出版社，2008.

[13] 朱伟明，谢琴，彭卉. 男西服数字化智能化量身定制系统研发[J]. 纺织学报. 2017，38(04):151–157.

[14] 刘丽娴，郭建南. 定制与奢侈：品牌模式与演化[M]. 杭州：浙江大学出版社，2014.

[15] 朱伟明，杜华伟，刘胜. 嵌入全球价值链的中国纺织服装业升级路径研究[J]. 浙江理工大学学报，2007 (03) : 292–296 .

[16] 曹静平. 中国高级定制时装现象探析[D]. 南京：南京艺术学院，2013.

[17] 许才国，鲁兴海. 高级定制服装概论[M]. 上海：东华大学出版社，2009.

[18] 邹平. S形轨迹归拔工艺原理与技巧[J]. 纺织导报，2004(01):46–49.

[19] 叶润德，周永凯. 服装立体整烫工艺的研究[J]. 北京服装学院学报（自然科学版），1992(02):47–53.

[20] 孔繁薏. 中国服装辅料大全[M]. 北京：中国纺织出版社，1998.

[21] 周璐英. 高档西装衬的研制[J]. 北京纺织，1993(2):30–40.

[22] 衫山. 男西装技术手册[M]. 北京：中国纺织出版社，2002.

[23] 沈从文. 中国服装史[M]. 西安：陕西师范大学出版社，2004.

[24] 尹芳丽. 企业化西装定制纸样设计自动生成系统专家知识研究[D]. 北京：北京服装学院，2013.

[25] 于芳. 三维服装设计与虚拟试衣[J]. 数字技术与应用，2014(02):178–180.

[26] 李靖，周莉. 大数据时代下的服装定制模式分析[J]. 纺织科技进展，2016(7):52–55.

[27] 马东梅. 基于大数据时代的机遇与挑战[J]. 科技展望，2015，25(16):21.

[28] 陈万丰. 萨维尔街: 红帮服装文化的主要源头——英国伦敦裁缝街考察记[J]. 浙江纺织服装职业技术学院学报，2012，11 (03): 55–58.

[29] 刘云华. 红帮裁缝研究[D]. 苏州：苏州大学，2008.

[30] 季学源，陈万丰. 红帮服装史[M]. 宁波: 宁波出版社，2003:27–30.

[31] 刘云华，缪良云. 红帮裁缝源流小考[J]. 纺织学报，2008，29(4): 104–107.

[32] 胡晶，张彦山. 根植于传统的创新之路红都：永远年轻的老字号[J]. 纺织服装周刊，2012(07):62–63.

[33] 孟杨. 老字号品牌延伸战略启动“红都”全力推出政务休闲装[J]. 纺织服装周刊，2006(20):37.

[34] 万成源. 红帮：一个具有历史性贡献的裁缝群体[J]. 浙江纺织服装职业技术学院学报，2007(01):46–50.

[35] 秦秋香. 隆庆祥公司大客户营销策略研究[D]. 郑州:郑州大学，2010.
[36] 许檬檬. 恒龙：聚焦数字化定制[J]. 纺织服装周刊，2014(11):55.
[37] 胡长鹏. 西装纸样设计智能生成系统数字化研究[D]. 北京：北京服装学院，2010.
[38] 王永建. 面向MTM的温州某服装企业西服大批量定制集成平台研究[D]. 杭州：浙江理工大学，2010.
[39] Geisen G R, Mason C P, Houston V L, et al. Automatic detection, identification, and registration of anatomical landmarks from 3D laser digitizer body segment scans[C]//Engineering in Medicine and Biology Society:Vol 1.IEEE 17th Annual Conference，1995，39(11):403−404.
[40] J Q Feng，L Z Ma，Q S Peng. A new free-form deformation through the control of parametric surfaces[J]. Computers&Graphics，2002，20(4):531−539.
[41] 任邯丽. 浅析红都服装店经营特点[J]. 商业经济，2007(06):64−66.
[42] 季学源，钟正扬. 中国服装界的“国家队”：北京红都服装公司[J]. 浙江纺织服装职业技术学院学报，2011(01):40−45.
[43] 方金，任立红，丁永生，等. 一种采用单照相机的三维人体测量方法[J]. 东华大学学报（自然科学版），2010，36(05):536−540.
[44] 尧燕玲，陈永强，陈君. 基于人体切片的人体特征尺寸提取[J]. 山东纺织经济，2010(05):80−82.
[45] 王艳辉，刘瑞璞，邱佩娜. 西装纸样设计中的专家知识及数字化实现[J].北京服装学院（自然科学版），2010，30(03):10−17.
[46] 夏明. 基于MTM的男上装样板快速生成系统研究[D]. 上海：东华大学，2006.
[47] 时延文. 基于男西装e-MTM生产形态的三维人体数据库的建立[D]. 上海：东华大学，2010.
[48] 徐春阳. 特殊体型数字化服装定制系统[D]. 上海：东华大学，2012.
[49] 唐光海. 基于互联网的大规模集成定制信息系统构建与应用实现——以制式服装定制为例[J]. 当代经济，2014(02):146−147.
[50] 陈雪颂. 设计驱动式创新肌理与设计模式演化研究[D]. 杭州：浙江大学，2011.
[51] 何亚男. 论男装品牌中的面料管理[J]. 现代营销（学苑版），2013(09):38.
[52] 赖松. 用面料撑起男装品牌[J]. 纺织服装周刊，2010(11): 64−65.
[53] 王勃. 服装高级定制的创新和面料发展[J]. 技术与市场，2015，22(01):162.
[54] 周俊豪. 高级定制结构的创新[J]. 中国制衣, 2014(07): 18−19.
[55] 曹雅丽. 服装高级定制将借力数字化[N]. 中国工业报，2014(8): 12−16.
[56] 于学凡. 男装设计的语言——面料与色彩[J]. 黑龙江纺织，2005(01): 41−43.
[57] 黎蓉. 浅谈服装面料与服装品牌经营[J]. 毛纺科技，2006(04): 57−58.
[58] 巴研，冯素杰，于述平. 进口服装面料解析——解开进口面料的神秘面纱[J]. 新西部（下半月），2007(11): 237.
[59] 严巍. 中国服装面料现状与发展战略[J]. 山东纺织经济，2000(06): 18−21.
[60] 毛艺坛，傅师申. 面料与品牌相结合是发展服装品牌的必由之路[J]. 丝绸，2008(07): 8−11.
[61] 蔡倩，邵蔚. 面料企业“试水”高级定制[J]. 纺织服装周刊，2014(26):18−23.
[62] 邢声远. 服装面料的选用与维护保养[M]. 北京：化学工业出版社，2007.
[63] 许同洪，顾平. 国内外羊毛西装面料加工性能的比较[J]. 江南大学学报（自然科学版），2009，8(04):453−456.
[64] 蔡倩. intertextile秋冬面辅料展 劲刮面料定制风[J]. 纺织服装周刊，2015(35):18−19.
[65] Walker R. The Savile Row Story and Illustrated History[M]. London：Prion Multi-media Book, 1998.
[66] Ross F. Refashioning London’s bespoke and demi-bespoke tailors:new textiles, technology and design in contemporary menswear[J]. Journal of the Textile Institute，2007，98(03):281−288.
[67] 王翔，唐可心. 定制，平台化操作谋未来[J]. 纺织报告，2016(04):11−12.

[68] 路妍. 工业4.0下的男装定制[N]. 中国纺织报，2015-06-26(005).
[69] 齐元勋. 定制浪潮[J]. 中国服饰，2015(05):36-37.
[70] 阮晓东. “互联网+”助推纺织服装转型[J]. 新经济导刊，2015(09):18-22.
[71] 吴强. 互联网+时代制造业发展战略研究[J]. 湖南城市学院学报（自然科学版），2016，25(04):146-147.
[72] 李露，谢红. 基于O2O模式的服装网络定制研究[A]. 中国服装机械，2013:57-61.
[73] 冯宪. “互联网+”与服装定制创新[J]. 浙江纺织服装职业技术学院学报，2015，14(04):38-41.
[74] 凯瑟琳·王，张浩. 服装网络定制营销模式探讨[J]. 电子商务，2015(06):41-42.
[75] 薛豪娜. 互联网背景下的定制营销探析[D]. 合肥：安徽大学，2007.
[76] 李露. 服装O2O网络定制系统研究与开发[D]. 上海：上海工程技术大学，2015.
[77] 闫冬，胡守忠. 网络服装定制的消费意向及营销对策研究[J]. 北京服装学院学报（自然科学版），2014，34(01):43-48.
[78] 徐健健. 男装品牌延伸策略分析与实例研究[D]. 杭州：浙江理工大学，2013.
[79] 张文悦. 基于CIS系统的职业装小批量定制设计研究[D]. 上海：东华大学，2013.
[80] Walker R. The savile row story and illustrated history[M]. London：Prion Multi-Media Book, 1998.
[81] Francesca M. Demi-couture :welcome to the crazy world of fashion latest trend[N]. Daily Mail，2006(02).
[82] 姜军. 高级定制，引领男装新趋势[J]. 中国纤检，2013(08):58-59.
[83] 刘丽娴，曾莉. 中国近现代时装定制业的现状与发展分析[J]. 艺术与设计(理论)，2011，2(10):108-110.
[84] 梁佳韵，黄静. 浅论品牌定制服务[J]. 商Business，2015(47):112-113.
[85] 宋艳梅. 男装品牌延伸策略研究——以宁波地区为例[D]. 杭州：浙江农林大学，2013.
[86] 吴越. 男装定制业消费现状与对策研究——以北京地区为例[D]. 长春：东北师范大学，2014.
[87] 郑晶. 中国男装高级定制品牌存在的问题与应对策略研究[J]. 毛纺科技，2015，43(12):60-66.
[88] 刘丽娴. 基于动态多维定位的定制服装品牌设计模式研究[D]. 上海：东华大学，2013.
[89] 刘丽娴. 定制服装的品牌模式研究[J]. 丝绸，2013，50(03):71-74.
[90] 王一粟. 高级定制服装品牌的整合营销策略研究与实践[D]. 杭州：浙江理工大学，2015.
[91] 唐競喆. “轻定制”中高端品牌服装可持续性发展的应用研究[D]. 杭州：浙江理工大学，2014.
[92] 黄灿艺. 面向客户化的成衣定制的特点与趋势[J]. 山东纺织经济，2010(01):76-77.
[93] 杨阳. 基于消费者行为的我国男装在线定制营销策略探究[D]. 北京：北京服装学院，2015.
[94] 吕斌. 职业服装生产企业营销策略研究[D]. 北京：华北电力大学，2008.
[95] 白柳，李栋. 我国职业装行业发展的优劣势分析[J]. 淮南师范学院学报，2014，16(06):43-46.
[96] 郭庆红. 谈职业装的三个特性——实用性 艺术性 标识性[J]. 山东纺织科技，2005(01):28-30.
[97] 林雁，蒋晓文. 浅谈职业装的时尚化发展趋势[J]. 新西部，2010(12):108-123.
[98] 孙洪芹. 基于面料的新职场男装品牌形象个性化塑造策略研究[D]. 西安：西安工程大学，2013.
[99] 江波. QZB公司职业装营销战略研究[D]. 广州：广东工业大学，2013.
[100] 阿杜. 规范职业服装标准 推动职业服装定制[J]. 时尚北京，2013(07):253.
[101] 刘甜甜. 中国高级定制服饰的现状与发展研究[D]. 苏州：苏州大学，2013.
[102] 贺华洲，陈彬，贺荣洲. 品牌个性在商务休闲男装品牌设计中的价值体现[J].山东纺织经济，2009(06):88-90.
[103] 贺华洲. 商务休闲男装品牌个性与产品风格一致性设计研究[D]. 上海：东华大学，2010.
[104] 何利利，刘静伟. 探析国内商务休闲男装设计特点及其发展趋势[J]. 现代装饰（理论），2014(09):78.
[105] 杨倩. 我国男式休闲正装的实用功能研究[D]. 大连：大连工业大学，2010.
[106] 孙立民. 我国男装品牌发展策略研究[D]. 北京：北京交通大学，2013.
[107] 葛凌桦，郭建南，朱伟明. 国内中高档商务休闲男装品牌评价体系[J]. 纺织学报，2011，32(12):124-127.
[108] 葛凌桦. 国内中高档商务休闲男装品牌评价体系研究[D]. 杭州：浙江理工大学，2011.

[109] 刘丽娴，陈雨康，陈诺，等. 基于奢侈服装品牌模式分析的本土服装品牌演化[J]. 丝绸，2015，52(10):76–80.

[110] Prahalad C K，Ramaswamy V. Co-opting customer competence[J]. Harvard Business Review，2000，78(1):79–90.

[111] Syam N B，Ruan R. On customized goods, standard doods, and competition[J]. Marketing Science，2006，25(5):525–537.

[112] 曾楚宏，吴能全. 企业模块化思想研究评述[J]. 科技管理研究，2006(7):110–113.

[113] 尚淼. 模块化设计思想在工业产品造型设计中的运用[J]. 包装工程，2007(04):96–98.

[114] 刘晓刚，曹霄洁，李峻. 品牌价值论[M]. 上海：东华大学出版社，2010.

[115] 菲利普·科特勒，等. 要素品牌战略：B2B2C的差异化竞争之道[M]. 李戎，译. 上海：复旦大学出版社，2010.

[116] Pine B J，Peppers D，Rogers M. Do you want to keep your customers forever?[J]. Harvard Business Rogers，1995，73(2).

[117] Desai K K，Keller K L. The effects of ingredient branding strategies on host brand extendibility[J]. Journal of Marketing，2002，66(1):73–93.

[118] 杨继绳. 中国当代社会阶层分析[M]. 南昌：江西高校出版社，2011.

[119] 克里斯·安德森. 长尾理论[M]. 乔江涛，石晓燕，译. 北京：中信出版社，2006.

[120] B. 约瑟夫·派恩，詹姆斯·H.吉尔摩. 体验经济[M]. 夏业良，等译. 北京：机械工业出版社，2002.

[121] 盛利．基于电子商务的服装规模定制研究[D]．天津：南开大学，2009.

[122] 曾新勇．电子商务企业发展面临的困境及未来发展趋势[J]．中国商贸，2014(26):84–85.

[123] 万晗．中山装：一个民族的文明记忆 访中山市华人礼服有限公司董事长陈文铸[J]．纺织服装周刊，2008(37):64.

[124] 许海玉，梁峥，余多，等. 西装面料如何选 且听企业怎么说[J]. 中国制衣，2008(1): 60–63

[125] 竹子俊. 中国服装业“蜕变”[J]. 中国对外贸易，2014(11):44–47.

[126] 徐芳兰. 中国奢侈品消费市场分析与探究——以男装行业为例[J]. 价格月刊，2014(02):76–78.

[127] 邵争艳. 上市公司可持续增长实证研究——基于后危机时代纺织服装类的思考[J]. 财会通讯，2014(09):53-55.

[128] 李雪，李硕. 雅派朗迪 定制出传奇[J]. 时尚北京，2013(06):30–32.

[129] 刘玉方. 雅派朗迪定制的生活方式[J]. 时尚北京，2013(05):84–85.

[130] 包晓盛，陈岩. 雅戈尔集团多元化战略研究[D]. 宁波：宁波大学，2014.

[131] 黄显兵. 雅戈尔民营企业发展模式研究[J]. 管理观察，2016(02):102–104.

[132] 崔德心. 雅戈尔服装业务的营销战略研究[D]. 上海：上海交通大学，2010.

[133] 于倩倩. 卡尔丹顿：一种服装品牌营销模式的终结[J]. 大经贸，2011(03):82–83.

[134] Prahalad C K, Ramaswamy V. Co-opting customer competence[J].Harvard Business Review，2000，25(01):79–90.

[135] Syam N B, Kumar N. On customized goods, standard goods, and competition[J]. Marketing Science，2006，25(5):525–537.

[136] 李浩, 朱伟明. O2O服装定制品牌顾客感知价值的差异研究[J]. 丝绸, 2015, 52(11):36–41.

[137] 朱伟明, 洪子又, 马阳. 男西装数字化个性定制与集成平台[J]. 江南大学学报(自然科学版), 2017, 2(5): 395–401.

[138] 周丽洁, 朱伟明. 国内商务休闲男装转型定制运营模式研究[J]. 经营与管理, 2017(12):148–151.

[139] 赵雅彬, 朱伟明, 卫杨红. 服装定制人体测量技术的研究[J]. 上海纺织科技, 2017(11):9–10.

[140] 朱伟明, 卫杨红. 互联网+服装数字化个性定制运营模式研究[J]. 丝绸, 2018, 55(5).

[141] 刘慧, 朱伟明. 基于智能制造的个性化牛仔服装定制商业模式[J]. 经营与管理, 2018(1):123–126.

[142] 朱伟明，卫杨红. 不同情景下服装个性化定制体验价值差异研究[J]. 纺织学报, 2018, 39(10): 115–119.

图片来源

图2-9、图2-10　诗阁官网（https://www.ascotchang.com/sc/home）
图2-11　红动中国（www.redocn.com）
图2-19　中商情报（www.askci.com）
图2-24　红领官网（www.redcollar.com.cn）
图2-31、图2-32　兰玉（LANYU）官网（www.lanyu.co）
图3-2～图3-7　诺悠翩雅（Loro Piana）品牌官网（cn.loropiana.com）
图3-8、图3-10～图3-13　杰尼亚中国官网（www.zegna.cn）
图3-17　海报网（www.haibao.com）
图3-18　idposter——online print store（https://idposter.com）
图3-19　日本乐天全球站（https://global.raknten.com）
图3-20　维达莱官网（https://vitalebar-beriscanonico.cn）
图3-21　马佐尼官网（www.marzoni.it）
图3-22、图3-23　REDA官网（www.reda1865.com）
图3-25　阿尔比尼官网（www.albinigroup.com）
图3-26、图3-27　蒙蒂官网（www.monti.it/en-eu）
图3-28　世家宝官网（https://www.scabal.com/en）
图3-29　多美官网（www.dormeuil.com/cn）
图3-30～图3-34　贺兰德＆谢瑞官网（apparel.hollandandsherry.com/en）
图3-35　全球纺织网（https://www.tnc.com.cn）
图3-37　www.dapu.com
图3-41　阿鲁姆官网（https://www.alnmo.ch/en）
图3-42～图3-45　江苏阳光官网（http://www.china-sunshine.com）
图3-46　山东如意官网（http://www.chinaruyi.com）
图3-47、图3-48　山东南山官网（ http://www.nanshanchina.com）
图3-49、图3-50　海澜集团官网（www.heilan.com.cn）
图3-52　圣凯诺官网（www.sancanal.com）
图3-53～图3-55　鲁泰纺织官网（www.lttc.com.cn）
图3-73　世家宝官网（www.scabal.com）
图4-7　YOKA时尚（http://www.yoka.com）
图4-21～图4-27　搜狐时尚（fashion.sohu.com）；《中国新时代》杂志新浪官方微博（http://blog.sina.com.cn/u/2120136150）
图4-37　奇敦（Kiton）品牌官网（kiton.it）
图4-49～图4-54　上海档案信息网（http://www.archives.sh.cn）
图5-4～图5-6　上海档案信息网（http://www.archives.sh.cn）
图5-8　W.W.Chan＆Sons Tailor官网（http://www.wwchan.com）
图5-10　中国服装网（http://news.efu.com.cn/newsview）
图5-11　中国服装网（http://news.efu.com.cn/newsview）
图5-14　上海档案信息网（http://www.archives.sh.cn）
图5-15　荣昌祥官网（http://www.china-rcx.com/page/histroy.html）
图5-16～图5-19　培罗蒙官网（http://www.baromon.com.cn）

图5-30～图5-32　诗阁官网（https://www.ascotchang.com/sc/home）
图5-34　W.W.Chan＆Sons Tailor官网（http://www.wwchan.com）
图5-34、图5-35　北京红都（http://www.bjhongdu.cn）
图5-37～图5-40　瑞蚨祥官网（http://www.refosian.com）
图5-45、图5-53～图5-56　杭州恒龙定制官网（http://www.hanloon.com）
图5-65、图5-66　华人礼服官网（www.chinesesuit.net）
图6-4　Bonobos品牌官网（http://bonobos.com）
图6-6、图6-7　Indochino品牌官网（https://www.indochino.com）
图6-9　J.希尔伯恩（J•Hilburn）品牌官网（https://www.jhilburn.com）
图6-12　Proper Cloth品牌官网（https://propercloth.com）
图6-13　American Giant品牌官网（https://www.american-giant.com/home）
图6-14　Trunk Club定制品牌官网（https://www.trunkclub.com）
图6-15　Edit Suits定制品牌官网（https://www.editsuits.com）
图6-24　埃沃品牌官网（http://www.iwode.com）
图7-13　搜狐网（www.sohu.com/a/70896759-265132）
图7-15、图7-17　报喜鸟品牌官网（http://www.baoxiniao.com.cn）
图7-19　报喜鸟微信公众平台定制板块
图8-6　优搜酷（YOUSOKU）品牌官网（http://www.yousoku.com/）
图8-10　北京雅派朗迪服装官方网站（http://www.bjupper.com/in.asp）
图8-22　威可多官网（http://www.vicutu.com.cn）
图8-23　MALL MAN定制周（https://m.tmall.com）
图9-3　维基百科（https://en.wikipedia.org/wiki/Charles_Frederick_Worth）
图9-4　www.worohparis.com
图9-5、图9-7　YOKA时尚网（http://www.yoka.com）
图9-6　香港版时尚芭莎官网（https://www.harpersbazaar.com.hk/fashion）
图9-10、图9-11　腾讯时尚（http://fashion.qq.com）
图9-13　搜狐时尚（fashion.sohu.com）
图9-14　时装资讯中心（http://news.ef360.com/Articles）
图9-17　凤凰时尚（http://fashion.ifeng.com）
图9-18　凤凰时尚（http://fashion.ifeng.com）
图9-22　搜狐旅游（travel.sohu.com）
图9-26、图9-27　搜狐时尚（www.sohu.com/a/151883735_479856）
图9-29　TOPMEN男装网（www.topmen.com.cn）
图9-36～图9-47　奇敦（Kiton）品牌官网（kiton.it）
图9-50、图9-51　中国服装网（http://news.efu.com.cn/newsview）
图9-53～图9-55　维基百科（https://en.wikipedia.org/wiki/Henry_Poole_&_Co）
图9-65　欧洲时报（http://www.oushinet.com）
图9-78　新浪博客（blog.sina.com.cn/s/blog_164b047db0102wzy0.html）
图9-80　搜狐教育（www.sohu.com/a/126835839_119033）
图9-81　Pitti Oomo春夏2016街拍（https://www.everydayabject.us）
附录图11　搜狐时尚（www.sohu.com/a/133025573_394020）

本书中所有合理的内容已做到有据可查，对所引用图片的版权所有者表示感谢，如果任何工作人员被无意中略去，出版者将在再版时竭力修正。

附录1　定制相关术语界定

1.Custom Made=Made to Order：定做的；非现成的；定制品

“定制”一词起源于英国萨维尔街，意思是为个别客户量身剪裁，让用户介入产品的生产过程。“定制”一词含有“为自己量身定做”的意思，与“DIY”（我自己的东西自己动手做）的意思相近，两者主体意思都是为“自己服务”。

2. Personalized Custome-made：个性化定制

个性化定制是用户介入产品的生产过程，将指定的图案和文字印刷到指定的产品上，用户获得自己定制的个人属性强烈的商品或获得与其个人需求匹配的产品或服务（图1）。

图1　个性化定制

3. Full Custom：全定制；全客户式；全客制化

全定制就是从头到尾的定制。它可以采用任何形式、任何形状、任何面料，通常是由两到三个裁缝手工制作。整个过程开始于对顾客需求的一次讨论，包括什么类型的西装适合、顾客对面料和风格的一些想法，以及顾客在什么场合穿等。然后根据之前记录的尺寸，用测量工具在纸上画出一套西装的模型并剪裁。再比照着这些纸模剪裁顾客事先选好的布料，中间要经过数次试穿并最终调整到理想状态（通常两到三次，但为了使衣服更合身可能会更多，图2）。

图2　凯瑟琳·萨金特（Kathryn Sargent）帮客人试穿全定制外套

4. Bespoke：全定制西服

全定制西服是由顾客挑选满意的面料和服装款式（图3），再由具有经验的师傅对顾客全身几十个关键部位进行手工量体，并根据这些数据绘制西装板样，通过全手工缝制毛壳，多次为顾客试穿修正，最终完

图3　挑选面料

成达到最满意状态的全手工制作西装。全定制西服旨在为顾客提供真正意义上的个人服饰，不论是外形、材质、细节以及加工，从头到尾的定制均以顾客为中心，通常是由两到三个裁缝合力完成。

优点：极其合身，就像人的第二层皮肤一样，它可以紧贴肩部，背部线条平整贴合，肩到腰的线条也十分流畅，穿起来非常舒适（图4）。全定制手工制作的西服比批量生产的西服使用寿命更长，而且后期尺寸可以进行修改。

缺陷：试穿程序很长，通常会要求顾客试穿三次，每隔几周一次，这对于没有耐心的人来说是很痛苦的（图5）。并且全定制西服的造价昂贵，一套全定制西装的费用是1000～6000欧元。

图4　奇特勒伯勒和摩根（Chittleborough & Morgan）全定制西装

图5　达尔库尔（Sartoria Dalcuore）全定制西装的第二次试穿（Basted Fitting）

5. Made to Measure=Demi-bespoke：半定制

半定制西装是在西装制板环节中，根据标准号型尺码对一些部位进行尺寸修正、半手工制作出来的西装。顾客经过数周的等待后，也能得到一套关键部位（胸围、肩宽、袖长、腰围以及裤长）都很合身的西装（图6）。

优点：在某种程度上，对于纽扣、布料和其他部件，半定制相较全定制有更多的选择余地。在布料供应方面，半定制的布料比全定制更为独特，因为半定制更接近于成衣，布料也比较有实验性。随着个性化的复苏，高端半定制近年来更为普及，尤其是一些意大利品牌是不做全定制的，如布莱奥尼（Brioni），卡鲁索（Caruso），伯爵莱利（Pal Zileri），摩纳利（Canali），布鲁奈罗·库奇内利（Brunello

Cucinelli）。相比全定制长达数月的漫长等待，半定制有着近乎成衣的即时性，低于全定制并接近成衣的价格，却在布料和加工上有更好的选择，因此更受大众欢迎。

缺陷：即使半定制西装把顾客的一系列尺寸考虑在内，但相比全定制西装还是不能做到像全定制西装那样合身（图7）。如果顾客的尺码与标准号型相差不大，哪怕成衣修改也会有半定制的合身效果，而且价格更实惠，因此，半定制仅存的优势就是可以选择喜欢的面料、里衬和风格。

图6 试穿一件奇敦（Kiton）Lasa系列（半定制）外套

图7 悬挂着的各种码数的外套模型

6. Ready to Wear=Good Quality Ready Made=Off-the-peg：成衣

成衣，顾名思义就是买现成的衣服，是大批量工业生产的服装，裁剪和风格都由设计师决定。成衣的发展兴起于19世纪50年代，制造商将男性服装分割成不同尺码并大批量生产，现在世界上的大部分西装都是成衣。

优点：每套成衣西装都是按照一个通用的尺寸和设计规格预制好，只要顾客对尺寸和风格满意，就可以买一套现成的带回家。无须等待，也不用历经数周的多次量身，更不用去想象西装做出来是什么样。大批量生产的本质决定了成衣通常是价格最实惠的，男装的蓬勃发展也意味着购买成衣有更多的选择。由于制作工艺的改进，成衣的做工细节也和半定制西装并无二致，以及各种面料的运用使得成衣并不只是追求时髦但做工粗糙。一位优秀的成衣制造者在制作时间上花费的时间更多。事实上，像奇敦（Kiton）和塞萨雷·阿托里尼（Cesare Attolini）这种顶级西装品牌的成衣大部分都是手工制作的。

缺陷：尽管在质量、细节和板型上有值得称道之处，但是大部分男士在选择成衣时总会遇到不合身的问题。西装中一些最基本的数据包括胸围、肩宽、袖长、腰围和裤长，很少有人的这些尺寸完全符合一套成衣，可能某些部位的大小合适，但总会有些小的出入。基于这个原因，人们总会事后对成衣做出一定的修改，哪怕只是稍微地修改。另外一方面，许多顾客在购买西装时会遇到在一家店里找不到喜欢的颜色、板型或面料，总有一些因素不能满意的情况。

7. Mass Customization：大规模定制

大规模定制是一种集企业、客户、供应商、员工和环境于一体，在系统思想指导下，用整体优化的观点，充分利用企业已有的各种资源，在标准技术、现代设计方法、信息技术和先进制造技术的支持下，根据客户的个性化需求，以大批量生产的低成本、高质量和效率提供定制产品和服务的生产方式。在新的市场环境中企业迫切需要一种新的生产模式，大规模定制（Mass Customization，MC）由此产生。1970年美国未来学家阿尔文·托夫（Alvin Toffler）提出了这种全新的生产方式的设想：以类似于标准化和大规模生产的成本和时间，提供客户特定需求的产品和服务。1987年，斯坦·戴维斯（Start Davis）首次将这种生产方式称为“Mass Customization”，即大规模定制。大规模定制的核心是产品品种的多样化和定制化急剧增加，而不相应增加成本，其最大优点是提供战略优势和经济价值。因此，大规模定制的基本思路是基于产品族零部件和产品结构的相似性、通用性，利用标准化、模块化等方法降低产品的内部多样性，增加顾客可感知的外部多样性，通过产品和过程重组将产品定制生产转化或部分转化为零部件的批量生产，从而迅速向顾客提供低成本、高质量的定制产品。

8. Haute Couture：高级时装，高级定制女装

Haute 表示顶级、高雅、高级，Couture 指女装缝制、刺绣等手工艺，这两者结合的意思就是充满艺术美感的高级手工制作服饰。高级时装诞生于19世纪中叶，特指1858年英国人查尔斯·弗莱德里克·沃斯（Charles Frederick Worth）在巴黎创立的以上层社会的贵妇人为顾客的高级女装店，以及其设计制作的高级手工女装，是法国优秀的传统服饰文化，源于欧洲古代及近代宫廷贵妇礼服。在时装界，高级时装意味着奢华的制高点，拥有高不可攀的特权。高级时装是指以皇室贵族和上流社会妇女为顾客，由高级时装设计师主持的工作室（Ateliers）为顾客个别量身、再用手工定做的独创性时装作品，而且设计师（Couturier）及

其时装店（Maison）必须经过法国高级时装协会的会员资格认证，之后设计师才享有“高级时装设计师”的头衔，其时装作品才能使用“高级时装”的称号，并且受到法律的保护。高级定制服装的精髓灵魂来自于独有的设计、精确的立体裁剪和精细的手工艺，所有工艺均由手工完成，一件衣服耗费的工时大概在一个月。

条件：需在巴黎设有工作室，能参加法国高级定时装协会举办的每年1月和7月的两次女装展示，每次展示至少要有75件以上的设计是由首席设计师完成，常年雇用3个以上的专职模特。并且每个款式的服装件数极少，基本由手工完成。最后还要由法国工业部审批核准，才能命名为“Haute Couture”。

品牌：巴黎的高级定制服装品牌只有10个左右，安妮·瓦莱丽·哈什(Anne Valerie Hash)、阿玛尼高定（Armani Prive）、艾莉·萨博（Elie Saab）、纪梵希（Givenchy）、让·保罗·高提耶（Jean-Paul Gaultier）、莱维安（Revillon）、华伦天奴（Valentino）、克里斯汀·拉克鲁瓦（Christian Lacroix）、克里斯汀·迪奥（Christian Dior）、香奈儿（Chanel）等。

9. Chambre Syndicale de la Haute Couture：法国高级时装协会

标准和定义：为特定的私人顾客设计，包含至少一次的试装，拥有一间位于巴黎的工作室，拥有至少15位全天上班的员工，以及一年两季对巴黎媒体举行时装发布，展示至少35套日装和晚装。

10. Savile Row：萨维尔街

萨维尔街位于伦敦梅费尔地区（Mayfair），以传统的男士定制服装而闻名（图8）。这一条街被誉为“量身定制的黄金地段”，其中客户包括温斯顿·丘吉尔、纳尔逊子爵和拿破仑三世。从19世纪初，萨维尔街便逐渐聚集并培养了一些世界最顶尖的裁缝师，现在这里也成为高级定制男装的圣地。已经有近200年的历史，街上的店铺都是老字号，以手工制作男装为主，在行内叫得响的就有26家。每家店都以创始人的名字命名。萨维尔街成为最高级裁缝的代表时，就不仅仅是一条街，而是一个区域。萨维尔街的裁缝代表着英国裁缝街的裁缝手艺和被认为是在伦敦裁缝街指定的一种限量的手工定制。只有地处在萨维尔街及附近街道的54家店的其中之一的店或企业，才可以被称为“英国萨维尔街的裁缝店”。

世界各国的高官显贵、富商巨贾、演艺明星都以有一套萨维尔顶级裁缝店手工制作的西装为身份象征。萨维尔街出品的西装又分为三种类型：成衣（Off-the-peg或者Ready-to-wear），半定制（Made-to-measure），全定制（Bespoke）。成衣即萨维尔裁缝店按照自己的板型直接制作出售的成衣。价格约700英镑起，根据款式和面料的不同，有些套装可高达约2800英镑。半定制是指客人选定一套成衣，由裁缝量体后在成衣基础上进行修改以使之更符合客人的体型。萨维尔街的半定制价格最低也要约2000镑起。全定制（Bespoke）是萨维尔街定制的精髓所在，也是其200年来长盛不衰的根本。在萨维尔街上全定制一套西装，一般要4～12周的时间，中间经历至少三次试穿和调整，这还是客人在伦敦的情况下。事实上很多美国人在萨维尔顶级裁缝访美时定制的衣服要为之等候一年的时间。萨维尔街定制服协会对全定制（Bespoke）有严格的要求，只有完全满足这些条件才能成为全定制（Bespoke）。每件萨维尔出品的全定制西装，制作工时都达到40个小时，95%用手工完成。

图8　萨维尔街

11. Savile Row Bespoke Association：萨维尔街定制服协会

2004年，安德森与谢泼德（Anderson & Sheppard）、德格&斯金纳（Dege & Skinner）、君皇仕（Gieves & Hawkes）、H. 亨茨曼父子（H. Huntsman & Sons）、亨利·普尔（Henry Poole & Co）五个品牌联盟成立了萨维尔街定制协会，旨在需要一个贸易协会能够维护萨维尔街独特的定制标准，现今已有22个会员和联系会员的办公室，他们一起保护定制和推广巧妙的工匠手艺。

标准和定义：根据萨维尔街定制服协会（Savile Row Bespoke Association，SRBA）的规定，会员的全定制两件套西装必须绝大部分由手工完成，并且手工时间不少于50小时。会员必须提供至少2000种面料供客人选择，并保存全部客人的定制资料。每个裁缝和所有的服装必须是在以萨维尔街为中心、半径100码的范围内构建工作。

12. Concession：特许经营店

特许经营权拥有者以合同约定的形式，允许被特许经营者有偿使用其名称、商标、专有技术、产品及运作管理经验等从事经营活动的商业经营模式。而被特许人获准使用由特许权人所有的或控制的共同的商标、商号、企业形象、工作程序等，但一般是由被特许人自己拥有或自行投资相当部分的企业。

13. Fitting：试身；试衣

高级定制的过程中，为保证服装的合体性，通常会要求顾客进行2～3次的试衣环节。

14. Tailor：按需定制；量身打造；男裁缝

为顾客量体制作衣物，强调事情从零开始就按照用户的意愿和要求制作。

图9 西装毛壳

15. Baste：假缝；毛壳

服装定制过程中，裁缝将顾客选好的面料预先剪裁成裁片，通过手工方式缝合成毛壳，用于顾客第一次试衣（图9）。

16. Board：工作台

裁缝的工作台。

17. Travel Iinerary：行程单；旅行定制

一些高级定制品牌提供为顾客进行旅行定制的服务，即与在异地的客户约定量身定制的时间、地点，派遣裁缝前往，为这些客户服务。通常他们会有行程单，即在一些固定的时间前往某地区开展订单服务。

18. Doctor：改衣工

专门负责修改调整衣服的裁缝。

19. Drummer：制裤工

专门负责制作裤子的裁缝。

20. Kipper：女裁缝

为了避免性别歧视而努力工作的女裁缝。

21. Fused：黏合衬

作为面料之间的黏合使用，一般采用化学纤维制成，表面带有胶状颗粒。不易透气，容易起泡。使用寿命较短，一般服装一周穿着1～2次，寿命不超过3年。优点是制作工艺简单，时间短，适合大规模流水线制作，成本低。缺点是西装前身平整，但较生硬，不会有胸部饱满的感觉；耐穿性差；黏合衬会破坏羊毛面料的轻柔飘逸感，不适合与高档面料一起使用（图10）。

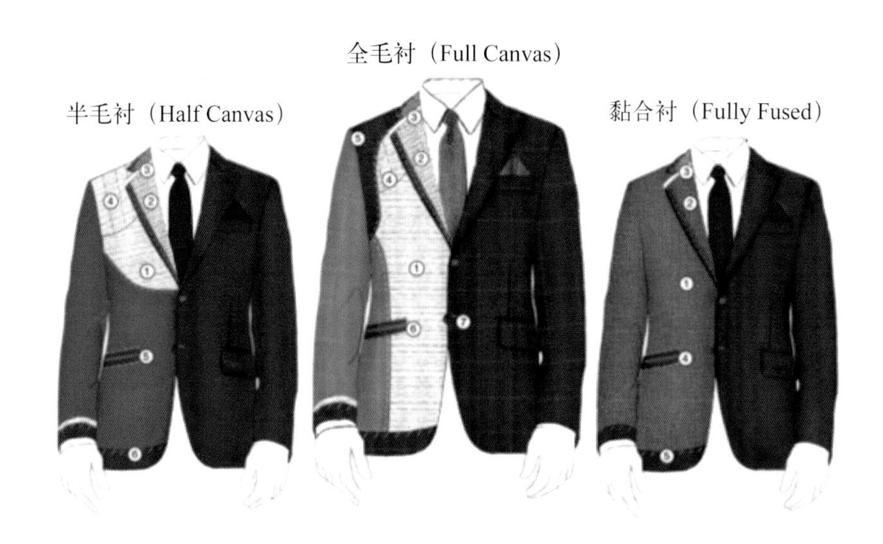

图10　西装衬料

22. Half Canvas：半毛衬

多数采用黑炭衬或马尾衬，用动物纤维与棉纱交织而成。使用寿命长，服装易清洗打理，若一周穿着1～2次，可穿3～5年。优点是改变了黏合衬西装驳头处扁平而生硬的感觉，即使顾客胸肌不发达，驳头与前胸也能饱满和自然挺括。缺点是在前身下摆处仍然有一层纺布，破坏整体的垂顺感；且毛衬需要手工缝纳，制作时间长且成本大。

23. Full Canvas：全毛衬

多数采用黑炭衬或马尾衬，马尾衬为棉纱与精选马尾混纺而成。使用寿命长，服装易清洗，若一周穿着1～2次，可穿5～7年。优点是完全依靠毛衬来衬托西装的造型，外观柔软有力、自然挺括；面料不黏任何衬布，保留了高级面料的轻柔细腻。缺点是制作工艺难度极大，对工匠的工艺要求极高，需要在90%的湿度下手工缝制，熨烫定型则需180～200℃的温度定型。

附录2　定制西装保养

一、前调：必备工具

表1　定制西装保养

必备工具	性能	图示
天然毛刷	纯动物毛精致制作而成的鬃毛或羊毛刷，定期清理累积在西装上难以察觉的微小尘埃，让西服重回光线亮丽的状态	
收纳袋 西装防尘袋	为了悬挂昂贵但极少穿着的西服、非当季或偶尔才穿着的服装，可以使用封口具有密封效果的收纳袋或有拉链的西装防尘袋，使衣物沾染气味与虫子的风险降至最低	
烫衣板 烫衣隔垫布 熨斗	具有调节温度、附有蒸汽出口与洒水功能的熨斗和必备的烫衣板外，一个衣袖专用的烫板可轻易而完美地达成熨烫衣物袖口处的任务；运用烫衣隔垫布则能有效地避免衣物布料在经过熨烫摩擦后，形成令人尴尬的反光表面	
适当的衣架	除了针织物适合平坦折叠放置外，针对西服、外套、衬衫、西裤，应选择适当的衣架悬挂，将能避免因衣架造成衣物变形的悲剧	
滚筒式毛绒黏胶	一支毛绒黏胶卷筒是需要极快速地去除西服上的毛屑时不错的工具，但仍需考虑面料材质而谨慎使用，因为它所含有的黏胶在去除恼人的毛屑时，也可能遗留在衣料上并造成伤害	
电动式刮毛球机	能有效解决表面衣服纤维形成的毛球，但它将轻微破坏衣料，请保守使用这项工具	

二、中调：西装洗涤

（一）刷去浮尘

尘污是西装最大的敌人，它会使西装失去清新感，故需常用刷子轻轻刷去尘土，有时西装会沾上其他纤维和不容易除去的尘埃，比较省钱的处理办法是用胶带加以吸附。通过良好的习惯，让西装时刻保持洁净，脱掉西装之后，每天都应拿西装刷清洁衣服，轻轻地刷去西装上肉眼看不到的灰尘，这样可以防止衣服被虫蛀，同时还可以梳理衣服的纹理。

梳理衣服的步骤可以分为以下几点：第一，轻轻地刷，先敲打几下衣服，然后开始刷去衣服的灰尘。顺着上衣的纹理轻轻地刷；第二，刷掉可以看到的灰尘，衣领或肩部周围很容易沾上头屑等脏物，所以清理这一部位时，要格外细心。需要注意的是，衣领后面也会进灰尘；第三，西裤也不容忽视，膝盖和臀部周围很容易磨得光亮，因此在裤子的这些部位发亮之前，要顺着裤子的纹理去刷，就如梳头发一样；第四，注意灰尘集中堆积的地方，如西裤的裤脚处很容易堆积灰尘，所以要把裤脚翻过来，仔细地刷掉上面的灰尘；第五，做到精致才算完美，口袋也是容易堆积灰尘和污垢的部位，因此要把口袋翻过来，仔细地刷去灰尘和污垢，效果很好。

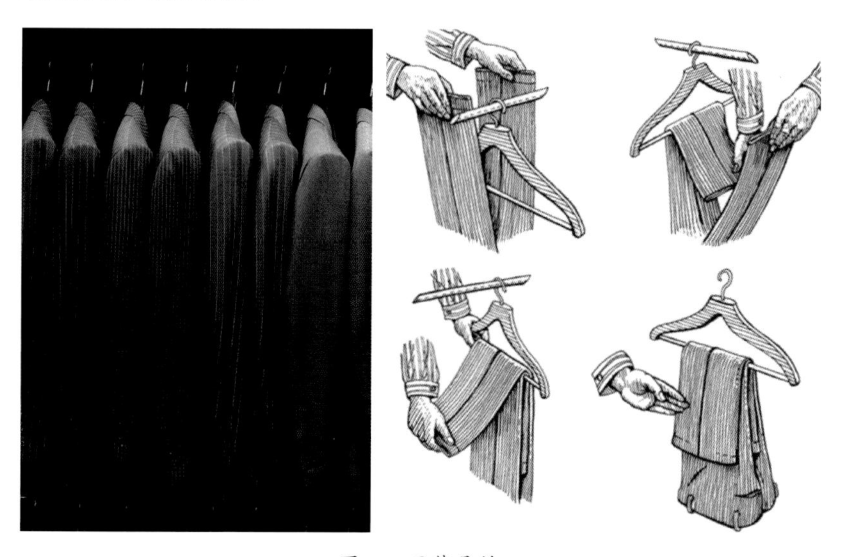

图11　西装悬挂

（二）西服上衣洗涤

需要清洗的时候，无论什么材质面料的西装，通常都不能机洗，即便它标明了可以水洗。如果希望西装保持良好造型的话，建议还是送去干洗。一次图方便的机洗，往往会毁掉西装，而干洗店会将西装进行比较专业的熨烫，维持西装的造型。一般而言，西装一季送洗2～3次就足够，在衣物送洗时，先将服饰污点处告知对方，尤其是酒类或汽水的污渍，因为这些污渍都有糖分，干洗前必须先处理干净，否则在干洗过程中遇热即会焦化成为咖啡色，破坏西服整体色泽。

（三）西裤洗涤

对于西裤来说，每次穿着次数以不超过两天为原则，多件西裤轮流穿，让西裤有充裕时间恢复弹性与柔软度。男士对于自己的西裤，应学会如何保养好，保留好它的线条，让人看起来整洁大方，富有男士魅力。西装的存放一定要用衣架悬挂，西裤存放的时候也要用衣架挂起来，并且要把口袋内的物品清空，还要把皮带抽走。手动脱干时，不要用力拧干。机器脱干时，一定要用洗衣袋或毛巾包裹后脱干。晾晒时，要晾西裤反面，尽可能避免阳光直接长时间照射，否则也会褪色。裤子吊挂可用衣裤联合衣架，也可用带夹子的西裤专用衣架，将裤线对齐，夹住裤脚，倒挂起来。

三、后调：西装保养

（一）西装上衣的保养

一件衣服建议不要连续穿三天以上。高质量的西装大都是以天然纤维（如羊毛、蚕丝、羊绒等）为原料，这类西装穿过后，会因局部受张力而变形，让它适当"休息"就能复原，所以应准备两三套西装换穿（图1）。从外面回家后，应立即换下衣服，取出口袋里的物品，否则衣服很容易变形。久穿或久放衣橱中的西装，或者有微皱的西装挂一夜就可以恢复，建议挂在稍有湿度的地方或挂在浴室里，让洗澡时的热气蒸一蒸，恢复衣服的纤维疲劳便可消除皱褶，但湿度过大会影响西装的定型效果，建议一般毛料西装在相对湿度为35%～40%的环境中放置。如果西装需要熨平，在熨烫衣物时要特别注意温度，尽量烫衣服的反面或在衣服与熨斗间放一块布。

（二）西装长裤的保养

第一，保持清洁，收藏西裤的衣柜要保持干净，要求没有异物及灰尘，防止异物及灰尘污染西裤，同时要定期进行消毒。

第二，保持干爽，收藏存放西裤应选择通风干燥处，避开易潮湿和有挥发气体的地方，设法降低空气湿度，防止异味污染西裤。西裤在存放前要晾干，不可把没有干透的西裤进行收藏存放，这不仅会影响西裤自身的收藏效果，同时也会降低整个西裤收藏存放空间的干度，西裤在收藏存放期间，要适当进行通风和晾晒，尤其是在伏天和多雨的潮湿季节，更要经常通风和晾晒。晾晒不仅能使西裤保持干燥，同时还能起到杀菌作用，防止西裤受潮发霉。

第三，经常烫西裤，遵循由里而外烫西裤的顺序。首先，将裤子翻过来，口袋掀开，先烫裤裆附近；其次是口袋、裤脚和缝合处；接着烫正面，整个裤头由拉链处烫绕一圈，然后是右脚内侧、右脚外侧、左脚内侧、左脚外侧；最后把两管裤脚合起来熨烫一遍。

附表1　全球最具影响力的纺织面料展

序号	国家	展会名称	举办时间	展会主要内容
1	美国	美国纽约国际服装面料辅料展览会（TexWorld）（两届/年）	1月 7月	丝，棉，毛，针织，化纤，亚麻，苎麻；内衣、泳衣面料，功能性面料；纤维，纱线，刺绣，花边，辅料，内衬；CAD、CAM、CIM，织造，印花，设计，时尚媒体
2	墨西哥	墨西哥国际服装、面料、辅料展（INTERMODA）（两届/年）	1月 7月	男、女服装，童装系列；面料系列：梭织、针织、牛仔、涤纶、超细纤维、天鹅绒、人造裘皮、人造革等；辅料配饰：内衣、箱包、发饰、领带、腰带、花边、蕾丝、徽章、钥匙扣等
3	孟加拉	孟加拉达卡国际纺织面料及辅料纱线展会（DTG/DIFS）（两届/年）	1月 9月	梭织，针织，牛仔，涤纶，超细纤维，天鹅绒，人造裘皮，人造革，坯布，刺绣，棉，丝，毛，麻，氨纶，天丝，涤棉，全涤，醋酸，尼龙，涤黏，各类辅料及配件，男、女成衣
4	波兰	波兰波兹南国际服装及面料展（Tex-Style）（一届/年）	2月	面料；女装、男装；运动休闲服、皮革服装；内衣、袜子、围巾、手套、服装配饰、鞋类；拉链、纽扣、衬布等
5	斯里兰卡	斯里兰卡面料展(CIFS)（一届/年）	2月	纱线与纤维，单丝及原材料、纤维素及制成品，棉，丝，毛；天然纤维面料（梭织、针织），花式整理、纱、天丝、涤纶、牛仔等面料；纽扣、拉链、按扣、肩垫等各类辅料
6	英国	英国伦敦服装服饰展览会（Pure London）（两届/年）	2月 8月	男、女服装；运动服，牛仔服，晚装，鸡尾酒会服装，婚纱，女式西装和套裙；帽子，手套，丝巾，头巾，珠宝首饰和鞋
7	美国	美国拉斯维加斯国际服装服饰及面料博览会（Magic Show）（两届/年）	2月 8月	各种女装、男装；套装，上装；针织服装，裘皮服装，晚装，婚纱装，青年服装，牛仔服装，浴装，内衣；服装饰品，各种辅料，各种面料，皮革制品，各种服装附件等
8	乌克兰	乌克兰基辅国际服装轻纺博览会（Ckyiv Fashion）（两届/年）	2月 9月	男装，女装，童装，青少年服装；针织服装，运动装，牛仔服装，内衣，泳装，睡衣，袜类制品；桌布，缝纫设备等
9	俄罗斯	俄罗斯国际儿童时尚服装博览会（CJF）（两届/年）	2月 9月	新生婴儿服装，儿童服装，青少年服装，孕妇装；校服，针织服装，儿童内衣，泳装，运动服；鞋，服装饰品等
10	法国	法国国际面料展览会（Texworld Paris）（两届/年）	2月 9月	丝，棉，毛，针织，化纤，亚麻、苎麻，内衣、泳衣面料、功能性面料；纤维，纱线；刺绣，花边，辅料，内衬
11	俄罗斯	俄罗斯国际轻工纺织展览会（两届/年）	2月 9月	纺织品，服装，面料，辅料，纱线，纺织机械，内衣，围巾，手套，袜子
12	意大利	意大利米兰国际成衣加工展及纺织面料展览会（INTERTEX MILAND）（两届/年）	2月 9月	纺织面料，辅料，成衣，服饰等
13	德国	德国慕尼黑国际纺织面料及成衣展（MFS）（一届/年）	2月 9月	人造及天然纺织面料，辅料，吊牌，标签等
14	巴西	巴西国际纺织机械及面辅料博览会（伯南布哥一届/年）	3月	纺，纱，棉，丝，毛，麻，弹力，天丝，涤纶，全涤，醋酸纤维，涤黏，牛仔等面料；家纺产品，床上用品，浴室时尚纺织品，厨房纺织品，装饰用品，针织、梭织、棉麻用品，纺织制品；拉链，纽扣，配件各类纺织辅料；男、女鞋，童鞋等各类鞋

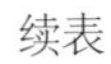
续表

序号	国家	展会名称	举办时间	展会主要内容
15	埃及	埃及开罗纺织展（Cairo Fashion&Tex）（一届/年）	3月	面料、纺织工艺；男、女服装，童装；运动休闲服装，内衣泳装，劳保服装；棉麻织品，针织品，纺织制品，裘皮制品，皮革制品；包类，服装饰品，家用纺织品
16	缅甸	缅甸仰光布料及制衣工业展览会（MTG）（两届/年）	3月8日	纤维，单丝及原材料，纤维素及制成品，人造纤维，棉，丝，毛，苎麻，黄麻，亚麻，尼龙，聚酯纤维，皮、皮革辅料等
17	韩国	韩国（大邱、首尔）国际纺织面料展览会（Preview In DAEGU/SEOUL）（两届/年）	3月 9月	纱线，坯布，印染布，丝绸，麻布及制品；针织及梭织面料，牛仔布，抽纱系列，棉制品，服装附件
18	中国香港	香港国际成衣及时装材料展（Interstoff）（两届/年）	3月 10月	男装、女装、童装面料，包括羊毛、亚麻、真丝、仿真丝、牛仔、印染、染色、针织、PVC等
19	中国	中国纺织成衣展（China Fashion Fair）（两届/年）	4月 9月	男、女童装、毛针织及棉针织服装，功能服及职业装等；面料，家纺产品，服饰产品，辅料产品，编织产品等
20	巴西	巴西圣保罗国际纺织及面辅料博览会（GOTESX）（圣保罗一届/4年）	4月	纤维、单丝及原材料：纤维素及制成品，人造纤维，棉，丝，毛，苎麻、黄麻、亚麻，尼龙，聚酯纤维，皮，皮革，人工合成材料； 布料：梭织、针织面料，合成纤维面料，天然纤维面料，花式整理
21	阿根廷	阿根廷国际纺织品服装家纺展览会（EMITEX）（一届/年）	4月	男装，女装，童装；休闲运动服装；羊毛，亚麻，苎麻，棉，真丝，纤维纱线；箱包服饰
22	印度尼西亚	印尼雅加达国际纺织面料及纱线展览会（JIFS）（一届/年）	4月 10月	纤维，单丝及原材料；合成纤维面料，天然纤维面料，纱线与纤维，CAD、CAM；床上亚麻布，室内装潢布；刺绣，丝带，纽扣，按钮，拉链，垫肩等辅料；家用纺织品，箱包配件
23	越南	越南国际纺织及服装面辅料展会（Saigon Tex）（两届/年）	4月 11月	纤维，单丝及原材料，纤维素及制成品，人造纤维，棉，丝，毛，尼龙，聚酯纤维，皮、皮革，人工合成材料，辅料等
24	土耳其	土耳其国际纱线纤维展（TEXPO Eurasia）（一届/年）	5月	纤维及纱线：棉、丝、毛、麻、氨纶、天丝、涤棉、涤纶、醋酸、尼龙、涤黏等
25	印度	印度班加罗尔/金奈/苏拉特国际纺织面辅料展（YAF）（一届/年）	5月	面料：人造、合成、天然和混纺纤维的机织和针织物，精细色织衬衫，羊毛、涤纶、羊毛和涤纶布料，纯亚麻混纺等
26	泰国	泰国东盟国际纺织及服装面辅料博览会（一届/两年）	6月	合成纤维面料，天然纤维面料，纱线与纤维，花式整理，家用纺织品，配件，电子商务
27	柬埔寨	柬埔寨国际纺织及制衣工业博览会（CTG）（一届/年）	8月	纺织类：合成、天然纤维面料（梭织/针织），纱线与纤维，花式整理，家纺用品，单丝及原材料；织带，纽扣，针线，刺绣；机械类：纺织机械（梭织）、纺织加工整理机械
28	澳大利亚	澳大利亚“纺织服装展”（China Clothing&Textiles）（一届/年）	11月	男、女装，童装；休闲装，毛衫，运动装，内衣；床上用品，厨房家居纺织品，毛巾浴巾，毯子，装饰布，针织布等
29	南非	南非开普敦国际纺织服装箱包及鞋类展会（ATF）（一届/年）	11月	服装，服装面料，服装辅料，家纺，室内装饰布，纤维和纱线；男、女童鞋；运动鞋，时装鞋，休闲鞋，劳保鞋，皮鞋，拖鞋等；服装、纺织、皮革机械，材料，染料等
30	阿联酋	中东（迪拜）国际服装、纺织、鞋类及皮革制品博览会（Motexha）（两届/年）	12月	鞋，皮革，书包、背包、拉杆包、手提包、钱包等包类；服装及面料类、辅料及配件；领带、围巾、胸针等服装饰品

附表2　全球顶级面料品牌

品牌	产地	创立时间	特点
维达莱（VBC）	意大利	1663	意大利专业制作高档西服面料品牌，条纹面料专家 条纹颜色搭配、宽窄组和恰到好处，在颜色和花型上、纱支数和后整理方面都具独到之处，品质在世界上享有盛名；面料风格传统优雅而有创新，面料光泽度和手感都非常好，保型好，易打理
比尔纤纱（Piacenza）	法国	1733	欧洲家族企业，其优秀产品曾获得国王颁发的质量金奖，在全世界备受高级时装界的青睐 豪华时尚面料，擅长稀有原料、特殊后整理等方面的独家开发
托马斯·梅森（Thomas Mason）	英国	1796	欧洲著名衬衫厂商，是英国传统和英式优雅的代表性品牌。托马斯·梅森在有“纺织帝国”之称的曼彻斯特建立了自己的纺织厂，全棉产品依然沿用英国传统的方式进行生产，并畅销全球 产品特色：其推出的Goldline系列高支双纱产品，是目前工艺与技术所能实现的最高标准，加之原料选用埃及吉萨地区的优质长绒棉，使其被世界公认为最佳纺织成果之一。Goldline系列产品集中体现了古典主义与现代艺术的完美结合，以独特的设计理念充分诠释了顶级全棉面料的真谛。 合作品牌：古驰（Gucci）、阿玛尼（Armani）、普拉达（Prada）、杰尼亚（Zegna）、奇敦（Kiton）、康纳利（Canali）
戴维&约翰·安德森（DJA）	英国	1822	英国皇室专用面料；选择最优质的埃及吉萨45特级长绒棉和美国苏皮玛棉为原料；采用来自英国经过特殊加工处理的棉。非常保暖舒适，不易变形，是目前高端衬衫面料的卓越代表，现并入阿尔比尼（Albini）集团
1830	意大利	1830	2000年并入阿尔比尼集团 专业生产高档衬衫面料，一个世纪以来最有名的衬衫制造商之一 着眼于更时尚的突破而不仅局限于基础产品是它的特色
TT1840（Tvabaldo Togna）	意大利	1840	高级商务服装的首选面料 畅销美国、意大利和欧洲其他地区市场，重要合作客户包括保罗·拉夫·劳伦（Polo Ralph Lauren）、诺帝卡（Nautica）、康纳利（Canali）、杰尼亚（Zegna）、普拉达（Prada）、雨果博斯（Hugo Boss）等 设计织造的面料拥有天然、自然弹力的功能
睿达（REDA）	意大利	1865	110支面料的领军者，世界级品牌都无法超越 生产环境十分环保，每批面料出厂前经过5道品质检测，集纺、织、染、后整理为一体的严格把关，厂区内设有天鹅湖，天鹅在湖中嬉戏，工厂用水就从此流过，绿色生产的明星品牌 品种丰富，从呢类、绒面到精纺各具特色；花型精致新颖、多元化；色彩典雅、柔和高贵，更显绅士风度
阿尔比尼（Albini）	意大利	1876	意大利三大衬衫集团之一 产品丰富多样，适宜经典、运动风格的服装款式 所有纱线经过多道工艺染色完成，颜色鲜艳亮丽，不易褪色，确保产品品质量和颜色达到客户要求 合作品牌：阿玛尼、杰尼亚
赫尼格（Honegger）	意大利	1876	代表欧洲流行趋势，全世界20多个国家有代理销售 主要生产高档纯棉色织衬衫面料；织坯布、染色、后整理全部自身完成，颜色绚丽时尚 合作品牌：阿玛尼、杰尼亚、范思哲

续表

品牌	产地	创立时间	特点
尼帝克（Niedieck）	德国	1879	包括Grefrath Velour AG及Niedieck AG在内的不同面料制造公司，在美国及加拿大建立了海外的丝绒生产基地 近代丝绒制造的先锋 产品以光泽度及爽滑手感著称的丝绒面料 合作品牌：阿玛尼、杰尼亚
切瑞蒂 1881（CERRUTI 1881）	意大利	1881	世界闻名的顶级精纺羊毛面料，专业生产西服面料 切瑞蒂1881是国际巨星的首选，明星周润发最喜欢穿。在高级男装领域与杰尼亚，康纳利（Canali）齐名 切瑞蒂1881西服面料最大特点就是后整理出色，手感柔软轻薄，悬垂性好，穿着舒适，保型性好，光泽柔和细腻
斑纳特（BRENNET）	德国	1881	国际知名的高级衬衫面料，德国制造商 选用最优质的纱线织造，采用最新颖、最时尚的纺纱织法和后整理手法，运用正统技术编织是斑纳特的传统
格兰达（Garlanda）	意大利	1881	致力于表现面料传统的优雅，以追求古典、传统及独特的风格而著称 擅长于一些混纺的面料，如丝毛、丝麻毛、棉丝毛、棉毛等 它的纯毛面料不同于其他传统的面料，有其独特风格并且比较前卫
蒙缔（MONTI）	意大利	1900	意大利三大衬衫集团之一 专业生产高纱支衬衫面料，品种新颖独特，面料手感舒适、花型精致 引导欧洲流行趋势，价值感强 其设计的花型引领欧洲流行趋势
杰尼亚集团（Ermenegildo Zegna）	意大利	1901	总统首选面料，如美国前总统克林顿、法国前总统密特朗 最贵的西服售价16.9万元，一年只做50件，纱线直径仅10.8微米，被称为黄金羊毛 面料选用澳洲美利奴精纺羊毛，拥有顶极质感，沙驰选用的杰尼亚西服面料弹力好而且抗皱（穿后不用熨烫，使用沙驰专用西服衣架挂一晚即可恢复）
迪爵诺（LEGGIUNO）	意大利	1908	专业从事衬衫面料的优秀工厂，销售网络遍布全球 主要生产棉和亚麻纱线的面料；从单股到双股，从夹带的设计到多姿多彩的印染工艺；墨塞斯光后整理，用研光机提高布面研磨，提高亮度；面料不易起皱，易打理 产品风格从经典到后现代，款式从时尚到休闲
克丽索得（Clissold）	英国	1910	专业生产毛纺面料，工厂在羊毛纺织和染色方面已有几百年的历史 英国的西服以及面料在世界上都是享有盛名的，面料全部采用双经双纬结构，抗皱性、弹性好，是其他国家同等情况下的纱支无法比拟的
路兹博涛（Luiyi Botto）	意大利	1911	丝毛面料专家 自行研发设备，面料具有高科技含量，手感、光泽极佳，既保留了意大利传统品质，又融入了强烈的时尚设计风格，代表世界流行趋势
米奴娃（MINOVA）	英国	1914	英国仅存为数不多的纯正英格兰工厂之一，工艺独特传统，高品质，并加入时尚设计，代表了英国男装流行趋势；面料仅服务于高端客户，价格昂贵 使用高科技，在面料上用棉线纵向织绣品牌LOGO，非常独特而且具有品牌价值感；面料加入英国特有的苏格兰羊毛，纤维短，强度大，富有弹性，光泽好，色泽柔和；穿着轻薄舒适，不易起皱，易打理 合作品牌：雅格狮丹、登喜路

续表

品牌	产地	创立时间	特点
太丝特 （TESTA）	意大利	1919	世界一线顶级衬衫面料品牌，与阿鲁姆，托马斯·梅森，阿尔比尼齐名 专业制作双股纱高档衬衫面料，最擅长制作小提花面料，细腻精致独特 合作品牌：爱马仕、雨果博斯、艾特罗、康纳利
S.I.C	意大利	1924	意大利专业生产高档衬衫面料品牌 款式多变，色彩柔和而不平淡，面料手感柔软，舒适度高
泰塞奥 （TESEO）	意大利	1924	真丝及精纺棉，年产30万米 主要出口欧洲、日本、美国 合作品牌：雨果博斯、杜嘉班纳、阿玛尼等意大利一线品牌
诺悠翩雅 （Loro Piana）	意大利	1924	六代相传的世界顶级面料，羊毛、羊绒制品专家，价格昂贵，品质卓越 羊毛品质接近羊绒，世界最稀有珍贵的纤维之一，光泽度、柔软度极佳。从羊毛的采集、细梳、整理、加工、检测都非常严格，保证超高质量
康可俪尼 （CANCLINI）	意大利	1925	意大利三大衬衫集团之一 专业生产质地精良的高档衬衫面料 产品多样，代表了欧洲流行趋势
比亚拉·马邦 （Biella woll barn）	意大利	1938	生产高档男装面料 全部使用真正微米直径的羊毛，细腻柔软、光洁、质感好
兰迪蕾 （Lanificio）	意大利	1948	研究、开发、生产休闲类面料 在休闲领域内代表时尚潮流及世界经典水平 合作品牌：阿玛尼、古驰、普拉达、卡文克莱
普奇·科迪纳 （Puig Codina）	西班牙	1961	男装面料起家，现在男装、女装、童装面料都有涉及；家族企业
伊·托马斯 （E·Thomas）	意大利	1963	合作品牌：杰尼亚、康纳利、杜嘉班纳、诺悠翩雅
阿鲁姆 （Alumo）	瑞士	1970	全世界最有名的顶级衬衫面料厂，专业生产顶级质量的高纱支双股的瑞士原产衬衣面料 使用最好的超细精梳埃及长绒棉（或海岛棉），光泽度与手感如真丝般滑爽（海岛棉如羊毛绒般细腻柔软） 精梳埃及棉（尼罗河流域，土地肥沃，灌溉条件好），光照时间长，棉纯度高，纤维长而整齐，棉纤维的细度、光泽、光滑度、强度都属顶级，非常细腻而柔软，具有特殊丝光效果 海岛棉采自西印度群岛，质感如丝般光泽、如羊绒般细腻柔滑，舒适透气，纤维长度达64毫米 纺纱、织造、后整理都在瑞士当地工厂完成，布料效果柔软自然
索塔斯 （Soktas）	土耳其	1973	土耳其最大的衬衫面料厂商；土耳其是丝绸之路的终点，美丽织物的诞生地，平民的价格，贵族的享受，物超所值 绿色环保面料，有益健康
盖兹纳 （GETZNER）	奥地利	1980	欧洲著名衬衫生产厂商 以绿色环保面料著称，有益健康；花纹独特，颜色鲜艳亮丽而不张扬
艾菲特思 （ITHITEX）	意大利	1997	拥有不同的纺织面料，从不同材料的精纺到粗纺，素色或花色 融合了潮流款式和高水平的后整理技术

附表3 传统定制品牌名录

品牌	创立年份	发源地	特征（擅长的产品）	门店
培罗蒙	19世纪初	上海	西装定制	杭州市九堡精品服装城5楼西区010室 徐州市宣武商贸城外围80068～80069号 郑州市裕鸿国际C座909室 株洲市中国城服装市场5楼999号 西安市长乐西路218号西北商贸六楼6353号 太原市同至人购物中心二楼128号 柳州市飞鹅路新时代商业港地下厅D2-251号 合肥市高新区科学大道22号 南昌市叠山路119号天河大厦11楼 武汉市江汉区友谊路1号 济南市泺口商贸中心三楼A区387号 成都市青羊区北大街100号 乌鲁木齐市俊发大厦写字楼九楼 兰州市东部品牌服饰批发广场四楼707号 贵阳市西商业街龙祥大厦1-135号 北京市东城区永定门外大街101-3号楼A607
红都	1956年	北京	西装、中山装、旗袍定制	特许经营店13家；加盟店13家
永正	1986年	天津	西装、衬衫、领带定制	北京市东城区灯市口大街75号中科大厦B座 天津市开发区黄海路19号友谊名都一层C区、河西区友谊商厦二层 青岛市香港中路76号颐中皇冠假日酒店 郑州市金水路14号中州国际快捷假日酒店 西安市东新街319号索菲特人民大厦西楼首层 合肥市长江东路1104号古井假日酒店首层 重庆市渝中区中山3路139号希尔顿酒店首层
隆庆祥	1995年	河南	西服正装定制，团体定制	北京市4家：东城区2家、西城区、朝阳区 天津市2家：南开区、开发区 河北省3家：石家庄市、保定市、廊坊市 河南省41家 山东省6家：济南市2家、青岛市2家、淄博、滨州市各1家 江苏省7家：南京市4家、扬州、镇江、泰州市各1家 安徽省3家：合肥市2家、芜湖市1家
恒龙	1997年	杭州	西装定制，	杭州市杭州大厦A座1楼、B座2楼和5楼 南京市德基广场 北京市王府井半岛酒店、国贸商城 苏州市泰华商城
诗阁	1953年	香港	衬衫、西装定制	美国比弗利山庄（Beverly Hills）、中央公园南部（Central Park South） 香港特别行政区国际金融中心、太子店、圆方广场、半岛酒店 上海市迪生店、港汇店 苏州市久光店、金鸡湖大酒店 无锡市恒隆商场 杭州市大厦店 厦门市凯宾斯基大酒店 国际其他地区：Makati Shangri-La Hotel、Rustan's Makati、Rustan's Shangri-la Plaza Mall、Rustan's Cebu

续表

品牌	创立年份	发源地	特征（擅长的产品）	门店
真挚服	1918年	上海	西装定制	上海市黄浦区茂名南路59号1～3铺（近锦江饭店）、长宁区金珠路50-2号、徐汇区淮海中路1204号、静安区南京西路893号、浦东新区陆家嘴环路1188M-2
罗马世家	19世纪初	香港	西装定制	北京市朝阳区光华路2号阳光100 E座、房山区北关西路14号二层、海淀区复兴路69号卓展购物中心2层、海淀区三里河路17号甘家口大厦、西单北大街176号中友百货2层
W.W. Chan&Sons	1986年	香港	单排扣夹克、双排扣夹克、马甲、大衣、裤子	香港特别行政区中环皇后大道中30号娱乐行8楼B室 上海市南京西路1376号上海商城西峰528室、黄浦区165-5茂名南路靠近复兴中路
华人礼服	19世纪末	中山	以中山装为核心，兼顾旗袍、唐装、西服、制服等服装	中山市中山三路26号银通街 北京市昌平区北七家淀泗如八仙别墅东1027号 广州市天河区珠江东路32号利通广场35楼 东莞市虎门镇威远根竹园一区1号卓兴大楼 长沙市五一路459号联合商厦4楼 常州市晋陵中路双桂坊3-7号 南通市通州区金通大道3928号
老合兴	19世纪末	香港	西装定制	香港特别行政区中环德辅道20号德成大厦201～203室
飞伟洋服	1964年	香港	海派裁缝量体定制	上海市茂名南路、南京西路久光百货、虹桥万豪大酒店、虹桥宾馆、衡山路富豪酒店 杭州市世茂丽晶城、西湖温德姆大酒店
瑞邦洋服	1994年	上海	西装定制	上海市徐汇区衡山路7号、茂名南路59号 北京市西城区金融大街乙9号 成都市人民南路四段30号附8号
Eleganza Uomo	19世纪70年代	香港	西装定制	上海市黄浦区茂名南路59号B2商铺、长宁区延安西路1116号1楼A/B商铺、浦东新区花园石桥路33号1楼102商铺
华丰洋服		香港	西装定制	北京市朝阳区东三环北路7号
大班洋服		香港	西装定制	香港特别行政区中西区夏悫道18号 上海市黄浦区南京西路399号明天广场1层B101、静安区华山路319号、浦东新区滨江大道2727号 泰州市高港区金港中路附近
新世界洋服		香港	西装定制	香港特别行政区荃湾区
林荣洋服		香港	西装定制	香港特别行政区英皇道193~209号英皇中心2F
英皇洋服		香港	西装定制	香港特别行政区中西区永乐街1～3号世瑛大厦 武汉市江汉区建设大道558号、洪山区珞喻路726号华美达光谷大酒店、洪山区徐东大街98号光明万丽酒店1楼、江岸区三阳路11号 成都市武侯区二环路南四段51号
亨仕得洋服	19世纪初	上海	西装定制	上海市黄浦区长乐路400号锦江国际旅游中心 台州市椒江区江滨路703-5号、台州市路桥区双水路999号 余姚市舜水南路100-4号
玛雅洋服	1998年	上海	西装定制	上海市茂名南路
红邦创衣		北京	西装定制	北京市朝阳区东三环中路22号乐成中心B1楼B115-1号 成都市武侯区玉林南路124号附2号

续表

品牌	创立年份	发源地	特征（擅长的产品）	门店
大卫街（David Street）		上海	西装定制	上海市茂名南路59号锦江饭店H1室
班迪尼（Bandini）		上海	西装定制	上海市茂名南路
上海滩	1994年	上海	女装定制、改良式旗袍	上海市茂名南路、卢湾区太仓路181弄新天地北里15号
瀚艺旗袍		上海	旗袍	上海市黄浦区茂名南路59号C3、黄浦区长乐路221号
淑明子		上海	女装、旗袍	上海市黄浦区茂名南路94号
金枝玉叶		上海	传统及改良旗袍	上海市黄浦区茂名南路72号、黄浦区马当路245号新天地时尚购物广场L236
龙凤旗袍		上海	旗袍	上海市静安区陕西北路207-209号
凤和祥旗袍		上海	旗袍	上海市黄浦区陆家浜路399号1楼192号
蔓楼兰	2001年	上海	女装、旗袍、唐装	上海市长宁区遵义南路6号、杨浦区淞沪路8号、黄浦区长乐路209、黄浦区泰康路210弄5号、黄浦区南京东路660号、浦东新区张杨路501号、长宁区仙霞西路88号、静安区陕西北路155号、杨浦区平凉路1399号、徐汇区肇嘉浜路1000号、普陀区真光路1288号、徐汇区龙华龙吴路398弄9号 杭州市杭州大厦、城西银泰城 温州市鹿城区府前街160号、车站大道 长沙市芙蓉区黄兴中路88号、五一大道368号 重庆市渝中区邹容路123号、九龙坡区谢家湾正街47号 昆明市北门街22号
丽古龙		上海	旗袍	上海市黄浦区长乐路205号、黄浦区茂名南路
鸿翔旗袍	1917年	上海	旗袍	上海市静安区陕西北路131号
2002海上		上海	时尚旗袍	上海市黄浦区长乐路201号、黄浦区泰康路258号田子坊
牡丹唐		上海	旗袍、龙凤褂	上海市黄浦区长乐路398号、黄浦区茂名南路
古爱旗袍			旗袍、改良中装、唐装	上海市徐汇区虹桥路1号港汇广场4楼431、黄浦区茂名南路西
庄容		上海	女装、旗袍	上海市黄浦区茂名南路92号
北派手工洋服		北京	女装、旗袍	北京市朝阳区东三环中路39号建外soho西区12号楼503室
瑞蚨祥		北京	旗袍	北京市王府井大街190号（6303 2880）
名家		台湾	西装	台北市南京西路304号
雅式		台湾	西装	台北市中山北路一段51号1楼
汤姆西服		台湾	西装	台北市博爱路9号
立莹西服		台湾	西装	台北市光复南路400号（仁爱路口）
绅装		台湾	西装	台北市市民大道四段128号
名仕馆		台湾	西装	台北市大安路一段113号B1
Dave Trailer		台湾	西装	北京市朝阳区光华路一号嘉里中心104单元 上海市徐汇区五原路288弄6#

附表4　高端商务男装衍生定制品牌

品牌	创立时间	区域	产品特色
君皇仕（GIEVES&HAWKES）	1771年	英国伦敦	西装、饰品、鞋类、军装、领带、袖扣、领带、皮件等
阿玛尼（Armani）	1975年	意大利	男装、女装、运动装、体育用品、牛仔装、皮饰品、配件、香水、家居饰品等
杰尼亚（Ermengildo Zegna）	1910年	意大利	西装、毛衣、休闲服、内衣等
康纳利（CANALI）	1934年	意大利	休闲装、配饰，以及特许生产的香水、袖扣、袜子等
登喜路（ALFRED DUNHILL）	1893年	英国	男女装服饰、皮具、香水、山地车等
切瑞蒂1881（CERRUTI 1881）	1967年	法国巴黎	高级男装成衣（男士西装最为人乐道）、高级女装成衣、系列香水、电影服装设计等
睿制（Rui'Z）	2008年	中国上海	男士西服定制为主
让·路易·雪莱（Jean-Louis Scherrer）	1962年	法国	女装、配饰、香水等
斯玛特（SMALTO）	1962年	法国巴黎	男士西装、衬衫、西裤、T恤、配饰等
雨果博斯（HUGO BOSS）	1923年	德国	男女服装（正装、休闲装、户外运动服装）、香水、手表及配件等
上海滩（SHANGHAI TAN）	1994年	中国香港	旗袍、唐装、马褂为主，传统中式男装、女装及童装、手袋、家居装饰、礼品等
格罗尼雅（GORNIA）	20世纪40年代末	意大利	男士西装、衬衫、西裤、T恤、配饰等
都本（D'URBAN）	1970年	意大利	西服套装、衬衫、夹克等
蓝豹（LAMPO UOMO）	1993年	中国江苏	男士西装、休闲装、皮具和内衣等
卡尔丹顿（KALTENDIN）	1993年	中国深圳	男士正装、休闲装、礼服、燕尾服、大衣、团体服定制等
博斯绅威（BOSSsunwen）	2002年	中国广东	西装、夹克、大衣、皮衣、衬衣、T恤、休闲裤、皮鞋、皮具等
沙驰（Satchi）	20世纪80年代	意大利	皮具、箱包、男女高级服装服饰系列
布克兄弟(Brooks Brothers)	1818年	美国	以男士商务上班服为主
威可多（VICUTU）	1994年	中国北京	正装系列、休闲系列、私人定制、团体制服等
凯文凯利（Kevin Kelly）	1994年	中国北京	男士正装、私人量身定制等
堡尼(BONI)	1997年	中国上海	男士西服、大衣、衬衫、领带、皮具等

附表5　休闲男装转型定制品牌

品牌	创立时间	区域	产品特色
鲁彼昂姆（LUBIAM）	1911年	意大利	西装、貂皮衣等
华斯度（VASTO）	1992年	意大利	服装、鞋类、皮具、腕表、书写笔及其他精品
迪莱（V.E. DELURE）	不详	意大利	以制造皮革用品而闻名的品牌，男女装、香熏、配饰、腕表、笔、打火机等
路卡迪龙（LUKA DILONG）	1886年	意大利	以欧洲绅士礼服为主，男士正装、休闲装等
卡奴迪路（CANUDILO）	1997年	中国广州	专注于商旅时尚，西服套装、夹克、风衣、西裤、衬衫等
报喜鸟(SAINT ANGELO)	1996年	中国温州	男士西服、衬衫等，职业装，高级定制
雅戈尔（YOUNGOR）	1979年	中国宁波	衬衫、西服、西裤、休闲服、T恤等，职业装
杉杉（FIRS）	1980年	中国宁波	男士正装、商务、休闲，女时装、内衣、童装、皮具及家纺等
罗蒙西服	1984年	中国宁波	男士西服、衬衫等，团体职业装
法派（FAPAI）	1997年	中国温州	西服、西裤、大衣、衬衫、T恤、领带、皮鞋、皮带、皮具等，职业装
七匹狼	1990年	中国泉州	西服、西裤、衬衫、T恤等，职业装
才子	1983年	中国福建	衬衫、西服、夹克、T恤、毛衫、西裤、休闲裤等
蔓哈顿（MENHARDUM）	1989年	中国广州	正装西服、便装、皮衣、夹克、风衣、衬衫、毛衫、饰品等
罗茜奥（LOZIO）	1999年	中国广州	西服、外套、毛衣、衬衣、T恤、休闲裤、牛仔裤、皮具、箱包等
凯莱露喜（CLEAR LUCERNE）	20世纪80年代	意大利	西服、衬衫、T恤、裤装等
劲霸（K-BOXING）	1980年	中国上海	夹克、西服、衬衫、裤装、休闲装等
ZIOZIA	1995年	韩国	西服、T恤、夹克、衬衫、裤装、男士配饰等

附表6　职业装定制品牌

品牌	创立时间	区域	产品特色
宝鸟	2000年	中国上海	西服、衬衫、裤装等，职业套装
乔治白	1995年	中国温州	男女式西服上衣、西裤、裙子、马甲、衬衫、大衣等
南山	2007年	中国山东	精纺紧密纺面料为主，高档精纺呢绒、高档西服、职业装定制等
培罗成	1984年	中国宁波	西服、西裤、衬衫、Polo衫、职业装等
波司登	1976年	中国江苏	以羽绒服为主，团体职业装定制
海澜之家	2002年	中国江苏	西服、夹克、T恤、衬衫、休闲裤等，职业装定制
红豆服饰	1995年	中国江苏	西服、夹克、衬衫、T恤、羊毛衫、领带等，职业装定制
耶莉娅	1981年	中国山东	西装，衬衣，夹克，职业装，工作服，制服并有户外的团体定制
步森	1985年	浙江诸暨	男士衬衫、西服、西裤、夹克衫、T恤衫、职业装等
圣凯诺	1997年	中国江苏	专注于高端团体定制，西装、衬衫，精纺呢绒
圣澳威斯	2007年	中国湖南	商务休闲、商务职业装、高级定制等
忘不了	1984年	中国湖南	西服、西裤、夹克、衬衫、羽绒服、T恤、风衣等
宜禾	1986年	中国江苏	职业时装、制服、工装和防护服
美尔雅	1993年	中国湖北	精毛纺织制品、服装辅料、职业装定制等
新新	1994年	中国大连	职业装和劳保服为主
箭鹿	1986年	中国江苏	精纺呢绒、毛条、仿毛和各种制服、西服、休闲服等
际华3502	1928年	中国河北	职业装、军服、阅兵服、搜救服、航空工作服等
庞贝	1986年	中国江苏	职业装、国家篮球队服、男女制服等
红领	1995年	中国山东	职业装、职业制服、高级定制等
利郎	1987年	中国福建	男女职业装等
柏文度	1989年	中国广东	高级洋服、制服等
派意特	1993年	中国湖南	男女高档西服、行业制服等

致 谢

从2016年中国国际服装服饰博览会（CHIC）在上海召开“中国服装协会定制专业委员会工作会议”起，我们有幸见证了国内外各服装定制品牌的崛起。定制俨然成为中国服装产业转型升级的风口。从2016年3月起，本书历经约三年的史料梳理、整合分析和研究考证，笔者实地考察了青岛红领（酷特蕴兰）、温州报喜鸟等大规模智能定制企业，参观了杭州恒龙、宁波雅楚、杭州衣邦人、上海量品等国内定制品牌，深入调研了北京、上海服装定制市场和茂名路定制一条街，重点走访了英国塞维尔街高级定制街1号君皇仕（Gieves&Hawks）、15号亨利普尔（Henry Poole）、11号亨茨曼父子（H.Huntsman&Sons）和16号诺顿父子（Norton&Sons）等传统高级定制品牌，参加了定制专业委员会会议，拜访了定制传承创始人，核实了相关定制企业的数据资料，与品牌相关负责人进行了深入的交流探讨。

本书撰写过程中获得了中国服装协会定制专业委员会主任杨金纯、秘书长赵雅彬的指导，以及服装定制产业界同仁的协助。在此感谢浙江理工大学、青岛酷特智能股份、上海市服装研究所、上海工程技术大学、杭州贝嘟科技（衣邦人）、广州菲特网络科技（埃沃）、沈阳杰恩盛科技有限公司等的特别支持。也一并感谢我的研究生李浩、刘晓冬、周丽洁、卫杨红、刘慧、王奕杨、侯绪花、洪子又、马阳、王俊皓、汪剡佳等在资料整理过程中付出的努力。尽管本人一直坚持学术匠人的态度，精益求精，不断迭代更新，努力做得更精更准更出色，但难免在资料的获取、图片的选择、数据的更新等方面存在滞后与不足，期待在后续修订中迭代优化。

朱伟明

2018年10月30日于浙江理工大学